策划编辑：方国根

编辑主持：方国根　夏　青

责任编辑：武丛伟

封面设计：石笑梦

版式设计：顾杰珍

国家社科基金重点项目(11AZD052)

朱志荣／主编

中国审美意识通史

ZHONGGUO SHENMEI YISHI TONGSHI

·魏晋南北朝卷·

李修建／著

人民出版社

目录

绪

论

魏晋南北朝(220—581 年),又称六朝①,上承后汉三国,下开隋唐。其中有曹魏(220—265 年,定都洛阳)、西晋(265—316 年,定都洛阳)、东晋(317—420 年,定都建康)、宋(420—479 年,定都建康)、齐(479—502 年,定都建康)、梁(502—557 年,定都建康)、陈(557—589 年,定都建康),宋、齐、梁、陈为南朝;北方少数民族政权(若干政权为汉人所建)数量尤多,北方局部政权,有五胡十六国(304—439 年,五凉、四燕、三秦、二赵、一成、一夏),相对统一政权,有北魏(386—557 年,先都平城,后迁洛阳)、北齐(550—577 年,定都邺)、北周(557—581 年,定都长安)。公元 577 年,北周灭陈,南北统一,581 年,隋灭北周,建成统一政权。

审美意识,是主体面对审美对象的知觉、感受和体验,它表征了主体的文化身份和精神世界。文学、艺术等审美活动,是审美意识的集中展现。研究魏晋南北朝审美意识,需将汉末三国纳入视野,因为它们之间关联密切,政治上是如此,在生活风尚与审美意识上表现尤甚。魏晋南北朝近四百年间,可谓大混乱的年代,朝代更迭频繁,内部争权夺势,骨肉相

---

① 六朝之说,始自唐代。唐人许嵩撰《建康实录》,为定都建康(南京)的孙吴、东晋、宋、齐、梁、陈六朝作传。许嵩生活于唐玄宗、肃宗时期,六朝一说,普遍为中晚唐人接受。《全唐诗》中有大量对于六朝的吟咏之作,如钱起的《江行无题一百首》:"只疑云雾窟,犹有六朝僧。"刘禹锡的《台城怀古》:"清江悠悠王气沉,六朝遗事何处寻。"殷尧藩的《金陵上李公垂侍郎》:"六朝空据长江险,一统今归圣代尊。"陆龟蒙的《金陵道》:"当时六朝客,还道帝乡人。"韦庄的《台城》:"江雨霏霏江草齐,六朝如梦鸟空啼。"基本是对建康遗迹的怀古凭吊之作,充满感伤气息。唐人所说"六朝",特指定都南京的六个朝代,尚未指代北朝。不过,由于这六个朝代基本连续,与魏晋南北朝时期相当,因此逐渐成为整个魏晋南北朝的代称。朱熹的《朱子语类》中大量出现"六朝",似已指称魏晋南北朝了。

残,外部民族割据,战乱不已。如西晋短短五十年,"昔晋惠庸主,诸王争权,遂内难九兴,外寇三作"①,"八王之乱"、"五胡乱华",纷纷扰扰,生民涂炭,士无全者。战争、灾害与死亡,乃是一种常态。社会结构上,秦汉大一统时代形成的皇权衰落,世家大族成为社会的中坚力量,他们掌控着政治、经济和文化的主动权,不唯决定着魏晋南北朝的政治,亦是魏晋南北朝文艺兴发的重要基础。钱穆在《略论魏晋南北朝学术文化与当时门第之关系》一文中对此有过翔实的考论,他指出:"魏晋南北朝时代一切学术文化,必以当时门第背景作中心而始有其解答。当时一切学术文化,可谓莫不寄存于门第中,由于门第之护持而得传习不中断,亦因门第之培育,而得生长有发展。门第在当时历史进程中,可谓已尽一分之功绩。"②魏晋南北朝又是一个思想上多元并立,文学艺术走向繁荣的时代。这一时期的经学、史学、地理学以及诸多科技领域,都有重大成就。儒学作为主流意识形态,礼崩乐坏,已然式微,玄学兴起,佛教传入,道教亦得以提振。玄学作为一种思想和价值观念深入人心,深刻影响了魏晋南北朝士人的立身行事和审美好尚,促进了魏晋南北朝文艺的勃兴,确立了其内在品格和美学趣味。佛教的传入,为中国思想注入了新鲜而异质的血液,其修行仪则、经书译介、传经方式、思想体系、价值观念,对于魏晋南北朝士人及其文艺活动都产生了重要影响。总体而言,世族和玄学,是理解魏晋南北朝审美意识的两大关键,下面分而述之。

一、世族与魏晋南北朝审美意识

世家大族是魏晋南北朝社会的主体,世族支配着政治,垄断着经济,掌握着文化,又通过把持选官晋升之途,将寒门排斥在外,更以相互通婚往来缔结,形成相对稳定的世族共同体。世族深刻影响了魏晋南北朝社会的政治局势、经济形态与文化格局,是我们理解魏晋南北朝的一个重要基础和关键。我们首先对魏晋南北朝世族的形成作一简单溯源,然后探

---

① (唐)姚思廉:《梁书》卷一《武帝记》,中华书局 1973 年版,第 3 页。
② 钱穆:《中国学术思想史论丛》(三),三联书店 2009 年版,第 207 页。

讨世族对魏晋南北朝审美意识之影响。

（一）世族的形成

周代的世卿制度造就了众多贵族。其后，春秋战国的纷纷战乱，随着秦王的一统天下而终结。秦历二代，起于草莽的刘邦又实现统一建立西汉。秦汉使用行政手段，大迁六国贵族、豪富名家，以达强本弱末之效。如此，西周以来世卿贵族阶级的势力几无。汉初大臣，多出身寒微，有"布衣卿相"之称。随着西汉政局的稳定、经济的发展，新兴贵族阶级又浮出历史地表。这些社会新贵多为富商大贾、地方土豪、世官之家。王亚南先生在论及汉魏六朝官僚的贵族化时指出，"两汉前后统治四百年，虽中经王莽的篡乱，但很快就中兴起来。同一王朝统治如此之久，其间又有相当长期的承平安定局面，在最大官僚头目的帝王及其皇族，固不必说，即在中上级的官僚们，都无形会由生活习惯、累世从政经验，乃至相伴而生的资产积累等方面，产生与众不同的优越感和阶级意识。而他们借以干禄经世的儒家学说，更无疑要大大助长那种优越阶级意识的养成"①。其说，很好地解释了汉代世族形成的心理过程。从经济与政治方面来看，一方面，经济贵族占据相当部分；另一方面，西汉的外戚之家及任子制度，使得许多家族世代相承为达官显宦，又促生了大批政治新贵。王莽变法因大大地触动了新贵们的利益，遭到激烈反对，以失败告终。此后，汉光武帝刘秀在众多豪门世族的支持下，建立了东汉政权。

如此一来，世族在东汉得到发育成长。其途径不外三种：

其一，依靠经济实力。两汉农业耕作灌溉等技术较前代大有发展，加上税制极利地主，因此土地兼并情况严重，使东汉产生了大量资产甚丰的豪富，其周围聚结着大量奴役、佃农、部曲、门客，具有相当的社会影响。

其二，依靠政治势力。东汉继续实行任子制度，这使得高官显吏可以世代绵延，此外，东汉设太学，仕宦子弟皆有特权进入，而朝廷官吏多出其间，这就使得太学成为官宦子弟进入仕途的保证。东汉世代为官的家族已很普遍，如南阳新野邓氏，"自中兴后，累世宠贵，凡侯者二十九人，公

① 王亚南：《中国官僚政治研究》，中国社会科学出版社1981年版，第63页。

二人,大将军以下十三人,中二千石十四人,列校二十二人,州牧、郡守四十八人,其余侍中、将、大夫、郎、谒者不可胜数,东京莫与为比"①。再如扶风茂陵耿氏,扶风平陵窦氏,安定乌氏、梁氏,汝南汝阳袁氏等,这些世族显贵不唯拥有权势,并且拥有大量门生故吏,形成一股强大的社会力量。

其三,依靠文化资本。两汉学术集中于经学,不少经学大家父子相递,累世传业,生徒上万人者在在有之。经学世家,构成一种学术垄断,这一文化资本很容易会转化为政治权势,尤以孔氏、伏氏等儒学世家为著。孔子后裔绵延不断,战国秦汉以来,世代以经学显世。如陈涉时有博士孔鲋;汉惠帝时有博士孔襄;汉武帝时,孔安国、孔延年为博士;延年之子孔霸为昭帝时博士;霸之子孔光历成、哀、平三帝,官居丞相、太师等职。孔安国之后,孔氏子孙以传古文《尚书》与《毛诗》知名,孔霸七世孙孔昱,少习家学,征为议郎,"自霸至昱,爵位相系,其卿相牧守五十三人,列侯七人"②。济南伏氏亦门第兴盛,伏生以传古文《尚书》知名,其九世孙伏湛,少传家学,弟子常有数百人,伏湛之子孙皆传家学,史载其名者,有湛之弟伏黯,湛之兄子恭,湛之子翕、翕之子光、光之子晨、晨之子无忌等,"自伏生已后,世传经学,清静无竞,故东州号为'伏不斗'云"③。这些儒学世家,能够支配一时之思想,左右一方之风气,对社会造成重要影响。正如陈寅恪先生所论:"夫士族之特点既在其门风之优美,不同于凡庶,而优美之门风实基于学业之因袭。"④钱穆先生亦曾指出:"学问与书本,却变成了一种变相的资本。""世代经学,便可世代跑进政治圈子,但无异一封建传袭的贵族了。"⑤

经济、政治与文化上的权力,又相得益彰、齐头并进,因经济实力可进入仕途,因政治权势亦能占据大量资财,而二者皆能保证家族子弟得到良

---

① （南朝宋）范晔:《后汉书》卷十六《邓寇列传》,中华书局1965年版,第619页。
② 《后汉书》卷六十七《党锢传·孔昱传》,中华书局1965年版,第2213页。
③ 《后汉书》卷二十六《伏湛传》,中华书局1965年版,第898页。
④ 陈寅恪:《隋唐制度渊源略论稿　唐代政治史述论稿》,三联书店2004年版,第260页。
⑤ 钱穆:《中国历代政治得失》,三联书店2005年版,第30页。

好教育,具备高级文化素养,从而成为文化贵族。而最终,决定士人贵族身份的,是其文化教养。①

魏晋南北朝世族多承两汉世族,在汉代即已显达。如琅邪王氏,自西汉王吉开始,绵延不绝,至西晋王祥,宗族更得振兴,东晋王导、王敦时期,家族势力达至最高峰,此后代不乏人,乃魏晋南北朝第一望族。再如清河崔氏,东汉时即为山东望族,北魏至隋唐时期,更成为北朝第一世家,时有崔、卢、李、郑之说。当然,亦有其他新兴世族,依靠军功或者卓越子弟而跃升为望族行列者。如陈郡谢氏,在东晋之前名声不彰,虽有谢鲲,乃一玄学名士,地位不高,至谢安、谢万、谢石、谢玄诸人出,淝水之战大获成功,谢氏一跃成为与琅邪王氏并称的顶级大族。

日本学者川胜义雄从汉末乡村秩序重建的角度,分析了魏晋南北朝贵族制社会的形成。他强调了知识阶层在乡邑重建过程中在上层和下层权力之间的媒介作用,"成为权力媒介层的知识阶级,一方面与下层权力的地方大姓相比占据着优势,抑制他们的强大化——领主化;另一方面又作为下层权力的代表者,也就是所谓'民望',支持着上层权力,同时也限制了其权力扩张。要之,知识阶层形成为'士'这一身份阶层,以此为基础,又建立了文人贵族制社会"②。其说或有可商之处,不过他强调了士人与文人的核心地位,即魏晋南北朝世族社会是以文人为主导。

毫无疑问,世家大族是魏晋南北朝社会的核心力量,成为政权的实际支配者。魏晋政权之获得,除曹魏以外,全都仰赖世族支持。曹操出身低微,与世族关系较为疏远,且其以法家为主的政策,对豪强贵族多有抑制打击。其他如蜀汉刘备,本身即为世族,诸葛亮亦为世族出身,刘备的妻兄糜竺"祖世货殖,僮客万人,资产巨亿"。孙吴政权更是依靠江东世家维持,"昔吴之武烈,称美一代……有诸葛、步、顾、张、朱、陆、全之族,故

---

① 日本汉学家谷川道雄指出:"不过分地说,学问是贵族得以存在的依据。"参见谷川道雄:《中国中世社会与共同体》,马彪译,中华书局2002年版,第99页。

② [日]川胜义雄:《六朝贵族制社会研究》,徐谷芃、李济沧译,上海古籍出版社2007年版,第39页。

能鞭笞百越,称制南州"①。晋取魏而代之,是出身世族的司马氏对出身寒门的曹氏的胜利,其间得到了不少世族的支持。② 东晋政权之建立,更是凭靠世族的力量③,"王与马,共天下"之说便足证琅邪王氏的影响力,而倚身江南的东晋王朝,亦仰赖江南世族的大力支持,如顾、贺二氏,功绩最大。

（二）世族地位的制度保障

魏晋南北朝世族之所以能够绵延不绝,有赖于九品中正制、庄园经济等一系列政治经济制度的保障。魏晋南北朝的庄园经济,我们在正文中有多处论及,这里主要谈九品中正制度。

汉代的人才选拔,所谓乡举里选,实行察举制和征辟制。这套制度是建立在社会秩序稳定的基础之上,在一个熟人社会里,地方才俊能够得到大家公认。陈群所创设的九品中正制,延续的是这一思路。汉末大乱,人民流离,于是分别在州郡设立大中正和小中正,中正参考乡论,对当地人物品定乡品,任官时以为参考。宫崎市定对九品中正制进行了深入研究,他明确了乡品与官品的对应关系,指出乡品二品的人物,任官时会授予低四品的六品官,以后官阶会升迁到二品官为止。④ 这个制度的初衷是好的,如果照章进行,人才不致被埋没。事实上,在施行之初,确也收到了不错的效果:"始造也,乡邑清议,不拘爵位,褒贬所加,足为劝励,犹有乡论余风。"⑤如西晋何攀为梁、益二州中正,史称其"引致遗滞。巴西陈寿、阎义、犍为费立皆西州名士,并被乡闾所谤,清议十余年。攀申明曲直,咸免冤滥"。⑥ 身为中正,访贤举能,使人才无滞漏,本为其职责所在,而正史特表称之,说明如何攀能履行本职者已属珍贵。

————————

①　(唐)房玄龄等撰:《晋书》卷一百《陈敏传》,中华书局 1974 年版,第 2616 页。

②　陈寅恪先生更是从阶级立场出发,指出了此点,参见《陈寅恪魏晋南北朝史讲演录》,万绳楠整理,贵州人民出版社 2007 年版。

③　田余庆先生提出"严格意义的门阀政治只存在于江左的东晋时期",道出了东晋政权与世族之紧密关联。田余庆:《东晋门阀政治·自序》,北京大学出版社 2005 年版。

④　参见[日]宫崎市定:《九品官人法研究》,韩昇、刘建英译,中华书局 2008 年版。

⑤　《晋书》卷十三六《卫瓘传》,中华书局 1974 年版,第 1058 页。

⑥　《晋书》卷四十五《何攀传》,中华书局 1974 年版,第 1291 页。

九品中正制的设计初衷虽好,在执行过程中却必不可避免地向当权者,或曰世家大族严重倾斜。由于担任中正者基本出身世族,而其权责又缺乏制衡,他们在评定品级时,定会偏袒世族子弟。由于世族之间通过缔结婚姻等手段,已结成一相对稳固的利益共同体,更使得中正的徇私成为必然之势。九品中正制的弊病在西晋初年已尽得显露,卫瓘、刘毅、段灼等人都上书予以痛责,并呼吁废除这一制度。卫瓘指出:"中间渐染,遂计资定品,使天下观望,唯以居位为贵,人弃德而忽道业,争多少于锥刀之末,伤损风俗,其弊不细。"刘毅认为:"今立中正,定九品,高下任意,荣辱在手。操人主之威福,夺天朝之权势。爱憎决于心,情伪由于己。公无考校之负,私无告讦之忌。用心百态,求者万端。廉让之风灭,苟且之俗成。天下汹汹,但争品位,不闻推让,窃为圣朝耻之。……是以上品无寒门,下品无势族。"①段灼亦称:"今台阁选举,涂塞耳目,九品访人,唯问中正。故据上品者,非公侯之子孙,则当涂之昆弟也。二者苟然,则筚门蓬户之俊,安得不有陆沉者哉。"②诸人言辞激烈,所述为不争之实情,晋武帝对这些上表虽亦表示嘉许,但世族之力量已远超皇权所能驾驭,因此九品中正制已然无法废除。

世族中人不唯能够通过九品中正制获得好的品级,在任官制度上也颇受优待。世家子弟在"起家"即入仕之初,多任秘书郎、著作佐郎、黄门侍郎、散骑侍郎等"清官"。秘书郎员额四人,俸秩六百石,官品第四,分掌中外三阁的四部书籍。著作佐郎员额八人,俸秩四百石,官品第七,掌修国史和皇帝起居。它们都是位闲廪重的清贵之职,须由世家子弟担任。以晋人为例,何劭之子何遵起家散骑黄门郎,杜预起家尚书郎,王济起家中书郎,郑默起家秘书郎,刘隗起家秘书郎,荀蕤起家秘书郎,王羲之起家秘书郎,王恭起家佐著作郎,嵇绍起家秘书丞,何澄起家秘书郎等。再如梁武帝萧衍任命吴郡张率为秘书丞,对他说道:"秘书丞天下清官,东南望胄未有为之者,今以相处,为卿定名誉。"③任命刘孝绰为秘书丞,对人

---

① 《晋书》卷四十五《刘毅传》,中华书局1974年版,第1273页。
② 《晋书》卷四十八《段灼传》,中华书局1974年版,第1347页。
③ 《南史》卷三十一《张率传》,中华书局1975年版,第815页。

言道:"第一官当用第一人。"①陈宣帝欲用钱肃为黄门郎,询问蔡凝的意见,蔡凝正色回答:"黄、散之职,故须人门兼美。"②世族子弟除了享受职务优待,在入仕年龄上亦有明显倾斜,"甲族以二十登仕,后门以过立试吏"。③ 寒门子弟,三十岁以上才能进入仕途,并且只能从小吏做起,收入很少,事务繁杂,称为"浊官"。此种情形,正是左思在《咏史》之中所感叹的"世胄蹑高位,英俊沉下僚"。

世族之间,常通过姻亲关系结成共同体。世族缔结婚姻,讲究门当户对,如东晋王谢两大家族,多有姻亲往来。④ 北魏清河崔氏和范阳卢氏两大家族同样相互联姻。门户不称者,则很难结上关系。桓温为东晋枭雄,出身谯国龙亢,为东汉大儒桓荣之后,然而在魏晋时期桓氏已经衰微,东晋名士多以兵家子轻看桓温。宋代汪藻的《世说人名谱》中,桓氏第一世为桓荣,五世显赫,而第六世人物却空缺,据田余庆的考证,所缺人物应为因曹爽之狱被杀的桓范。⑤ 桓范之后家族中落,桓温之父桓彝在东晋虽预名士之流,但因族单势孤,不为时人所重。虽然桓温雄起一时,却无法改变他的门第,当他为子求婚于长史王坦之之女,王坦之回来与父亲王述商量此事,"既还,蓝田爱念文度,虽长大犹抱著膝上。文度因言桓求己女婿。蓝田大怒,排文度下膝曰:'恶见,文度已复痴,畏桓温面?兵,那可嫁女与之!'文度还报云:'下官家中先得婚处。'桓公曰:'吾知矣,此尊府君不肯耳。'后桓女遂嫁文度儿。"⑥这段故事颇富戏剧性,精彩而生动地表明了魏晋南北朝婚姻重门第。王述貌似过激的反应,实则维护了家门的荣誉和尊严。婚宦非类者,则会受到排斥和嘲笑。如东晋杨佺期,出身弘农杨氏,乃汉太尉杨震之后,其曾祖杨准曾任太常,杨氏自震

---

① 《梁书》卷三十三《刘孝绰传》,中华书局1973年版,第480页。
② 《陈书》卷三十四《文学传·蔡凝传》,中华书局1972年版,第470页。
③ 《梁书》卷一《武帝纪上》,中华书局1973年版,第23页。
④ 参见《晋书·王珣传》:"珣兄弟皆谢氏婿。"中华书局1974年版,第1756页。
⑤ 参见田余庆:《东晋门阀政治》之"桓温的先世和桓温家族问题",北京大学出版社2005年版。
⑥ 《世说新语》《方正》五十八,余嘉锡:《世说新语笺疏》,中华书局1983年版,第332—333页。

至准,七世有名德。时人以其门第比琅邪王珣,佺期犹恚恨不已。然而,因为他过江的时间较晚,婚宦失类,没能跻身世族共同体之内,因此常受时人排抑。

世族具有极高的排他性。《宋书·蔡兴宗传》载:"太宗崩,兴宗与尚书令袁粲、右仆射褚渊、中领军刘勔、镇军将军沈攸之同被顾命。以兴宗为使持节、都督荆湘雍益梁宁南北秦八州诸军事、征西将军、开府仪同三司、荆州刺史,加班剑二十人,常侍如故。被征还都。时右军将军王道隆任参内政,权重一时,蹑履到前,不敢就席,良久方去,竟不呼坐。元嘉初,中书舍人秋当诣太子詹事王昙首,不敢坐。其后中书舍人王弘为太祖所爱遇,上谓曰:'卿欲作士人,得就王球坐,乃当判耳。殷、刘并杂,无所知也。若往诣球,可称旨就席。'球举扇曰:'若不得尔。'弘还,依事启闻,帝曰:'我便无如此何。'五十年中,有此三事。"①梁武帝时期,出身武吏的中书舍人纪僧真受到宠幸,乞求武帝让他成为士大夫。梁武帝回答,此事由江斅、谢瀹决定,我没有发言权,让他自己去询问此事。纪僧真来到江斅家里,"登榻坐定,斅便命左右曰:'移吾床让客。'僧真丧气而退,告武帝曰:'士大夫故非天子所命。'"②这些事件颇具代表性,表明世族身份是超越皇权之上,世代相沿而形成的,皇帝的命令,并不能让一个人成为士大夫。世族与寒门之间泾渭分明,身份上存在着巨大鸿沟,寒门子弟极少有机会进入上层社会。即使寒人掌握了权势,亦不能与士族中人同席并坐,进行交往,更无论通婚之属了。唐代牛希济作有一篇《寒素论》,所述正是这一情形,文中提道:"服冕之家,流品之人,视寒素之子,轻若仆隶,易如草芥,曾不以之为伍。"③

(三)才情与品味:世族之间的审美竞争

魏晋南北朝时期,门阀世族堵塞了广大底层的上升之路,上下层之间缺乏流动性,无疑是一个相对僵化的社会,这样的社会整体而言是缺乏活力的。寒门子弟无论怎样努力都难脱穷困,世族子弟无须努力即能养尊

---

① 《宋书》卷五十七《蔡廓传附子兴宗传》,中华书局1974年版,第1583—1584页。

② (唐)李延寿:《南史》卷三十六《江斅传》,中华书局1975年版,第943页。

③ (宋)李昉等编:《文苑英华》卷七百六十,中华书局1966年版,第3987页。

处优,则二者都会消极处世而不思进取。如果说世族社会还有活力的话,主要来自两个方面:一是世族为了保证家族的绵延昌盛,会投入相当精力于子弟培养。世族的维系,归根结底要靠人才,尤其是超拔的人才。一个家族如果人才辈出,自然会提升家族的整体力量和社会地位,家族中的中坚力量,如琅邪王氏中的王导,陈郡谢氏中的谢安,对于稳固家族的社会地位,更会起到决定性的作用。二是世族之间的竞争。世族共同体的稳定性是相对而言的,各大族之间,以及皇权与世族之间,可谓充满张力,其势力此消彼长,暗潮涌动。面对政治、经济和文化资源,彼此之间处处存在竞争。此亦促发了世族对家族人才的重视。

魏晋南北朝是一个重视"家"的时代,在《世说新语》一书中,由"家"构成的词组非常之多,如家道、家法、家风、家门、家国、家事、家祀、家讳、家君、家尊、家叔、家舅、家从、家兄、家弟、家嫂等。世族无不以家族利益为重,重视门第家风,对家族子弟的培养遂成为各大世族都需重视的问题。所谓"诗书继世长",世族的绵延,仰赖文化的传承,只有成为文化贵族,才能获得社会地位。因此,培育子弟的文化素养,乃是子弟教育过程中的应有之义。

那么,魏晋南北朝时期的文化素养包含哪些方面? 通过史传对重要士人的描述可以得知,以《晋书》为例,如西晋郑冲,"耽玩经史,遂博究儒术及百家之言";陆机,"少有逸才,文章冠世";傅玄,"博学善属文,解钟律";王济,"善《易》及《庄》《老》,文词俊茂,伎艺过人";阮籍,"博览群籍,尤好《庄》《老》。嗜酒能啸,善弹琴";阮修,"好《易》《老》,善清言";嵇康,"学不师受,博览无不该通,长好《老》《庄》。……善谈理,又能属文,其高情远趣,率然玄远";谢鲲,"好《老》《易》,能歌,善鼓琴";王导,"少有风鉴,识量清远";王恬,"多技艺,善奕棋,为中兴第一";郭璞,"好经术,博学有高才,而讷于言论,词赋为中兴之冠。好古文奇字,妙于阴阳算历";庾亮,"善谈论,性好《庄》《老》";王廙,"少能属文,多所通涉,工书画,善音乐、射御、博弈、杂伎";谢安,"神识沈敏,风宇条畅,善行书";王献之,"工草隶,善丹青";成公绥,"博涉经传……词赋甚丽……雅好音律"……

　　综合相关史料,可以归结如下:第一,博学。博览群书,精通前代典籍,尤其是经部和史部。第二,好《庄》《老》,能清谈。玄学是魏晋南北朝的主流思潮,清谈是魏晋南北朝士人最为热衷的活动,清谈需要精通玄学经典,还要反应机敏,能言善辩,最容易体现一个人的文化素养。第三,擅长写文章,有文学才华,或工诗文,或能著论。第四,精于音乐、书法或绘画,有艺术才能。第五,精于其他技艺,如围棋、射御、医学、历算。①

　　以上五点,大体可以概括士人文化素养的内容。很显然,这些素养,所凸显的是人物的才情。人物之才情,虽有天生的成分,更有赖于后天的教育。因此,才情之高下,能够表征家族教育的程度,进而反映家族的实力。琅邪王氏家族书法家辈出,陈郡谢氏家族文学家多有,其他家族无有出其右者,即能表明两大家族高卓的社会地位。

　　家族之间的竞争,某种程度上是人才之争。人才之间的竞争,同样体现于文化素养的较量。如颍川庾氏为东晋大家族之一,庾翼精书法,年少与王羲之齐名,后来王右军的书名高居其上,庾翼内心颇为不平,与人作书曰:"小儿辈贱家鸡爱野雉,皆学逸少书,须吾下当比之。"这一故事,很典型地体现了魏晋南北朝家族之间的文化竞争。

　　值得指出的是,魏晋南北朝的九品中正制度以及人物品藻,大大地刺激了士人之间的审美竞争。人物品藻的对象,或是清谈能力,或是文学才华,或是风神举止,或是整体素养,易言之,同样是人物才情的比较。魏晋南北朝时期,"风流"成为标示人物之才情的符号。一个士人,能有"风流"之誉,便可视为第一等人物。由此,为了彰显自身的风流才情,世族子弟无不着意于文化素养的提高,以及对自我的身体语言与日常行止的修饰。如曹植在初次会见邯郸淳时,有如下举动,"延入坐,不先与谈。时天暑热,植因呼常从取水,自澡讫,傅粉。遂科头拍袒,胡舞五椎锻,

───────────

　　① 日本南北朝时代(1332—1392 年),吉田兼好的《徒然草》中有一段文字,对于当时理想的男性的文化素养,作了介绍,可兹参照。"我对于世上男子的期许,在于有修身齐家的真才实学,擅长诗赋文章,通晓和歌乐理,精通典章制度,而能够为人作表率,这是最理想的。其次,工于书法,信笔挥洒皆成模样;善于歌咏,而能合乎音律节拍;对于席上别人的劝酒,如果推辞不了,也能略饮一点,以不伤应酬的和气,对于男人来说,这也是相当好的事。"(吉田兼好:《徒然草》,文东译,中国长安出版社 2009 年版,第 4 页。)

跳丸击剑,诵俳优小说数千言。……于是乃更著衣帻,整仪容,与淳评说混元造化之端,品物区别之意,然后论羲皇以来贤圣名臣烈士优劣之差,次颂古今文章赋诔,及当官政事宜所先后,又论用武行兵倚伏之势。……"①曹植的一系列举动,颇似行为艺术,以此标榜着自己高贵的出身和高雅的文化品味。曹植的行径很有代表性,逐渐形成一种为世族中人所认可和标榜的美学品味。如何晏的傅粉、嵇阮的放浪、夏侯玄的雅量、潘岳卫玠的俊美、王导的清远识量、谢安的携妓东山、顾恺之的善画、支道林的养马、王徽之的好竹……皆为时人所欣赏。此一世族品味,便是魏晋南北朝审美意识的主要呈现,亦是本书所要研究的主要内容。

二、哲学思想与魏晋南北朝审美意识

(一)玄 学

魏晋玄学上继先秦诸子学与两汉经学,下开隋唐佛学,是中国学术史上重要的理论形态之一。历来研究者甚多,或考论其源起流变,或专注于其具体思想,成果甚丰,经典论著亦复不少②,此处对魏晋玄学稍作分析,重在探讨其对魏晋南北朝审美意识之影响。

玄学之起,有其内在理路与外在条件。从内在理路上讲,汉代经学与谶纬阴阳五行灾异之说结合在一起,其烦琐无趣至汉末已至消解边缘,时有谚云:"博士买驴,书券三纸,没有驴字"③,经学已经难以激起人们的兴趣,新的学术形态亟待兴起。汉安帝之世费直《易》学出,其学"言训诂举

---

① (晋)陈寿:《三国志》卷二十一《魏志·王粲传》裴注引《魏略》,中华书局1959年版,第602页。

② 如贺昌群的《魏晋清谈思想初论》一书,将清谈视为玄学,从汉魏之际学术思想的流变、玄学与政治的关系、何王的玄学思想三大块对魏晋玄学进行了考论。汤用彤的《魏晋玄学论稿》一书,包括九篇讨论魏晋玄学的论文,内容涉及汉魏之际学术变迁的轨迹,玄学的哲学特质,玄学与佛学的关系等,特别是《读〈人物志〉》、《言意之辨》、《魏晋玄学流别略论》和《魏晋思想的发展》四篇,对我们从宏观上把握魏晋思想与魏晋玄学甚有帮助。唐长孺的《魏晋玄学之形成及其发展》一文,对玄学的产生及发展进行了论析,其思路受马克思主义史学观的影响,侧重现实政治对玄学的影响。

③ (北齐)颜之推著,王利器集解:《颜氏家训集解》卷第三《勉学第八》,中华书局1993年版,第177页。

大义",始以义理解经,马融、郑玄皆承费氏之学,阴阳术数灾异之说渐衰,至天才少年王弼专以义理玄言解《易》,则玄学兴起矣。从外在条件讲,汉末的纷纷乱世,使为大一统服务的经学失去了存在的依托。加之本土道教的勃兴,外来佛教的传入,诸子之学的涌起,都对玄学的形成带来了有效的刺激。

那么,到底如何理解魏晋玄学? 汤一介先生曾对其下过一个定义:

> 魏晋玄学指魏晋时期以老庄(或三玄)思想为骨架,从两汉繁琐的经学解放出来,企图调和"自然"与"名教"的一种特定的哲学思潮。它讨论的中心问题是"本末有无"的问题,即用思辨的方法讨论关于天地万物存在的根据的问题,也就是说它是以一种远离"事物"与"事务"的形式来讨论事物存在根据的本体论形而上学的问题。它是中国哲学史上第一次企图使中国哲学在老庄思想基础上建构把儒、道两大家结合起来极有意义的哲学尝试。①

这一定义论述的较为全面。玄学以《易》、《老》、《庄》为核心,它所讨论的中心问题是"本末有无",这些皆为定论。需要注意的是,玄学固为玄远之学,旨在从本体意义上探讨哲学问题,却又与现世人生不相脱离,它与现实政治发生着紧密的关联,对魏晋士人的思想观念、生活方式都发生着深刻的影响。

玄学通常可以分为正始玄学、竹林玄学、西晋玄学、东晋玄学四期。正始玄学自是以王弼、何晏为代表,相关论著有王弼《老子注》、《周易注》、《论语释疑》,何晏《老子论》(亡佚)、《论语集解》等。其中心论题为有无之辨、言意之辨、圣人有情无情之辨等,尤其是王弼对"有无本末"的论断,奠定了魏晋玄学的基本思路与中心论题。竹林玄学以嵇康、阮籍为代表,相关论著有嵇康《声无哀乐论》、《养生论》,阮籍《乐论》、《达庄论》等,《庄子》成为他们关注的话题,讨论的中心问题为名教与自然的关系。西晋玄学以郭象、裴頠为代表,相关论著有郭象的《庄子注》②,裴頠的

---

① 汤一介:《魏晋玄学论讲义》,鹭江出版社 2006 年版,第 41 页。
② 郭象的《庄子注》是中国学术史上的一桩著名公案,一说窃自向秀的《庄子注》,一说为本人观点。后一种观点较为现代学术界接受。

《崇有论》，东晋玄学以张湛、僧肇为代表，相关论著为张湛的《列子注》、僧肇的《肇论》。

对于魏晋玄学所涉及的基本问题，我们可以将其归结为以下几组对立的概念：

何王玄学，祖述老庄，以无为本、有为末，无为体、有为用，确立了"无"的本体地位及价值内涵，其后的玄学，其出发点与结论虽多不同，却无不沿着这一思路演进。何王崇无，却不息有，王弼认为圣人（孔子）高于老子①，即表明了他糅合儒道的倾向。嵇阮玄学，以激进的姿态，主张越名教而任自然，高倡老庄自然观，贬毁名教礼法，并于生活方式上身体力行，开名士放达一派。郭象的《庄子注》，提出"自生"、"独化"之说，认为事物乃依其本性自生，②否定了外因的决定作用，使有无之间不再有尖锐的对立，在思想上具有将儒道糅合为一的倾向。乐广所论"名教中自有乐地"，谢万作《八贤论》，以出者为优，处者为劣，而孙绰则认为"体玄识远者，出处同归"，东晋名士大多玄礼双修，身处庙堂而心在山林，皆体现了玄学糅合儒道的特征。③

玄学作为魏晋南北朝时期的主流思潮，可谓深入人心，对于魏晋南北朝士人的立身行事，对于魏晋南北朝美学和艺术，及至后世的美学和艺术，皆产生了至深的影响。展开说来，体现于如下几个方面：

---

① 王辅嗣弱冠诣裴徽，徽问曰："夫无者，诚万物之所资，圣人莫肯致言，而老子申之无已，何邪？"弼曰："圣人体无，无又不可以训，故言必及有；老、庄未免于有，恒训其所不足。"（余嘉锡：《文学》八，《世说新语笺疏》，中华书局1983年版，第199页。）

② 《庄子·齐物论》郭象注：无既无矣，则不能生有，有之未生，又不能为生。然则生生者谁哉？块然而自生耳。自生耳，非我生也。我既不能生物，物亦不能生我，则我自然矣。

③ 在这个意义上，万绳楠先生称"王戎可谓魏晋玄学家的真正代表"，因其具有鲜明的同儒道倾向。（万绳楠：《魏晋南北朝文化史》，东方出版中心2007年版，第88页。）

第一,玄学为魏晋南北朝士人提供了一颗"玄心"。此一玄心乃玄远之心,富有超越性。它超越了社会性的规约和限制,高升远举,个体、精神得以升华和自由,因此,从内在精神上讲,它是美学和艺术的。魏晋南北朝士人以玄心看待自然山水和万事万物,遂有自然美的发现、玄言诗的繁荣、山水画和山水诗文的兴起。魏晋南北朝艺术在此一玄心的主宰之下,得以勃兴发展。可以说,中国艺术精神是在魏晋南北朝得以确立与展开的,它的思想内核即是以无为本、重情重个体自由的玄学。宗白华先生指出:"晋人的美感和艺术观,就大体而言,是以老庄哲学的宇宙观为基础,富于简淡、玄远的意味,因而奠定了一千五百年来中国美感——尤以表现于山水画、山水诗的基本趋向。"①此说可为确论。

第二,玄学成为魏晋南北朝士人的人生观和价值观,使其立身行事标举特出,迥异于前。玄学重视个体情感的抒发与个性的张扬,与儒学人生观形成鲜明对比和对抗。汤用彤先生在《言意之辨》一文中指出:"言意之辨,不惟与玄理有关,而于名士之立身行事亦有影响。按玄者玄远。宅心玄远,则重神理而遗形骸。神形分殊本玄学之立足点。学贵自然,行尚放达,一切学行,无不由此演出。"②他们"指礼法为流俗,目纵诞以清高"③,"居官无官官之事,处事无事事之心"④,"学者以庄老为宗而黜六经,谈者以虚薄为辨而贱名检,行身者以放浊为通而狭节信,进仕者以苟得为贵而鄙居止,当官者以望空为高而笑勤恪"。⑤ 魏晋名士崇尚虚无,放诞毁礼,自然任心,皆是玄学人生观影响之故。

第三,玄学对魏晋南北朝士人之立身行事的影响,除放达任诞,还有清贵简约,此一人格,更具美学精神。东晋名士,率多此类人物,如王羲之、陶渊明之辈。如有的学者所说:"东晋南朝时期,深受老、庄自然学说的熏染,士族子弟多崇尚高蹈出尘、任情纵性的作风,以此为高雅,而视违

① 宗白华:《美学散步》,上海人民出版社 1981 年版,第 187 页。
② 汤用彤:《魏晋玄学论稿》,见《中国现代学术经典·汤用彤卷》,河北教育出版社 1996 年版,第 689 页。
③ 《晋书》卷九十一《儒林传·序》,中华书局 1974 年版,第 2346 页。
④ 《晋书》卷七十五《刘惔传》,中华书局 1974 年版,第 1992 页。
⑤ 《晋书》卷五《孝愍帝纪》,中华书局 1974 年版,第 135 页。

背自然本性、以世务劳心的行为鄙俗。"①这种影响,于时人名字之中亦能见出,如陈郡殷氏之中,殷仲堪之子有殷简之、殷旷之,其族人还有殷冲、殷淡,简、旷、冲、淡,皆为玄学价值观之绝好体现,颇有美学意蕴。此一玄学人格,亦成为士族家风之体现。

第四,玄学乃魏晋南北朝清谈的核心话题。清谈是魏晋南北朝士人最为热衷的文化活动,谈论的话题,即以《老子》《庄子》《周易》三玄为中心,所以清谈又称谈玄。清谈既需要对玄学义理有精深掌握,又需逻辑清晰,表达明畅,锤炼词藻,注重音声,因此极具审美性。魏晋南北朝出现的众多说理文章,可视为一种广义的笔谈,即是在清谈影响下出现的。

(二)佛　教

尽管史无确证,一般还是将汉明帝永平年中(67年)遣使往西域求法,视为佛教进入中国的开始。② 彼时汉朝与西域诸国的往来日增,佛教传入中国,成为两地文化交流的一个重大成果。

佛教传入伊始,正值汉代阴阳五行、鬼神方术、谶纬迷信大兴之时。如汉武帝热衷于求仙问道,曾使方士李少翁夜招李夫人。王莽特尊图谶,东汉帝王又将谶纬占候奉为圣言。而佛教旨在清静无为,省欲去奢,主张斋戒祭祀,宣扬鬼神报应,与黄老道术多有契合之处。很自然地,汉人最初将佛教视为方术之一种,最初来到中国的西域僧人也多有异术,佛教借此进行传播流布。及至东汉桓灵时期,随着安清、支谶等高僧的来华③,

---

① 王永平:《六朝家族》,南京出版社2008年版,第142页。

② 其确切年代很可能早于此时,汤用彤先生指出"最初佛教传入中国之记载,其无可疑者,即为大月氏王使伊存授《浮屠经》事。此事见于鱼豢《魏略·西戎传》,《三国志》裴注引之。"伊存授经是在汉哀帝时期(公元前2年),而佛教方面接受了"永平求法"的说法,亦有自身的无奈。汤用彤先生认为:"汉明为一代明君,当时远人伏化,国内清宁,若谓大法滥觞于兹,大可为僧伽增色也。"南北朝时,佛教来华未久,佛道相争甚为激烈。无论出于寻求自己的依靠,还是出于攻击对方的背景,汉明感梦,永平求法,都成为第一话题。佛教何时初传,反倒不被重视。"(参见王志远:《中国佛教初传史述评》,《法音》1998年第3期。)

③ 汤用彤:"而稽考自元寿以来,佛学在我国独立而为道法之一大宗,则在桓灵之世。延熹八年,桓帝亲祠。九年襄楷上疏。而支谶、朔佛、安玄、支曜、康巨、严浮调,在洛阳译经。"汤用彤:《汉魏两晋南北朝佛教史》,见《中国现代学术经典·汤用彤卷》,河北教育出版社1996年版,第49页。

大量佛教经典被移译出来,佛教教法渐明,作为独立的宗教形态渐为人知。在汤用彤先生看来,东汉末年出现的《牟子理惑论》,表明了佛教走向独立。

魏晋之世,玄学大兴,清谈风行,佛教亦日渐兴盛。① 除三玄等话题外,佛教义理成为清谈内容之一,颇具名士风范的高僧与上层士人多有交往,并以其卓越的玄学与佛学理论素养,成为谈座上的主角,此点尤其体现于东晋。综而论之,魏晋时期,是佛教玄学化的时期。至南朝,尤其因着梁武帝的崇信,对佛教大力推行,举国上下开展了浩浩荡荡的全民信佛运动,佛教扎根于广大民间。

以上对佛教初传及在魏晋时期的情形进行了约略的介绍,下面对佛教对魏晋士人的影响稍作探讨。笔者认为,至少可以归为以下两点:

第一,佛教对士人行为心态的影响。

魏晋时期,崇信佛教的士人已有不少,尤其是到了东晋以后。南朝宋文帝元嘉十二年(435年),侍中何尚之向宋文帝宣讲佛教,指出东晋名士多有信奉者,他说:"度江以来,则王导、周顗、庾亮、王濛、谢尚、郗超、王坦、王恭、王谧、郭文、谢敷、戴逵、许洵,及亡高祖兄弟、王元琳昆季、范汪、孙绰、张玄、殷顗,或宰辅之冠盖,或人伦之羽仪,或置情天人之际,或抗迹烟霞之表。并禀志归依,厝以崇信。"②何尚之所开列的东晋信教名士,其实更多是儒玄佛兼修,应该是因为他本人笃信佛教,以此说弘扬佛法之

---

① 汤用彤先生分析了魏晋佛法兴盛的四个原因:其一为借方术以推进,其二为得清谈之助,其三为西北诸胡的促动,其四为释道安的奠基之功。(汤用彤:《汉魏两晋南北朝佛教史》,见《中国现代学术经典·汤用彤卷》,河北教育出版社1996年版,第140—142页。)缪钺先生观点相似,他提到了三个原因:"(一)祸福报应,本为佛教起信之端,乱世民生凋敝,灾害无常,人心易倾向于宗教,以求安慰庇佑,而胡人本无文化,知识浅稚,尤易信奉宗教,佛徒亦愿借慈悲之旨以化其凶残,故五胡君主石勒、苻坚、姚兴等均极尊佛教,崇礼高僧。(二)魏晋以来,尚玄言,重旷达,约言析理,发明奇趣,此释氏智慧之所以能弘,祖尚虚浮,佯狂遁世,此僧徒出家之所以日众,故东晋名僧名士往还密,彼此相染,而王公贵人亦加以提倡护持。(三)佛本外国之宗教,五胡猖獗之时,中原华夷之界渐泯,外来之教,易于风行。"(缪钺:《缪钺全集》第六卷《中国文学史讲演录》,河北教育出版社2004年版,第103—104页。)

② (梁)释慧皎撰,汤用彤校注:《高僧传》卷七《释慧严传》,中华书局1992年版,第261页。

故。史书明确记载虔诚信佛的，有周嵩、郗超、何充、何准、王恭等人，这些人都握有很大的权柄，具有相当的社会影响力。更有东晋元、明二帝，都信仰佛教，晋明帝还曾亲绘佛像，这无疑会更加扩大佛教的影响。

佛教讲去奢省欲，清静无为，《安般守意经》为汉晋间最流行的经典，"所谓安般守意者，本即禅法十念之一，非谓守护心意也。言其为守护心意，乃中国因译文而生误解"①。这种误读颇有意味，正因为守意之说契合了道家的养生观与基本思想。信奉佛教的士人必然熟读此类经典，并身体力行之。如何充之弟何准，"散带衡门，不及人事，唯诵佛经，修营塔庙而已"②。

此外，佛教好施舍，这对士人行为亦有影响。何充，"然所昵庸杂，信任不得其人，而性好释典，崇修佛寺，供给沙门以百数，糜费巨亿而不吝也。而亲友至于贫乏，则无所施遗，因此屡遭获讥于世。"③郗超，"愔事天师道，而超奉佛。愔又好聚敛，积钱数千万，尝开库，任超所取。超性好施，一日中散与亲故都尽。其任心独诣，皆此类也。"④王恭"不闲用兵，尤信佛道，调役百姓，修营佛寺，务在壮丽，士庶怨嗟"⑤。王伊同对此论曰："自佛教东来，高门贵宗，咸多推仰。风尚所趋，不徒明教义，悟人生而已。舍身筑寺，唯事敛聚，或不与宗教相应。甚者作奸犯科，乱法干政，而国家民生，交受其弊，傥五朝世风然欤？"⑥对此颇有批判。

佛教的生死观念亦影响了魏晋士人。如周嵩"精于事佛，临刑犹于市诵经云。"王恭"临刑，犹诵佛经，自理须鬓，神无惧容"，当然，此二人的临死不惧，体现出了其人的雅量，这是魏晋士人的重要修养之一，在大量魏晋士人身上亦能见到。而周嵩、王恭二人的行为，则能见出佛教之影响。

---

①　汤用彤：《汉魏两晋南北朝佛教史》，见《中国现代学术经典·汤用彤卷》，河北教育出版社 1996 年版，第 106 页。

②　《晋书》卷九十三《何准传》，中华书局 1974 年版，第 2417 页。

③　《晋书》卷七十七《何充传》，中华书局 1974 年版，第 2030 页。

④　《晋书》卷六十七《郗超传》，中华书局 1974 年版，第 1803 页。

⑤　《晋书》卷八十四《王恭传》，中华书局 1974 年版，第 2186 页。

⑥　王伊同：《五朝门第》（下编），金陵大学中国文化研究所 1944 年版，第 110 页。

第二,佛教对玄学与清谈的影响。

名僧与名士的交往,于东晋最盛,而其滥觞,则可追至东吴时期,僧人支谦博学多闻,孙权拜为博士,"使辅导东宫,与韦曜诸人共尽匡益"①。西晋之时,名僧支孝龙与阮瞻、庾凯友善,"并结知音之交,世人呼为八达"②。及至东晋,名僧与士人之间的交往变得更为频繁普遍,如帛尸梨密多罗,又称高座道人,西域人,"天资高朗,风神超悟",颇具名士之风,永嘉后过江,王导、庾亮、周顗、谢鲲、桓彝、王敦等名士皆对其礼遇有加。僧伽提婆,隆安元年(397 年)游京师,"晋朝王公及风流名士,莫不造席致敬"③。名僧支道林更是东晋风流人物,与当时最为知名的士人,如会稽王司马昱、谢安、王羲之、郗超、殷浩、孙绰、许询等人,多有交往,据汉学家许里和统计,现存文献所见有 35 人之多。④ 王伊同指出了世族政治对于佛教的推动作用:"时谈义之士,如道安、慧远、支遁、佛图澄辈,人主致敬,贤俊周旋。值政出高门,权去公室,贵胄子弟,性喜出家,情好落发。知五朝私门政治,亦大有功于佛义哉。"⑤

佛教对玄学与清谈的影响体现在两个方面,一是佛教名僧精研玄学,加入清谈,二是佛教义理引入玄学与清谈⑥,这两个方面又是相得益彰。名僧如支道林,是东晋谈座上最知名的人物,他不仅精通佛教义理,亦深研玄学,他对《庄子·逍遥游》阐发精微,甚至取代了向郭之注。释道立,

---

① 《高僧传》卷一《支谦传》,中华书局 1992 年版,第 15 页。

② 汤用彤注引陶潜《群辅录》,载董昶、王澄、阮瞻、庾敳、谢鲲、胡毋辅之、沙门于法龙、光逸为八达。于法龙即支孝龙,见《高僧传》卷四,中华书局 1992 年版,第 150 页。这是西晋八达的另一版本。

③ 《高僧传》卷一《僧伽提婆传》,中华书局 1992 年版,第 38 页。

④ 参见[荷]许里和:《佛教征服中国》,李四龙等译,江苏人民出版社 2005 年版。

⑤ 王伊同:《五朝门第》(下编),金陵大学中国文化研究所 1944 年版,第 116 页。

⑥ 汤用彤先生在《魏晋思想的发展》一文中,认为玄学的产生与佛学无关,而当代学者王晓毅认为何晏《无名论》一文中所用的术语"无所有",出自佛教译经,并据此指出何晏的思想曾受到佛教的影响,"尽管何晏并未真正理解佛教的空观,但其玄学理论在孕育过程中曾受到佛教的刺激,即在佛教空观的催化下,何晏早期的宇宙哲学出现了既不同于传统也不同于佛教的本体论变形。"(王晓毅:《儒释道与魏晋玄学形成》,中华书局 2003 年版,第 5、54—65 页。)他同样以佛经中对"竹林"的翻译,考证竹林七贤之存在,可见上节之分析。

善《放光经》,"又以《庄》、《老》三玄,微应佛理,颇亦属意焉"①。释慧远,"少为诸生,博综六经,尤善《庄》、《老》",在某次讲经时,"尝有客听讲,难实相义,往复移时,弥增疑昧。远乃引《庄子》义为连类,于是惑者晓然。"②这在东晋名僧中不是个别现象,据张伯伟先生对《高僧传》的统计,魏晋南北朝时期有64位名僧均有很高的玄学造诣③,正因玄学与佛理在内在精神上有融通之处,精于佛经的名僧们同时研读作为主流思潮的玄学,这使玄佛二种思想互有促进。正如汤用彤先生所论:"其后《般若》大行于世,而僧人立身行事又在在与清谈者契合。夫《般若》理趣,同符《老》、《庄》。而名僧风格,酷肖清流,宜佛教玄风,大振于华夏也。"④佛教义理成为东晋清谈的重要话题之一,如魏晋流传最广的《小品》,东晋清谈领袖殷浩就曾进行了专门研究。

第三,佛教对魏晋文艺亦发生了重大影响。

佛经的翻译与转读,佛教的生死观念,佛教的居住环境、日常仪规、传播方式等方面,对魏晋南北朝文艺都发生了重大影响。文学上四声之发现,即受唱经转读的启迪,绘画与雕塑多以佛教为题材,佛寺建筑与园林在魏晋南北朝更是比比皆是,其对魏晋南北朝文艺之影响,同样不可限量。

(三)道　教

道教的源起,是个异常复杂的学术问题,因为道教本身"非一源众流,以一个教主而下衍诸派的方式相流传,亦非杂然彙收各种术数方技于一炉,以形成'一个'(大杂烩、大拼盘式的)宗教。而是多元分立、互相推荡,形成一幅交光互摄之图象的"⑤。尽管如此,以东汉末年太平

---

① 《高僧传》卷五《释道立传》,中华书局1992年版,第203页。
② 《高僧传》卷六《释慧远传》,中华书局1992年版,第212页。
③ 参见张伯伟:《禅与诗学》,浙江人民出版社1992年版,第65页。
④ 汤用彤:《汉魏两晋南北朝佛教史》,见《中国现代学术经典·汤用彤卷》,河北教育出版社1996年版,第113页。
⑤ 龚鹏程:《道教新论二集》,(台湾)南华管理学院1998年,第22页。龚氏在其书中,对道教形成前各派别的情况进行了剖析,指出其派别林立,渊源互殊,教中有教,因此,作者认为学界通行的道教史观大可商榷。参见该书第1—26页。

道、五斗米道①等原始教团的出现作为道教之始,是没有问题的。

　　道教内部虽纷繁芜杂,难有统一,但其大体脉胳与基本之处却可把握,其思想内核即"贵生",通过导养、行气、服食、房中等技术手段,达到长生不老的目的。它对以往各种方术的养生、神仙思想、传统医学等诸方面多有继承、吸收与借鉴。

　　传统的养生术,在庄子时代已多有体现。《庄子·刻意篇》:"吹呴呼吸,吐故纳新,熊经鸟申,为寿而已矣,此导引之士、养形之人,彭祖寿考者之所好也。"即通过类似于气功的呼吸导引达到长生。而有关神仙信仰、长生不老药的传说,亦是早已有之,《韩非子·说林上》提到有人献不死之药给君王,《淮南子·览冥训》里描写了后羿之妻嫦娥窃食了不死药飞上了月亮。②《汉书·艺文志·方技略》记录了房中八家、神仙十家的书名。

　　魏武曹操,爱好养性延年之法,曾广招四方术士:"又好养性法,亦解方药,招引方术之士,庐江左慈、谯郡华佗、甘陵甘始、阳城郄俭,无不毕至,又习啖野葛至一尺,亦得少多饮鸩酒。"③

　　道教的长生技术,分外丹、内丹两种④,魏晋南北朝时期,最重要的手段是外丹术,即以葛洪为代表的丹鼎派。葛洪指出,"余考览养性之书,鸠集久视之方,曾所披涉篇卷,以千计矣,莫不皆以还丹金液为大要者焉。

---

　　① 东汉末,太平道与五斗米道并存,二者最初皆是整合民众对抗朝廷的意识形态,以张角为首的黄巾起义军信奉太平道,以张陵、张衡、张鲁三代领导人为首的宗教王国信奉五斗米道。两教团即同时并存,互相又有密切联系,五斗米道对太平教的教法多有继承。大约3世纪初,黄巾起义失败,太平道瓦解以后,五斗米道被称为了天师道,尔后,经过魏晋南北朝,天师道保持了代表不折不扣的道教的地位。(参见[日]福井康顺等监修:《道教》(第一卷),上海古籍出版社1990年版,第29—35页。)魏晋名士中,如琅邪王氏中的羲之父子,皆信奉天师道。陈寅恪先生认为姓名中带"之"的,为天师道信徒,如王羲之父子,顾恺之等人。初期情况或是如此,待相沿成习之后,很多人未必信仰天师道,但名字后面亦会加一"之"字,如张玄,又叫张玄之。

　　② 持有不死之药药方子的人,便被称为方士,宋玉《高唐赋》"有方之士"即指此类人。

　　③ 《魏志·武帝建安二年纪》裴注引张华《博物志》,中华书局1959年版,第55页。

　　④ 内丹说至晚唐五代大兴,而其理论渊源却为汉魏以来的各种道教养生术发展而来。

然则此二事,盖仙道之极也。服此而不仙,则古来无仙矣"①。因此,该派主张炼制汞石以成金丹。服食思想大大地影响了魏晋士人,我们后面分析的服散之风就与此密切相关。热衷于此道的王羲之父子,即是天师道的忠实信仰者,再如嵇康,很可能与道教亦有关联。

其次,道教的符书抄经对魏晋士人的影响。

道教有着特殊的文书观念和术法,文字与道符在道教中具有至关重要的意义。太平道的经典《太平经》,被教人阐释为"天书",认为它显露了天地之常法,因此,教众只需"诵读此书而不止,凡事悉且一旦而正"②。天师道的术法在于章奏与符箓。符就是于纸上书画一些天书文字,其用在于辟邪去疾,汉代已有此风俗,道教将其纳入自己的思想体系,"欲除疾病而大开道者,取诀于丹书吞字也"③,《世说新语》就记载了一则郗愔吞服的故事:

> 郗愔信道甚精勤,常患腹内恶,诸医不可疗。闻于法开有名,往迎之。既来,便脉云:"君侯所患,正时精进太过所致耳。"合一剂汤与之。一服,即大下,去数段许纸如拳大;剖看,乃先所服符也。④

需要注意的是,"服符,并非吞'符',乃是吞字。是吞字而构成一种符信符契的关系,因此重点在字,不在符纸"⑤。也正因为道教对文字的重视,形成了特有的文字信仰,因此它讲究书写,形成了对书法的重视。如羲之抄写《黄庭经》换取山阴道士之鹅的故事即说明了这点,加上大批魏晋名士信奉道教,这客观上促进了书法的发展。

道教同样促进了魏晋南北朝文学的发展。由于魏晋南北朝时期,信仰道教的皇帝及士人众多,上层社会的好尚,引发了大规模的奉道之风,

---

① (晋)葛洪撰,王明校释:《抱朴子内篇校释》卷之四《金丹》,中华书局1985年版,第70页。

② 王明编:《太平经合校》卷三十九《解师策书诀第五十》,中华书局1996年版,第65页。

③ 王明编:《太平经合校》卷一百零八《要诀十九条第一百七十三》,中华书局1996年版,第512页。

④ 《术解》十,余嘉锡:《世说新语笺疏》,中华书局1983年版,第709页。

⑤ 龚鹏程:《道教新论二集》,(台湾)南华管理学院1998年,第462页。

从而对魏晋南北朝文学产生了重要影响。上层文人与道士多有交往,如王羲之与道士许迈共同登山采药,不远千里。这类交往促进了道教在上层社会的传播。大量风景清幽的道观为文人提供了活动场所。道教仙境系统的拓展、神仙谱系的创制以及服食技术的丰富,激发着文人的道学感悟和创作灵感。神仙传记、志怪故事、步虚词等文学样式的流行风靡,便是其有力佐证。此外,道教宣传养生修道的教义还召唤着文人名士们走进山林、融入自然,进而促成了该时期游仙文学、玄言文学、山水文学的繁荣发展。①

① 参见刘育霞:《魏晋南北朝道教与文学》,山东大学博士论文,2012 年。

第一章 人物品藻：形神之美

人物品藻指对人物的品评与鉴赏，是魏晋南北朝时期重要的文化现象，从中可以见出魏晋南北朝士人的审美观念、审美标准、审美理想等诸多问题。同时，人物品藻的话语表述方式，对于后世的文艺批评发生了重大影响。值得进行深入研究。

第一节　人物品藻考论

一、"品藻"释义

《说文》释"品"为"众庶也，从三口，凡品之属皆从品。"清代段玉裁注云："众庶也，从三口，人三为众，故从三口。"皆将品释为众庶。实际上，在先秦文献中，"品"已具有多种意义，以《礼记》为例，《檀弓下》中提道："人喜则斯陶，陶斯咏，咏斯犹，犹斯舞，舞斯愠，愠斯戚，戚斯叹，叹斯辟，辟斯踊矣。品节斯，斯之谓礼。"人的情感状态多种多样，喜极生悲，对这些情感予以区分轻重而加以节制，即是礼。此处的"品"有区分流品级别之意。《郊特性》中云："笾豆之实，水土之品也。不敢用亵味而贵多品，所以交于旦明之义也。"前一个"品"有物品之意，后一个"品"有种类之意。《玉藻》中论述君臣共同进餐之礼时提道："君命之羞，羞近者，命之品尝之，然后唯所欲。""品尝"，其意沿用至今。《少仪》篇中言道："问品味曰：'子亟食于某乎？'""品味"即喜欢吃的饮食，后来将此意引申为趣味、爱好。在汉代典籍中，作为等级之意的"品"使用渐多。如西汉刘向的《说苑·政理》中提及："政有三品：王者之政化之，霸者之政威之，强者之政胁之。"①司马迁在《史记·高祖功臣侯者年表》中提道："古者人臣功有五品。"此处的"品"，皆有等级高下之意。

再来看"藻"。《说文》释"藻"为"水草也"，《诗经·召南·采苹》云："于以采藻？于彼行潦。"《鱼藻》中有"鱼在在藻"之句。《左传·隐公三年》中提到"苹蘩蕰藻之菜"。各句中的"藻"皆为水草之意。再如，《论语·公冶长》云："子曰：'臧文仲居蔡，山节藻棁，何如其知也？'""山节"指刻成山形的斗拱，"藻棁"指画有藻文的梁上短柱，据《礼记·明堂位》，山节藻棁乃天子之庙饰。臧文仲、管仲的住处皆"山节藻棁"，说明其居处豪华奢侈，越等僭礼。孔安国的《尚书传》注曰："藻，水草之有文者，以喻文焉。"可知藻作为一种水草，甚有文理，因此借以比喻文采可观，所以有词藻、文藻、华藻、藻饰等用语。《礼记》第十三篇为《玉藻》，其言"天子玉藻十有二旒，前后邃延，龙卷以祭。"邢疏云："天子玉藻者，藻谓杂采之丝绳，以贯于玉，以玉饰藻，故云玉藻也。"此处之"藻"作杂采之丝绳解，亦是取其富有文采。

"品藻"连用，首次出现于汉代扬雄的《法言》中。其序言中提道："仲尼之后，讫于汉道，德行颜、闵，股肱萧、曹，爰及名将尊卑之条，称述品藻，撰《渊骞》。"②《重黎卷第十》中又对几部典籍的宗旨进行探讨："或问'《周官》'？曰：'立事。''《左氏》'？曰：'品藻。''太史史迁'？曰：'实录。'"这两例中，"品藻"皆有品评高下，论断是非之意。在魏晋南北朝典籍中，"品藻"大量出现，《世说新语》中专列"品藻"篇，他如《抱朴子外篇》、《文心雕龙》等典籍中多有使用。为了更好地理解"品藻"之义，在此略作征引：

1. (李)肃字伟恭，南阳人。少以才闻，善论议，臧否得中，甄奇录异，荐述后进，题目品藻，曲有条贯，众人以此服之。③

---

① 向宗鲁：《说苑校证》，中华书局1987年版，第143页。
② 汪荣宝先生指出："此乃校《法言》者据《汉书》增补，绝非其旧。"柳宗元认为或为班固所作。参见汪荣宝撰：《法言义疏》，陈仲夫点校，中华书局1987年版，第571—572页。
③ 《三国志·吴书七·步隲传》注引《吴书》，中华书局1965年版，第1238页。

2.《魏书》总名此卷云诸夏侯曹传,故不复稍加品藻。①

3.必以情志为神明,事义为骨髓,辞采为肌肤,宫商为声气,然后品藻元黄,摛振金玉,献可替否,以裁厥中。②

4.挚虞述怀,必循规以温雅;其品藻流别,有条理焉。③

5.品藻妓妾之妍蚩,指摘衣服之鄙野。④

6.门人问曰:"闻汉末之世,灵献之时,品藻乖滥,英逸穷滞,饕餮得志,名不准实,贾不本物,以其通者为贤,塞者为愚。其故何哉?"⑤

7.士有行己高简,风格峻峭,啸傲偃蹇,凌侪慢俗,不肃检括,不护小失,适情率意,旁若无人,朋党排谮,谈者同败,士友不附,品藻所遗。⑥

8.抱朴子曰:闻之汉末,诸无行自相品藻次第,群骄慢傲,不入道检者,为都魁雄伯。⑦

9.不辩人物之精粗,而委以品藻之政。⑧

10.吾见世中文学之士,品藻古今,若指诸掌,及有试用,多无所堪。⑨

以上10例中,"品藻"皆有品评等级高下之意,不过小有差异。第1、

---

① 《三国志·蜀书九·董允传》裴注,中华书局1965年版,第988页。

② (梁)刘勰著,黄叔琳注,李祥补注:《增订文心雕龙校注》卷九《附会第四十三》,中华书局2000年版,第519页。

③ (梁)刘勰著,黄叔琳注,李祥补注:《增订文心雕龙校注》卷十《才略第四十七》,中华书局2000年版,第576页。

④ (东晋)葛洪撰,杨明照校笺:《抱朴子外篇校笺》(上册)《崇教卷四》,中华书局1991年版,第162页。

⑤ (东晋)葛洪撰,杨明照校笺:《抱朴子外篇校笺》(上册)《名实卷二十》,中华书局1991年版,第486页。

⑥ (东晋)葛洪撰,杨明照校笺:《抱朴子外篇校笺》(上册)《行品卷二十二》,中华书局1991年版,第553页。

⑦ (东晋)葛洪撰,杨明照校笺:《抱朴子外篇校笺》(下册)《刺骄卷二十七》,中华书局1997年版,第43页。

⑧ (东晋)葛洪撰,杨明照校笺:《抱朴子外篇校笺》(下册)《吴失卷三十四》,中华书局1997年版,第149页。

⑨ (北齐)颜之推著,王利器集解:《颜氏家训集解》卷四《涉务第十一》,中华书局1993年版,第317页。

6、7、9 中之"品藻"，关乎汉魏的人才选拔制度。汉代选拔人才，应用察举制和征辟制。曹操发布过"惟才是举"的著名诏令。曹丕以后，采用九品中正制，在州郡中设立中正，对辖区人物进行品评，以备吏部参考。第 6 例中所谓"品藻乖滥"，指的便是汉末察举失实，"举秀才，不知书；举孝廉，父别居"的乱象。第 9 例中的"品藻之政"，即指中正一职。无论是察举制、征辟制还是九品中正制，都与隋唐以来的科举制迥然不同，前者需要对人物的德行、才能甚或形貌进行整体性的评价，此类评语，一要确当，能够抓住其人在德行或才能上的特点，让人信服。二要精练，不能有繁辞赘语，寥寥数语即可概括。魏晋人物品藻将这种精练性发挥到了极致，有时只用一字品评人物。如，王徽之说："世目士少为朗，我家亦以为彻朗。"①即以一字之"朗"或两字之"彻朗"来评价祖约，可谓精炼无比了。

此外，品藻之兴，还与汉末的清议有关。清议作为发生在士人之间的话语运动，意在通过臧否人物，党同伐异，争取社会地位与政治权力。如《后汉书·党锢列传》所说，清议乃因"逮桓、灵之间，主荒政缪，国命委于阉寺，士子羞于为伍"，方才导致"匹夫抗愤，处士横议，遂乃激扬名声，互相题拂，品核公卿，裁量执政"②的清议局面。"题拂"、"品核"、"裁量"，其意皆与品藻相类，指对人物的高下优劣进行品评。

二、人物品藻的形式

《增广贤文》有言："谁人背后无人说，哪个人前不说人。"评议人物是一个普遍现象，在任何文化都有，可谓"东海西海，心理攸同"。在不同文化中，品评的方式与内容，评价的标准，以及理想的人物形象等，却各有不同，从中能够见出文化的差异。即使同一文化之中，在不同的时代，不同的阶层，同样具有差异。

比如，《论语·先进篇》中，孔子对 10 位高足作了一个评价，即著名的孔门四科："德行：颜渊，闵子骞，冉伯牛，仲弓；言语：宰我，子贡；政事：

① 《赏誉》一百三十二，余嘉锡：《世说新语·笺疏》，中华书局 1983 年版，第 487 页。
② 《后汉书》卷六七《党锢列传·序》，中华书局 1965 年版，第 2185 页。

冉有,季路;文学:子游,子夏。"所谓德行、言语、政事、文学,是针对其人的突出才能而言。更常见的情况,是对人物的"为人"进行描述或评价。以《史记》为例,《高祖本纪》描述刘邦为人"隆准而龙颜,美须髯,左股有七十二黑子。仁而爱人,喜施,意豁如也。"《陈丞相世家》言陈平为人"长大美色";《绛侯周勃世家》说周勃为人"木强敦厚";《孙子吴起列传》中,公孙之仆评价吴起为人"节廉而自喜名"。是就其人的形貌或性情进行品评,意在凸显其不同凡俗。

魏晋人物品藻,在品评形式与品评内容上既与前代有因袭关系,更有拓新拔异之处。

魏晋人物品藻的史料,多见于《世说新语》之中,尤其是《赏誉》、《品藻》、《容止》诸篇。借此,我们可以概括人物品藻的内容与形式,即评什么和如何评的问题。本节重点来看人物品评的形式。

整体而言,人物品藻有两种大的方式,一是对个体进行评价,即"目"的方式,如"世目李元礼:'谡谡如劲松下风。'""山公举阮咸为吏部郎,目曰:'清真寡欲,万物不能移也。'"《赏誉》和《容止》篇中事例甚多。二是将二人或多人加以比较,意欲分出高下,见出长短。诸人之间常用"何如"、"方"、"比"等语汇。如"明帝问谢鲲:'君自谓何如庾亮?'答曰:'端委庙堂,使百僚准则,臣不如亮。一丘一壑,自谓过之。'""王丞相云:'顷下论以我比安期、千里。亦推此二人。唯共推太尉,此君特秀。'"多见诸《品藻》篇中。

详而论之,人物品藻的形式多样,就对个体的品评来看,主要有如下几种,皆见于《赏誉》篇中:

一是以一字作评。如上所征引,祖约被评为"朗";再如"吴四姓旧目云:'张文、朱武、陆忠、顾厚。'"这种评语最是简练,欲求准确很不容易,因此并不多见。

二是以二字作评。如钟会评裴楷与王戎:"裴楷清通,王戎简要。"周侯以"卓朗"二字目高座道人;王导评刁协为"察察",戴渊为"岩岩",卞壶为"峰距";世目杜乂为"标鲜",褚裒为"穆少"。二字评语同样高度凝练。

三是以四字作评。此类评论方式最多,最能见出中国古典语文的表述特色。如:

> 谢幼舆曰:"友人王眉子清通简畅,嵇延祖弘雅劭长,董仲道卓荦有致度。"①

> 殷中军道右军:"清鉴贵要。"②

> 抚军问孙兴公:"刘真长何如?"曰:"清蔚简令。""王仲祖何如?"曰:"温润恬和。""桓温何如?"曰:"高爽迈出。""谢仁祖何如?"曰:"清易令达。""阮思旷何如?"曰:"弘润通长。""袁羊何如?"曰:"洮洮清便。""殷洪远何如?"曰:"远有致思。"③

> 庾公云:"逸少国举。"故庾倪为碑文云:"拔萃国举。"④

四是以五字作评。此类评论方式亦有不少,如:

> 林下诸贤,各有俊才子。籍子浑,器量弘旷。康子绍,清远雅正。涛子简,疏通高素。咸子瞻,虚夷有远志。瞻弟孚,爽朗多所遗。秀子纯、悌,并令淑有清流。戎子万子,有大成之风,苗而不秀。唯伶子无闻。凡此诸子,唯瞻为冠,绍、简亦见重当世。⑤

上例为四字五字并用,五字之形式,前两字为一形容词,后两字亦为一词组,中间以"有"或"多"连接,起到进一步描述或评论的作用。再如谢鲲说董仲道"卓荦有致度"(《赏誉》三六)。

五是以两句四字,即八字作评,有四言古诗的意味。如:

> 王公目太尉:"岩岩清峙,壁立千仞。"⑥

> 庾公目中郎:"神气融散,差如得上。"⑦

六是以自然物象作比,此种评论方式在魏晋时期最常见,最能体现魏晋人对于人与自然的审美意识。如:

---

① 《赏誉》三十六,余嘉锡:《世说新语笺疏》,中华书局1983年版,第441页。
② 《赏誉》一百,余嘉锡:《世说新语笺疏》,中华书局1983年版,第476页。
③ 《品藻》三十六,余嘉锡:《世说新语笺疏》,中华书局1983年版,第521页。
④ 《赏誉》七十二,余嘉锡:《世说新语笺疏》,中华书局1983年版,第462页。
⑤ 《赏誉》二十九,余嘉锡:《世说新语笺疏》,中华书局1983年版,第437页。
⑥ 《赏誉》三十七,余嘉锡:《世说新语笺疏》,中华书局1983年版,第442页。
⑦ 《赏誉》四十二,余嘉锡:《世说新语笺疏》,中华书局1983年版,第445页。

世目李元礼:"谡谡如劲松下风。"

裴令公目夏侯太初:"肃肃如入廊庙中,不修敬而人自敬。"一曰:"如入宗庙,琅琅但见礼乐器。见钟士季,如观武库,但睹矛戟。见傅兰硕,江廧靡所不有。见山巨源,如登山临下,幽然深远。"

庾子嵩目和峤:"森森如千丈松,虽磊砢有节目,施之大厦,有栋梁之用。"

王太尉云:"郭子玄语议如悬河写水,注而不竭。"

卞令目叔向:"朗朗如百间屋。"

世目周侯:巍巍如断山。

时人目"夏侯太初朗朗如日月之入怀,李安国颓唐如玉山之将崩"。

嵇康身长七尺八寸,风姿特秀。见者叹曰:"萧萧肃肃,爽朗清举。"或云:"肃肃如松下风,高而徐引。"山公曰:"嵇叔夜之为人也,岩岩若孤松之独立;其醉也,傀俄若玉山之将崩。"

裴令公目:"王安丰眼烂烂如岩下电。"

王大将军称太尉:"处众人中,似珠玉在瓦石闲。"

此类评论,常以叠声字起首,后跟比拟的物象、物态或物势,如上例所示,"谡谡"、"森森"、"朗朗"、"烂烂"、"岩岩"等叠声字皆为形容性评语,"千丈松"、"百间屋"、"岩下电"等为物象;"入廊庙中"、"孤松之独立"为物态;"悬河写水,注而不竭"、"玉山之将崩"为物势。以自然物象比拟人物之美,乃魏晋方才出现的现象,这与魏晋时期对自然美的发现紧密相关。在其他章节还要专门论述。

以上简单概括了人物品藻的几种形式,探究起来,汉末清议的形式及名目,对于魏晋人物品藻颇有影响。如太学生对于李膺、陈蕃、王畅的评语:"天下楷模李元礼,不畏强御陈仲举,天下俊秀王叔茂",皆以四字评说,反映其人最为突出的特点。西晋有谚语云:"后来领袖有裴秀。"①即是承袭此种方式。李膺评价钟皓及荀淑二人:"荀君清识难尚,钟君至德

---

① 余嘉锡:《世说新语笺疏》,中华书局 1983 年版,第 421 页。

可师。"①不是就二人的同一方面作比，而是一论识鉴，一评德行，二者皆有可称，不必分出高下。在人物品藻中，常见这种方式的比较。试举一例："支道林论孙兴公：'君何如许掾?'孙曰：'高情远致，弟子蚤已服膺；一吟一咏，许将北面。'"②支道林问孙绰，他与许询二人相比如何，并没有提及具体哪一方面，孙绰的回答，兼及自己的缺点及优势，前者不及而后者胜出，持论较为客观，能够获得他人认同。再如党人中有"三君"、"八俊"、"八顾"、"八及"、"八厨"的名号，魏晋则有"竹林七贤"、"四友"等称谓。不过，魏晋南北朝人物品藻在形式上远远突破了清议的几种模式，从一字至多字，变化多端，丰富多彩，尤其是引入自然物象、物态或物势来比拟人物，更是一个新的并且非常重要的审美现象。

就人物品藻的内容而论，专注于人物的形貌、风神、才情、趣味、清谈、文艺修养等诸多方面，并且皆为审美性的，不似之前对人物性情、才能、德行等方面的政治性的关注。

第二节 人物品藻的理论基础

任何文化中对人物的品评，都是基于自身的文化背景和社会语境，有其独特的理论基础。魏晋南北朝人物品藻亦是如此。揭示人物品藻的理论基础，即何以会有上节所示的品评内容和品评方式，方能对人物品藻所透出的审美意识有深层的把握。

一、"目"与"相"

一个颇为值得注意的现象是，人物品藻常以"目"的方式进行。据《说文》，"目"的本意是"人眼"，在人物品藻中却具有了品评、评论、论断等意。不特此也，"目"的这一用法大量出现于魏晋南北朝，此后却极少使用，显然是随人物品藻的兴盛而出现，随人物品藻的衰落而消隐。

---

① 余嘉锡：《世说新语笺疏》，中华书局 1983 年版，第 6 页。
② 余嘉锡：《世说新语笺疏》，中华书局 1983 年版，第 529 页。

"目"为视觉器官,是人认知世界的重要媒介。在西方文化中,相比其他感官,视觉占据绝对优势,"无论是对真理之源头的阐述,还是对认知对象和认知过程的论述,视觉性的隐喻范畴可谓比比皆是,从而形成了一种视觉在场的形而上学,一种可称为'视觉中心主义'(ocularcentrism)的传统。并且,在这一传统中,建立了一套以视觉性为标准的认知制度甚至价值秩序,一套用以建构从主体认知到社会控制的一系列文化规制的运作规则,形成了一个视觉性的实践与生产系统——用马丁·杰(Martin Jay)的话说,一种'视界政体'(scopic regime)"①。在中国文化中,没有"视觉中心主义"的观念,中国文化不作理性与感性的截然二分,视觉与听觉、味道、触觉、嗅觉并无高下之别。如老子所云:"五色令人目盲,五音令人耳聋,五味令人口爽。驰骋畋猎,令人心发狂,难得之货,令人行妨。是以圣人为腹不为目,故去彼取此。"②将色、音、味作一样看待。更由于作为农耕文化的中国很早就形成了"民以食为天"的观念,并且在夏商周三代就已建构起了一套成熟的"餐桌礼仪",将饮食与礼仪紧密结合起来,所以味觉颇受重视。"味"更是成为中国美学中的一个重要范畴,衍生出"滋味"、"趣味"、"品味"等概念。

虽则如此,视觉依然是人类认知世界的最重要感官,所以"视听"二字,"视"在"听"前。在中医理论中,"目"被称为"精明",如《黄帝内经》有言:"夫精明者,所以视万物,别白黑,审短长。"③亦即,目的功能不仅在于观照万物,更有鉴别黑白、审视短长的功能。这就很自然地将人物品藻之"目"与"相"联系了起来。

相人之术,古已有之。《荀子·非相篇》有言:"相人之形状颜色而知其吉凶妖祥,世俗称之。"④即通过对人物形体容貌、言行举止等外部特征的观察,而推断、预测其人的富贵、穷达、寿夭等关乎"命"的问题。《左

---

① 吴琼:《视觉性与视觉文化——视觉文化研究的谱系》,见吴琼编:《视觉文化总论》,中国人民大学出版社 2005 年版,第 2—3 页。
② 《老子》第十二章,上海古籍出版社 2013 年版,第 26 页。
③ (清)张志聪:《黄帝内经素问集注》卷三《脉要精微论篇第十七》,学苑出版社 2002 年版,第 67 页。
④ (清)王先谦:《荀子集解》,中华书局 2012 年版,第 72 页。

传》、《国语》等先秦文献中有不少记载。如：

> 柯陵之会，单襄公见晋厉公，视远步高。晋郤锜见单子，其语犯。
> 郤犨见，其语迂。郤至见，其语伐。齐国佐见，其语尽。鲁成公见，言
> 及晋难及郤犨之谮。单子曰："君何患焉。晋将有乱，其君与三郤其
> 当之乎！"鲁侯曰："寡人惧不免于晋，今君曰'将有乱'，敢问天道乎，
> 抑人故也？"对曰："吾非瞽史，焉知天道？吾见晋君之容，而听三郤
> 之语矣，殆必祸者也。夫君子目以定体，足以从之，是以观其容而知
> 其心矣。目以处义，足以步目，今晋侯视远而足高，目不在体，而足不
> 步目，其心必异矣。目体不相从，何以能久？"①

单襄公看到晋厉公"视远而步高，目不在体，而足不步目"，断定"其
心必异"，晋国必乱。他的依据是"君子目以定体，足以从之，观其容而知
其心"。《医心方》辑有《产经》所载"相男子形色吉凶法"，其中提道："男
子强骨方身，面方平正，且眼正。眼不邪见，邪见必有不直之心。行步直
迟，行虎步不为为人。口开则大，闭则小。言语迟迟，言时不见前人者，君
子之相也。目忝动，眒盗视，言必望前人之面目者，小人气也。"②在特定
的文化中，共同的生活方式和行为规范往往规训出了一套身体行为模式，
或用人类学家莫斯的说法，一种"身体技艺"。儒家文化形塑的是一种动
静合礼的礼仪性身体和社会性身体。③ 在不同的情境之中，应该有怎样
的言行举止，"三礼"有大量规定。晋厉公的身体行为显然悖离了此一文
化规范，显现出《产经》所描述的"小人气"，昭示出他的失常，所以单襄公
据此推断出其人的败亡。

在以儒家为主导的中国文化体系中，"相"与占卜、星相，皆属"术数"
一类，地位不高。如荀子的《非相》就对其进行置疑批判。虽则如此，它
们却是中国传统文化不可忽视的一个方面，甚至可以说，上至帝王，下至
民间，在整个中国社会乃是一种普遍信仰。从《非相》篇所云"世俗称

---

① 徐元诰：《国语集解》，中华书局 2002 年版，第 82—84 页。
② ［日］丹波康赖：《医心方》，高文柱校注，华夏出版社 2011 年版，第 495 页。
③ 关于儒家身体观的研究，可以参考台湾学者杨儒宾：《儒家身体观》，"中央研究
院"中国文哲研究所筹备处 1996 年版。

之"，可知受到时人普遍信奉。魏晋南北朝时期仍然如此，相关史料中多有记载。如董卓的女婿牛辅"见客，先使相者相之，知有反气与不，又筮知吉凶，然后乃见之"①。钟繇"尝与族父瑜俱至洛阳，道遇相者，曰：'此童有贵相，然当厄于水，努力慎之。'"②晋明帝曾命相师相张辑，"帝以为缉之材能，多所堪任，试呼相者相之。"③《晋书·武元杨皇后传》，"有善相者尝相后，当极贵，文帝闻而为世子聘焉"。《晋书·张华传》载，张华称："吾少时有相者言，吾年出六十，位登三事，当得宝剑佩之。斯言岂效与。"曹植和王朗均著有《相论》④，讨论相法的问题。显然，相术在魏晋南北朝社会有着不小的影响，司马昭、张华等人对相师的崇信，可视为时人的普遍观念。

那么，相术的理论基础何在？相术的方式对于人物品藻产生了怎样的影响？

二、相术的理论基础及其对人物品藻的影响

《汉书·艺文志》列有数术六种：天文、历谱、五行、蓍龟、杂占、形法。相人属于形法。同列形法的，还有《山海经》、《宫宅地形》、《相宝剑刀》和《相六畜》。《汉书·艺文志》说得明白："形法者，大举九州之势以立城郭室舍形，人及六畜骨法之度数、器物之形容以求其声气贵贱吉凶。犹律有长短，而各徵其声，非有鬼神，数自然也。然形与气相首尾，亦有有其形而无其气，有其气而无其形，此精微之独异也。"《山海经》讲的是九州之势，《宫宅地形》类似于风水，人、畜、器物皆有形可相，以求其贵贱吉凶。李零指出："古代相术是以目验的方法为特点。它所注意的是观察对象的外部特征（形势、位置、结构、气度等），所以也叫'形法'。从'象数'的角度讲，它侧重的是'象'。"⑤

---

① 《三国志》卷六《董卓传》裴注引《魏书》，中华书局1965年版，第181页。
② 《三国志》卷十三《钟繇传》，中华书局1965年版，第391页。
③ 《三国志》卷十五《张辑传》裴注引《魏略》，中华书局1965年版，第478页。
④ 曹植《相论》，见《全三国文》卷十八；王朗《相论》，见《全三国文》卷二十二。
⑤ 李零：《中国古代方术正考》，中华书局2006年版，第64页。

《汉书·艺文志》所载二十四卷《相书》已经失传，可以借助考古出土的马王堆帛书《相马经》和银雀山汉简《相狗方》，约略了解相人之法。《相马经》并非全帙，只讲了马的目睫眉骨等局部。《相狗方》未经拼联，内容涉及狗的头、眼、喙、颈、肩、胁、膝、脚、臀等部位，以及筋肉、皮毛、起卧之姿，奔跑速度等。① 皆是通过对其身体部位的审察，来测度其良劣吉凶。实际上，我们在先秦以来的典籍中，时或能见到此类相法。如《史记·高祖本纪》所记，刘邦"隆准而龙颜，美须髯，左股有七十二黑子"。《越王勾践世家》越王"为人长颈鸟喙，可与共患难，不可与共乐"。《论衡·骨相》载尉缭议论秦始皇："秦王为人，隆准长目，鸷膺豺声，少恩，虎视狼心。居约，易以下人；得志，亦轻视人。"②《东观汉记》载相工茅通见孝顺梁皇后，"瞿然惊骇，却再拜贺曰：'此所谓日角偃月，相之极贵，臣所未尝见。'太史卜之，兆得寿房，又筮之，得坤之比。"《世说新语·识鉴》载潘滔见到少年王敦，说他："君蜂目已露，但豺声未振耳。必能食人，亦当为人所食。"《容止》篇载刘尹道桓公："鬓如反猬皮，眉如紫石棱，自是孙仲谋、司马宣王一流人。"

以上诸例足以表明，相人之术已经形成了一种人物类型学，即人物的形貌及其所表征的性情特征、吉凶祸福有类型化的概括。如隆准多为富贵之相，龙颜更是帝王之相，日角偃月是极贵之相，多为帝王多有③；蜂目豺声、狼顾虎视之相，常示其人性情凶狠等。这种人物类型学，很可注意的是，多以自然物象尤其是动物形象来做比拟。

究其根源，气化论的宇宙观、天人相合的观念，以及中国农耕文明对自然世界的独特认知，构成相人术的第一个理论基础。中国古人认为天地万物皆秉气而生，而人最为尊贵，其因在于人受命于天。董仲舒的《春秋繁露》典型地表达了这一思想，《人副天数第五十六》篇中提道："人有三百六

① 参见李零：《中国古代方术正考》，中华书局 2006 年版，第 65 页。
② 黄晖：《论衡校释》，中华书局 1990 年版，第 121 页。
③ 《后汉书·光武帝纪上》："身长七尺三寸，美须眉，大口，隆准，日角。"李贤注引郑玄《尚书中候》注："日角谓庭中骨起，状如日。"（中华书局 1965 年版，第 1 页。）《文选》刘孝标《辩命论》："龙犀日角，帝王之表。"李善注引朱建平《相书》："额有龙犀入发，左角日，右角月，王天下也。"（上海古籍出版社 1986 年版，第 2352 页。）

十节,偶天之数也;形体骨肉,偶地之厚也;上有耳目聪明,日月之象也;体有空窍理脉,川谷之象也;心有哀乐喜怒,神气之类也。"①既然人体合于天地自然之象,那么将人比拟为天地山川和自然物象便成了顺理成章的事情。《汉书·艺文志》将相人与《山海经》、相六畜并列一起,也就可以理解了。

此外,上述事例多以对人有生命威胁的野兽,如虎、狼、豺、鸷的形象来比拟凶恶勇猛之人,之所以如此,乃是由于在农耕的定居生活之中,在与这些野兽的接触与对立中,形成了对于它们的负面观念。在狩猎文化中,对于这些野兽的观念必然有异于此。

相人术的第二个理论基础,乃是阴阳五行观。阴阳五行是中国古代特有的思想观念和分类范畴,万物皆可据此以条分。如天地、乾坤、男女,均可以阴阳分之。被视为"群经之首"的《周易》以阴阳两爻形成六十四卦,自然界的所有变化,皆可归结为阴阳两种势力的消长。五行之范畴构成分类的基础,如《灵枢经·通天》所言:"天地之间,六合之内,不离于五,人亦应之。"②古人将五行与声音、色彩、人体甚而人物德行等勾连起来,从而形成五音、五色、五脏、五德、五常等区分。气化论又与阴阳五行结合起来,构成中国传统文化的理论基础,除了相术,还有中医、堪舆、气功甚至中国的儒道、文艺、政治等,皆需以气、阴阳、五行为理论基础加以把握。

在《黄帝内经》这部重要典籍中,从阴阳和五行两个角度对人物作了两种大的分类。就阴阳而论,根据禀赋之差异,又将人物分成五种类型:太阴之人、少阴之人、太阳之人、少阳之人、阴阳和平之人。这五种人物各有着不同的性格、品质、形态、体质。比如,太阴之人,性格为"贪而不仁,下齐湛湛,好内而恶出,心和而不发,不务于时,动而后之",体质上"多阴而无阳,其阴血浊,其卫气涩,阴阳不和,缓筋而厚皮",形色举止的特点为"其状黮黮然黑色,念然下意,临临然长大,䐃然未偻"③。再如阴阳和

---

① 苏舆:《春秋繁露义证》,中华书局1992年版,第354—355页。

② (唐)王冰校:《黄帝素问灵枢经》卷十《通天第七十二》,上海科学技术出版社2000年影印版,第430页。

③ (唐)王冰校:《黄帝素问灵枢经》卷十《通天第七十二》,上海科学技术出版社2000年影印版,第435页。

平之人，性格为"居处安静，无为惧惧，无为欣欣，婉然从物，或与不争，与时变化，尊则谦谦，谭则不治，是谓至治"，体质上"其阴阳之气和，血脉调"，形色举止"其状委委然，随随然，颙颙然，愉愉然，暶暶然，豆豆然，众人皆曰君子"。① 普通之人并不属于这五种人物之列，《内经》根据五行，将人的形体分成木、火、土、金、水五种类型，每一类型又根据五音太少、阴阳属性以及手足三阳经的左右上下、气血多少之差异再推演出五类，于是分出五五二十五种人，即《灵枢经·阴阳二十五人》文中所载："先立五形金木水火土，别其五色，异其五形之人，而二十五人具矣。"②文中论述了二十五种人的形体特征、性情特点、生理病理等方面的特异性。如论木形之人，"其为人苍色，小头，长面，大肩背，直身，小手足，好有才，劳心，少力，多忧劳于事"。论火形之人，"其为人赤色，广䏝，锐面小头，好肩背髀腹，小手足，行安地，疾心，行摇，肩背肉满，有气轻财，少信，多虑，见事明，好颜，急心，不寿暴死"③。

显然，《黄帝内经》以气、阴阳和五行为理论基础所划分的两大人物类型，及其对诸类人物的形体及性情特征的表述，与相术有很大的相通之处，或者说它们共享着同样的理论基础。三国时期著名术士管辂对何晏等人的评论即能见出这点，它向下开启了两条人物评论的路线：一以《人物志》为代表，乃是着眼于人才学的政治性的人物品评；二以《世说新语》为代表，是以审美性为追求的人物品藻。

第三节　《世说新语》与人物审美

《世说新语》乃南朝宋临川王刘义庆所撰，梁刘孝标作注。关于《世

---

① （唐）王冰校：《黄帝素问灵枢经》卷十《通天第七十二》，上海科学技术出版社2000年影印版，第436页。

② （唐）王冰校：《黄帝素问灵枢经》卷八《阴阳二十五人第六十四》，上海科学技术出版社2000年影印版，第382页。

③ （唐）王冰校：《黄帝素问灵枢经》卷八《阴阳二十五人第六十四》，上海科学技术出版社2000年影印版，第383页。

说新语》的作者,学界多有争论,或谓义庆独撰,或谓成于众手,莫衷一是。① 然而此书在史学、文学、美学以及文化史上的意义,却向来受到肯定。有的学者甚至提出建立"世说学"。② 就本书的关注点而言,《世说新语》不仅是魏晋南北朝清谈总汇,还是魏晋南北朝审美风尚之凝结,魏晋南北朝人物美学之集成,它以简约玄妙之文笔,精彩地呈现了魏晋南北朝人的妙言嘉行、风姿神韵,为我们领略魏晋南北朝人物之美提供了最好的文献资料。因此,本节以《世说新语》为中心,结合魏晋南北朝相关文献,对魏晋南北朝人物美学加以探讨。

这里要关注的问题是,魏晋南北朝人物,主要是魏晋人物,其形象具有怎样的美学特点? 或者说,时人主要关注人物之美的哪些方面,进而如何进行描述与解释? 此外,我们要引入比较的视野,魏晋人物美学,从纵向来说,相比此前与其后的人物,有何区别? 其背后,又透射出了怎样的审美意识与文化精神?

一、从"姿颜雄伟"到"容貌整丽":身体审美意识的嬗变

魏晋之前的文献中,对人物身体和形貌的关注,大抵有以下几种情况:一是儒家文化中的身体叙事,要求人物的身体行为符合礼仪之规定。比较典型的是《论语·乡党》篇所记孔子在不同场合中的举止,"执圭,鞠躬如也,如不胜。上如揖,下如授。勃如战色,足蹜蹜,如有循。享礼,有容色。私觌,愉愉如也"。儒家礼仪所规训出的是一种摄威仪的身体美学形象,其所达致的效果,是"君子容色,天下仪象而望之,不假言而知宜为人君者"③。二是道家文献中的身体描述,《庄子》一书描写了众多身体畸形之人,如支离疏、鲁人兀者王骀、卫人哀骀它等。支离疏其人,"颐

---

① 自鲁迅在《中国小说史略》中提出《世说》"或成于众手"以来,对其作者问题屡有争论。如王能宪在《世说新语研究》中认为其作者即为刘义庆,而范子烨在《世说新语研究》中则持成于众手说,认为其作者除刘义庆外,还有其招聚的文士袁淑、陆展、何长瑜、鲍照等人。笔者倾向于《世说》乃刘义庆担任主编,手下文士协助完成,即成于众手之作。

② 参见刘强:《世说学引论》,上海古籍出版社 2012 年版。

③ 许维遹:《韩诗外传集释》卷二第二十七章,中华书局 1980 年版,第 71 页。

隐于脐,肩高于顶,会撮指天,五管在上,两髀为胁"。庄子特以畸人形象,来论证其无所用而能全生,"德有所长而形有所忘"等观点。三是对异相的记载,以表明其人之不同凡俗,此类人物以帝王居多。如《论衡·骨相》所记:"传言黄帝龙颜,颛顼戴干,帝喾骈齿,尧眉八采,舜目重瞳,禹耳三漏,汤臂再肘,文王四乳,武王望阳,周公背偻,皋陶马口,孔子反羽。"①这种奇人异相的观念已积淀为一种文化心理。东汉班彪在总结刘邦之所以能够问鼎中原的原因时,指出了五点:"一曰帝尧之苗裔,二曰体貌多奇异,三曰神武有征应,四曰宽明而仁恕,五曰知人善任使。"②就将"体貌而多异"视为刘邦成就帝业的一大原因。刘邦之体貌,上文已有述及,即"隆准、龙颜、美须,左股有七十二黑子"。四是医学中的身体,如《黄帝内经》对身体的描述,上文已有分析。中医对身体有一套复杂的认知体系,大体是以气、阴阳、五行为理论基础。五是某历史人物容貌或美或丑,值得记下一笔。如东汉陵续,美姿貌,喜著越布单衣,光武见而好之,于是常敕会稽郡献越布。东汉周举,姿貌短陋,而博学洽闻,为儒者所宗。梁鸿妻孟光,容貌丑而有节操。此类容貌描写,往往是对其人德行的映衬。

汉代史料中已有大量对人物形貌的描写。以《汉书》所记人物为例,江充"为人魁岸,容貌甚壮",息夫躬"容貌壮丽,为众所异",朱云"长八尺余,容貌甚壮,以勇力闻",金日磾"长八尺二寸,容貌甚严",王商"为人多质有威重,长八尺余,身体鸿大,容貌甚过绝人",陈遵"长八尺余,长头大鼻,容貌甚伟"等。以上记述,意在突出其人形貌的高大强壮,异于常人。

时至后汉,史料中对于人物形象的描写明显增多起来。显然,这极大程度上得益于汉末清议所引发的人物品评之风。由于人伦识鉴和相人术有着内在的关联,皆以形貌推论内心,以表征推断本质,因此特重人物的容貌和谈论。容貌与言谈遂成为士人博取社会声誉的两种手段,成为时人关注的对象。与《汉书》中对人物形貌的描写只重其高大强壮不同,

① 黄晖:《论衡校释》,中华书局 1990 年版,第 108—112 页。
② 《汉书》卷一百《叙传上》,中华书局 1974 年版,第 4211 页。

《后汉书》中常将"音声"与"容貌"并置描述，如马融"为人美辞貌，有俊才"；郭泰"善谈论，美音制"、"身长八尺，容貌魁伟"；卢植"身长八尺二寸，音声如钟"；公孙瓒"为人美姿貌，大音声，言事辩慧"等。此风一开，遂广披魏晋南北朝之世。

三国史书对人物外形的描写与两汉有相承之处，即突出人物的身高、体态、音声，不过记叙对象有了进一步的拓展。在《三国志》的记载中，刘表"长八尺余，姿貌甚伟"，管宁"长八尺，美须眉"，崔琰"声姿高畅，眉目疏朗，须长四尺，甚有威重"，许褚"长八尺余，腰大十围，容貌雄毅，勇力绝人"，诸葛亮"身长八尺，容貌甚伟"，马腾"为人长八尺余，身体洪大"等。将人物的胡须、眉毛、腰围等身体元素纳入了描述对象。

在《晋书》以及南北朝相关史书中，对人物的描述与此前类似。如《晋书》记载，吾彦"身长八尺，手格猛兽，臂力绝群"，张光"身长八尺，明眉目，美音声"，褚裒"身长八尺四寸，容貌绝异，音声清亮，辞气雅正"，刘和"身长八尺，雄毅美姿仪"，慕容俊"身长八尺二寸，姿貌魁伟"，慕容恪"身长八尺七寸，容貌魁杰，雄毅严重"，赫连勃勃"身长八尺五寸，腰带十围，性辩慧，美风仪"等。所述人物，身长常常是八尺以上，腰带往往在十围开外，并且多有臂力，为人勇猛。

很可注意的一点，"身长八尺"成为人物美学的一个标准。在史书中，一般而言，身高需要达到八尺或八尺以上①，方可记上一笔。"身高八尺"常能达到"姿貌甚伟"、"姿颜雄伟"、"容貌魁杰"、"姿貌魁伟"等审美效果。身体之"伟"遂成为魏晋南北朝人物美学一大特点。

不过细而究之，三国人物之"伟"与晋代人物之"伟"颇有差异。前者，多为雄伟、魁伟，后者，以魁伟称之者，绝大多数出自"载记"，即为北方五胡十六国之人物，而对于中原士人，则常有"秀伟"之誉。如《晋书》所记，魏舒"身长八尺二寸，姿望秀伟"，庾翼"风仪秀伟"，温峤"风仪秀整"。《世说新语》载，嵇康"身长七尺八寸，风姿特秀"。也就是说，由三

---

① 当然，亦有不少人物身高七尺以上，考虑到不同时代的尺度的不一以及体形的地域差异，七尺以上者定然也是当时当地的高个子了。

国至晋代,其人物美学产生了由"雄伟"至"秀伟"的变迁。

推究根源,其与三国两晋的社会变迁密切相关。三国时期,群雄逐鹿,战事频仍,崇尚武力以及有实际政治才能的人士,所以"英雄"之目在《人物志》中最为重要,此一时期,活跃在政治舞台上的,乃是由曹操、刘备、孙权诸英雄人物为核心的"五虎上将"和智谋之士。曹氏父子虽热爱文学,建安七子虽名动后世,不过在三国争霸的社会背景下,文学终究是余事,所以建安七子中人多居主簿或五官将文学之职。这种情形在以何晏为首的正始名士登上历史舞台之后发生了变化。正始年间,曹爽秉政,何晏任吏部尚书,位高权重,在其周围聚拢起了一批当时最为知名的士人,如王弼、钟会、夏侯玄等人。何晏爱好文章学术,经其鼓吹煽动,学术风气与社会风气皆为之一变。玄学取代经学成为主流思潮,而清谈、服药等文化现象亦开始遍及士林。正是从正始年间开始,富有清谈才能以及文艺才情的文士开始成为历史的主角。有一个例子很能说明问题,时受司马氏崇信的钟会,虽然博通学术,书法亦佳,更富军事才能,然而,他在写出《才性四本论》后,仍希望得到嵇康的品读。文士成为社会主角的情形在门阀政治确立之后更是得到巩固。世族子弟莫不探究老庄之义,悉心于文学与书法。唯其如此,才能获得社会声誉。有英雄之目的王敦、桓温等人,身处文士之间,常因自身文化素养不足,或是清谈能力不强,或是艺术训练不够,而显得捉襟见肘。①

"秀"趋近于优美,所以容易导向"丽"的一面。开其端者,仍为何晏。何晏其人,动静自喜,行步顾影,爱好傅粉,又喜着女性服饰。魏晋南北朝傅粉的风尚,亦由他引领。晋人中多有"丽"称,如石苞"雅旷有智局,容仪伟丽,不修小节",王衍"容貌整丽",谢尚被视为"妖冶"。孟昶看到王恭,"惊其炫丽"②。所谓"妖冶"之属,带有浓郁的女性化色彩。如《陈书》所记韩子高,"容貌美丽,状似妇人"。陈高宗第六子宜郡王叔明,"仪

---

① 如卫玠渡江之后拜见王敦,遇到谢琨,二人清谈整晚,王敦不得预焉。桓温与殷浩、刘惔清谈,相差甚远,意气沮丧。

② 《企羡》六余嘉锡笺注引李慈铭语。(余嘉锡:《世说新语笺疏》,中华书局1983年版,第635页。)

容美丽,举止柔弱,状似妇人。"魏晋南北朝人已对此类充满女性化的人物形象带着欣赏之情。①

而在此前,却此类面貌美丽的男性,是不无贬义的。如《荀子·非相》中提到两类人,世俗之乱君和乡曲之儇子,他们"莫不美丽姚冶,奇衣妇饰,血气态度拟于女子",虽然受到女性的喜爱,然而"中君羞以为臣,中父羞以为子,中兄羞以为弟,中人羞以为友"②,对其轻薄行径嗤之以鼻。那些容貌美丽的臣子,往往被视为邀媚取宠的败德之人,如汉代董贤,《汉书》说其"美丽自喜,哀帝望见,说其仪貌"。司马相如美丽闲都,受到梁王喜爱,梁王门客邹阳诬陷他说:"相如美则美矣,然服色容冶,妖丽不忠,将欲媚辞取悦,游王后宫。"③张良同样很是典型,《汉书》载其"容貌美丽如妇人女子",在很多典籍中,都将其当成了张良的一个缺点,《太平御览·人事部》中收有"美丈夫"和"丑丈夫",张良竟然都被收入,同样的容貌,却有着截然不同的判断,这种矛盾情形,其间大有深意,它反映了由汉代以至魏晋南北朝人物形貌审美观念的变迁。

"丽"的审美追求,还体现于当时的文学艺术之中。文学领域,曹丕在《典论·论文》中提出"诗赋欲丽"的观点,标举纯文学的审美性征。陆机在《文赋》中提出了"诗缘情而绮靡,赋体物而浏亮",认为文章应当"为物多姿"、"会意尚巧"、"遣言贵妍"、"五色相宣"。魏晋南北朝时代的文学家,其作品可以"丽"概括者多矣。如张华"学业优博,辞藻温丽",陆机"天才秀逸,辞藻宏丽",潘岳"词辞绝丽",成公绥"少有俊才,词赋甚丽",左思"貌寝,口讷,而词藻壮丽"。钟嵘所著《诗品》中,陆机、潘岳、左

---

① 这种对女性化的男性之美的欣赏,在魏晋南北朝诗歌中亦能见出,如对美男周小史的吟咏。西晋张翰的《周小史诗》:"翩翩周生,婉娈幼童。年十有五,如日在东。香肤柔泽,素质参红。团辅圆颐,菡萏芙蓉。尔形既淑,尔服亦鲜。轻车随风,飞雾流烟。转侧猗靡,顾盼便妍。和颜善笑,美口善言。"梁代刘遵的《繁华应令诗》:"可怜周小童,微笑摘兰丛。鲜肤胜粉白,曼脸若桃红。挟弹雕陵下,垂钩莲叶东。腕动飘香麝,衣轻任好风。幸承拂枕选,得奉画堂中。金屏障翠帔,蓝帕覆薰笼。本知伤轻薄,含词羞自通。剪袖恩虽重,残桃爱未终。蛾眉讵须嫉,新妆近似宫。"(两诗分别见逯钦立辑校:《先秦汉魏晋南北朝诗》,中华书局1983年版,第737、1810页。)

② (清)王先谦:《荀子集解》,中华书局2012年版,第76页。

③ 司马相如:《美人赋》,《全汉文》卷二十二,商务印书馆1999年版,第218页。

思皆居上品，张华居中品，钟嵘评陆机诗为"才高辞赡，举体华美"，"举体华美"则可称之为"丽"了。而潘岳之文更甚于此，"潘文烂若披锦，无处不善。陆文若排沙简金，往往见宝"。更是绮丽非常。书法上，王羲之的书法被评为"飘若游云，矫若惊龙"，王献之的书法有"宛转妍媚"之称，追求一种"媚趣"。魏晋南北朝文艺作品对"丽"的追求，与人物美学以"丽"为审美标准，实则有着内在的关联。

二、"丽"的展开

人物之"丽"，具体体现于哪些方面？在《世说新语》一书中，人物的体形、肤色、眼神、风姿、神情等，是进行品评与欣赏的主要对象。因此，人物之"丽"便体现于这些身体元素之中。还是先以何晏为例作一分析。

根据《世说新语》和《三国志》等史料，何晏的形体有这样几个特征，一是肤色非常之白，魏文帝曾疑其傅粉，让他喝热汤面以作试探。而何晏确有傅粉之爱好，动静粉帛不去手。二是好服妇人之服。傅粉及着妇人服饰，皆着意于修饰自身，予人以"妖丽"之感。肤白之人，在《世说新语》的记载中，还有数人，皆为当世之美男。如王衍，"恒捉白玉柄麈，与手都无分别"。杜乂"面如凝脂"，裴楷、潘岳、卫玠皆有"玉人"或"璧人"之称，想其肤色必然亦白。以"玉"和"凝脂"比拟肤色，一则说明肤色之光亮洁白，一则道出肤色之柔滑细腻。晋人常用光亮鲜洁的喻体来描述人的形貌，同样出于这一原因。

总结魏晋其他美男的形体特征，除肤色之白而外，还有形体之瘦，《世说新语》载：

> 庾公造周伯仁。伯仁曰："君何所欣说而忽肥？"庾曰："君复何所忧惨而忽瘦？"伯仁曰："吾无所忧，直是清虚日来，滓秽日去耳。"[1]

> 王丞相见卫洗马曰："居然有羸形，虽复终日调畅，若不堪

---

[1] 《言语》三十，余嘉锡：《世说新语笺疏》，中华书局1983年版，第92页。

罗绮。"①

　　庚子嵩长不满七尺,腰带十围,颓然自放。②

　　旧目韩康伯:将肘无风骨。③

　　以上言论,对人物瘦削的形体持明显赞赏态度。卫玠"若不堪罗绮",即瘦且弱,丞相王导却流露出欣羡赞赏之情。庚子嵩因体肥受到嗤笑,韩康伯也因太胖被讥为"肉鸭"。杜乂同样形体羸瘦。④ 何以此一时期以瘦为美? 或有以下几个原因。

　　其一,与"气化论"的身体观有关。晋代袁準在《才性论》中论道:"凡万物生于天地之间,有美有恶,物何故美? 清气之所生也,物何故恶? 浊气所施也。"这一观念应该是汉魏时期所掌握的共同知识。根据这种观念,形象美好的人乃秉清气而生。清气如何表征于人身?《后汉书·李固传》中提道:"气之清者为神,人之清者为贤。养身者以练神为宝,安国者以积贤为道。"清气与神关联在了一起,人的体内如果清气贯注,必然有着好的神情,也就意味着有着好的"才性"。既然清气关联着最内在的神的层面,那么人们进行修炼之时,便需要将体内的气进行提升、转化,"炼精成气,炼气成神",作为最表层的肌肤是需要转化的对象,消瘦的身躯则是一种理想状态。周伯仁对自己体形变瘦作出的解释:"清虚日来,滓秽日去",正是体现了这种观念。

　　其二,与魏晋重视"孝行"的观念有关。"孝"是孔门儒家的思想起点及理论基石,"仁"是孔子思想的核心概念,"仁者爱人",而最基本的"仁"就是家庭中对父母之爱,以此由家而国,由对父母之孝推至对君主之"忠"。汉代确立了儒家思想的统治地位,因而特重孝行,以孝治天下,皇帝的庙号前多冠以"孝"字,取官有"孝子"一科。曹魏以法术治国,用人"惟才是举",却不否弃"孝"的意义,孔融就是以不孝之罪名被曹操所

---

① 《容止》十六,余嘉锡:《世说新语笺疏》,中华书局 1983 年版,第 614 页。

② 《容止》十八,余嘉锡:《世说新语笺疏》,中华书局 1983 年版,第 614 页。

③ 《轻诋》二十八,余嘉锡:《世说新语笺疏》,中华书局 1983 年版,第 846 页。

④ 杜弘治墓崩,哀容不称。庚公顾谓诸客曰:"弘治至羸,不可以致哀。"又曰:"弘治哭不可哀。"(余嘉锡:《世说新语笺疏》,中华书局 1983 年版,第 461 页。)

杀。晋代司马氏出身世族大家,崇尚儒学,更因其政权的获得是以篡变为途径,钳制臣民的"忠"显得底气不足,所以更重孝行,以"孝"治天下成为其治世之策略。在意识形态的左右下,"孝行"成为这个时代的重要德行之一。《世说新语·德行》篇共47条,有10条是讲士人之"孝行",孝体现在对父母生前的奉养敬侍与死后的哭泣守灵。而丧礼又最受重视,是古代最重要的礼仪,"三礼"及魏晋士人的文章颇多对丧礼的讨论①,从形式与所取得社会效果而言,后者更能体现出孝道,子女的哀伤之情能够尽显对父母之孝,身体之"瘦"便是哀伤的有力表征:

> 王戎、和峤同时遭大丧,具以孝称。王鸡骨支床,和哭泣备礼。武帝谓刘仲雄曰:"卿数省王、和不?闻和哀苦过礼,使人忧之。"仲雄曰:"和峤虽备礼,神气不损;王戎虽不备礼,而哀毁骨立。臣以和峤生孝,王戎死孝。陛下不应忧峤,而应忧戎。"②

> 孔仆射为孝武侍中,豫蒙眷接烈宗山陵。孔时为太常,形素羸瘦,着重服,竟日涕泗流涟,见者以为真孝子。③

为父母守丧逾礼越礼,"殆至灭性",这是礼教所禁止的,在魏晋时期却成了被嘉许的行为,之所以如此,是因为它更多是发自内心,是真情实感的流露,沉痛而深切地表达了对生养自我的父母的怀念之情。而瘦削的身体正能体现出丧失父母的心情,体现出孝道。

其三,与文士阶层成为社会结构中的中心有关。以何晏为首的文士阶层,以自身的文化修养获得社会声誉,这些文化修养,无论是清谈,还是诗赋文章、书法、绘画、围棋、琴歌,都需要在安静平和的身心状态下习得。他们出身世族权贵,生活条件优渥,在此种环境之中成长的士人,好静厌动,身体瘦弱成为一种必然,甚至成为其社会身份的象征。

还有眼睛之明亮。眼睛作为人类认识世界,与他人交往沟通的最为重要的一个器官,古来就被赋予了最重要的意义,它被视为"心灵的窗户",被视为人类精神世界的显现之处。孟子说过:"存乎人者,莫良于眸

---

① 如《全三国文》《全晋文》中,对不同情形下丧礼、丧服的讨论随处可见。
② 《德行》十七,余嘉锡:《世说新语笺疏》,中华书局1983年版,第19—20页。
③ 《德行》四十六,余嘉锡:《世说新语笺疏》,中华书局1983年版,第51页。

子。眸子不能掩其恶。胸中正,则眸子瞭焉;胸中不正,则眸子眊焉。听其言也,观其眸子,人焉廋哉。"①"瞭"意指眼睛明亮,"眊"表示目光昏暗。在孟子看来,人心之善恶不可避免地会显露于眼睛,所以通过观察人的眼睛,可以得知其人。这一观点被魏晋时期的蒋济所发展,他提出"观其眸子,足以知人"②,此外,道教的内丹修炼术格外重视眼睛,认为神之机在于目。《道枢·黄庭经》谓:"目者,神之牖也。"《内经》:"目者,心使也。""夫心也,五藏之专精也,目者其窍也。""五藏六府之精气,皆上注于目而为之精",说明眼睛是五脏六腑之精气所出入的通道,目光也就是人体阴阳和合之气所焕发出来的神妙之光,故以"紫烟"喻之。《阴符经》:"机在目"。心的神机运用,要妙在于借助目光。《性命圭旨》说:"张紫阳云:'斗极建四时,八节无不顺,斗极实兀然,魁杓自移动。只要两眼皎,上下相关送。'所以用两眼皎者何也? 盖眼者阳窍也。人之一身皆属阴,惟有这点阳耳。我以这一点之阳,从下至上,从左至右,转而又转,战退群阴,由阳道日长,阴道日消。故《易》曰:'龙战于野,其血玄黄。'又能使真气上下循环,如天河之流转,其眼之功,可谓大矣。"③

因为眼睛是五脏六腑之精气所出入的通道,目光也就是人体阴阳和合之气所焕发出来的神妙之光,眼睛明亮,则说明体内精气充盈,心神爽朗聪慧。

这种观点对魏晋时期定然发生着影响,魏晋名士对人物形貌的观察品评,重视眼睛:

> 裴令公目王安丰:"眼烂烂如岩下电。"④

> 裴令公有俊容姿,一旦有疾至困,惠帝使王夷甫往看。裴方向壁卧,闻王使至,强回视之。王出,语人曰:"双眸闪闪,若岩下电,精神挺动,体中故小恶。"⑤

---

① 杨伯峻:《孟子译注》卷七《离娄章句上》,中华书局 1960 年版,第 177 页。
② 《三国志·魏志》卷二十八《钟会传》:"中护军蒋济著论,谓'观其眸子,足以知人'。"(中华书局 1959 年版,第 784 页。)
③ 《性命圭旨》,上海古籍出版社 1989 年版,第 271—272 页。
④ 《容止》六,余嘉锡:《世说新语笺疏》,中华书局 1983 年版,第 610 页。
⑤ 《容止》十,余嘉锡:《世说新语笺疏》,中华书局 1983 年版,第 612 页。

谢公云："见林公双眼,黯黯明黑。"孙兴公见林公："棱棱露其爽。"①

《晋书》卷四十三《王戎传》载："戎幼而颖悟,神彩秀彻,视日不眩,裴楷见而目之曰:'戎眼烂烂,如岩下电。'"王戎凤慧,眼睛明亮有神,裴楷虽在病中,却"双眸闪闪若岩下电",精神状态很好,王衍以此知道裴楷只是小病一场,并无大碍。支道林乃一代高僧,亦属名士,其眼睛同样明亮有神。

在此,对眼睛的关照与评价并非是纯美学意义上的,而有相人术、中医学、道教修炼术的知识背景为依托。再如,嵇康曾评价赵至"卿头小锐,瞳子白黑分明,觇占停谛,有白起风"。嵇康的评语自有其渊源出处,晋孔衍的《春秋后语》曰:"平原君对赵王曰:'沔池之会,臣察武安君之为人也,小头而锐,瞳子白黑分明。小头而锐,断敢行也;瞳子白黑分明者,见事明也。'"②孔衍虽为晋人,晚于嵇康,然其《春秋后语》当为辑录之作,以嵇康之博学,相关史料定能看到。平原君的论断,就有相人术的意味。瞳子白黑分明,说明此人聪明洞达。

魏晋士人对眼睛的这种观念与认识,深刻影响了当时的艺术创作与艺术理论,如顾长康的绘画:

顾长康好写起人形。欲图殷荆州,殷曰:"我形恶,不烦耳。"顾曰:"明府正为眼尔。但明点童子,飞白拂其上,使如轻云之蔽日。"③

顾长康画人,或数年不点目精。人问其故,顾曰:"四体妍蚩,本无关于妙处,传神写照,正在阿堵中。"④

顾长康道画:"手挥五弦易,目送归鸿难。"⑤

《巧艺》门共载 14 则事迹,其中有 6 则涉及顾恺之,除第七则为谢安对顾恺之绘画才能的品赞⑥,其余 5 则均为顾恺之的创作经验谈,以上所

---

① 《容止》三十七,余嘉锡:《世说新语笺疏》,中华书局 1983 年版,第 626 页。
② （宋）李昉等编:《太平御览》,中华书局 1960 年影印版,第 1675 页。
③ 《巧艺》十一,余嘉锡:《世说新语笺疏》,中华书局 1983 年版,第 721 页。
④ 《巧艺》十三,余嘉锡:《世说新语笺疏》,中华书局 1983 年版,第 722 页。
⑤ 《巧艺》十四,余嘉锡:《世说新语笺疏》,中华书局 1983 年版,第 722 页。
⑥ 《巧艺》七:"谢太傅云:顾长康画,有苍生来所无。"（余嘉锡:《世说新语笺疏》,中华书局 1983 年版,第 719 页。）

举3则均与人的眼睛有关。另,《北堂书钞》一百五十四引《俗说》云:"顾虎头为人画扇,作嵇、阮,都不点眼睛,便送还扇主,曰:'点睛便能语也。'"同样涉及人的眼睛。

殷仲堪貌丑,不愿顾恺之为他画像,而顾恺之认为殷仲堪之所以"形恶",是眼睛的原因,只要经过"明点童子,飞白拂其上",以其出神入化的画功,对眼睛进行艺术化处理,殷仲堪的画像就可以示人了。由其他各句,顾恺之作人物画,或是数年不点目睛,或是根本就不画眼睛,他"点睛便能语也"的解释自然是这位喜好戏谑,号称"三绝"(画绝、痴绝、才绝)的天才人物的调笑之语。所谓"目送归鸿难",一个"难"字,才是他真正的创作感言,他不轻易画人眼睛,正是因为其"难",而之所以"难",则在于"传神写照,正在阿堵中",在他看来,人们的神情风貌全系于眼睛。在人物绘画中,一个活泼生动的内心世界的摹写有赖于对眼睛的悉心描绘,所以不能妄下画笔。顾恺之的"传神写照"之法,尽管被后人演绎成为中国美学史上的一个重要命题,但其理论却是源自人物识鉴的。

三、三种审美类型:玉人、达人与天际真人

(一)玉 人

正始时期,英雄时代告一段落,名士时代大幕开启。从外在形象来说,正始名士何晏之"丽",构成了一种人物美学范型。同一类型者,正始名士之中,夏侯玄、李丰堪称代表,夏侯玄被时人目为"朗朗如日月之入怀",魏明帝之后弟毛曾与他并坐,时人评为"蒹葭倚玉树";李丰则被评为"颓唐如玉山之将崩"。西晋人物中,王衍、潘岳、卫玠、裴楷等人皆属此列。王衍容貌整丽,手白如玉;潘岳姿容甚美,与夏侯谌并称"连璧";裴楷容仪俊发,时人称为"玉人",见者叹曰:"见裴叔则如玉山上行,光映照人。"王济虽风姿俊爽,见到卫玠却不由感叹:"珠玉在侧,觉我形秽。"东晋名士中,被赞为"面如凝脂,眼如点漆"的杜义,"濯濯如春月柳"的王恭,"轩轩若朝霞举"的司马昱,亦可归为此类人物。此类人物有两点值得注意。

一是就其社会身份而言,他们多为世族贵胄,并且自身居于高位。如

何晏曾任吏部尚书，夏侯玄官至征西将军，王衍高居太尉，裴楷仕至中书令，司马昱曾为会稽王，后来更是登上帝位。潘岳虽然官位较低，却也汲汲于仕途。何晏、夏侯玄等正始名士虽树起了玄学的大旗，他们在政治上却有所抱负。尽管史书对何晏诃毁甚多，但实际上其人亦有政治才能，西晋傅咸尝云："正始中，任何晏以选举，内外之众职各得其才，粲然之美于斯可观。"①学术上，他们除了精研《易》、《老》，于儒家思想多有研究，在立身行事上亦不能不受到儒家之影响，因此钱穆先生认为何晏和王弼都可以视为儒家。② 王衍虽然不研经史，专务谈玄，然其身居高位，必然对儒家礼仪有所遵循，不能像竹林名士一样放任不羁。其他诸人的情形亦相类似。概而言之，以上所列举的何晏一类人物，因其大多出身高贵，又处于政坛，因此对其身体加以修饰。

二是从对此类人物的品评来看，大多没有详论其体貌特征，而是就其容貌加以精练性和譬喻性的品评。人物品藻中所使用的喻体甚多，或为自然景观：如断山、游云、朝霞；或为植物：如千丈松、春月柳；或为动物：如白鹤、惊龙。这些比拟，或言其形，或征其神，而更多是对于人物形神的综合性品评。正如宗白华先生所指出的："晋人的美的理想，很可以注意的，是显著的追慕着光明鲜洁，晶莹发亮的意象。"③所使用的意象之中，最可注意的，是玉或与玉相关的喻体，如珠、璧等，再看数例：

> 或问汝南许劭"靖爽孰贤？"劭曰："二人皆玉也。慈明外朗，叔慈内润。"④

> 王戎目山巨源："如璞玉浑金，人皆钦其宝，莫知名其器。"⑤

> 王戎云："太尉神姿高彻，如瑶林琼树，自然是风尘外物。"⑥

---

① 《晋书》卷四十七《傅咸传》，中华书局 1974 年版，第 1327 页。
② 钱穆：《魏晋玄学与南渡清谈》，《中国学术思想史论丛》（三），三联书店 2009 年版，第 73 页。
③ 宗白华：《美学散步·论世说新语和晋人的美》，上海人民出版社 1981 年版，第 212 页。
④ 《德行》六余笺注引陶渊明《圣贤群辅录》引《荀氏谱》，余嘉锡：《世说新语笺疏》，中华书局 1983 年版，第 9 页。
⑤ 《赏誉》十，余嘉锡：《世说新语笺疏》，中华书局 1983 年版，第 423 页。
⑥ 《赏誉》十六，余嘉锡：《世说新语笺疏》，中华书局 1983 年版，第 428 页。

刘万安即道真从子。庾公所谓"灼然玉举"。①

世称"庾文康为丰年玉,稚恭为荒年谷。"庾家论云是文康称"恭为荒年谷,庾长仁为丰年玉。"②

有人诣王太尉,遇安丰、大将军、丞相在坐;往别屋见季胤、平子。还,语人曰:"今日之行,触目见琳琅珠玉。"③

王大将军称太尉:"处众人中,似珠玉在瓦石间。"④

无疑,"玉"、"珠"、"璧",是出现最多的喻体。在《世说新语》一书中,用"玉"26次⑤,除入人名3次(卫伯玉,庾玉台,庾赤玉),指实在器物4次(玉尺,玉柄麈尾,玉镜台,玉帖镫),其他如"玉山"3次,"玉树"3次,"珠玉"3次,丰年玉1次,玉人1次,灼然玉举1次,直接用玉或玉制器物来喻人。玉作为一种物态化审美客体,在中国文化史上被赋予了重要的文化意义。就审美属性而言,玉质地温润,光洁细腻,首先以此赢得了人们的喜爱,并进而具有了更多的文化内涵,《礼记》云:"君子比德如玉",玉被赋予了"德"的象征意义,"君子无故玉不离身"。此外,开采加工的不易又使其成为财富的象征,具有了高贵的意味。这里的比人以玉,首先是指人的外在形貌与玉有相似之处,其次是人的出身、德行、才情亦符合玉的内在品格。

实际上,早在先秦,就开始以玉比拟人的容貌或德行,以《诗经》为例,《淇奥》曰:"有匪君子,如金如锡,如圭如璧。"《汾沮洳》曰:"彼其之子,美如玉。"《汉书》中提到东方朔"目如悬珠,齿如编贝"。而大规模的以玉喻人,则是发生于魏晋南北朝的人物品藻。不过,尤为值得注意的是,以玉喻人的现象集中出现于曹魏和西晋时期,如上所示,《世说新语·容止》篇所载曹魏西晋人物,几乎全都以玉作比。所以,此一时期的人物美学可以称

---

① 《赏誉》六十四,余嘉锡:《世说新语笺疏》,中华书局1983年版,第458页。

② 《赏誉》六十九,余嘉锡:《世说新语笺疏》,中华书局1983年版,第461页。

③ 《容止》十五,余嘉锡:《世说新语笺疏》,中华书局1983年版,第613—614页。

④ 《容止》十七,余嘉锡:《世说新语笺疏》,中华书局1983年版,第614页。

⑤ 注:同一条中出现的同一词组视作一次,如"王长史谓林公:'真长可谓金玉满堂。'林公曰:'金玉满堂,复何为简选?'王曰:'非为简选,直致言处自寡耳。'"《赏誉》中"金玉满堂"出现两次,在统计时视为一次,张万起编著的《世说新语词典》统计"玉镜台"时视为两次。

之为"玉人美学"，而此一时期可以名之曰"玉人时代"。然而，东晋时期的人物品藻，却绝少以玉喻人，更多是以"春月柳"之属的自然景物来比拟了。这一文化现象颇有意味。无疑，其表明了两晋自然审美意识的深刻变化。我们以往笼统说晋人发现了自然美，确切地说，这一过程是由东晋人实现的。

（二）放达型：竹林名士

与正始名士建构了一种"玉人美学"颇为不同的是，以嵇康、阮籍为代表的竹林名士塑造了一种同样堪称典范的"放达美学"。

竹林名士与正始名士同时，活动时期略晚。何晏约生于公元 196 年，[①]夏侯玄生于 209 年，竹林七贤中最大的山涛生于 205 年，阮籍生于 210 年，嵇康生于 224 年，阮咸、向秀、王戎等人年龄稍轻。两类士人最大的区别有二：第一，从社会身份来看，竹林名士彼时皆为下层官吏或尚无官职，并不处于权力的核心。不过，竹林名士之中，尤其是嵇康和阮籍二人，因其出身及才情所关，已经知名当世，处于魏晋嬗代的巨大漩涡之中，虽然他们无心于政治，却也是难以逃避。第二，从思想资源来说，竹林名士多好《庄子》，并且在生活方式上实践了《庄子》放达逍遥的人生哲学，高倡"越名教而任自然"的口号。竹林名士的出现意义重大，正如王晓毅所论："昭示着中国文化思想正处在一个重要的历史转折关口，即玄学思潮将由老学转向庄学，玄学家们所关心的主题亦将由国家的无为政治向个体生命的'自由'转变。"[②]

就外在形象而言，竹林名士迥异于容貌整丽的玉人型。嵇康虽说风姿特秀，容色甚好，然而他"土木形骸，不加饰厉"。余嘉锡先生将"土木形骸"释为"谓乱头粗服，不加修饰，视其形骸，如土木然"[③]，可谓正解。

① 何晏生年学界存有争议，兹从郑欣在《何晏生年考辨》（《文史哲》1998 年第 3 期）一文中所说。

② 王晓毅：《嵇康评传》，广西教育出版社 1994 年版，第 64 页。

③ 余嘉锡：《世说新语笺疏》，中华书局 1983 年版，第 613 页。王晓毅在《嵇康评传》中从《人物志》对人才的分类出发，认为"土木形骸"指嵇康乃土木型的体质，"土木型人指人体对五行之气的禀受中，木土二气最完美，指骨骼笔直而柔软，体态端正均衡而且结实"。（王晓毅：《嵇康评传》，广西教育出版社 1994 年版，第 20 页。）不过，如果作此理解，就很难对应刘伶的"土木形骸"。

在《与山巨源绝交书》中,嵇康坦承自己"性复疏懒,筋驽肉缓。头面常一月十五日不洗,不大闷痒不能沐也。每常小便而忍不起,令胞中略转乃起耳。又纵逸来久,情意傲散"。如此邋遢的生活方式,非但不合于礼节人情,而且与嵇康所倡导的养生观亦有龃龉。更与曹植初见邯郸淳时的行为形成鲜明对比:"呼常从取水自澡讫,傅粉。……于是乃更着衣帻,整仪容……"①探究其差异之原因,不仅在于二者生活环境之差异,更在于所秉持的价值观念的不同。曹植虽为文学之士,但自始不能忘情政治,总想有所作为。而嵇康虽家世儒学,却以《庄》、《老》为根底,"荣进之心日颓,任实之情转笃"。阮籍同样如此,他本人相貌瑰杰,却是箕踞放荡,任性不羁,饮酒啸傲,纵情毁礼。更有甚者,他露头散发,脱衣裸形,相比嵇康更有过之。在这方面,刘伶不愧是阮籍的同道,他同样嗜酒放达,在家中裸露形体。向秀与嵇康锻铁,共吕安浇园,相对欣然,旁若无人,颇具名士风范。东晋名士刘尹、王濛交好,二人共坐,王濛酒酣起舞,刘尹评道"阿奴今日不复减向子期",刘注云"类秀之任率也",则向秀之任情率意影响深远。阮咸更是任达不拘,纵情越礼,居母丧而幸婢女,与群猪而共饮,放达之极。即使如山涛、王戎,亦颇具此风,山涛"介然不群",王戎"任率不修威仪",守母之丧,饮酒食肉而不拘礼制。

考察诸人何以具有如此行径,需要从两个方面入手:一是社会环境和政治氛围。彼时司马氏正对曹魏政权磨刀霍霍,正始十年发动高平陵政变,将何晏一党诛杀殆尽,夏侯玄等正始名士亦于数年之后被杀,一时名士少有全者。作为有高名于世的人物,嵇康和阮籍等人同样面临着立场上的选择。嵇康为曹操之子沛王曹林的女婿,②曹魏姻亲,阮籍为建安七子之一阮瑀之子。显然,他们不像山涛和王戎那样亲近司马氏,毋宁说持有对抗的态度。尤其是嵇康,在毋丘俭举起反旗时,他甚至想起兵响应。阮籍则处于依违之间,礼法之士何曾等人数次想置他于死地,幸赖大将军司马昭的保全。而司马昭之所以能够罩护他,则由于他对于司马氏欲拒

---

① 《三国志·魏书·邯郸淳传》注引《魏略》,中华书局1959年版,第602页。

② 一说为曹林的孙女婿,兹从王晓毅之说,见《嵇康评传》,广西教育出版社1994年版,第23页。

而不能的暧昧态度。可以说，他们是以一种激进的身体美学，来表征自己的政治态度。二是庄子哲学的深刻影响。七贤诸人皆好《庄子》，《庄子》所标举的自然而放达的人生哲学，正合于深受时局与礼法纠缠的士人之心。于是，他们从中找到了可以与世俗拉开距离的解脱之道，一方面高谈哲理，以文章辩难相娱；一方面实践其人生哲学，饮酒服药，纵情放达。事实上，其背后隐藏着深沉的悲凉和痛苦。

由于嵇阮诸人在士林颇具影响，他们放达的行为竟也引人纷纷效仿。"魏末阮籍，嗜酒荒放，露头散发，裸袒箕踞。其后贵游子弟阮瞻、王澄、谢鲲、胡毋辅之徒，皆祖述于籍，谓得大道之本。故去巾帻，脱衣服，露丑恶，同禽兽。甚者名之为通，次者名之为达也。"①《晋书·五行志》亦有记载："惠帝元康中，贵游子弟相与为散发裸身之饮，对弄婢妾，逆之者伤好，非之者负讥，希世之士耻不与焉。"《晋书》卷四十九集中记载了这类人物，除了七贤中的阮籍、阮咸、嵇康、向秀、刘伶以及阮氏族人（阮瞻、阮孚、阮修、阮放、阮裕），还有西晋的谢鲲、胡毋辅之（子谦之）、毕卓、王尼、羊曼、光逸，后者加上阮瞻、阮放，即著名的西晋"八达"："（光逸）初至，属辅之与谢鲲、阮放、毕卓、羊曼、桓彝、阮孚散发裸裎，闭室酣饮已累日。"②追随者在行为方式上完全取法竹林士人，意在彰显自身的通达。不过，他们却受到了时人的猛烈批判，葛洪指斥其："此盖左衽之所为，非诸夏之快事也。"③戴逵则称："然竹林之放，有疾而为颦者也，元康之为放，无德而折巾者也，可无察乎！"④戴逵认为竹林士人之任放，实有其深义，而元康诸人徒具其表，而无玄心，这着实是一种深刻的洞察。无论怎样，竹林名士引领了魏晋南北朝人物的放达美学，这种美学形态大异于正始名士所塑造的玉人美学，更不同于东晋名士对天际真人的追求。

（三）天际真人

王瑶先生曾将魏晋名士分为两派：一为服药派，又称清谈派；一为饮

---

① 余嘉锡：《世说新语笺疏》，中华书局1983年版，第24页。

② 《晋书》卷四十九《光逸传》，中华书局1974年版，第1385页。

③ （东晋）葛洪撰，杨明照校笺：《抱朴子外篇校笺》（下册）《刺骄卷二十七》，中华书局1997年版，第47页。

④ 《晋书》卷九十四《戴逵传》，中华书局1974年版，第2458页。

酒派,又称任达派。前者以何晏为代表,正始名士居多;后者以阮籍为代表,竹林名士居多,中朝名士则两派兼而有之。① 这种分法其实很成问题,因为清谈之人未必皆服药,服药之人可能亦任达。更重要的是,这种分类没有将东晋名士考虑在内。东晋名士显然既很难归属于服药派或饮酒派,亦有异于上面所分析的玉人型和放达型。尽管有的可以归入玉人型或放达型,前者如杜乂、司马昱,后者如王徽之。不过,放达之人在东晋已经不为所重,王徽之的行为已受时人讥讽,②此时的理想人物,已经获有了新的形象特征和美学意蕴。③

田余庆先生认为严格意义上的门阀政治只存在于东晋时期,盖因在此一时期实现了世族与皇权的共治。④ 这一观点很受学界肯定。偏安江左的东晋内部虽有王敦、苏峻、桓温等人的动乱,外部更面临北方五胡十六国的侵扰,仍能相持百年之久,正是由于世族与皇权之间以及诸世族之间(如琅邪王氏、颍川庾氏、高平郗氏、谯国桓氏、陈郡谢氏、太原王氏等)保持了一种动态的平衡。这种平衡不仅使得东晋的政局相对稳定,更发展出了璀璨的文化艺术。东晋的人物美学,亦呈现出了新鲜的面貌。

东晋人物品藻的一个突出的特点就是将人比作"天际真人"或"神仙中人",在《世说新语》中有多例:

> 王右军见杜弘治,叹曰:"面如凝脂,眼如点漆,此神仙中人。"⑤

> 或以方谢仁祖不乃重者。桓大司马曰:"诸君莫轻道,仁祖企脚北窗下弹琵琶,故自有天际真人想。"⑥

> 王长史为中书郎,往敬和许。尔时积雪,长史从门外下车,步入

---

① 王瑶:《中古文学史论集》,商务印书馆 2011 年版,第 160 页。

② 《世说新语·任诞》四十六刘孝标注引《中兴书》曰:"徽之卓荦不羁,欲为傲达,放肆声色颇过度。时人钦其才,秽其行也。"(余嘉锡:《世说新语笺疏》,中华书局 1983 年版,第 760 页。)

③ 刘师培在论东西两晋清谈风格之不同时,亦指出了此点。他认为:"东晋人士,承西晋清谈之绪,并精名理,善论难,以刘惔、王濛、许询为宗,其与西晋不同者,放诞之风,至斯尽革。"(刘师培:《中古文学史讲义》,辽宁教育出版社 1997 年版,第 49 页。)

④ 参见田余庆:《东晋门阀政治》,北京大学出版社 2005 年版。

⑤ 《容止》二十六,余嘉锡:《世说新语笺疏》,中华书局 1983 年版,第 620 页。

⑥ 《容止》三十二,余嘉锡:《世说新语笺疏》,中华书局 1983 年版,第 623 页。

尚书，著公服。敬和遥望，叹曰："此不复似世中人。"①

简文作相王时，与谢公共诣桓宣武。王珣先在内，桓语王："卿尝欲见相王，可住帐里。"二客既去，桓谓王曰："定如何?"王曰："相王作辅，自然湛若神君，公亦万夫之望，不然，仆射何得自没?"②

孟昶未达时，家在京口。尝见王恭乘高舆，被鹤氅裘。于时微雪，昶于篱间窥之，叹曰："此真神仙中人!"③

无疑，"面如凝脂，眼如点漆"的杜弘治，风姿甚美、"轩轩若朝霞举"的司马昱诸人，形貌皆可观，同样可用珠玉作比，以"玉人"相称。那么，为何东晋人物品藻放弃了"玉人"的比拟，而以"神仙中人"、"天际真人"或"神君"为譬喻?

相形之下，如果说"玉人"仍为带着富贵气的俗世中人，那么，"神仙中人"、"天际真人"则超尘绝俗、高升远举，在生命层次和精神境界上有了大大的超越。我们很容易联想到《庄子·逍遥游》中的"姑射山神人"："藐姑射之山，有神人居焉。肌肤若冰雪，绰约若处子。不食五谷，吸风饮露。乘云气，御飞龙，而游乎四海之外。"对神仙的向往和追求由来已久，然而只是在东晋时期，才比较普遍地将现世中人视作"神仙中人"，并且是从审美的角度加以看待。

在东晋人物品藻中，与比拟为"天际真人"的审美意识密切相关的，是以自然物拟人，以及对人物所具有的林泽之气的推崇。如《世说新语·容止》篇载，谢安小时会见王导，"便觉清风来拂人"。会稽王司马昱"轩轩如朝霞举"，时人叹王恭形貌"濯濯如春月柳"。《高僧传》载周颙目释慧隆："隆公萧散森疏，若霜下之松竹。"④皆属以自然景物喻人。称赞人物有山林之气的例子更显其多。谢玄称道谢安："游肆复无乃高唱，

<hr />

① 《容止》三十三，余嘉锡：《世说新语笺疏》，中华书局1983年版，第624页。
② 《容止》三十四，余嘉锡：《世说新语笺疏》，中华书局1983年版，第624—625页。
③ 《企羡》六，余嘉锡：《世说新语笺疏》，中华书局1983年版，第634页。
④ （梁）释慧皎撰，汤用彤校注：《高僧传》卷八《义解五·释慧隆传》，中华书局1992年版，第327页。

但恭坐捻鼻顾睐,便自有寝处山泽间仪。"《赏誉》和《品藻》记,王羲之称赞谢万"在林泽中,为自遒上";谢安说王胡之:"司州可与林泽游。"晋明帝问谢鲲,他和庾亮相比如何,谢鲲回答:"端委庙堂,使百僚准则,臣不如亮;一丘一壑,自谓过之。"司马昱问孙盛对自己有何评价,孙盛答道:"下官才能所经,悉不如诸贤;至于斟酌时宜,笼罩当世,亦多所不及。然以不才,时复托怀玄胜,远咏《老》、《庄》,萧条高寄,不与时务经怀,自谓此心无所与让也。"谢安称赞王胡之条下,刘孝标注引《王胡之别传》云:"胡之常遗世务,以高尚为情,与谢安相善也。"事实上,谢鲲和孙盛所自许,并受东晋士人所推重的,正是这种遗落世务、萧条高寄的高尚情怀。他们身处高位而不理政事,正如郭象对姑射山神人的注解,"夫神人即今所谓圣人也。夫圣人虽在庙堂之上,然其以无异于山林之中"①。

东晋自然型的人物美学,反映到人格之美上,便是崇尚潇洒、清畅、率真、温润的个性特征。如《世说新语·赏誉》篇所载,王献之称谢安"公故萧洒";桓温上表称谢尚"神怀挺率";简文帝目庾赤玉"省率治除",谢尚称其"胸中无宿物";刘惔称王濛"性至通,而自然有节";谢鲲称王玄"清通简畅",嵇绍"弘雅劭长",董养"卓荦有致度";孙绰称刘惔"清蔚简令",王濛"温润恬和",桓温"高爽迈出",谢尚"清易令达",阮裕"弘润通长",袁羊"洮洮清便",殷乔"远有致思";等等。概言之,东晋名士仍欣赏通达的个性,但此一通达,不是元康诸人的"甚者名之为通,次者名之为达",而是"自然有节"、"卓荦有致度"。因为有"节"有"度",便不致流于放任。更兼其对远离俗情的山林之趣的追求,对超绝于世的"天际真人"的向往,所以他们的人格之中更显从容优雅的气度,透射着超逸、高爽、温润、率真的美学特征。这种人格,是充满着玄学超越色彩和艺术精神的。

相比正始与西晋,何以东晋独推林泽?其间大有深意,它意味着魏晋南北朝人自然审美意识的重大变化。宗白华在《论〈世说新语〉和晋人的美》一文中提出:"晋人向外发现了自然,向内发现了自己的深情。"②这

---

① (晋)郭象注,(唐)成玄英疏:《庄子注疏》,中华书局2011年版,第15页。
② 宗白华:《美学散步》,上海人民出版社1981年版,第183页。

一观点几成不刊之论。实际上，严格意义上说，所谓晋人，应该指的是东晋时人。正是在东晋，对自然美的欣赏方才成为突出的文化现象，并且典型地体现在了人物品藻中以自然为喻，以及推崇人物的山林之气上面。

推究个中原因，自然环境的影响应该引起重视。东晋士人以江浙为主要活动区域，此地多名山胜水，带给北来士人以全新的审美体验。同时，这种山水之气浸润出了颇不同于前代的人格气质。清代书画家沈宗骞曾经提道："天地之气，各以方殊，而人亦因之。南方山水蕴藉而萦纡，人生其间，得气之正者，为温润和雅，其偏者则轻佻浮薄。北方山水奇杰而雄厚，人生其间，得气之正者，为刚健爽直，其偏者则粗粝强横。此自然之理也。"①沈宗骞从气化论的角度探讨自然环境与人格气质之关系，这种观念可谓由来已久，对于理解东晋人物美学提供了一个视角。

同时，更重要的是，门阀政治为东晋名士提供了相对安定和优渥的生存环境，而玄学仍为其价值观之主导，并且由于佛道的融入，玄学使人生更具有了超越性色彩。他们崇尚隐逸，然而并非真的遁迹山林，或如陶渊明般的弃官归隐，他们不会放弃优越的世俗生活，毋宁说是以此为基础，而带着一颗"玄心"去应对人事与自然，"居官无官官之事，处事无事事之心"。如谢安隐居东山时，虽放情丘壑，然每游赏，必以妓女相从。因此之故，东晋的私家园林别墅非常之多。他们泯灭了出与处之间的差异，倡导"体玄识远者，出处同归"，从《庄子》中探寻的是其逍遥自适的维度。他们以一颗具有超越性和审美性的玄心，清谈玄理，纵论人物，欣赏自然山水，创作文学艺术。因此之故，东晋名士的人生充满了审美情味和艺术精神，并深刻地影响了中国艺术的审美旨趣。

---

① （清）沈宗骞：《芥舟学画编》，山东画报出版社2013年版，第3页。

第二章

清谈：言语的游戏

清谈是一种盛行于魏晋南北朝,尤其是魏晋士人之间的文化活动。与书画、弈棋等不同,清谈与玄学思潮密切相关,可以说为魏晋所特有。清谈不仅仅是一种哲学思辨与思想交流活动,更浸透着浓重的游戏色彩和美学意蕴,体现出了魏晋南北朝士人别具特色的审美意识。因此特辟一章,加以研究。

第一节　有关清谈的几个基本问题

对于清谈的名称、缘起、形式、内容、演进等,中日学界多有所论,[①]然而在某些相关问题上,如清谈的由来、清谈与清议的关系等,并未达成一致,这也说明了清谈的复杂性和重要性。下面结合前贤所论,首先对以上相关问题做一简述,然后重点探讨清谈中所体现出的审美意识。

一、清谈的语义

清谈之名,并未出现于被称为"清谈总汇"的《世说新语》中。在《世说》之中,用以指示清谈的词语中,以"谈"与"清言"最多,又有"讲"、

---

① 相关研究,颇值关注者,如贺昌群的《魏晋清谈思想初论》(1945 年),唐长孺的《清谈与清议》(1948 年),陈寅恪的《陶渊明之思想与清谈之关系》(1945 年),杜国庠的《魏晋清谈及其影响》(1948 年),汤用彤的《魏晋玄学论稿》(1957 年),孔繁的《魏晋玄谈》(1991 年),唐翼明的《魏晋清谈》(1992 年)等。

"论"、"语"、"道"、"言"、"咏"等称谓。① 在魏晋史料中,虽有清谈一词,但却别具他义,兹引数例:

1.前刺史焦和,好立虚誉,能清谈。②

2.孔公绪能清谈高论,嘘枯吹生。③

3.清谈同日夕,情昵叙忧勤。④

4.靖虽年逾七十,爱乐人物,诱纳后进,清谈不倦。⑤

5.昔州内举卿相辈,常愧有累清谈。⑥

6.谓清谈为诋訾,以忠告为侵己。⑦

　　例1与2中,考其语境,"清谈"指其人喜好空谈阔论,而缺乏实际政治才干,语含贬义。例3中,指朋友之间的宴饮闲叙,是轻松愉快的雅谈。例4、5、6中,清谈意同清议,指褒贬人物,对人物的德行进行评价。在南朝文献中,清谈的这一词义依然大量使用。

　　然而,自唐代以后,清谈的词义基本固定下来,特指魏晋南北朝士人以玄学为对象的谈论活动了。⑧ 房玄龄主修的《晋书》中,就大量使用了"清谈"一词。由于《晋书》对《世说新语》多有参考,因此,除"清谈"外,

---

　　① 如《世说新语·文学》所载:"诸葛玄年少不肯学问。始与王夷甫谈,便已超诣。……玄后看《庄》《老》,更与王语,便足相抗衡。""郭子玄在坐,挑与裴谈。""王丞相过江左,止道《声无哀乐》、《养生》、《言尽意》,三理而已。""(王)导语殷曰:'身今日当与君共谈析理。'既共清言。""谢安年少时,请阮光禄道《白马论》。""褚季野语孙安国云:'北人学问,渊综广博'。""孙安国往殷中军许共论,往反精苦,客主无间。""支道林、殷渊源俱在相王许。相王谓二人:'可试一交言。'""僧意在瓦官寺中,王苟子来,与共语,便使其唱理。"

　　② 《后汉书》卷五十八《臧洪传》,中华书局1965年版,第1886页。

　　③ 《三国志·魏书》卷十六《郑浑传》注引张璠《汉纪》,中华书局1959年版,第509页。

　　④ 刘桢:《赠五官中郎将诗四首》,俞绍初辑校:《建安七子集》,中华书局1989年版,第182页。

　　⑤ 《三国志·蜀书》卷三十八《许靖传》,中华书局1959年版,第967页。

　　⑥ 《晋书》卷四十四《郑默传》,中华书局1974年版,第1251页。

　　⑦ (东晋)葛洪撰,杨明照校笺:《抱朴子外篇校笺》(上册)《酒诫卷二十四》,中华书局1991年版,第576页。

　　⑧ 如:世隆少立功名,晚专以谈义自业。善弹琴,世称柳公双璅,为士品第一。常自云马槊第一,清谈第二,弹琴第三。在朝不干世务,垂帘鼓琴,风韵清远,甚获世誉。(《南齐书》卷二十四《柳世隆传》,中华书局1972年版,第452页。)

　　前代名士良辰宴聚,或清谈赋诗,投壶雅歌,以杯酌献酬,不至于乱。(《旧唐书》卷十六《穆宗本纪》,中华书局1975年版,第485页。)

也用"清言"。在姚察及其子姚思廉所修的《梁书》中,亦有多处提及"清言"。姚察历仕梁、陈、隋三朝,自然谙熟魏晋南北朝用语。可见,在魏晋南北朝时期,"清言"是一常用语,指代所谓的"清谈"。而从五代人修的《旧唐书》开始,便不见"清言"而只用"清谈"了。也就是说,关于清谈的称谓,经历了一个从"清言"到"清谈"的演变。

为何会发生这种演变?这是一个很有意思的话题。检索《世说新语》、《晋书》、《梁书》等文献,可以看出,"清言"一词基本用于对人物才能的描述,最常见的词组是某人"善清言"或"能清言"。如《晋书》中"清言"凡九见,其中直用"清言"三处,"善清言"两处,"善于清言"一处,"能清言"三处。《梁书》中"清言"凡六见,其中"能清言"四处,"工清言"一处,另有一处为"清言"。而在《世说新语》中,表述清谈活动时,更多用的是"谈"。因此,比较而言,"清言"常用于对人物清谈才能的叙述,"谈"则用于对清谈活动的描写。唐代以后,弃"清言"而用"清谈",这包含两个变化,一是由"谈"变为"清谈",二是由"清言"变为"清谈"。

首先,"谈"前缘何会加一"清"字?第一,"清"是魏晋南北朝士人最重要的审美价值之一,相对而言,清谈本身无涉政治与俗务,所谈内容皆为玄之又玄的辩题,并且注重其美学意味,本身就符合"清"的审美意识与价值标准。第二,如上所言,清谈一词本身就存在于魏晋南北朝,有空论、雅论及清议等义,这三种意义与以玄学为讨论对象的清谈亦有相关性,在后世对该词语的接受与使用中,对其词义进行压缩,使其成为指代魏晋南北朝谈玄活动的专用名词,这在语言发展史上是很正常的现象。

其次,"清言"缘何会变为"清谈"?上面提及,"清言"更多是对人物清谈才能的描述,而后世言及清谈,更多指的是流行于魏晋南北朝时期的一种文化活动,因此,用"清谈"更为恰当。

凡所知友,皆一时名流。或造之者,清谈终日,未尝及名利。或有客欲以世务干者,见绾言必玄远,不敢发辞,内愧而退。(《旧唐书》卷一百一十九《杨绾传》,中华书局1975年版,第3437页。)

方今国计内虚,边声外震,吾等受上厚恩,安得清谈自高以误世。陶士行、卞望之吾师也。(《宋史》卷四百一十六《曹应澂传》,中华书局1976年版,第12481页。)

二、清谈的起源

关于清谈的起源,学界目前主要有两种观点。

一是清谈起源于清议说,这种观点提出最早,持有者最多。前辈学者如陈寅恪、汤用彤、唐长孺等皆持此论。所谓清议,范晔《后汉书·党锢列传》前言中说:"逮桓灵之间,主荒政缪,国命委于阉寺,士子羞于为伍,故匹夫抗愤,处士横议,遂乃激扬名声,互相题拂,品核公卿,裁量执政。"①汉末士大夫以清流自居,同志结党,批评人物,激扬朝政,与以宦官和外戚为主体的浊流形成对抗。清议人物以所谓的"三君"、"八俊"、"八顾"、"八及"、"八厨"②为代表。延熹九年(166年)和建宁二年(169年),宦官对党人进行了两次大规模的抓捕与禁锢,是为党锢之祸,党人遭到沉重打击,清议之风遂衰。因此之故,陈寅恪先生指出:"大抵清谈之兴起由于东汉末世党锢诸名士遭政治暴力之摧压,一变其指实之人物品题,而为抽象玄理之讨论。"③汤用彤先生从知识演变的角度指出:"魏初清谈,上接汉代之清议,其性质相差不远。其后乃演变而为玄学之清谈。盖谈论既久,由具体人事以于抽象玄理,乃学问演变之必然趋势。"④唐长孺从词义的角度指出:"当玄学还没有兴起,老庄之学尚未被重视之先,业已有清谈之辞。所谓清谈的意义只是雅谈,而当东汉末年,清浊之分当时人就当作正邪的区别,所以又即是正论。当时的雅谈与正论是什么呢?主要部分是具体的人物批评,清谈内容也是如此,既非虚玄之谈,和老庄自无关系。所以在初期清谈与清议可以互称;魏晋之后清谈内容

①　《后汉书》卷六十七《党锢列传·序》,中华书局1965年版,第2185页。
②　"三君"指窦武、刘淑、陈蕃三人,为"一世之所宗";"八俊"指李膺、荀昱、杜密、王畅、刘佑、魏朗、赵典、朱寓八人,为"人之英";"八顾"指郭林宗、宗慈、巴肃、夏馥、范滂、尹勋、蔡衍、羊陟八人,为"能以德行引人者";"八及"指张俭、岑晊、刘表、陈翔、孔昱、苑康、檀敷、翟超八人,为"能导人追宗者";"八厨"指度尚、张邈、王考、刘儒、胡母班、秦周、蕃向、王章八人,为"能以财救人者"。
③　陈寅恪:《陶渊明之思想与清谈之关系》,见《金明馆丛稿初编》,上海古籍出版社1980年版,第180—181页。
④　汤用彤:《魏晋玄学论稿·读〈人物志〉》,见《中国现代学术经典·汤用彤卷》,河北教育出版社1996年版,第669页。

主要是谈老庄,但仍然包括人物批评。"①以上诸人皆认同清谈起于清议,着眼点颇有不同,陈寅恪侧重于外部的压力,汤用彤更看重内在的演变,唐长孺则从词义的角度进行了分析。总之,清谈起于清议之说被普遍接受,影响巨大。

二是清谈起于后汉游谈说。钱穆在1931年出版的《国学概论》中指出:"东汉之季,士厌于经生章句之学,四方学者,会萃京师,渐开游谈之风。至于魏世,遂有'清谈'之目。"②牟润孙完成于1965年的《论魏晋以来之崇尚谈辩及其影响》一文,承钱穆之说,指出:"夫谈辩之风,盛于魏晋,而溯其渊源,盖肇自经学烦芜。"③他认为西汉经师即重论辩,而东汉末年之太学生以己意说经,浮华相尚,成为清谈之始,"东汉末谈论之士,如郭林宗、符融诸人皆太学生,议政人伦之外,不守家法,而以己癔说群经之理,故蒙浮华之称,此为谈辩初起时事"④。日本学者冈村繁在1963年发表的《清谈的系谱与意义》一文中有了更深入的研究,他不同意清谈起于清议说,提出:"古代思潮方面的变迁较之其时政治权力方面的诡谲倏忽的交替远为缓慢。由此可以推测,魏晋清谈的产生之所由理应与桓、灵时代党人们的清议迥然有别,它有着别一种的、更为直接的母胎,这一母胎的脉搏与进行清谈的贵族们悠然生活之气息应当是同步相合的。"⑤他从贵族的日常生活切入,追溯了桓、灵以至曹魏时期的交游性谈论,指出清谈和清议是互为表里的两种现象,清谈"发生于知识阶层私人性的交游生活中,在随意轻松的交往气氛中进行,知识阶层人士借此满足表现才智学识的心理并从中享受乐趣"⑥,并将其溯源至光武帝时代。为此,他

---

① 唐长孺:《清谈与清议》,见《魏晋南北朝史论丛》,河北教育出版社2000年版,第277页。

② 钱穆:《国学概论》,九州出版社2011年版,第139页。

③ 牟润孙:《注史斋丛稿》(上),中华书局2009年版,第156页。

④ 牟润孙:《注史斋丛稿》(上),中华书局2009年版,第174页。

⑤ [日]冈村繁:《冈村繁全集第三卷·汉魏六朝的思想和文学》,陆晓光译,上海古籍出版社2002年版,第45页。

⑥ [日]冈村繁:《冈村繁全集第三卷·汉魏六朝的思想和文学》,陆晓光译,上海古籍出版社2002年版,第57页。

区别了两种"清谈",认为它们同时并行地发展着,"其一开始于后汉末期的灵、献时代,人们将军阀割据地区官长们冷酷的人物评论美称为'清谈'。此后它贯穿于整个魏晋南北朝,人们始终将相对于'邪恶'而言的'清高'作为评价人的绝对标准,以此高扬儒教精神。这是一种主要在知识阶层中流行的政治性'清谈'(清议)。另一种是起始于更早的大约汉代光武帝时期,它是作为知识人交游生活中传统而形成的主智性谈论。迄至建安魏初,掌握谈论主导权的宫廷贵族将自己超脱俗尘的自由谈论称为'清谈'。至正始之后,贵族们基于其在学问与阶级上的特权观念,将一般社会蔑视为'流俗',同时将自己的言行炫耀为'清高'。这是一种以贵族阶层中的思潮为基础、以玄学为讨论中心而盛行的消遣性、娱乐性'清谈'(清言)。这两者的前者,其价值在当时强大的贵族门阀体制下变得日益淡薄;而后者则独自在这样的社会构造背景中为贵族文化渲染色彩并蔚成壮观"①。由此,清谈与清议之间不是起承关系,而是分属两个系统,判然有别。著有《魏晋清谈》一书的唐翼明认为清谈的"远源可以追溯到两汉的讲经"②,近源则是东汉太学的游谈。所谓游谈,即游学和谈论。游谈之风,盛行于汉末太学。唐翼明先生认为这种喜交游、重谈论、不守章句的风气,直接酝酿了稍后出现的魏晋清谈。唐翼明可能受到了冈村繁的影响,不过二人的观点亦略有差异,冈村繁认为清谈是贵族私人生活中的消闲方式之一种,而唐翼明则认为清谈是太学生的游谈所致。

　　当然,关于清谈的起源,还有其他一些观点,因为影响不大,此处不再展开。③ 就以上两种观点,笔者曾经指出:"清谈起于清议与清谈起于游谈两说皆有可取,因清议与游谈本就关系亲密,正因太学中盛行游谈之风,才有士夫结党,发起清议之可能。因此,综而论之,从近因看,清谈起

---

① [日]冈村繁:《冈村繁全集第三卷·汉魏六朝的思想和文学》,陆晓光译,上海古籍出版社2002年版,第72页。

② 唐翼明:《魏晋清谈》,人民文学出版社2002年版,第122页。

③ 如清人刘体仁认为"曹操父子为晋清谈之祖",他结合曹氏父子的文风趣尚,提出:"盖东汉之末,士人好为评论,已开清谈之渐。然非有力者提倡之,则举世尤不能至于波靡。自曹操父子以文章言词相尚,而何晏谈玄之风以起,则晋人清谈,操其不祧之祖矣。"(刘体仁:《通鉴札记》(上),北京图书馆出版社2004年影印版,第208页。)

于清议,从远因看,起于游谈。"①现在看来,这种观点还有待进一步讨论。实际上,任何一种文化现象,它的出现,总是众多合力作用的结果。其中有些条件固然会起到主要作用,但是将其简单地归因于某一种因素,很可能会失之于武断。清谈的产生同样如此,其原因颇为复杂,有其社会基础,如后汉社会结构的变迁,太学的壮大,士大夫清流与宦官浊流的较力,酝酿了一种谈论的社会氛围;有其经济基础,贵族阶层有充裕的经济实力,可以悠闲地开展自视高雅的娱乐活动;有其文化基础,今文经学的没落,古文经学的抬头,"三玄"的勃兴;更远地看,有其文化传统,如先秦诸子的游走谈辩,②汉昭帝始元六年(前81年)所召开的盐铁之议,由东方朔所开启的"答客难"文体,③皆对清谈的产生有间接的影响。

因此,我们不必过于纠结于清谈的具体起源,更应该关注清谈的特质所在。实际上,清谈与清议有着本质上的区别,这突出地表现于参与主体的社会身份以及将其关联起来的意识形态上面。就社会身份言,清议的参与者是"不甚富而有知"的士大夫阶层,有时也包括部分外戚,他们以"清流"自许,对抗的是"富而甚无知"的以外戚宦官为主体的"浊流"。"清"与"浊"的划分,表明了他们是站在正义一方,与邪恶进行较量。"清流"的出身各异,有寒门庶族,有高门大族,还有像窦武这样的外戚,而将他们集结在一起的,正是儒家意识形态。清谈迥然异乎于此,正如冈村繁所敏锐地指出的:"它是在各类交友圈子所举行的宴会或欢聚活动中进

---

① 李修建:《风尚——魏晋名士的生活美学》,人民出版社2010年版,第129页。

② 先秦形成了游士阶层,士人为了推行自己的政治主张与思想观点,或者只是为了生计,不得不奔走于各国,一方面要游说君主大臣接受自己的主张,另一方面要与持不同意见的人进行辩驳。前者的典型是苏秦、张仪为代表的纵横家之流。即如儒者孟子,亦为一善辩之人,他曾有"予岂好辩哉,予不得已"的感喟,这或为大多先秦游士的普遍心理。另有一类,如惠施、公孙龙等名家者流,为了使自家思想立足,需要与其他思想派别进行辩论,惠施与庄子的"濠上之辩"可为代表。

③ 汉代,有大量"答客难"式的文章,文中设立一主一客,或虚构某些人物,针对特定话题问难辩驳。如枚乘的《七发》,司马相如的《难蜀父老》,扬雄的《解难》《解嘲》等。后汉王充的《论衡》最为典型,他针对当时的思想潮流逐一批驳,陈述自己的观点。观其题目,如"问孔"、"非韩"、"刺孟"、"谈天"、"说日"、"答佞"、"辨祟"、"难岁"、"诘术"等,已具清谈之雏形。魏晋时期的笔谈,如嵇康与向秀关于养生的辩驳,一方面是自清谈的背景中催生的,另一方面却也承续了汉代以来"答客难"的传统。

行,并且时有音乐、赋诗、弹棋等游戏活动相伴;另外,谈论本身也常常显示出浓厚的一争胜负的游戏色彩。"①在此,值得留意的是清谈的日常性和游戏性。它的参与主体,基本是门阀士族的贵族们。它没有太多的意识形态色彩,政见不同的贵族,可以坐在一起,清谈雅论。它具有明显的娱乐性,这种娱乐性在正始以后更为明显。正如北齐颜之推所论:"直取其清谈雅论,辞锋理窟,剖玄析微,妙得入神,宾主往复,娱心悦耳。"②"娱心悦耳"之说,可谓把握到了清谈的实质。

三、清谈的场所、形式与内容

在《世说新语》这部被称为清谈总汇的著述中,关于魏晋清谈的记载集中于《文学》篇第6至65条。通观这60则史料,可以总结出清谈的举行场所、主要形式和基本内容。

如上所言,清谈是魏晋南北朝贵族在日常生活中所举行的休闲活动,因此,贵族家中是进行清谈的最主要场所。正始时期,身为吏部尚书的何晏时常在家中召集清谈。③ 西晋年间,王衍之女嫁给了裴遐,婚后在王衍家中举办了一次宴会,其时名士齐集,郭象与裴遐进行了一次清谈。④ 渡江时期,卫玠拜见王敦,在王敦处遇到谢鲲,二人一见投缘,清谈了整晚。⑤ 东晋初年,王导主持了一次清谈,他与殷浩清谈至半夜,桓温、王濛、王述、谢尚等名士参与了这次盛会。⑥ 桓温曾召集当时的名流讲解

---

① ［日］冈村繁:《冈村繁全集第三卷·汉魏六朝的思想和文学》,陆晓光译,上海古籍出版社2002年版,第42页。

② (北齐)颜之推著,王利器集解:《颜氏家训集解》卷第三《勉学第八》,中华书局1993年版,第187页。

③ 《世说新语·文学》六:"何晏为吏部尚书,有位望,时谈客盈坐。"(余嘉锡:《世说新语笺疏》,中华书局1983年版,第196页。以下引文据此书,不再注明。)

④ 《文学》十九:"裴散骑娶王太尉女。婚后三日,诸婿大会,当时名士,王、裴子弟悉集。郭子玄在座,挑与裴谈。"

⑤ 《文学》二十:"卫玠始度江,见王大将军。因夜坐,大将军命谢幼舆。玠见谢,甚说之,都不复顾王,遂达旦微言。"

⑥ 《文学》二十二:"殷中军为庾公长史,下都,王丞相为之集,桓公、王长史、王蓝田、谢镇西并在。"

《周易》。① 谢尚、孙盛等人曾到殷浩家中清谈。② 简文帝司马昱喜好清谈，曾多次召集时贤共论。③ 这些清谈，基本由最具权势的名流召集，参加者亦为一时俊彦。清谈的发起，有时是专门性的，有时则是在私人性的聚会中，碰到了合适的清谈对象而展开的。"造膝"④一词，用来指代清谈，同样表明了清谈的私人性与娱乐性。再者，东晋时期，玄佛合流，多位名僧加入了清谈队伍，寺庙遂成为一个清谈的场所。如北来道人曾与支遁在瓦官寺中谈辩，许询与王修曾在会稽西寺论理，王濛曾到建康东安寺与支遁清谈，王修曾与僧意在瓦官寺中问难。此外，当名士们游戏山水之间时，也会进行清谈，如西晋王济、王衍、张华等人曾到洛水游乐，期间就曾进行清谈。⑤

清谈的形式亦有数种，一般是分为主客两方，主方首先阐述自己的观点（"唱理"），客方提出疑问（"作难"、"攻难"、"设难"），然后主方进行辩答，客方再针对其辩答提出新的疑问，如此往反数番，直至一方理屈辞穷，则另一方获胜。有时，亦为一人阐述自己的理论，旁边有听众，而没有辩难者。有时，当清谈双方没能很好领会对方的义理，陷入僵局时，听众可以对其加以评析。还有一种形式，发生在东晋，这种形式借鉴了佛教的讲经形式，一人为"法师"，一人为"都讲"。都讲唱出一段经文或者提出一个疑问，由法师进行讲解。

还有一种清谈形式，向为学界所忽视，即笔谈。先来看几则事例：

乐令善于清言，而不长于手笔。将让河南尹，请潘岳为表。潘云："可作耳，要当得君意。"乐为述己所以为让，标位二百许语，潘直取错综，便成名笔。时人咸云："若乐不假潘之文，潘不取乐之旨，则无以成斯矣。"⑥

---

① 《文学》二十九："宣武集诸名胜讲《易》，日说一卦。"
② 事见《文学》二十八、三十一。
③ 《文学》四十："支道林、许掾诸人共在会稽王斋头。"《文学》五十一："支道林、殷渊源俱在相王许。"
④ 《品藻》六十二："郗嘉宾道谢公造膝虽不深彻，而缠绵纶至。"
⑤ 《言语》二三："诸名士共至洛水戏。"
⑥ 《文学》七十，余嘉锡：《世说新语笺疏》，中华书局1983年版，第253页。

太叔广甚辩给，而挚仲治长于翰墨，俱为列卿。每至公坐，广谈，仲治不能对。退著笔难广，广又不能答。①

江左殷太常父子，并能言理，亦有辩讷之异。扬州口谈至剧，太常辄云："汝更思吾论。"②

狭义上的清谈，是指以口语的方式进行的谈论。不过，值得注意的是，在清谈过程中，某些人由于拙于口头表达而言不尽意，或者清谈终了而意犹未尽，会"退而著论"，将其论辩内容以文字的形式书写下来。这些文字是清谈的直接产物，从广义上说，应该视为清谈之一种，可称为笔谈。以此而论，魏晋时期大量往复辩难的文章，如嵇康与向秀就养生问题而写出的系列论文，即是清谈中的笔谈。假若再将视野放大，则魏晋时期出现的玄学论著，如王弼《老子注》、《周易注》，阮籍的《易》、《老》二论，向郭《庄子注》等，亦是在清谈的氛围中诞生的。

清谈的内容相当广泛。简言之，主要内容是以《老子》、《庄子》、《周易》为主要文本的玄学，这在正始清谈之中表现尤甚，如有无、言意之辩、圣人有情无情等。西晋以后，《庄子》成为主要谈论内容。及至东晋，佛理又融入玄学，成为清谈的重要话题。除此之外，儒家思想中的圣人、名家公孙龙子的《白马篇》、鬼神之有无、梦的来源等，都被引入了清谈。

表1对《世说新语·文学》篇中所涉清谈的场所、人物、议题作了一个梳理，可兹参考。

表1 魏晋清谈人物表

清谈场所	清谈人物	参与人物	清谈话题	史料出处
何晏家中	王弼（自为主客）	不详	不详	《文学》六
裴徽家中	王弼、裴徽		有无关系	《文学》八
不详	傅嘏、荀粲	裴徽	不详	《文学》九
不详	裴頠、王衍	"时人"，具体不详	崇有论	《文学》十二
不详	诸葛宏、王衍	不详	《庄》、《老》	《文学》十三

① 《文学》七十三，余嘉锡：《世说新语笺疏》，中华书局1983年版，第255页。
② 《文学》七十四，余嘉锡：《世说新语笺疏》，中华书局1983年版，第255—256页。

续　表

清谈场所	清谈人物	参与人物	清谈话题	史料出处
乐广与卫玠家中	卫玠、乐广	不详	梦	《文学》十四
不详	客(具体人物不详)、乐广	不详	旨不至	《文学》十六
不详	阮修、王衍	卫玠	老庄与圣教异同	《文学》十八
王衍家中	郭象、裴遐	当时名士、王裴子弟	不详	《文学》十九
王敦家中	卫玠、谢鲲	王敦	不详	《文学》二十
王导家中	殷浩、王导	桓温、王濛、王述、谢尚	不详	《文学》二十二
不详	谢安、阮裕	不详	白马论	《文学》二十四
不详	刘惔、殷浩	不详	不详	《文学》二十六
殷浩家中	谢尚、殷浩	不详	不详	《文学》二十八
桓温家中		诸名胜、简文帝	周易	《文学》二十九
瓦官寺	北来道人、支遁	竺法深、孙兴公	小品	《文学》三十
殷浩家中	孙盛、殷浩	不详	不详	《文学》三十一
白马寺	支遁、冯怀		庄子·逍遥游	《文学》三十二
刘惔家中	殷浩、刘惔			《文学》三十三
王羲之家中	支遁	孙绰、王羲之	庄子·逍遥游	《文学》三十六
会稽西寺	许询、王修	时诸人士、支遁	不详	《文学》三十八
谢安处所	支遁、谢朗	谢安、王夫人	不详	《文学》三十九
司马昱斋头	支遁、许询	众人(不详)	维摩诘经	《文学》四十
谢玄居所	支遁、谢玄		不详	《文学》四十一
东安寺	支遁、王濛		不详	《文学》四十二
会稽	支遁、于法开弟子		小品	《文学》四十五
殷浩家中	康僧渊	不详	不详	《文学》四十七
司马昱家中	支遁、殷浩	司马昱	才性论	《文学》五十一
刘惔家中	张凭	王濛、诸贤	不详	《文学》五十三
王濛家中	支遁、谢安	诸贤	庄子·渔父	《文学》五十五
司马昱家中	殷浩、孙盛	王濛、谢尚	易象妙于见形	《文学》五十六
瓦官寺	僧意、王修	不详	圣人有情无情	《文学》五十七
王讷家中	羊孚、殷仲堪	羊辅、王讷之	庄子·齐物论	《文学》六十二
不详	桓玄、殷仲堪	不详	不详	《文学》六十五

第二节　清谈中的审美意识

显而易见，清谈有着浓厚的审美色彩，它注重思维的缜密与逻辑的清晰，欣赏音声之美和言辞之美，体现出了魏晋南北朝人特有的审美意识。本节对此详加剖析。

一、"达旦微言"：作为一种休闲活动的清谈

狭义上说，正始名士何晏、王弼、夏侯玄等人是清谈之风的开启者。何晏尤然，他时任吏部尚书，位高权重，加以雅望非常，在士林中极具影响，其言行举止常对士风有煽动之功。魏晋南北朝服食之风即由他开启，因此他被鲁迅先生称为"服药的祖师爷"。清谈活动亦是如此，《世说新语·文学》六注引《文章叙录》中云："晏能清言，而当时权势、天下谈士多宗尚之。"不过，正始清谈主要是谈义理，如有无之辩、圣人有情无情、才性四本等，不仅奠定了魏晋玄学的理论基础，"正始之音"亦成为清谈之典范。此外，正始清谈还有着强烈的政治背景。彼时，司马氏对曹魏政权觊觎已久，山雨欲来。士人亦分为两派，曹魏一党和司马氏一党在政治立场的对立，亦反映到了清谈思想上面。陈寅恪先生曾对才性四本的政治内涵进行过论述，其观点广为人知，此处不再赘述。① 至正始九年，司马氏发动高平陵事变，何晏等一干名士被杀，王弼病死，正始清谈就此终止。

正始期间，何晏是清谈活动的主要召集人，他的家中时常"谈客盈坐"。除他以外，时任大将军、总揽政权的曹爽，亦时常召开清谈："曹爽常大集名德，长幼莫不预会。"②虽则如此，由于正始只有区区十年，清谈活动还未普及，就因司马氏的血洗而暂告一段落。稍晚于正始名士的竹林七贤，在现存史料的记载中，他们相聚的主要活动是饮酒。尽管其人皆有清谈能力，如阮籍"发言玄远"，嵇康"善谈理"，王戎"善发谈端"，但

① 陈寅恪：《书世说新语文学类钟会撰四本论始毕条后》，《金明馆丛稿初编》，三联书店 2001 年版。

② 《北堂书钞·九十八》引《何晏别传》。

是,在血雨腥风的政治氛围中,嵇阮作为士林领袖,司马一派的人物,如钟会之流,早对他们虎视眈眈,伺机下手。在此情形下,他们不可能快意地清谈辩理,而一变为饮酒佯狂,不论世事。他们在理论上的探讨,则诉诸纸墨,以笔谈的形式进行。如嵇康和向秀就养生问题往复辩难,先是嵇康著《养生论》,向秀作《难养生论》,嵇康又以《答向子期难养生论》回应。嵇康还与张邈就自然好学、宅无吉凶两问题展开辩论,写下了《难张辽叔自然好学论》、《难张辽叔宅无吉凶摄生论》、《答张辽叔释难宅无吉凶摄生论》等文章。笔谈只能见出作者本人的义理和辞章,体现不出围坐清谈的观赏性和娱乐性。

及至西晋,虽内忧外患不断,然国事稍安,世家大族的生活更是相对安定。正始名士与嵇阮虽已风流云散,不过,亲历过正始清谈的诸多名士,以及七贤中的山涛、王戎、向秀等人,大多入仕新朝,有的还成为了重臣。清谈余音仍在,于是,在若干人物的倡导下,清谈又时兴起来。西晋太尉、出身琅邪王氏的王衍成为西晋谈座上的主帅,"至王衍之徒,声誉太盛,位高势重,不以物务自婴,遂相仿效"①。王衍在理论上无其创见,论以无为本、圣人有情、《易》,皆祖述何王。不过他的清谈有一个特点,就是"义理有所不安,随即改更"②,因此时人送他一个外号叫作"口中雌黄"。就此而言,在魏晋南北朝清谈史上,王衍的清谈具有标志性的意义,它意味着清谈由对义理的探讨转向了言语的游戏。正因为如此,清谈在士人中间迅速普及,成了一种令人痴迷的休闲娱乐活动,这种情况在东晋尤为明显,至南朝而衰。且看下面几则史料:

> 中朝时,有怀道之流,有诣王夷甫咨疑者。值王昨已语多,小极,不复相酬答,乃谓客曰:"身今少恶,裴逸民亦近在此,君可往问。"③

> 卫玠始度江,见王大将军,因夜坐,大将军命谢幼舆。玠见谢,甚说之,都不复顾王,遂达旦微言,王永夕不得豫。玠体素羸,恒为母所

---

① 《晋书》卷三十五《裴頠传》,中华书局 1974 年版,第 1044 页。
② 《晋书》卷四十三《王衍传》,中华书局 1974 年版,第 1236 页。
③ 《文学》十一,余嘉锡:《世说新语笺疏》,中华书局 1983 年版,第 201 页。

禁。尔昔忽极,于此病笃,遂不起。①

　　殷中军为庾公长史,下都,王丞相为之集,桓公、王长史、王蓝田、谢镇西并在。丞相自起解帐带麈尾,语殷曰:"身今日当与君共谈析理。"既共清言,遂达三更。②

　　孙安国往殷中军许共论,往反精苦,客主无间。左右进食,冷而复暖者数四。彼我奋掷麈尾,悉脱落,满餐饭中。宾主遂至莫忘食。③

　　林道人诣谢公,东阳时始总角,新病起,体未堪劳。与林公讲论,遂至相苦。母王夫人在壁后听之,再遣信令还,而太傅留之。王夫人因自出,云:"新妇少遭家难,一生所寄,唯在此儿。"因流涕抱儿以归。谢公语同坐曰:"家嫂辞情慷慨,致可传述,恨不使朝士见!"④

　　谢车骑在安西艰中,林道人往就语,将夕乃退。有人道上见者,问云:"公何处来?"答云:"今日与谢孝剧谈一出来。"⑤

　　(康法畅)常执麈尾行,每值名宾,辄清谈尽日。……(康僧渊)遇陈郡殷浩。浩始问佛经深远之理,却辩俗书性情之义。自昼至昏,浩不能屈,由是改观。⑥

　　张凭举孝廉,出都,负其才气,谓必参时彦。欲诣刘尹,乡里及同举者共笑之。张遂诣刘,刘洗濯料事,处之下坐,唯通寒暑,神意不接。张欲自发无端。顷之,长史诸贤来清言,客主有不通处,张乃遥于末坐判之,言约旨远,足畅彼我之怀,一坐皆惊。真长延之上坐,清言弥日,因留宿至晓。⑦

　　(裴让之)与杨愔友善,相遇则清谈竟日。愔每云:"此人风流警

① 《文学》二十,余嘉锡:《世说新语笺疏》,中华书局1983年版,第210页。
② 《文学》二十二,余嘉锡:《世说新语笺疏》,中华书局1983年版,第212页。
③ 《文学》三十一,余嘉锡:《世说新语笺疏》,中华书局1983年版,第219—220页。
④ 《文学》三十九,余嘉锡:《世说新语笺疏》,中华书局1983年版,第227页。
⑤ 《文学》四十一,余嘉锡:《世说新语笺疏》,中华书局1983年版,第228页。
⑥ 《高僧传》卷四《义解一·康法畅传》,中华书局1992年版,第151页。
⑦ 《文学》五十三,余嘉锡:《世说新语笺疏》,中华书局1983年版,第235—236页。

拔,裴文季为不亡矣。"①

　　洎于梁世,兹风复阐,《庄》、《老》、《周易》,总谓三玄。武皇、简文,躬自讲论。周弘正奉赞大猷,化行都邑,学徒千馀,实为盛美。元帝在江、荆间,复所爱习,召置学生,亲为教授,废寝忘食,以夜继朝,至乃倦剧愁愤,辄以讲自释。②

　　上文言及,清谈一般在私人场所举行,召集人多为位高权重而又喜好清谈的贵胄。清谈之时,尽管其空间必然体现出了一定的"权力关系",但是可以想见,清谈主客双方定然占据了中心位置,它与重视长幼尊卑的礼教秩序定然有所区别。他们团团围坐,促膝而谈,气氛活泼,体现出了相对的"平等性"。如侯外庐等人指出,清谈"是商讨的形式,是不论年辈而平等会友的,与两汉师授之由上而下的传业,完全不同。应该指出,这就是区别儒林和谈士的要点之一"。③ 此外,清谈又是士人展示自我的理论修养与表达能力的绝佳舞台,④因此,自西晋以往,成为魏晋南北朝士人颇为热衷的休闲活动。

　　他们积极钻研玄理,遇有不解之处,就四处求教。如卫玠小时向乐广咨询何为梦,未能理解竟至生病。⑤ 他们注重遣词造句,磨砺清谈能力。如河东裴遐,"以辩论为业"。他们痴迷清谈,不顾场合,无论是大病初愈,还是在服丧期间,都要展开清谈。"清言弥日","自昼至昏","达旦微言","至莫忘食"的情况所在多有,着实达到了沉迷上瘾的程度。显然,清谈是一种很消耗体力的活动,它需要精神高度集中,思维高度活跃,长久地端坐不动,不停地发言吐论,不得休息,不得饮食,体质稍弱者,委实吃不消。所以,身体素羸的卫玠在和谢鲲达旦微言之后,一病不起了。谢

① 《北齐书》卷三十五《裴让之传》,中华书局1975年版,第465页。
② 王利器:《颜氏家训集解》卷三《勉学》,中华书局1993年版,第187页。
③ 侯外庐等:《中国思想通史》(第三卷),人民出版社1957年版,第75页。
④ 上例中,吴郡张凭以其清谈能力,获得了名士刘惔的青睐,刘惔将其举荐给了爱好清谈的司马昱,被擢为太常博士。于此,清谈成为张凭仕途进阶的一块"敲门砖"。此例值得重视,因为主持清谈者皆为最知名的权贵,对于其他士人来说,能够跻身于其座中清谈,便有可能受到认可,从而在其他方面获得实惠。这也是清谈普及的一个实际原因。
⑤ 见《文学》十四,余嘉锡:《世说新语笺疏》,中华书局1983年版,第203页。

安兄子谢朗大病新愈,与支道林辩谈激烈,身体不堪,被母亲强行抱走。凡此种种,皆表明了魏晋南北朝人对清谈的痴迷。

二、"超诣"与"名通":谈客的理论素养

南齐王僧虔在《诫子书》中就清谈一事告诫自己的孩子:

> 曼倩有云:"谈何容易。"见诸玄,志为之逸,肠为之抽,专一书,转诵数十家注,自少至老,手不释卷,尚未敢轻言。汝开《老子》卷头五尺许,未知辅嗣何所道,平叔何所说,马、郑何所异,《指例》何所明,而便盛挥麈尾,自呼谈士,此最险事。设令袁令命汝言《易》,谢中书挑汝言《庄》,张吴兴叩汝言《老》,端可复言未尝看邪?谈故如射,前人得破,后人应解,不解即输赌矣。且论注百氏,荆州《八帙》,又《才性四本》、《声无哀乐》,皆言家口实,如客至之有设也。汝皆未经拂耳瞥目,岂有庖厨不修,而欲延大宾者哉?就如张衡思侔造化,郭象言类悬河,不自劳苦,何由至此?汝曾未窥其题目,未辨其指归;六十四卦,未知何名;庄子众篇,何者内外;《八帙》所载,凡有几家;四本之称,以何为长。而终日欺人,人亦不受汝欺也。①

欲行清谈,首先,需要具备深厚的理论素养和丰富的知识积累。清谈者不仅要精通《易》、《庄》、《老》等原始文本,还要熟读各个注本,知晓各家观点的异同,把握其理论要义和逻辑思路,进而提出自己独到的思考。自然,要做到这些,需要"博学之,审问之,慎思之,明辨之",需要下大工夫苦读冥思。其次,需要具备超强的思辨能力,谈场之上针锋相对,需要随时把握对方的义理,敏锐发现其理论上的漏洞,并且提出自己的理论。诚是"谈何容易"。

因此之故,清谈是人的才学的体现,清谈高手备受魏晋南北朝人的推崇。在描述清谈的话语中,对清谈能力的表达值得关注,因其体现出了清谈中特有的审美意识。先看下面几则材料:

> 《庄子·逍遥篇》,旧是难处,诸名贤所可钻味,而不能拔理于

---

① 《南齐书》卷三十三《王僧虔传附子寂传》,中华书局1972年版,第598—599页。

郭、向之外。支道林在白马寺中，将冯太常共语，因及《逍遥》。支卓然标新理于二家之表，立异义于众贤之外，皆是诸名贤寻味之所不得。后遂用支理。①

殷中军问："自然无心于禀受。何以正善人少，恶人多？"诸人莫有言者。刘尹答曰："譬如写水着地，正自纵横流漫，略无正方圆者。"一时绝叹，以为名通。②

康僧渊初过江，未有知者，恒周旋市肆，乞索以自营。忽往殷渊源许，值盛有宾客，殷使坐，粗与寒温，遂及义理。语言辞旨，曾无愧色。领略粗举，一往参诣。由是知之。③

人有问殷中军："何以将得位而梦棺器，将得财而梦矢秽？"殷曰："官本是臭腐，所以将得而梦棺尸；财本是粪土，所以将得而梦秽污。"时人以为名通。④

简文云："渊源语不超诣简至；然经纶思寻处，故有局陈。"⑤

于此可见，魏晋南北朝人常以"诣"、"通"、"拔"、"彻"、"微"等词语来形容谈家高超的理论素养，这几个词语常与"深"、"超"、"名"、"精"等组合在一起，形成"超诣"、"深彻"、"新拔"、"振拔"、"超拔"、"名通"、"淹通"、"精微"等修饰语。

"诣"，据《说文解字注》，"凡谨畏精微，深造以道而至曰诣"。亦即对道的探寻达到极致。诸葛玄学识不高，但和王衍初次清谈即已"超诣"，表明他有很高的理论天赋。简文帝认为殷浩的清谈水平不够"超诣"，意谓其玄理还不够高超。的确，殷浩虽为清谈高手，但在玄学上却无独特见解。有人认为王羲之的谈理"诣"于郗超，郗超说："不得称诣，政得谓之朋耳！"⑥刘孝标注云："凡彻诣者，盖深核之名也。谢不彻，王亦不诣。谢、王于理，相与为朋俦也。"此外，《世说》中尚有"一往参诣"、

① 《文学》三十二，余嘉锡：《世说新语笺疏》，中华书局1983年版，第220页。
② 《文学》四十六，余嘉锡：《世说新语笺疏》，中华书局1983年版，第231页。
③ 《文学》四十七，余嘉锡：《世说新语笺疏》，中华书局1983年版，第231—232页。
④ 《文学》四十九，余嘉锡：《世说新语笺疏》，中华书局1983年版，第233页。
⑤ 《赏誉》一百一十三，余嘉锡：《世说新语笺疏》，中华书局1983年版，第481页。
⑥ 《品藻》六十二，余嘉锡：《世说新语笺疏》，中华书局1983年版，第533页。

"一往奔诣"等描写,皆表明其人对玄理的把握精深之极。

在对清谈的描述中,"通"的使用频率较高,余嘉锡先生对此作过解释:"'通'谓解说其义理,使之通畅也。晋、宋人于讲经谈理了无滞义者,并谓之通。本篇云'殷浩能清言,未过有所通','支为法师,许为都讲,支通一义,四座莫不厌心','长史诸贤来清言,客主有不通处','许询得渔父一篇,谢安看题,便各使四坐通','支道林先通,作七百许语','羊孚与仲堪道齐物,乃至四番后一通'云云,皆是也。'名通'之为言,犹之'名言'、'名论'云尔。"①此外,"通"亦是受玄学价值观推举的一种人生态度。

"微"同样用来言说清谈能力,前面常置一"精"字,如"(傅)嘏既达治好正,而有清理识要,如论才性,原本精微,鲜能及之"。②"殷中军读小品,下二百签,皆是精微,世之幽滞。"③"(殷融)著《象不尽意》、《大贤须易论》,理义精微,谈者称焉"。④"浩能言理,谈论精微,长于《老》、《易》,故风流者皆宗归之"。⑤ 此外,还有"造微"、"寻微"等表述。"微"之意,表明要对玄理进行逐层剖析,探求细微之处所隐含的哲理。"精微"与"超诣"意义相近。

"拔"有突出之意,如太原王济品评孙楚:"天才英特,亮拔不群。"⑥"拔"用于清谈,亦指其人清谈能力的超群出众。如王弼相比何晏:"弼论道约美不如晏,自然出拔过之。"⑦"《庄子·逍遥篇》,旧是难处,诸名贤

---

① 余嘉锡:《世说新语笺疏》,中华书局 1983 年版,第 231 页。

② 《文学》九刘注引《傅子》。余嘉锡:《世说新语笺疏》,中华书局 1983 年版,第200 页。

③ 《文学》四十三,余嘉锡:《世说新语笺疏》,中华书局 1983 年版,第 229 页。

④ 《文学》七十四注引《中兴书》,余嘉锡:《世说新语笺疏》,中华书局 1983 年版,第 256 页。

⑤ 《赏誉》八十六注引《中兴书》,余嘉锡:《世说新语笺疏》,中华书局 1983 年版,第 470 页。

⑥ 《言语》二十四注引《晋阳秋》,余嘉锡:《世说新语笺疏》,中华书局 1983 年版,第 86 页。

⑦ 《文学》七注引《魏晋春秋》,余嘉锡:《世说新语笺疏》,中华书局 1983 年版,第 198 页。

所可钻味,而不能拔理于郭、向之外。"①谢安比较支遁与殷浩的清谈,论曰:"正尔有超拔,支乃过殷。"此外,还有"新拔"、"拔新"、"振拔"等说,皆指其人在玄理上的出众。

三、"相苦"与"大屈":清谈中的激烈交锋

清谈是一种辩论比赛,双方围绕某个辩题,针锋相对,你来我往,直至一方理屈辞穷,分出胜负高下。辩论的过程,有时会紧张刺激,令人惊心动魄。这是清谈的游戏性所在,也正是清谈令人着迷的一个原因。

清谈之时,以令对方"苦"和"屈"为目的,下面一则史料最为典型:

> 许掾年少时,人以比王苟子,许大不平。时诸人士及于法师并在会稽西寺讲,王亦在焉。许意甚忿,便往西寺与王论理,共决优劣。苦相折挫,王遂大屈。许复执王理,王执许理,更相覆疏,王复屈。许谓支法师曰:"弟子向语何似?"支从容曰:"君语佳则佳矣,何至相苦邪? 岂是求理中之谈哉?"②

许询不满将他与王修相比,于是到西寺中找王修清谈,以决高下。二人各执一理,进行清谈,清谈的过程异常激烈,"苦相折挫",结果王修"大屈"。然后二人对换所执之理,一番清谈之后,王修"复屈"。这场清谈下来,证明许询的清谈能力要比王修高超,所以年少的许询很是得意,要看看支遁对自己的清谈有何评价,支遁的回答很有意思,在夸奖许询的清谈很好之后,又批评他不该与王修"相苦",那不是"求理中之谈"。然而,在另一则史料中,支遁如是评价王濛的清谈:"长史作数百语,无非德音,如恨不苦。"③他认为王濛的理论水平虽然很好,但是"如恨不苦",锋芒不够。由于王濛为人温润平和,④王羲之说他:"长史自不欲苦物。"从支遁

---

① 《文学》三十二,余嘉锡:《世说新语笺疏》,中华书局1983年版,第220页。
② 《文学》三十八,余嘉锡:《世说新语笺疏》,中华书局1983年版,第225页。
③ 《赏誉》九十二,余嘉锡:《世说新语笺疏》,中华书局1983年版,第472页。
④ 《赏誉》八十七:"刘尹每称王长史云:'性至通,而自然有节。'"此条注引《濛别传》曰:"濛之交物,虚己纳善,恕而后行,希见其喜愠之色。凡与一面,莫不敬而爱之。"(余嘉锡:《世说新语笺疏》,中华书局1983年版,第470页。)

话语中所透出的惋惜之情看来，"苦"正是清谈所普遍追求的一种效果：

何晏为吏部尚书，有位望，时谈客盈坐。王弼未弱冠，往见之。晏闻弼名，因条向者胜理语弼曰："此理仆以为极，可得复难不？"弼便作难，一坐人便以为屈。于是弼自为客主数番，皆一坐所不及。①

有北来道人好才理，与林公相遇于瓦官寺，讲小品。于时竺法深、孙兴公悉共听。此道人语，屡设疑难，林公辩答清析，辞气俱爽。此道人每辄摧屈。②

孙安国往殷中军许共论，往反精苦，客主无闲。③

林道人诣谢公，东阳时始总角，新病起，体未堪劳。与林公讲论，遂至相苦。④

于法开始与支公争名，后精渐归支，意甚不忿，遂遁迹剡下。遣弟子出都，语使过会稽。于时支公正讲《小品》。开戒弟子："道林讲，比汝至，当在某品中。"因示语攻难数十番，云："旧此中不可复通。"弟子如言诣支公。正值讲，因谨述开意，往反多时，林公遂屈。厉声曰："君何足复受人寄载！"⑤

后文季故于天保设会，令陆修静与盛议论。盛既理有所长，又辞气俊发，嘲谑往还，言无暂扰。⑥

清谈双方一问一答，像北来道人"屡设疑难"，于法开传授弟子"攻难数十番"，其意皆在驳倒对方，令对方"摧屈"。这种往复辩难的过程，正是清谈的本义所在，也由此决定了清谈的观赏性和娱乐性。如果清谈双方在理论水平与表达能力上旗鼓相当，那么，清谈至"相苦"状态，乃是经常发生的情形。由此，遂出现了"剧谈"，如"谢车骑在安西艰中，林道人往就语，将夕乃退。有人道上见者，问云：'公何处来？'答云：'今日与谢

---

① 《文学》六，余嘉锡：《世说新语笺疏》，中华书局 1983 年版，第 196 页。

② 《文学》三十，余嘉锡：《世说新语笺疏》，中华书局 1983 年版，第 219 页。

③ 《文学》三十一，余嘉锡：《世说新语笺疏》，中华书局 1983 年版，第 219 页。

④ 《文学》三十九，余嘉锡：《世说新语笺疏》，中华书局 1983 年版，第 227 页。

⑤ 《文学》四十五，余嘉锡：《世说新语笺疏》，中华书局 1983 年版，第 230 页。

⑥ "扰"：三本、金陵本作"屈"，《高僧传》卷八《义解五·释道盛传》，中华书局 1992 年版，第 307—308 页。

孝剧谈一出来。'"①

　　有的学者将剧谈视为清谈的一种形式,笔者并不赞同这一观点。在我看来,剧谈乃是就清谈论辩的激烈程度而言的。剧谈乃是清谈场上经常发生的情形,它与清谈者的性情、清谈的能力、所谈的话题、清谈的环境与氛围等诸因素皆有关。其中,清谈者的个性关系尤大,如东晋殷浩,即好做剧谈,《世说新语·文学》七十四称他"口谈甚剧"。再如僧人法常,"尤能剧谈,为时匠所惮。而性甚刚梗,不偶人俗"②。梁朝徐摛,亦能剧谈,"梁简文在东宫,召摛讲论。又尝置宴集玄儒之士,先命道学互相质难,次令中庶子徐摛驰骋大义,间以剧谈。摛辞辩纵横,难以答抗,诸人慑气,皆失次序。衮时骋义,摛与往复,衮精采自若,对答如流,简文深加叹赏"③。此几例足见剧谈与清谈者之性情关系甚密。葛洪在《抱朴子》外篇中亦提及:"好剧谈者,多漏于口。"而温厚如王濛者,则很难有剧谈。

　　此外,还有一点值得注意的是,由于清谈多为主客双方所展开的往复辩难,最终要分出胜负,类似于战场上的作战,因此,在有关清谈的描述中有很多战争词汇,如:

　　　　刘真长与殷渊源谈,刘理如小屈,殷曰:"恶,卿不欲作将善云梯仰攻。"④

　　　　孙安国往殷中军许共论,……殷乃语孙曰:"卿莫作强口马,我当穿卿鼻!"孙曰:"卿不见决鼻牛,人当穿卿颊!"⑤

　　　　殷中军虽思虑通长,然于《才性》偏精。忽言及《四本》,便若汤池铁城,无可攻之势。⑥

　　　　支道林、殷渊源俱在相王许,相王谓二人:"可试一交言。而才性殆是渊源崤、函之固,君其慎焉。"支初作,改辙远之,数四交,不觉

①　《文学》四十一,余嘉锡:《世说新语笺疏》,中华书局1983年版,第228页。
②　《高僧传》卷八《义解五·法常传》,中华书局1992年版,第313页。
③　《陈书》卷三十三《儒林传·戚衮传》,中华书局1972年版,第440页。
④　《文学》二十六,余嘉锡:《世说新语笺疏》,中华书局1983年版,第217页。
⑤　《文学》三十一,余嘉锡:《世说新语笺疏》,中华书局1983年版,第219—220页。
⑥　《文学》三十四,余嘉锡:《世说新语笺疏》,中华书局1983年版,第222页。

入其玄中。相王抚肩笑曰："此自是其胜场，安可争锋！"①

> 王司州与殷中军语，叹云："己之府奥，早已倾泻而见；殷陈势浩汗，众源未可得测。"②

以上几则史料都来自东晋，并且都与殷浩有关。此点尤为值得注意。殷浩是东晋谈座上最负盛名的人物之一，王胡之称其"陈势浩汗"，其中，"陈"通"阵"，龚斌释曰："此二语喻殷中军言辞浩荡，规模恢宏，意旨玄远莫测。"③可谓正解。殷浩的谈功与刘惔、孙盛、支遁相当，在谈论时互有胜负。《文学》二十六中，刘惔落败，殷浩引用"墨子守城"的典故，对他表示讥讽。殷浩擅谈才性四本，"若汤池铁城，无可攻之势"，司马昱亦说"此自是其胜场，安可争峰"。以上数语，皆以战争为喻论说清谈。或许暗含了这样一种心理，即偏安江南、心怀黍离之悲的东晋士人，无力驰骋沙场收复失地，转而争战于清谈场上，借此获得某种精神上的慰藉。④

四、"言约旨远"与"辞喻丰博"：清谈中的言辞之美

清谈之高下由两方面构成：一是义理，二是语言表达能力，二者相须而成，缺一不可，时或有所偏重。就清谈的表达而言，出现了两种截然不同的审美意识。

第一种是言约旨远，西晋乐广堪为典型：

> 客问乐令"旨不至"者，乐亦不复剖析文句，直以麈尾柄确几曰："至不？"客曰："至！"乐因又举麈尾曰："若至者，那得去？"于是客乃悟服。乐辞约而旨达，皆此类。⑤

---

① 《文学》五十一，余嘉锡：《世说新语笺疏》，中华书局1983年版，第234页。

② 《赏誉》八十二，余嘉锡：《世说新语笺疏》，中华书局1983年版，第468页。

③ 龚斌：《世说新语校释》（中），上海古籍出版社2011年版，第911页。

④ 与之形成鲜明对照的一个例子来自枭雄桓温，"桓宣武与殷、刘谈，不如其，唤左右取黄皮袴褶，上马持稍数回，或向刘，或拟殷，意气始得雄王。歌傅玄诗曰：'挽我繁弱弓，弄我丈八稍，一举覆三军，再举殄戎貊。'"（《裴启语林》，文化艺术出版社1988年版，第103页。）桓温与殷、刘清谈败下阵来之后，他心有不甘，遂上马持枪，左右厮杀，以此种方式谋得个精神胜利。

⑤ 《文学》十六，余嘉锡：《世说新语笺疏》，中华书局1983年版，第205页。

余嘉锡先生对此条注曰:"《公孙龙子》有《指物论》,谓物莫非指,而指非指。《庄子·天下篇》载惠施之说曰'指不至,至不绝',此客盖举《庄子》以问乐令也。陆德明《释文》引司马云:'夫指之取物,不能自至,要假物,故至也。然假物由指不绝也。一云指之取火以钳,刺鼠以锥。故假于物,指是不至也。'夫理涉玄门,贵乎妙悟,稍参迹象,便落言诠。司马所注,诚不如乐令之超脱。今姑录之,以存古义。其他家所释,咸无取焉。嘉锡又案:乐令未闻学佛,又晋时禅学未兴,然此与禅家机锋,抑何神似?盖老、佛同源,其顿悟固有相类者也。"①乐广擅用妙喻,颇类似禅宗的开示方法。

在魏晋南北朝清谈中,还有多人以辞约旨达的清谈风格著称:

阮宣子有令闻,太尉王夷甫见而问曰:"老、庄与圣教同异?"对曰:"将无同?"太尉善其言,辟之为掾。世谓"三语掾"。②

张凭举孝廉,出都,负其才气,谓必参时彦。欲诣刘尹,乡里及同举者共笑之。张遂诣刘,刘洗濯料事,处之下坐,唯通寒暑,神意不接。张欲自发无端。顷之,长史诸贤来清言,客主有不通处,张乃遥于末坐判之,言约旨远,足畅彼我之怀,一坐皆惊。③

濛性和畅,能清言,谈道贵理中,简而有会。商略古贤,显默之际,辞旨劭令,往往有高致。④

王恭有清辞简旨,能叙说,而读书少,颇有重出。有人道孝伯"颇有新意,不觉为烦"。⑤

(谢)瞻等才辞辩富,弘微每以约言服之,混特所敬贵,号曰微子。谓瞻等曰:"汝诸人虽才义丰辩,未必皆惬众心,至于领会机赏,言约理要,故当与我共推微子。"⑥

---

① 余嘉锡:《世说新语笺疏》,中华书局1983年版,第205—206页。
② 《文学》十八,余嘉锡:《世说新语笺疏》,中华书局1983年版,第207页。
③ 《文学》五十三,余嘉锡:《世说新语笺疏》,中华书局1983年版,第235页。
④ 《赏誉》一百三十三注引《王濛别传》,余嘉锡:《世说新语笺疏》,中华书局1983年版,第488页。
⑤ 《赏誉》一百五十五,余嘉锡:《世说新语笺疏》,中华书局1983年版,第498页。
⑥ 《宋书》卷五十八《谢弘微传》,中华书局1974年版,第1591页。

雁门人周续之隐居庐山,儒学著称,永初中,征诣京师,开馆以居之。高祖亲幸,朝彦毕至,延之官列犹卑,引升上席。上使问续之三义,续之雅仗辞辩,延之每折以简要。既连挫续之,上又使还自敷释,言约理畅,莫不称善。①

阮修以"将无同"回答王衍老庄与儒教之同异的提问,被视为"名言"。"将无"为魏晋南北朝人常用口语,亦写作"将毋",有"无乃"、"得无"、"差不多"等义。余嘉锡指出"盖'将毋'者,自以为如此,而不欲直言之,委婉其辞,与人商榷之语也"。② 玄学即融老庄与儒学,王衍的理论祖述王弼与何晏,何王二人对儒、道二家经典皆做过注解,调和二者的倾向很是明显,因此,阮修以"将无同"作答,甚合王衍之意。"将无同"三字,体现出了"言约旨远"的特点。此外,张凭的"言约旨远",王濛的"简而有会",王恭的"清辞简旨",谢弘微的"言约理要",颜延之的"言约理畅",皆受到众人的推举。葛洪在《抱朴子·外篇》中指出:"飞清机之英丽,言约畅而判滞者,辩人也。"以上诸人,都是明显的"辩人"。

"辞约旨远"固然能够让人称善生敬,不过如乐广那般的"辞约",无疑少了游戏性与观赏性。因此,另一类清谈家便受到欢迎。他们谈辩起来辞藻华丽,滔滔不绝,能给人以巨大的审美感受。如:

(裴徽)数与平叔共说《老》、《庄》及《易》,常觉其辞妙于理,不能折之。③

---

① 《宋书》卷七十三《颜延之传》,中华书局 1974 年版,第 1892 页。

② 余嘉锡:《世说新语笺疏》,中华书局 1983 年版,第 208 页。清华大学历史系的王晓毅根据断句的不同,对"将无同"进行了三种解读:"其一,王弼与王衍的贵'无'论,认为宇宙本体'无'是万事万物之本,也是名教与自然共同本原,持'儒道合'观点,属于'将/无/同';其二,嵇康、阮籍在高平陵政变后激烈反对社会体制,认同纲常名教与个性自由不能相容,持'儒道异'观点,属于'将/无/同';其三,向秀、郭象《庄子注》提出了'性分说',认为自然之性的实现,即表现为纲常名教,持'儒道同'观点,属于'将无/同'。"可兹参考。(见王晓毅:《自然与名教的"合"、"同"、"异"——王戎心中"将无同"三种含义》,《文史知识》2012 年第 12 期,第 14—19 页。)

③ 《三国志·魏书》卷二十九《管辂传》注引《管辂别传》,中华书局 1959 年版,第 821 页。

顾疾世俗尚虚无之理，故著《崇有》二论以折之。才博喻广，学者不能究。后乐广与顾清闲欲说理，而顾辞喻丰博，广自以体虚无，笑而不复言。①

王逸少作会稽，初至，支道林在焉。孙兴公谓王曰："支道林拔新领异，胸怀所及，乃自佳，卿欲见不？"王本自有一往隽气，殊自轻之。后孙与支共载往王许，王都领域，不与交言。须臾支退，后正值王当行，车已在门。支语王曰："君未可去，贫道与君小语。"因论《庄子·逍遥游》。支作数千言，才藻新奇，花烂映发。王遂披襟解带，留连不能已。②

支道林初从东出，住东安寺中。王长史宿构精理，并撰其才藻，往与支语，不大当对。王叙致数百语，自谓是名理奇藻。支徐徐谓曰："身与君别多年，君义言了不长进。"王大惭而退。③

支道林、许、谢盛德，共集王家，谢顾诸人："今日可谓彦会，时既不可留，此集固亦难常，当共言咏，以写其怀。"许便问主人有《庄子》不？正得《渔父》一篇。谢看题，便各使四坐通。支道林先通，作七百许语，叙致精丽，才藻奇拔，众咸称善。于是四坐各言怀毕。谢问曰："卿等尽不？"皆曰："今日之言，少不自竭。"谢后粗难，因自叙其意，作万余语，才峰秀逸。既自难干，加意气拟托，萧然自得，四坐莫不厌心。支谓谢曰："君一往奔诣，故复自佳耳。"④

何晏之清谈被视为"辞妙于理"，《世说新语·文学》七注引《魏氏春秋》亦提道："弼论道约美不如晏，自然出拔过之。"说明何晏讲究遣词用句。西晋裴顾是个正统的儒家，他"深患时俗放荡"，写出了《崇有论》抨击时弊。他本人亦精于清谈，以"辞喻丰博"著称，当他与以言约为特点的乐广清谈时，乐广面对他的滔滔宏论，"笑而不复言"，实际上是无力抗

---

① 《文学》十二注引《晋诸公赞》，余嘉锡：《世说新语笺疏》，中华书局1983年版，第202页。

② 《文学》三十六，余嘉锡：《世说新语笺疏》，中华书局1983年版，第223页。

③ 《文学》四十二，余嘉锡：《世说新语笺疏》，中华书局1983年版，第228页。

④ 《文学》五十五，余嘉锡：《世说新语笺疏》，中华书局1983年版，第237—238页。

辩。王羲之初会支遁,对支遁颇为不屑,①支遁对王羲之讲论《逍遥游》,"才藻新奇,花烂映发",让其折服叹赏。在另一次清谈中,支遁通《渔父》,"作七百许语,叙致精丽,才藻奇拔",谢安则"作万余语,才峰秀逸。既自难干,加意气拟托,萧然自得,四坐莫不厌心",给人以极大的审美感受。他如"郭子玄语议如悬河写水,注而不竭"②,"胡毋彦国吐佳言如屑"③,都以其丰博的言辞为人所叹赏。

侯外庐等人认为:"'正始之音'的第一阶段,是以'谈中之理'为先,永嘉前后的第二阶段,是以'理中之谈'为先,换言之,前者仅巧累于理,后者则巧伤其理。(如颜之推所谓辞与理争,辞胜而理伏。)……然而到了南渡名士的末流第三阶段,理之所在可以不顾,而'谈中之谈'就代表了一切。"④也就是说,他们认为正始、永嘉、东晋的清谈经历了从"谈中之理"到"理中之谈"再到"谈中之谈"的转变。当然,这只能是"概而言之",因为在正始何晏身上就已经出现了"辞妙于理"的现象,而东晋清谈家支遁,同样是个理论的高手。不过,他们也道出了一个大致的趋势,即愈到其后,愈加重视清谈的游戏性,重视词藻的文学性。

五、"辞气清畅":清谈的音声之美

清谈的审美性,除了体现在义理的精微,谈辩的锋芒,辞藻的润饰,音声的清畅优美亦为一个重要特点,先看下例:

> 裴散骑娶王太尉女。婚后三日,诸婿大会,当时名士,王、裴子弟悉集。郭子玄在坐,挑与裴谈。子玄才甚丰赡,始数交未快。郭陈张

---

① 《高僧传》的记载与《世说》有异,此处说支遁等人拜访王羲之,而《高僧传》则说王羲之主动拜访支遁,"观其风力"。既至之后,王羲之请支遁讲《逍遥游》,"遁乃作数千言,标揭新理,才藻警绝。王遂披衿解带,流连不能已。"两书的差异,在于主客关系上,是谁主动求交的。异文颇有意味,盖《世说新语》标举名士,而《高僧传》推举高僧。

② 《赏誉》三十二,余嘉锡:《世说新语笺疏》,中华书局 1983 年版,第 438 页。

③ 《赏誉》五十三,余嘉锡:《世说新语笺疏》,中华书局 1983 年版,第 452 页。《晋书·胡毋辅之传》亦载:"澄尝与人书曰:'胡毋彦国吐佳言如锯木屑,霏霏不绝,诚为后进领袖也。'"

④ 侯外庐等:《中国思想通史》(第三卷),人民出版社 1957 年版,第 82—83 页。

甚盛,裴徐理前语,理致甚微,四坐咨嗟称快。王亦以为奇,谓诸人曰:"君辈勿为尔,将受困寡人女婿!"①

本条注引邓粲《晋纪》曰:"遐以辩论为业,善叙名理,辞气清畅,泠然若琴瑟。闻其言者,知与不知,无不叹服。"裴遐出身河东裴氏,乃著名的世家大族,本以儒学传家,至裴楷而兼擅玄学。裴遐是裴楷的从子,《晋纪》称他"以辩论为业",可见在清谈上面投注了相当的精力。他的逻辑分析能力非常之强,"理致甚微",能与以玄理与玄谈著称的郭象对谈。他的清谈还有一个特点,就是"辞气清畅,泠然若琴瑟",音色优美,发音吐辞具有乐感,能给人以美的享受。余嘉锡案曰:"晋、宋人清谈,不惟善言名理,其音响轻重疾徐,皆自有一种风韵。"②如下数例亦能见出:

刘尹至王长史许清言,时苟子年十三,倚床边听。既去,问父曰:"刘尹语何如尊?"长史曰:"韶音令辞,不如我;往辄破的,胜我。"③

(张敷)善持音仪,尽详缓之致,与人别,执手曰:"念相闻。"余响久之不绝。张氏后进皆慕之,其源起自敷也。④

(张绪)吐纳风流,听者皆忘饥疲,见者肃然如在宗庙。⑤

(周)颙音辞辩丽,出言不穷,宫商朱紫,发口成句。……每宾友会同,颙虚席晤语,辞韵如流,听者忘倦。⑥

王濛的清谈以"韶音令辞"为特点,亦即注意辞藻的文学性和发声的音乐性,二者皆能给人以美的享受。张敷善持音仪,注重音声的轻缓徐急,只说三字"念相闻",余响竟然久之不绝,实在颇具音乐性了。范子烨亦提及:"中古名士清谈,特别喜欢在音节和语调上下功夫,具体说来,就是要做到自然、和谐、流畅、优美,所以他们对清谈语言往往着意修饰。"⑦所谓"辞胜于理"、"谈中之谈",在清谈士人对于音声之美的追求上体现

---

① 《文学》十九,余嘉锡:《世说新语笺疏》,中华书局 1983 年版,第 209 页。
② 余嘉锡:《世说新语笺疏》,中华书局 1983 年版,第 210 页。
③ 《品藻》四十八,余嘉锡:《世说新语笺疏》,中华书局 1983 年版,第 527 页。
④ 《宋书》卷四十六《张敷传》,中华书局 1974 年版,第 1396 页。
⑤ 《南史》卷三十一《张绪传》,中华书局 1975 年版,第 810 页。
⑥ 《南齐书》卷四十一《周颙传》,中华书局 1972 年版,第 731 页。
⑦ 范子烨:《中古文人生活研究》,山东教育出版社 2001 年版,第 184—185 页。

得淋漓尽致。

考察汉魏六朝对于经师讲经时的音声的关注情况,对于把握清谈中的音声问题颇有助益。西汉时期,自汉武帝设五经博士,儒师即开始讲经授业。查《汉书》与《后汉书》"儒林列传",其时儒生皆为博通一经的专儒,二书对诸儒生的记载,重在叙其师承,兼及事迹及影响,绝少涉及讲经时的音声。唯一的例外是东汉时的杨政,史载此人善说经书,京师为之语曰:"说经铿铿杨子行。"①所谓"说经铿铿",当指其人音声铿锵有力,浑厚响亮。魏晋之世,玄学大兴,儒学衰退。如《梁书·儒林传》云:"魏正始以后,仍尚玄虚之学,为儒者盖寡。"《晋书·儒林列传》云:"有晋始自中朝,迄于江左,莫不崇饰华竞,祖述虚玄,摈阙里之典经,习正始之余论,指礼法为流俗,目纵诞以清高,遂使宪章弛废,名教颓毁。"只习一经的纯儒已难见到,《晋书》以及南朝诸史"儒林传"所记儒生,大多儒道兼综,精研三玄,行事亦多受玄学之影响。清静自守,甚或隐居山林者所在多有。有晋一代,经学不彰,经师讲经或受清谈之影响,注重音声之美,然未见于史书记载。及至南朝,儒生之讲经,其音声已颇受重视。如:

（卢）广少明经,有儒术。……兼国子博士,遍讲《五经》。时北来人,儒学者有崔灵恩、孙详、蒋显,并聚徒讲说,而音辞鄙拙;惟广言论清雅,不类北人。②

即令日常之讽咏诵说,音声特出者,亦受称扬:

西阳王大钧,字仁辅。性厚重,不妄戏弄。年七岁,高祖尝问读何书,对曰"学《诗》"。因命讽诵,音韵清雅,高祖因赐王羲之书一卷。③

既长,博学多通,尤精义理,善诵书,背文讽说,音韵清辩。起家齐太学博士,迁后军行参军。建武中,魏人吴包南归,有儒学,尚书仆射江祏招包讲。舍造坐,累折包,辞理遒逸,由是名为口辩。④

---

① 《后汉书》卷七十九上《儒林列传上》,中华书局 1965 年版,第 2551 页。
② 《梁书》卷四十八《儒林·卢广传》,中华书局 1973 年版,第 618 页。
③ 《梁书》卷四十四《西阳王大均传》,中华书局 1973 年版,第 617 页。
④ 《梁书》卷二十五《周舍传》,中华书局 1973 年版,第 375 页。

隋开皇初,拜内史侍郎,凡有敷奏,词气抑扬,观者属目。……善之通博,在何妥之下,然以风流酝藉,俯仰可观,音韵清朗,由是为后进所归。①

南北两朝对于人物音声之重视,显然是受到了清谈之影响。而清谈作为一种言语的游戏,其重视音声之美,可谓题中应有之义。然而东晋以后之清谈对于音声特加重视者,考虑到当时玄佛合流,高僧广为谈玄的情景,则不能不说是受到了佛教经师唱经之影响。

佛经原为梵文,译为汉语之后,由于梵文与汉语的发声规则颇不相同,梵音重复,为多音节,汉语单奇,为单音节,在唱诵之时便造成了这样的问题:"若用梵音以咏汉语,则声繁而偈迫;若用汉曲以咏梵文,则韵短而辞长。"②由是出现了两种颂唱之法,一为转读,用于咏唱散文体的佛经,一为梵呗,用于歌赞经中偈颂。梵呗需懂梵文,所以汉地僧人多为转读。转读即参照梵语拼音,而求汉语适应转变,由此,反切之学而兴。《高僧传》卷十三《经师》章记载了擅长转读的经师三十余人。如晋帛法桥,少年之时喜欢转读而苦练发声,绝食七天七夜,"至第七日,觉喉内豁然,即索水洗漱云:'吾有应矣。'于是作三契,经声彻里许,远近惊嗟,悉来观听。尔后诵经数十万言,昼夜讽咏,哀婉通神。"宋释僧饶,"偏以音声著称","响调优游,和雅哀亮"。齐东安寺四僧,"道朗捉调小缓,法忍好存声切,智欣善能侧调,慧光喜飞声"。佛经之转读,既需精达经旨,又需洞晓音律,通达声韵之学。转读具有极佳的审美效果,《经师篇总论》说道:"炳发八音,光扬七善。壮而不猛,凝而不滞,弱而不野,刚而不锐;清而不扰,浊而不蔽。谅足以起畅微言,怡养神性。故听声可以娱耳,聆语可以开襟。"除了诵经,意在宣唱法理、开导众心的"唱导",同样注重音声。唱导是以杂序因缘、傍引譬喻的方式开导众生。唱导所重有四:声、辩、才、博。声为重要因素之一,因为"非'声'则无以警众","响韵钟鼓,则四众警心,'声'之用也"。③

---

① 《北史》卷十六《元善传》,中华书局 1974 年版,第 599 页。
② 《高僧传》卷十三《经师篇总论》,中华书局 1992 年版,第 507 页。
③ 《高僧传》卷十三《唱导篇总论》,中华书局 1992 年版,第 521 页。

佛教的转读直接促成了永明时期四声八病的出现，对中国文学产生了深远影响，乃中国音韵史上一大转折。除此而外，转读与唱经对于音声的关注及其所具有的审美效果，同样深刻影响了魏晋南北朝的清谈审美，并转而影响到了儒家经师以及魏晋南北朝时人的日常言语。

六、"风流所宗"：清谈的超越性追求

由于清谈在魏晋南北朝士人生活中居于重要的地位，清谈也就成为标榜士人之才情的一个重要因素，这典型地体现于魏晋南北朝人物传记的书写中。

翻检魏晋南北朝史书，"能清言"、"善谈论"，成为魏晋南北朝人物可资称道的一项才能，如：

> 修字宣子。好《易》《老》，善清言。①
>
> 郭象，字子玄，少有才理，好《老》《庄》，能清言。②
>
> 纳字士言，最有操行，能清言，文义可观。性至孝，少孤贫，常自炊爨以养母。③
>
> 仲堪能清言，善属文，每云三日不读《道德论》，便觉舌本间强。④
>
> 又曰：帝以太兴三年生，弱而慧异，中宗深器焉。及长，美风姿，好清言，举止端详，器服简素，与刘恢、王濛等为布衣之友。⑤
>
> （张敷）性整贵，风韵甚高，好读玄书，兼属文论。⑥
>
> （张）卷字令远，稷从兄也。少以知理著称，能清言。⑦
>
> 谢举字言扬，中书令览之弟也。幼好学，能清言，与览齐名。⑧

---

① 《晋书》卷四十九《阮宣传》，中华书局1974年版，第1366页。
② 《晋书》卷五十《郭象传》，中华书局1974年版，第1396页。
③ 《晋书》卷六十二《祖纳传》，中华书局1974年版，第1698页。
④ 《晋书》卷八十四《殷仲堪传》，中华书局1974年版，第2192页。
⑤ （宋）李昉等编：《太平御览》卷九十九《皇王部二十四·简文皇帝》，中华书局1960年影印版，第474页。
⑥ 《宋书》卷六十二《张敷传》，中华书局1974年版，第1663页。
⑦ 《梁书》卷十六《张稷附张卷传》，中华书局1973年版，第273页。
⑧ 《梁书》卷三十七《谢举传》，中华书局1973年版，第529页。

　　张嵊,字四山,镇北将军稷之子也。少方雅,有志操,能清言。①

　　子朗,字世明,早有才思,工清言,周舍每与共谈,服其精理。②

　　子三达,字三善,数岁能清言及属文。③

　　及长,能清言,美音制,风神俊悟,容止可观,人士见之,莫不敬异;有识者多以远大许之。④

　　对于以玄学名世的士人,史书直接称述其清谈,如阮修、郭象等人。与清谈并举连称的,有属文、好学、志操、风神、容止、书法等,尤以属文最多。可知清谈与作文乃是最能彰显士人才情的两项才能。其次,则有容止风神、书画技能等,属于人物道德层面的孝行、志操等,亦有出现,然而并不多见。

　　后人以“魏晋风流”描摹魏晋士人的风度才情,实际上,“风流”一语为魏晋南北朝时人所常用:

　　元显无良师友,正言弗闻,谄誉日至,或以为一时英杰,或谓为风流名士,由是自谓无敌天下,故骄侈日增。⑤

　　桓玄与会稽王道子书曰:“珣神情朗悟,经史明彻,风流之美,公私所寄。”⑥

　　孝武问王爽:“卿何如卿兄?”王答曰:“风流秀出,臣不如恭,忠孝亦何可以假人!”⑦

　　范豫章谓王荆州:“卿风流俊望,真后来之秀。”王曰:“不有此舅,焉有此甥?”⑧

　　有人问袁侍中曰:“殷中堪何如韩康伯?”答曰:“理义所得,优劣

　　① 《梁书》卷四十三《张嵊传》,中华书局1973年版,第609页。

　　② 《梁书》卷五十《文学传下·何思澄附宗人子朗传》,中华书局1973年版,第714页。

　　③ 《南史》卷五十《刘虬传附之遴子三达传》,中华书局1975年版,第1252页。

　　④ 《北齐书》卷三十四《杨愔传》,中华书局1975年版,第454页。

　　⑤ 《晋书》卷六十四《元显传》,中华书局1974年版,第1738页。

　　⑥ 《晋书》卷六十五《王珣传》,中华书局1974年版,第1757页。

　　⑦ 《方正》六十四,余嘉锡:《世说新语笺疏》,中华书局1983年版,第341页。

　　⑧ 《赏誉》一百五十,余嘉锡:《世说新语笺疏》,中华书局1983年版,第494页。

乃复未辨；然门庭萧寂，居然有名士风流，殷不及韩。"故殷作诔云："荆门昼掩，闲庭晏然。"①

以上数例，皆表明"名士"冠以"风流"之语，是很高的评价。杜牧有诗云："大抵南朝皆放达，可怜东晋最风流"，后世又有"是真名士自风流"之说，名士风流，此观念早已深入人心，那么，何谓风流？怎样的名士才算风流？名士之风流需要具备什么素养与条件？

冯友兰先生指出，从字面上讲，"风流"可译为"wind（风）和 stream（流）"，有自由自在的意味，与西方的 romanticism（浪漫主义）或 romantic（罗曼蒂克）的意义大致相当。② 如果不去讨论二者背后的文化差异，风流与浪漫主义确有几多相合之处。那么，名士何以能够称得上风流？

清谈能力居于重要地位：

（王湛）初有隐德，人莫能知，兄弟宗族皆以为痴，……兄子济轻之，所食方丈盈前，不以及湛。湛命取菜蔬，对而食之。济尝诣湛，见床头有《周易》，问曰："叔父何用此为？"湛曰："体中不佳时，脱复看耳。"济请言之。湛因剖析玄理，微妙有奇趣，皆济所未闻也。济才气抗迈，于湛略无子侄之敬。既闻其言，不觉流然，心形俱肃。遂留连弥日累夜，自视缺然，乃叹曰："家有名士，三十年而不知，济之罪也。"③

王湛由于生性寡言，被人视为智商不高，侄儿王济一向轻视于他。一次偶然的会面，让王济对这位叔叔的印象彻底改观，竟至发出了"家有名士，三十年不知，济之罪也"的慨叹。不因别的，只为王湛有着高妙的清谈才能，王湛谈《易》，"剖析入微，妙言奇趣，济所未闻，叹不能测"④。让王济大为折服，留连弥日。

清谈，成为名士身份的一个最重要的必要条件。

---

① 《品藻》八十一，余嘉锡：《世说新语笺疏》，中华书局 1983 年版，第 543—544 页。

② 参见冯友兰：《中国哲学简史》，涂又光译，北京大学出版社 1996 年版，第 198—199 页。

③ 《晋书》卷七十五《王湛传》，中华书局 1974 年版，第 1959 页。

④ 《赏誉》十七注引邓粲《晋纪》，余嘉锡：《世说新语笺疏》，中华书局 1983 年版，第 429 页。

六国多雄士，正始出风流。①

故天下言风流者，谓王、乐为称首焉。②

又沙门支遁以清谈著名于时，风流胜贵，莫不崇敬，以为造微之功，足参诸正始。③

融与浩口谈则辞屈，著篇则融胜，浩由是为风流谈论者所宗。④

时人以愔方荀奉倩，濛比袁曜卿，凡称风流者，举濛、愔为宗焉。⑤

王弼、何晏是正始清谈的两大主角；王衍、乐广是西晋清谈的领军人物；卫玠是渡江诸人中的清谈高手，其清谈曾令王澄绝倒；支遁、殷浩、王濛、刘惔，是东晋谈座上最厉害的角色。这些人都有风流之誉，尤其王衍、乐广、殷浩、王濛、刘惔五人，更为名士宗主。清谈成为获得风流之誉的最重要因素。

清谈之所以能够体现出风流，一个很重要的原因在于，清谈不仅体现了谈家的文化素养，亦隐含了谈家的精神境界，即超越世俗的形上追求。在正史的书写中，"清谈"常与"财利"、"荣利"对举，如：

敦眉目疏朗，性简脱，有鉴裁，学通《左氏》，口不言财利，尤好清谈。⑥

绪口不言利，有财辄散之。清言端坐，或竟日无食。⑦

（萧眎肃）性静退，少嗜欲，好学，能清言，荣利不关于口，喜怒不形于色。在人间及居职，并任情通率，不自矜高，天然简素，士人以此咸敬之。⑧

伯谦少时读经、史，晚年好《老》、《庄》，容止俨然无愠色，亲宾

① 《晋书》卷八五《刘毅传》，中华书局 1974 年版，第 2210 页。

② 《晋书》卷四三《乐广传》，中华书局 1974 年版，第 1244 页。

③ 《晋书》卷六七《郗超传》，中华书局 1974 年版，第 1805 页。

④ 《晋书》卷七七《殷浩传》，中华书局 1974 年版，第 2043 页。

⑤ 《晋书》卷九三《外戚传·王濛传》，中华书局 1974 年版，第 2419 页。

⑥ 《晋书》卷九十八《王敦传》，中华书局 1974 年版，第 2566 页。

⑦ 《南齐书》卷三十三《张绪传》，中华书局 1972 年版，第 602 页。

⑧ 《梁书》卷五十二《萧眎肃传》，中华书局 1973 年版，第 763 页。

至,则置酒相娱。清言不及俗事,士大夫以为仪表。①

善清谈者,如王敦、张绪诸人,多远离财利,不言俗事。他们的性情,是简脱、静退、通率,体现出地地道道的玄学价值观。即是具有"玄心",能够超越世俗之沾滞,追求超越性的人生。这正是魏晋风流的本质所在。

第三节 麈尾与士人审美意识

有一种著名的器物与魏晋南北朝清谈相关,那就是麈尾。前人对此已多有研究,清代学者赵翼在《廿二史札记》卷八"清谈用麈尾"条中率先指出"六朝人清谈,必用麈尾",赵翼亦揭示了麈尾的日常功用:"盖初以谈玄用之,相习成俗,遂为名流雅器,虽不谈亦常执持耳。"贺昌群在《世说新语札记》中考察了麈尾的形制与日常功用,范子烨《中古文人生活研究》一书中考证了麈尾的渊流、形制、麈尾与清谈名士、名僧的关系,麈尾与维摩诘的关系,分析很为细密。本节即在以上研究的基础上,结合考古文献资料,重点考察麈尾所体现出的魏晋南北朝士人的审美意识。

一、麈之义

《说文解字》曰:"麈,麖属,从鹿。"宋代高似孙在《纬略》中说道:"麖之大者曰麈。"司马光《名苑》云:"鹿大者曰麈,群鹿随之,视麈尾所转而往,古之谈者挥焉。"由此可知,麈乃一种麖鹿,为鹿群中的头领。而清人徐珂编纂的《清稗类钞》"动物类"中则说:"麈,亦称驼鹿,满洲语谓之堪达罕,一作堪达汉,产于宁古塔、乌苏里江等处之沮洳地。其头类鹿,脚类牛,尾类驴,颈背类骆驼。而观其全体,皆不完全相似,故俗称四不像。角扁而阔,莹洁如玉,中有黑理,镂为决,胜象骨。大者重至千余斤。其蹄能驱风疾,凡转筋等症,佩于患处,为效甚速,世人贵之。"②此处认为麈乃驼鹿,民间称为"四不像",其蹄能治风疾,疗效极好,为世所重。这与魏晋

---

① 《北史》卷三十二《崔伯谦传》,中华书局 1974 年版,第 1162 页。
② (清)徐珂编撰:《清稗类钞》(第十二册),中华书局 1984 年版,第 5563 页。

南北朝之麈的功用差异颇大。有学者认为，麈乃麋鹿而非驼鹿，因为麋鹿尾大，驼鹿尾小。此说很有道理。

麈为中国所产。先秦文献中已有记载，如《逸周书·世俘解》载周武王的一次狩猎，猎获"麈十有六"，《山海经·中山经》中数次提到"多闾麈"，《大荒南经》和《大荒北经》中皆提及有食麈之大蛇。魏晋南北朝文献中亦多有所记。司马相如《上林赋》记有"沈牛麈麋"，左思《蜀都赋》有云"屠麖麋，翦旄麈。"在时人小说中，亦有记载猎麈的事情，东晋干宝《搜神记》记载："冯乘虞荡夜猎，见一大麈，射之，麈便云：'虞荡，汝射杀我耶？'明晨，得一麈而入，少时荡死。"南朝宋刘澄之《鄱阳记》曰："李婴弟绍，二人善于用弩。尝得大麈，解其四脚，悬着树间，以脏为炙，烈于火上。方欲共食，山下一人长三丈许，鼓步而来，手持大囊。既至，取麈头髅皮并火上新肉，悉内囊中，遥还山。婴兄弟后亦无恙。"其事为怪力乱神，然猎麈之事当为魏晋南北朝实情。另据《宋书·五行志》记载，在晋哀帝隆和元年十月甲申，有一头麈进入了东海王的府第。《太平御览》卷四十六录《晋书》郭文事迹，"郭文，字文举，隐于余杭大辟山。山中曾有猛兽杀一麈于庵侧，文举因以语人，人取卖之"[1]。可见当时麈的数量之多与分布之广。

以上史料中，所猎之麈多作食用。李善注《蜀都赋》"翦旄麈"曰："旄麈有尾，故翦之。"所剪尾巴做何使用，左思没有明言，或是制作麈尾，亦或食用。唐代陈子昂写有《麈尾赋》，他在序文中提到了写作赋文的时间与场景，甲子岁（684 年），太子司直宗秦客于洛阳金亭大会宾客，酒酣之际，共赋座中食物，陈子昂受命作《麈尾赋》。陈子昂在赋文中提道："此仙都之灵兽，固何负而罹殃？始居幽山之数，食乎丰草之乡，不害物以利己，不营利以同方。何忘情以委代？而任性之不忘，卒罹纲以见逼，爰庖丁而惟伤。岂不以斯尾之有用，而杀身于此堂，为君雕俎之羞，厕君金盘之实。"陈子昂对于麈之被食，颇有同情之意。他提到的"斯尾之有用"，似乎并非作成清谈器物，而是烹制成食，成为盘中之餐。

---

[1] （宋）李昉等编：《太平御览》，中华书局 1960 年影印版，第 223 页。

二、麈尾的源流与形制

陆机在《羽扇赋》中说:"昔楚襄王会于章台之上,山西与河右诸侯在焉。大夫宋玉、唐勒侍,皆操白鹤之羽以为扇。诸侯掩麈尾而笑,襄王不悦。"先秦文献中,未见有使用麈尾的记载,文中说楚襄王时诸侯持麈尾,当为假托。东汉初年,四川广汉雒县人李尤(约44—126年)擅作文章,尤以铭文见长,写有铭文120首,其中就有一篇《麈尾铭》:"气成德柄,言为训辞。鉴彼逸傲,念兹在慈。"李尤原集已佚,这篇铭文见于唐初虞世南所辑《北堂书钞》,明代张溥的《汉魏六朝百三家集》与严可均的《全晋文》都有收录。如果铭文确为李尤所写,那么在东汉初年即使用麈尾了。不过,李尤擅作铭文,后人将此篇《麈尾铭》的作者安放到他的名下,亦未可知。所以,仅凭此篇铭文,不能断定东汉初年即已使用麈尾。

之后一二百年,我们在文字资料中看不到有关麈尾的记载。究其原因,或是因为麈尾乃一卑微小物,在汉末三国的扰攘乱世,士人更多着眼于天下纷争,无意关注此等细物。六朝士人所写铭文中,常提到麈尾的卑贱属性,如王导说"谁谓质卑?御于君子",徐陵提到"谁云质贱,左右宜之"。更重要的是,作为一种卑微之物,它在此前没有进入士人阶层的视野。清谈始于曹魏正始年间,在何晏、王弼等人的清谈中,未见有麈尾的描述。到了西晋,麈尾出现于清谈活动之中,王衍、乐广这两位清谈宗主已经手持麈尾谈玄论道了。清谈宗主王衍,常执玉柄麈尾。

王衍位高望隆,他手持麈尾的行为,在士人中必然起到了极强的示范作用,从此群起效尤,一人手一柄,蔚成风气。这种由名人引领,而成为时尚的现象,在六朝很常见。比如《晋书·谢安传》记载:"乡人有罢中宿县者,还诣安。安问其归资,答曰:'有蒲葵扇五万。''安乃取其中者捉之,京师士庶竞市,价增数倍。"所以,将麈尾流行于士人阶层的年代断为王衍(256—311年)在世的西晋,也就是公元300年左右,是较为妥当的。孙机先生曾指出:"麈尾约起于汉末。魏正始以降,名士执麈清谈,渐成风气。"①其实基于文献所记,麈尾之起,难以确知,麈尾之兴,不在正始,而在西晋。明代杨慎对此有确切认识,他论道:"晋以后士大夫尚清谈,喜晏佚,始作麈尾。"②

根据这种判断,我们再来看考古图像资料所反映的信息。在汉魏六朝的墓葬壁画中,多见麈尾的形象。1991 年发掘的洛阳市朱村东汉壁画墓中首次出现麈尾。在该墓室中发现壁画 3 幅,其一为墓主夫妇宴饮图,上有墓主夫妇两人,男女仆各两人,考古报告提道:"男墓主左侧,榻床下并立二男仆,一男仆右手执一麈尾,左手执笏抱于胸前,头戴黑帽,浓眉朱唇,身穿长袍,皂缘领袖。"③作者依据墓室形制和随葬器物,将此墓年代断为东汉晚期或曹魏时期。不过指出了两点疑问:"墓主宴饮图中一男侍持麈尾则多见于晋,二女侍头梳双髻发型也只见于南朝壁画中。"如若依据麈尾流行的时期来推断,则此墓的年代还应靠后亦未可知。

1997 年发掘的北京石景山魏晋壁画墓中,发现了执麈凭几墓主人图,"男性墓主人端坐榻上,穿着合衽袍式上衣,宽袖,束腰带。头戴护耳平顶冠,蓄须,红唇。右手执一饰有兽面的麈尾。"④主人执麈凭几、端然正坐的形象,成为此一时期墓葬壁画的"标准像",在辽东、云南、甘肃、高句丽等地多有发现。如辽阳王家村晋墓、朝阳袁台子壁画墓、云南昭通后海子壁画墓(386—394 年)、西域吐鲁番的阿斯塔那 13 号墓(东晋)、高句丽安岳 3 号墓(冬寿墓)(357 年)等,墓主人皆手持麈尾,以彰显其对中

① 孙机:《诸葛亮拿的是"羽扇"吗?》,《文物天地》1987 年第 4 期。顺便指出,孙机先生以《艺文类聚》引《语林》与《太平御览》引《蜀书》皆作"毛扇",推断诸葛亮所拿为麈尾而非羽扇,此说值得商榷。细究原文,《太平御览》与《艺文类聚》所引《语林》稍有出入,《太平御览》"兵部·麈毛"与"服用部·扇"所引《语林》皆作"白毛扇",《艺文类聚》所引《语林》作"毛扇",无"白"字。盖"毛扇"为泛指而非特指,文献中所记有鹤羽、雉尾、鹊翅、白鹭羽等,此处指白羽扇的可能性很大。手持羽扇指挥战争,并非孤例,西晋顾荣亦有此事,《晋书》卷一百《陈敏传》载:"敏率万余人将与卓战,未获济,荣以白羽扇麾之,敏众溃散。"

② 王利器:《颜氏家训集解》卷三《勉学》注引《杨升庵集》六十七,中华书局 1993 年版,第 151 页。

③ 洛阳市第二文物工作队:《洛阳市朱村东汉壁画墓发掘简报》,《文物》1992 年第 12 期。

④ 石景山区文物管理所:《北京石景山八角村魏晋墓》,《文物》2001 年第 4 期。

原文化的世族生活方式及其身份的认同。①

佛教造像中的麈尾或始于云冈石窟魏献文帝时代(466—470 年),所造第五洞洞内后室中央大塔二层四面中央之维摩,即手持麈尾。他如龙门滨阳洞,天龙山第三洞东壁,北魏正始元年(504 年),北齐天保八年(550 年)诸石刻中的维摩,皆持麈尾。② 敦煌壁画中的麈尾图像始见于北周,唐以降增多,大多数集中在"维摩诘经变"中,麈尾形态样式与中原多数相同,也存在些微差别。③ 可见,麈尾是汉末六朝时期常见的日用器物,在汉末出现于墓葬壁画之中,在具有程式性的宴饮图壁画上,墓主身边常有麈和隐几。④

在传世绘画中,唐代阎立本的《历代帝王图卷》所绘吴主孙权,手中持有麈尾。在正始及竹林名士们的清谈史料中,未见对麈尾的描述,晚唐画家孙位的《高逸图》中,画中的阮籍手持麈尾,此画被视为传自顾恺之的《七贤图》。

麈尾实物已不多见。日本奈良正仓院收藏有唐代流传下来的麈尾,《世说新语·言语》五二条余嘉锡注云:

> 今人某氏(忘其名氏)《日本正仓院考古记》曰:"麈尾有四柄,此即魏、晋人清谈所挥之麈。其形如羽扇,柄之左右傅以麈尾之毫,绝不似今之马尾拂麈。此种麈尾,恒于魏、齐维摩说法造像中见之。"⑤

余嘉锡所指"今人某氏"即傅芸子先生,其《正仓院考古记》写于1941 年。傅芸子在文中提及日本收藏之麈尾柄料有四种:柿柄、漆柄、金铜柄与玳瑁柄。⑥ 而今人王勇在经过实地考察与观摩之后,认定正仓院

---

① 可参考[日]门田诚一:《高句丽壁画古坟中所描绘的手执麈尾的墓主像——魏南北朝时期的士大夫画像》,姚主田译,《辽宁省博物馆馆刊》(2013),辽海出版社 2014 年版,第 22—31 页;黄明兰:《再论魏晋清谈玄风中产生的名流雅器"麈尾"——从洛阳曹魏墓室壁画〈麈尾图〉说起》,《中国汉画学会第九届年会论文集》,第 242—243 页。

② 傅芸子:《正仓院考古记》,上海书画出版社 2014 年版,第 126 页。

③ 杨森:《敦煌壁画中的麈尾图像研究》,《敦煌研究》2007 年第 6 期。

④ 参见董淑燕:《执麈凭几的墓主人图》,《东方博物》2011 年第 3 期。

⑤ 余嘉锡:《世说新语笺疏》,中华书局 1983 年版,第 111 页。

⑥ 傅芸子:《正仓院考古记》,上海书画出版社 2014 年版,第 126 页。

所藏麈尾只有两柄——漆柄和柿柄,另外的金铜柄与玳瑁柄器物实为拂尘而非麈尾。据其描述,漆柄麈尾,"毫毛尽失,仅存木质黑漆骨子。挟板长 34 厘米、宽 6.1 厘米,沿轮廓线嵌有数条牙线,中心线上有四颗花形钉子,用以固定两块挟板。柄长 22.5 厘米,贴牙纹。镡为牙质,雕唐草花纹。挟板与柄相交处,为狮啮形吞口。残形全长 58 厘米"①。这两柄麈尾皆装饰华丽,工艺精巧,于此可以领略六朝麈尾之风貌。此外,徐陵在《麈尾铭》中提到麈尾的形制:"爰有妙物,穷兹巧制。员上天形,平下地势。靡靡丝垂,绵绵缕细。"麈尾之形天圆地方,麈的尾毛绵密低垂,这种形制,在考古图像中亦能见出。

三、麈尾的功能及审美

魏晋南北朝时期,麈尾广泛出现于士人之手,僧人讲经常持麈尾,道人亦多有手挥麈尾者。这样一种被广泛使用的器物,呈现出多种文化功能和意义,分述如下:

(一)拂秽清暑

麈尾,能够抚秽解暑,兼具拂尘与扇子的功能。如王导《麈尾铭》云:"道无常贵,所适惟理。谁谓质卑? 御于君子。拂秽清暑,虚心以俟。"②徐陵《麈尾铭》中提到"拂静尘暑,引饰妙词。"当然,麈尾虽有此一功能,但魏晋南北朝士人手握此物,出于实用的目的不强,更多是作为一种风流雅器,与后世文人手握折扇的功能十分类似。

(二)清谈助器

麈尾出现于西晋清谈活动中。西晋清谈领袖王衍与乐广皆有持麈的记载。乐广曾以麈尾指点客人:

> 客问乐令"旨不至"者,乐亦不复剖析文句,直以麈尾柄确几曰:"至不?"客曰:"至!"乐因又举麈尾曰:"若至者,那得去?"于是客乃悟服。乐辞约而旨达,皆此类。③

---

① 王勇:《日本正仓院麈尾考》,《东南文化》1992 年第 Z1 期。
② 《全晋文》卷十九,商务印书馆 1999 年版,第 176 页。
③ 《文学》十六,余嘉锡:《世说新语笺疏》,中华书局 1983 年版,第 205 页。

东晋时期,殷浩与孙盛进行过一次激烈的清谈,其惊心动魄程度,通过麈尾这一道具表露无遗:

> 孙安国往殷中军许共论,往反精苦,客主无间。左右进食,冷而复暖者数四。彼我奋掷麈尾,悉脱落,满餐饭中。宾主遂至莫忘食。殷乃语孙曰:"卿莫作强口马,我当穿卿鼻。"孙曰:"卿不见决鼻牛,人当穿卿颊。"①

孙盛与殷浩进行对谈,互为客主,双方义理相当,都不退让,论辩激烈,废寝忘食,竟至奋掷麈尾,使得尾毛尽落于饭中。在二人相对的清谈中,要用到麈尾。

再据《南史·张讥传》记载,陈后主有次来到钟山开善寺,让群臣坐于寺院西南的松树林下,命令擅长玄学的张讥阐述义理。"时索麈尾未至,后主敕取松枝,手以属讥,曰:'可代麈尾。'"②《南史·袁宪传》又载:"会弘正将升讲坐,弟子毕集,乃延宪入室,授以麈尾,令宪竖义。"③这两例中的清谈,都是一人主讲,众人聆听,主讲者必须手持麈尾。第一例中,因为手头没有麈尾,陈后主便令以松枝替代。

在以上数例中,无论二人对谈,还是一人主讲,皆需手执麈尾。在具体清谈中,到底如何使用麈尾? 这在《世说新语》等文献中未见记载。不过,我们可以根据魏晋南北朝僧人、唐代僧人的讲经活动看出端倪。

魏晋南北朝僧人讲经,多用麈尾。梁代僧人释智林在给汝南周颙的书信中提道:"贫道捉麈尾以来,四十余年,东西讲说,谬重一时。"④《续高僧传》记载一则传说,梁代高僧释慧韶圆寂,"当终夕,有安浦寺尼,久病闷绝,及后醒云:送韶法师及五百僧,登七宝梯,到天宫殿讲堂中,其地如水精。床席华整,亦有麈尾几案,莲华满地,韶就座谈说,少时便起。"北魏天竺三藏法师菩提留支受诏于显阳殿,"高升法座,披匣挥麈,口自

---

① 《文学》三十一,余嘉锡:《世说新语笺疏》,中华书局1983年版,第219—220页。

② 《南史》卷七十一《张讥传》,中华书局1975年版,第1751页。

③ 《南史》卷二十六《袁宪传》,中华书局1975年版,第718页。

④ 《高僧传》卷八《义解五·释智林传》,中华书局1992年版,第310页。

翻译,义语无滞"①。唐代符载在《奉送良郢上人游罗浮山序》中提到良郢法师,"始童子剃落,转持麈尾,讲《仁王经》,白黑赞叹,生希有想"②。由诸例来看,麈尾是讲堂必备之物。再如佛教石窟造像中,凡维摩诘造像,不管变相如何,其右手必执麈尾。

日本僧人圆融所著的《入唐求法巡礼行记》中,记载了唐代僧人讲经的仪式,其中用到了麈尾,"梵呗讫,讲师唱经题目,便开题,分别三门。释题目讫,维那师出来,于高座前,设申会兴之由,及施主别名、所施物色。申讫,便以其状转与讲师,讲师把麈尾,一一申举施主名,独自誓愿。誓愿讫,论义者论端举问。举问之间,讲师举麈尾,闻问者语,举问了,便倾麈尾,即还举之,谢问便答"③。在论义阶段,都讲发问时,主讲右手举麈尾,都讲发问完毕,主讲将麈尾放下,然后又立即举起麈尾,对发问致谢并回答问题。讲经时,不断将麈尾举起、放下、再举起,往返问答。④

《高僧传》卷五《竺法汰传》载:"时沙门道恒,颇有才力,常执心无义,大行荆土。汰曰:'此是邪说,应须破之。'乃大集名僧,令弟子昙一难之。据经引理,析驳纷纭。恒仗其口辩,不肯受屈,日色既暮,明旦更集。慧远就席,设难数番,关责锋起。恒自觉义途差异,神色微动,麈尾扣案,未即有答。远曰:'不疾而速,杼轴何为。'座者皆笑矣。心无之义,于此而息。"⑤《续高僧传》卷五《释僧旻传》亦载:"文宣尝请柔次二法师于普弘寺共讲《成实》,大致通胜,冠盖成阴。旻于末席论议,词旨清新,致言宏邈,往复神应,听者倾属。次公乃放麈尾而叹曰:'老夫受业于彭城,精思此之五聚,有十五番以为难窟,每恨不逢劲敌,必欲研尽。自至金陵累年,始见竭于今日矣。且试思之,晚讲当答。'"⑥于此两例可知,在讲经论辩过程中,麈尾不能长时间放下。道恒"麈尾扣案,未即有答",就等于论辩

① 释昙宁:《深密解脱经序》,《全后魏文》卷六十,商务印书馆 1999 年版,第 599 页。
② (清)董浩等编:《全唐文》卷六百九十,中华书局 1983 年版,第 7076 页。
③ [日]释圆仁撰,白化文等校注:《入唐求法巡礼行记校注》,花山文艺出版社 2007 年版,第 187—188 页。
④ 参见张雪松:《唐前中国佛教史论稿》,中国财富出版社 2013 年版,第 276 页。
⑤ (梁)释慧皎:《高僧传》,汤用彤校注,中华书局 1992 年版,第 192—193 页。
⑥ (唐)道宣:《续高僧传》,郭绍林点校,中华书局 2014 年版,第 154—155 页。

失败。发言时必举起麈尾，亦为僧侣讲说之程式，尚未拿起麈尾，则表示还在思考，不能作答。

由于清谈发言时必须手举麈尾，麈尾因而能成为清谈水平的象征。在王导招集的一次著名的清谈活动中，名士云集，殷浩、王濛等清谈大家俱在，王导"自起解帐带麈尾"，以主人的身份挑起与殷浩的清谈。本条余嘉锡注《御览》七百三引《世说》曰："王丞相常悬一麈尾，着帐中。及殷中军来，乃取之曰：'今以遗汝。'"殷浩是王导之后最著名的清谈家，王导以麈尾予之，是因为佩服他的清谈，让他担任清谈主角。

下面此则史料更具说服力：

> 后主在东宫，集官僚置宴，时造玉柄麈尾新成，后主亲执之，曰："当今虽复多士如林，至于堪捉此者，独张讥耳。"即手授讥。[1]

陈后主认为唯有张讥堪捉麈尾，便是认定其清谈能力。麈尾在此的意义凸显无遗。《南齐书》卷三十三《王僧虔传》所载其诫子书是在论述魏晋清谈时经常被征引的一则史料："僧虔宋世尝有书诫子曰：'……汝开《老子》卷头五尺许，未知辅嗣何所道，平叔何所说，马、郑何所异，《指》《例》何所明，而便盛于麈尾，自呼谈士，此最险事。……'"王僧虔告诫子孙清谈实难，不对前代清谈义理有精深把握，就手持麈尾，自呼谈士，实则是贻笑于人之举，因为麈尾所标识的是一个人的清谈能力。

唐代陆龟蒙作有一篇《麈尾赋》，描述了谢安、桓温、王珣、郗超、支遁等人的一次清谈活动，以支遁为主角，其中提道："支上人者，浮图其形。左拥竹杖，右提山铭。于焉就席，引若潜听。俄而啮缺风行，逍遥义立。不足称异，才能企及。公等尽瞩当仁，咸云俯拾。道林乃摄艾衲而精爽，捉犀柄以挥揖。天机发而万目张，大壑流而百川入。"将支遁的清谈实力和神采风情摹划得精彩动人。文末提道："虽然绝代清谈客，置此聊同王谢家。"表明了清谈人的身份地位与价值追求。

（三）风流雅器

有意思的是，麈尾不仅用于清谈，魏晋南北朝士人在日常生活中亦常

---

[1] 《陈书》卷三十三《儒林列传·张讥》，中华书局1972年版，第444页。

常持有,使得麈尾被赋予了新的文化意义,变成了一种风流雅器。

推究起来,盖因麈尾乃轻便之物,清谈活动无固定时间,兴之所至,便可清谈,所以,像王衍之流的清谈宗主,便随身携带,以备清谈。日常持有,随意挥洒,颇能增加其人风度,因此人们便相仿效,成为一时之尚。王衍常持玉柄麈尾,以白玉为柄,精美华贵,有很强的审美属性。《世说新语·容止》中说王衍的手的颜色与玉柄没有分别,可见深受时人赏慕。王公贵族群起效仿,手执玉柄麈尾,成为一时风尚。

东晋开国丞相、王衍族弟王导亦爱好麈尾,何充前来造访,王导用麈尾指着座位,招呼何充共坐:"来,来,此是君坐。"①他常将其悬于家中帐内,出门也随带身边。有次因惧怕妒妻曹氏伤害他私养的姬妾儿女,命仆人驾起牛车追赶,情急之下,他以麈尾柄帮助御者打牛,样子狼狈不堪,此事遭到了司徒蔡充十分尖刻的嘲弄。王导以麈尾赶牛的行径,实在有损自身形象,同时也破坏了麈尾作为一种名流雅器的功能,因此受到讥讽。梁宣帝有《咏麈尾》诗云:"匣上生光影,豪际起风流,本持谈妙理,宁是用摧牛。"即是讽咏此事。

东晋名士王濛弥留之际,翻转麈尾视之,凄然叹曰:"如此人,曾不得四十!"及其死后,至交好友刘惔将犀柄麈尾置于其棺柩中,以作陪葬之物。② 其人虽逝,却有风流器物相伴,却也构成了诗意的人生。僧人亦常携带麈尾,"庾法畅造庾公,捉麈尾甚佳,公曰:'此至佳,那得在?'法畅曰:'廉者不求,贪者不与,故得在耳'"③。回答得十分有趣。还有一则非常有意思的史料,北齐时期,颍川人荀仲举受到长乐王尉粲的礼遇,二人共饮过量,荀仲举咬了尉粲的手指,伤到了骨头。此事被皇帝高洋得知,仲举受杖刑一百。事后有人问仲举缘故,仲举回答:"我那知许,当是正疑是麈尾耳。"④把尉粲的手指当成了麈尾。

---

① 《赏誉》五十九,余嘉锡:《世说新语笺疏》,中华书局1983年版,第456页。
② 颇有意思的是,《高僧传》卷八《义解五·释道慧传》亦记有类似故事:"慧以齐建元三年卒,春秋三十有一。临终呼取麈尾授友人智顺。顺恸曰:'如此之人,年不至四十,惜矣。'因以麈尾内棺而殡焉。"
③ 《言语》五十二,余嘉锡:《世说新语笺疏》,中华书局1983年版,第111页。
④ 《北齐书》卷四五《荀仲举传》,中华书局1975年版,第627页。

在魏晋南北朝志怪小说中，亦能见到神人持麈尾的场景，如刘义庆《幽明录》的"甄冲"条，描述了这样一个场景："社公下，隐漆几，坐白旃坐褥，玉唾壶，以玳瑁为手巾笼，捉白麈尾。"①显然，文中所提及的漆隐几、白旃坐褥、玉唾壶、手巾笼、白麈尾等器物，都很名贵，皆为魏晋南北朝贵族人家的日常用品。

由于麈尾被视为一种风流雅器，所以有时会作为礼物赠送他人。南齐吴郡张融，年在弱冠，同郡道士陆修静送他一把白鹭羽麈尾扇，说道："此既异物，以奉异人。"②

另外，由于清谈名士出身世家大族，玉柄麈尾之于他们，也和五石散等物品一样，成了高贵的表征，《南史·陈显达传》所记，出身卑微而位居重位的陈显达谦退清俭，其诸子喜华车丽服，陈显达告诫说："凡奢侈者鲜有不败，麈尾蝇拂是王、谢家物，汝不须捉此自逐。"③取来烧了。陈显达之所以烧麈尾，是因为麈尾是"王、谢家物"，它为富贵人家所用，是一种奢侈品，自古成由勤俭败由奢，陈显达深谙个中道理，所以不让孩子玩用。尔时清谈名流已逝，清谈氛围已无，不过，其飘逸潇洒的形象却流传了下来，更重要的，作为器物的麈尾仍在，它被赋予的意义仍在，乍得富贵的少年们渴慕前辈风流，于是，占有麈尾，也就仿佛占有了那份意义。

（四）隐逸象征

南朝时期清谈的气氛渐息，但作为清谈雅器的麈尾却流传下来，不仅那些渴慕清谈风流的士人们手挥麈尾，即连远离世俗的隐逸之士也以麈尾自高，这就为麈尾赋予了一种新的意义，如《南史·隐逸传》所记：

> 齐高帝辅政，征为扬州主簿。及践阼乃至，称"山谷臣顾欢上表"，进《政纲》一卷。时员外郎刘思效表陈谠言，优诏并称美之。欢东归，上赐麈尾、素琴。
>
> （吴苞）冠黄葛巾，竹麈尾，蔬食二十余年。
>
> 孝秀性通率，不好浮华，常冠谷皮巾，蹑蒲履，手执并闾皮麈尾，

---

① 刘义庆：《幽明录》，郑晚晴辑注，文化艺术出版社 1988 年版，第 7 页。
② 《南齐书》卷四十一《张融传》，中华书局 1972 年版，第 721 页。
③ 《南史》卷四十五《陈显达传》，中华书局 1975 年版，第 1134 页。

服寒食散,盛冬卧于石上。

顾欢、吴苞与张孝秀三人都是南朝时期著名的隐士,在隐居之时,他们不忘携带麈尾,不过他们手中的麈尾不再是昂贵的玉柄,而是竹柄、闾皮之类采自乡野的植物,这就为此类麈尾赋予了朴素自然而远离俗世的文化意义。而究其根源,晋代清谈士人们手中的麈尾已然具有了此类意义,清谈本来就具有玄远之意,它远离世俗,不同的是,玉与竹的区别,可说一高贵、一自然。而其希慕清谈风流之心昭然可见,特别是张孝秀,手持麈尾,服寒食散,不正是魏晋南北朝人的游戏吗?

第三章 丽的追求：文学审美意识

　　魏晋南北朝时期,中国文学走向了自觉,获得了独立。这一观点几为学界公论和定论。的确,在魏晋南北朝时期,文学家呈家族性、集团性、群体性地喷涌而出,所谓三曹、建安七子、金谷二十四友、三张二陆两潘一左、竟陵八友、陈郡谢氏、兰陵萧氏,乃至邺下文学集团、桓温文学集团等,不胜枚举;诗赋文章,在量和质上,相比以往,都有很大突破。《隋书·经籍志·集部》著录别集类 437 部,4381 卷,通计亡书,合 886 部,8126 卷。437 部之中,除战国著作 2 部,西汉著作 13 部,绝大多数为三国魏晋南北朝时期的著作。别集(个人著作)之外,又有总集,此体为晋代挚虞开创,"总集者,以建安之后,辞赋转繁,众家之集,日以滋广,晋代挚虞苦览者之劳倦,于是采摘孔翠,芟剪繁芜,自诗赋下,各为条贯,合而编之,谓为《流别》。是后文集总钞,作者继轨,属辞之士,以为覃奥,而取则焉"①。《隋书·经籍志》著录总集 554 部,6622 卷,通计亡书,合 1146 部,13390卷,全为魏晋南北朝作品。再算上子部小说家类和若干杂家类著述,魏晋南北朝时期的文学作品实在是硕果累累。不特此也,此一时期,还出现了曹丕的《典论·论文》、陆机的《文赋》、钟嵘的《诗品》、刘勰的《文心雕龙》等文学批评著作,尤以《文心雕龙》为皇皇巨著,体大虑周,震烁今古。

　　无疑,魏晋南北朝文学集中、复杂而多元地呈现着魏晋南北朝审美意识。不过,面对数量如此之巨的文学著述,我们在一章的篇幅中,绝难做到穷形尽相,只能选取若干方面,简要言之。

---

　　①　《隋书》卷三十五《经籍志·集部》,中华书局 1973 年版,第 1089—1090 页。

第一节　魏晋南北朝时期的文学观

现代意义上的"文学",指的是散文、诗歌、小说、剧本等作品,乃一舶来词,是日本学界对英文"literature"的对译,又为中国学界所使用,反映出 19 世纪末 20 世纪初中西日之间复杂的文化互动与交流。① 当我们用现代文学观念和框架去反观并研究中国古代文学时,不可避免地存在截取和切割的现象,因此,我们还是要回到中国古代的源初社会文化语境之中,对其文学观及其所体现出的审美意识进行考察。

一、"文学"内涵的丰富化

先秦时期,文的涵义甚广。《说文》释文为"错画也,象交文",指不同事物纵横交错形成的纹理和外形,是以有天文、地文、人文之说。相传仓颉造字,即博采山川之形,鸟兽之迹,天地万物之纹理。因字缘于文,所以由文字书写成的典籍,举凡礼乐制度、经史诗赋,统称为"文"。文还指外在的修饰,与质相对。

"文学"一词,最早出现于《论语·先进篇》,为著名的"孔门四科"之一:"德行:颜渊、闵子骞、冉伯牛、仲弓。言语:宰我、子贡。政事:冉有、季路。文学:子游、子夏。"范宁注云,德行乃"百行之美",指道德品行;言语为"宾主相对之辞",即外交辞令;政事为"治国之政",即政治才能;文学乃"善先王典文",即精通古代典籍。王弼注"文学"为"博学古文"。②其义相同。那么,子游、子夏之善文学,有何具体展现?《史记·仲尼弟子列传》载:"子游既已受业,为武城宰。孔子过,闻弦歌之声。孔子莞尔而笑曰:'割鸡焉用牛刀?'子游曰:'昔者偃闻诸夫子曰,君子学道则爱人,小人学道则易使。'孔子曰:'二三子,偃之言是也。前言戏之耳。'孔

---

① 张法先生的《"文学"一词在现代汉语中的定型》(《文艺研究》2013 年第 9 期)对此有深入而精彩的分析。

② (梁)皇侃:《论语义疏》,中华书局 2013 年版,第 267 页。

子以为子游习于文学。"①子游能够遵从孔子教诲,并付诸行政,为孔子所激赏。孔子所传,为先王之道,即周代以礼乐为中心的典章制度。沈德潜《吴公祠记》曰:"且夫子游之文学,以习礼自见,非后世辞章之学比也。今读《檀弓》上下二篇,当时公卿、大夫、士庶,凡议礼弗决者,必得子游之言以为重轻。"②至于子夏,文学之名更彰,司马贞《史记索隐》云:"子夏文学著于四科,序《诗》,传《易》。又孔子以《春秋》属商。又传《礼》,著在《礼志》。"《史记·仲尼弟子列传》并记:"孔子既没,子夏居西河教授,为魏文侯师。"《论语》中记载他与孔子谈诗论孝,并且载有他论学的诸多言论,集中在《子张》篇中,如"日知其所亡,月无忘其所能,可谓好学也已矣"、"博学而笃志,切问而近思,仁在其中矣"、"百工居肆以成其事,君子学以致其道"、"仕而优则学,学而优则仕"。这些言论,应该是子夏针对弟子而发,自能见出他是博古好学之人。

春秋时期,子游、子夏所通之文学,主要是《诗》、《易》、《礼》、《春秋》等儒家经典。及至战国,《荀子》、《墨子》、《韩非子》等书中,多见"文学"一词,统观其义,主要指古代典籍,尤其是儒家经典。如《荀子》一书,有"积文学,正身行,能属于礼义,则归之卿相士大夫"③、"人之于文学也,犹玉之于琢磨也"④,"文学"所指为儒家经典。《韩非子》一书中,有"乱世则不然,主有令而民以文学非之,官府有法民以私行矫之,人主顾渐其法令,而尊学者之智行,此世之所以多文学也"⑤,"儒以文乱法,侠以武犯禁,而人主兼礼之,此所以乱也。夫离法者罪,而诸先生以文学取;犯禁者诛,而群侠以私剑养"⑥,韩非常将儒家和其他学派或人群并举,予以批判,在其书中,修习"文学"的人即是儒家,修习儒家经典及儒家之道的人

① (汉)司马迁:《史记》卷六十七《仲尼弟子列传》,中华书局 1959 年版,第 2201—2202 页。

② (明)沈德潜:《沈德潜诗文集》(三),人民文学出版社 2011 年版,第 1240 页。

③ (清)王先谦:《荀子集解·王制篇第九》,中华书局 1988 年版,第 149 页。

④ (清)王先谦:《荀子集解·大略篇第二十七》,中华书局 1988 年版,第 508 页。

⑤ (清)王先慎:《韩非子集解·问辩第四十一》,中华书局 2013 年版,第 394 页。

⑥ (清)王先慎:《韩非子集解·五蠹第四十九》,中华书局 2013 年版,第 449 页。

即是文学之士,所谓"学道立方,离法之民也,而世尊之曰文学之士"①。由此,文学主要指《诗》、《书》、《礼》、《易》、《春秋》等儒家经典与儒家之道,又指儒学之士。

"文学"的这一义涵在两汉得以延用。如《淮南子·精神训》云:"藏《诗》、《书》,修文学,而不知至论之旨,则拊盆叩瓴之徒也。""文学"所指即《诗》、《书》等儒家崇尚的典籍。《盐铁论·论儒》云:"文学祖述仲尼,称诵其德,以为自古及今,未之有也。"此外,文学又与"儒者"、"儒吏"并称,即为明证。在汉代,"文学"更成为人才选拔的一个品目,常与"贤良"并举。如汉武之世,赵绾、王臧等以文学为公卿,兒宽因通《尚书》而以文学应征。公孙弘以文学之士受到征召。公孙弘上书请崇儒学,其中提道:"郡国县道邑有好文学,敬长上,肃政教,顺乡里,出入不悖所闻者,令相长丞上属所二千石……"上书被武帝采纳予以施行,其结果是:"公卿大夫士吏斌斌多文学之士矣。"②

汉代擅长诗赋文章之士,如司马相如、东方朔、枚乘等人,被视为俳优,地位很低。此时的诗赋,被纳入儒学的规范之下。③ 及至后汉,擅长辞章之士日渐受到重视,如《后汉书·傅毅传》载:"车骑将军马防外戚尊重,请毅为军司马,待以师友之礼。及马氏败,免官归。永元末,车骑将军窦宪复请毅为主记室,崔骃主簿。迁大将军,复召毅为司马,班固为中护军,宪府文章之盛,冠于当世。"窦宪广延能文之士,已显出当时擅写文章亦能受到重用。此一时期,大儒马融、蔡邕等人,皆博通诸艺,精于音乐、围棋、诗赋、书法,这表明汉末学术风气之转变。而文学内涵得到拓展的标志性事件,当为汉灵帝于光和元年(176 年)设立鸿都门学,"鸿都,门名也,于内置学。时其中诸生,皆敕州、郡三公举召能为尺牍辞赋及工书鸟

---

① (清)王先慎:《韩非子集解·问辩第四十六》,中华书局 2013 年版,第 415 页。

② 《史记》卷一百二十一《儒林列传》,中华书局 1959 年版,第 3119—3120 页。

③ 钱志熙在《"鸿都门学"事件考论——从文学与儒学关系、选举及汉末政治等方面着眼》(《北京大学学报》2008 年第 1 期)一文中指出:"一方面,汉代的辞章之士本身都是儒学者,并没有脱离儒学的专门的辞章之士存在;但另一方面,在汉代儒者中,擅长辞章者只是少数的一部分人。汉儒并非都能文章,文章并非儒必具的修养;而且一直被认为是可有可无,有时甚至被视为无益于身心与治道的末艺。"

篆者相课试,至千人焉"①。灵帝本人好学,著有《皇羲篇》五十章,他引用擅长文赋书画之人,待以不次之位,或出为刺史太守,或入为尚书侍中,乃有封侯赐爵者。由于这些人通过非正常渠道进入仕途,触动了士族阶层的利益,因此遭到士人的强烈批判和抵制。② 尽管鸿都门学很快遭到罢除,不过,此举使得诗赋书画等文艺的地位得到提高,其时掀起的草书热,同样表明了这点。

《后汉书·酷吏列传·阳球传》载,好申韩之学的阳球迁尚书令之后,"奏罢鸿都文学",其文曰:"伏承有诏敕中尚方为鸿都文学乐松、江览等三十二人图象立赞,以劝学者。臣闻《传》曰:'君举必书。书而不法,后嗣何观!'案松、览等皆出于微蔑,斗筲小人,依凭世戚,附托权豪,俯眉承睫,微进明时。或献赋一篇,或鸟篆盈简,而位升郎中,形图丹青。亦有笔不点牍,辞不辩心,假手请字,妖伪百品,莫不被蒙殊恩,蝉蜕浊。是以有识掩口,天下嗟叹。臣闻图象之设,以昭劝戒,欲令人君动鉴得失。未闻竖子小人,诈作文颂,而可妄窃天官,垂象图素者也。今太学、东观足以宣明圣化。愿罢鸿都之选,以消天下之谤。"非常值得注意的是,在阳球的上书之中,汉灵帝设立的鸿都门学被称为"鸿都文学"。显然,其中的"文学"已非儒学所能涵摄,虽然鸿都门学设立之初亦尚经学,然而很快就转向了诗赋书画等文艺,所以此处之"文学"更多指的是诗赋文章。

"文学"的这一义涵确立之后,在魏晋南北朝又得到继承和深化。"文学"除指官名、儒士、儒学典籍之外,又泛指前代典籍,如"(袁)亮子粲,字仪祖,文学博识,累为儒官,至尚书"③,裴松之注又载荀崧和王彪二

---

① 《后汉书》卷八《孝灵帝纪》李贤注,中华书局 1965 年版,第 340 页。
② 如钱志熙指出:阳球的《罢免鸿都学士》奏章中就指出这一点,"案松、览等皆出于微蔑,斗筲小人,依凭世戚,附托权豪,倪眉承睫,徼进明时"。根据东汉末年的政治情况,我们知道,所谓世戚即是外戚,权豪即是掌握朝政大权的外戚或宦官。所以综合来看,鸿都门选士是灵帝与世戚权豪集团,取代了传统乡举里选制度中士族的权力,触动了这个业已形成的士族阶层在选举上的根本利益。(钱志熙:《"鸿都门学"事件考论——从文学与儒学关系、选举及汉末政治等方面着眼》,《北京大学学报》2008 年第 1 期。)
③ 《三国志·魏书》卷十一《袁涣传》注引《晋诸公赞》,中华书局 1959 年版,第 336 页。

人"雅好文学"。三国时期，"文学"还成为描述人物博通典籍而有学识的词语，如《魏略》载桓范"以有文学，与王象等典集《皇览》"①，何桢"有文学器干，容貌甚伟"②，郑丰"有文学操行，与陆云善，与云诗相往反"③，此几处之文学，皆指其人博学多识而擅长著述。至于"文学"的诗赋之义，西晋陈寿《三国志》中，曹丕本传载："帝好文学，以著述为务，自所勒成垂百篇。"《王粲传》又载："始文帝为五官将，及平原侯植皆好文学。"《张纮传》注引《吴书》云："纮既好文学，又善楷篆，与孔融书，自书。"曹丕曹植兄弟长于诗文，张纮著有诗赋铭诔十余篇，赋文为陈琳称美。无疑，这几处之"文学"，主要指诗赋文章。南朝宋刘义庆撰《世说新语》，首四门取"孔门四科"，特设"文学"之门，其义已非指对经学的精通，而是包括了两个方面。第 1 至第 65 则为第一部分，涉及经学（《春秋》、《诗经》）、玄学（《四本论》、《老》、《易》、《庄》）、清谈、佛教等学问及学术活动，在此，"文学"指对相关典籍的研求、注解与辩论，属学问；第 66 至第 104 则为第二部分，涉及诗、赋、论、赞等文章，在此，"文学"指富有审美性的文学作品。于是，文学涵盖了两个方面：文章和学术。

宋文帝元嘉十五年（438 年），建四学之馆："元嘉十五年，征次宗至京师，开馆于鸡笼山，聚徒教授，置生百余人。会稽朱膺之、颍川庾蔚之并以儒学，监总诸生。时国子学未立，上留心艺术，使丹阳尹何尚之立玄学，太子率更令何承天立史学，司徒参军谢元立文学，凡四学并建。"④泰始六年（470 年），宋明帝又置总明馆，"以国学废，初置总明观，玄、儒、文、史四科，科置学士各十人，正令史一人，书令史二人，干一人，门吏一人，典观吏二人"⑤。《南史·明帝纪》的记载稍有差异，"九月戊寅，立总明观，征学士以充之。置东观祭酒、访举各一人，举士二十人，分为儒、道、文、史、阴

① 《三国志·魏书》卷九《桓范传》注引《魏略》，中华书局 1959 年版，第 288 页。
② 《三国志·魏书》卷十一《胡昭传》注引《文士传》，中华书局 1959 年版，第 362 页。
③ 《三国志·吴书》卷四十七《吴主传》注引《文士传》，中华书局 1959 年版，第 1143 页。
④ 《宋书》卷九十三《隐逸传·雷次宗传》，中华书局 1974 年版，第 2293 页。
⑤ 《南齐书》卷十六《百官志》，中华书局 1972 年版，第 315 页。

阳五部学,言阴阳者遂无其人"①。《南史·王俭传》云:"宋明帝泰始六年,置总明观以集学士,或谓之东观,置东观祭酒一人,总明访举郎二人。儒、玄、文、史四科,科置学士十人,其余令史以下各有差。"总之,宋文帝、宋明帝两朝,曾设儒、玄、文、史四学,是确凿无疑的。四学之设,除儒学乃前代国子学必备之外,玄学、文学、史学皆为最新设立,实际反映了晋宋时期的学术风尚,此一时期玄学、史学之发达,自不必论。宋文帝时,主持儒学的雷次宗、主持玄学的何尚之、主持史学的何承天,三人身负其学,皆当其任。独有谢元,虽出身陈郡谢氏,为谢灵运从祖弟,但文名不彰,《隋书·经籍志》载其有文集一卷,未见有诗赋类著作存世。不过,以其出身华贵,加之谢氏族人文士辈出,由其主持文学馆,是可以理解的。文学既与儒学、玄学、史学并列,也应是一种学问,不过,这一学问之中,除了对前代相关典籍的研读,应该是以对于诗赋文章的学习与探讨为主,即辞章之学。

四学之设,一方面,适应了晋宋时期的学术风潮;另一方面,笔者认为与魏晋南北朝时期书籍的四部分类之法有关。图书分类,始于汉代刘向、刘歆的校书,他们撰成《七略》,将历代典籍分为辑略、六艺略、诸子略、诗赋略、兵书略、术数略、方技略七部分,"辑略"为综述学术源流的绪论,所以是将图书分成了六类。班固作《汉书·艺文志》,即完全因循《七略》,将图书分为六略三十八种。魏元帝时(260—264年),秘书郎郑默撰《中经》,乃一部图书目录,到晋武帝咸宁年间(275—279年),秘书监荀勖据《中经》另编《新簿》,将书分成甲、乙、丙、丁四部,甲部,纪六艺、小学等书;乙部,有古诸子家、近世子家、兵书、兵家、数术;丙部,有史记旧事、皇览簿、杂事;丁部,有诗赋、图赞、汲冢书。此四部,对应的便是经、子、史、集。到了东晋李充,他又加以改定,②将子部和史部的位置调换,提高了史部地位,使甲、乙、丙、丁四部对应着经、史、子、集。唐初修《隋书·经

---

① 《南史》卷三《明帝纪》,中华书局1975年版,第82页。
② 《晋书》卷九十二《文苑传·李充传》:"于时典籍混乱,充删除烦重,以类相从,分作四部,甚有条贯,秘阁以为永制。"(中华书局1974年版,第2391页。)

籍志》,便直标经、史、子、集之名了。四部分类之法,在李充之后确立为秘阁藏书制度,如《宋书·殷淳传》载,殷淳"在秘书阁撰《四部书目》凡四十卷,行于世";《南齐书·王俭传》载:"上表求校坟籍,依《七略》撰《七志》四十卷,上表献之,表辞甚典。又撰定《元徽四部书目》。"永明三年(485 年),国子学立,齐武帝视察总明观,"于俭宅开学士馆,悉以四部书充俭家,又诏俭以家为府"。《南史》的记载基本相类:"于俭宅开学士馆,以总明四部书充之。又诏俭以家为府。"这一史料颇有启发意义,宋文帝、宋明帝所开设的四学,是否与四部之书有某种内在关系呢? 答案很明显,儒学、玄学、史学、文学四学,与经、子、史、集四部有着明确对应关系。总明馆的四部藏书,所对应的正是四学,由于玄学乃魏晋南北朝主要思潮,因此单列出来,代表子部。所以,文学对应着集部,是以诗赋文章为主的。

四部分类法,或者说四学之设,建构着时人对于文化素养的结构性认知。如《梁书·周舍传》载《褒异周舍诏》,赞誉周舍"义该玄儒,博穷文史",玄、儒、文、史四学俱备,称得上学识通博。此类人才相对较少,更常见的情况是以"文史"并称,如"博涉文史"、"涉猎文史"、"遍观文史",魏晋南北朝史书中,此类例证非常之多。如晋代张华,"雅爱书籍,身死之日,家无余财,惟有文史溢于机箧"[1]。吴隐之,"美姿容,善谈论,博涉文史,以儒雅标名"[2]。宋时鲁国孔熙先,"博学有纵横才志,文史星算,无不兼善"[3]。夏侯亶,"为人美风仪,宽厚有器量,涉猎文史,辩给能专对"[4]。《梁书·任昉传》说:"近世取人,多由文史。"可见文史之重要。"文史"之"文",突出了诗赋文章的重要性。

再来看史传,宋范晔所撰《后汉书》列"文苑传",梁萧子显所撰《南齐书》、姚察与姚思廉父子所撰《梁书》、姚思廉所撰《陈书》、唐代魏征等人所撰《隋书》,以及李延寿所等所撰《南史》和《北史》中,皆列"文学传"。

---

① 《晋书》卷三十六《张华传》,中华书局 1974 年版,第 1074 页。
② 《晋书》卷九十《良吏传·吴隐之传》,中华书局 1974 年版,第 2340 页。
③ 《宋书》卷六十九《孔熙先传》,中华书局 1974 年版,第 1820 页。
④ 《梁书》卷二十八《夏侯亶传》,中华书局 1973 年版,第 258 页。

我们以《南齐书》为例,来看"文学"之义涵。《南齐书·文学传》载十人,通统对其人之描述,可以看出,文学包括了至少两个方面:一是诗赋,如丘灵鞠,善属文,宋孝武殷贵妃亡,他献挽歌诗三首;丘巨源有笔翰,作有《秋胡诗》;陆厥好属文,五言诗体甚新奇;卞彬擅长作赋,作有《蚤虱赋序》《虾蟆赋》《云中赋》《东冶徒赋》。二是各类论著,包括正史、起居注、族谱、文章录等史部著述,儒家和道家注解等子部和集部著述。如丘灵鞠著《大驾南讨纪论》和《江左文章录序》;檀超掌史职;王智深少从谢超宗学作文,受命撰《宋纪》;崔慰祖聚书万卷,著《海岱志》;王逡之撰《世行》和《永明起居注》;祖冲之精于律历算术,著《易》《老》《庄》义,释《论语》《孝经》,注《九章》,造《缀述》数十篇;贾渊撰《氏族要状》与《人名书》。

不过,萧子显所作文学传论,则专指诗赋而言。他提出:"文章者,盖情性之风标,神明之律吕也。蕴思含毫,游心内运,放言落纸,气韵天成,莫不禀以生灵,迁乎爱嗜,机见殊门,赏悟纷杂。""属文之道,事出神思,感召无象,变化不穷。俱五声之音响,而出言异句;等万物之情状,而下笔殊形。"[1]此说强调文章秉之性情,作文过程需要灵感,文章风格有赖个性。接着,他依照时代为序,列举魏晋以来的重要作家及其作品,加以品评比较,并对其时代特征和作品风格加以剖析:"建安一体,《典论》短长互出;潘、陆齐名,机、岳之文永异。江左风味,盛道家之言:郭璞举其灵变;许询极其名理;仲文玄气,犹不尽除;谢混情新,得名未盛。颜、谢并起,乃各擅奇,休、鲍后出,咸亦标世。"[2]他还依照语言特点,分别以谢灵运、颜延之和鲍照为代表,将时人文章分成三种类型,并对其提出批评。萧子显的传论,完全针对的是以审美性为目的的诗赋文章,而没有顾及上面所提的"文学"所涉第二类论著。再如《梁书·文学传》,列25人,观其行状,绝大多数是以诗赋文章闻名者。姚察在《梁书·文学传》后论曰:"夫文者妙发性灵,独拔怀抱,易遒等夷,必兴矜露。"[3]其子姚思廉在

---

① 《南齐书》卷五十二《文学传·贾渊传》,中华书局1972年版,第907页。
② 《南齐书》卷五十二《文学传·贾渊传》,中华书局1972年版,第908页。
③ 《梁书》卷五十《文学传下·颜协传》,中华书局1973年版,第727页。

《陈书·文学传序》中说:"自楚、汉以降,辞人世出,洛汭、江左,其流弥畅。莫不思侔造化,明并日月,大则宪章典谟,裨赞王道;小则文理清正,申纾性灵。"①皆强调文学之于性灵的关系。则"文学"之义涵,在魏晋南北朝时代,日趋向审美性的文学靠拢,是无可怀疑的。

二、"文学"的其他称谓和文体意识

魏晋南北朝时期,常以"文"、"文章"指文学作品。如果说"文学"除了著述,还涉及学问,即"学"的一面,那么,"文"和"文章"则专指文字性的作品。②

"文"和"文章"可以是总称,泛指各类著述,史传中常能见到某人"善属文"、"好属文"、"有文章"、"能文章"的描述,如曹丕的《典论·论文》、陆机的《文赋》、刘勰的《文心雕龙》,皆以"文"总称各类作品;《后汉书·文苑传》载王隆"能文章,所著诗、赋、铭、书凡二十六篇"③,再如魏晋南北朝时期写成的多种文章志,包括挚虞的《文章志》、荀勖的《文章叙录》、宋明帝的《江左以来文章志》、傅亮的《续文章志》、丘渊之的《文章录》、齐丘灵鞠的《江左文章录序》、沈约的《宋世文章志》、谢沈的《文章志录杂文》等,皆以"文章"为总称。

"文"又有狭义特指。魏晋南北朝时期,有文、笔之分,刘勰指出,时人以韵之有无加以区分:"今之常言,有文有笔,以为无韵者笔也,有韵者文也。"④初唐著作《文笔式》从文体的角度,将刘勰所述文笔之别引而伸之,为《文镜秘府》所征引:"制作之道,唯笔与文。文者,诗、赋、铭、颂、箴、赞、吊、诔等是也;笔者,诏、策、移、檄、章、奏、书、启等也。即而言之,韵者为文,非韵者为笔;文以两句而会,笔以四句而成。文系于韵,两句相

① 《陈书》卷三十四《文学传·序》,中华书局1972年版,第453页。
② 如曹魏时期,散骑侍郎夏侯惠在推荐刘劭的表奏中提道:"文学之士嘉其推步详密,……文章之士爱其著论属辞",区分了"文学之士"与"文章之士","文学"即指儒家之学问,学问之道,需要明辨深思,"文章"则指诗赋论议等著述。
③ 《后汉书》卷八十《文苑传上·王隆传》,中华书局1965年版,第2609页。
④ （梁）刘勰著,黄叔琳注,李祥补注:《增订文心雕龙校注》卷九《总术第四十四》,中华书局2000年版,第529页。

会,取于谐合也;笔不取韵,四句而成,任于变通。故笔之四句,比文之二句,验之文笔,率皆如此也。"①颜延之曾称其二子:"竣得臣笔,测得臣文。"②《宋书》二人皆有传,测传附于颜延之传后,颜竣之传别立,对二人之文学才能言之不详,叙测曰"亦以文章见知"。严可均所辑《全宋文》,云竣有集十四卷,载其文九篇,有《让中书令表》、《张畅卒官表》、《奏荐孔觊王为散骑常侍》、《郊庙乐议》、《与虏互市议》、《铸四铢钱议》、《铸二铢钱议》、《为世祖檄京邑》、《几赞序》;云测有集十一卷,载其文三篇,如《山石榴赋》、《大司马江夏王赐绢葛启》、《栀子赞》。显然,颜竣之文,基本为表、奏、议、檄等公文性和应用性文章,是为"笔",而颜测之文,则为赋、赞类审美性的文章。逯钦立辑《先秦汉魏晋南北朝诗》载颜竣诗四首,即《皇后庙登歌》、《七庙迎神辞》、《淫思古诗意》、《捣衣诗》,颜测诗二首,即《七夕连句诗》、《九日坐北湖连句诗》。颜竣之诗亦以应用性为主,典正质直,其《捣衣诗》仅录两句:"逶迤失荣茇,旅燕又穴飞。"颜测的两首诗皆不全,《七夕连句诗》云:"云扃息游彩,汉渚起遥光。"仅此数语,无法断二人之优劣。不过,颜竣长于文翰,颜测长于诗赋,显而易见。《文笔式》以文体与音韵区分文与笔,揆之颜氏兄弟,是很准确的。梁元帝萧绎又从情感性上着眼,对文笔加以区分,他在《金楼子》中指出:"至如不便为诗如阎纂,善为章奏如伯松,若此之流,泛谓之笔。吟咏风谣,流连哀思者,谓之文。"③阎纂为西晋时人,不善为诗;伯松为西汉张竦,善作奏表,为王莽所喜,被封为侯,时有谚曰:"欲求封,过张伯松;力战斗,不如巧为奏。"④萧绎所论,是从另一角度切入,诗赋等"文",出自个人性灵情感,更具审美性,诏策等"笔",乃公文性质,重在内容,不以审美为主。魏晋南北朝时人著述,常以文笔分之,如《梁书·沈约传》载:"谢玄晖善为诗,任彦昇工于笔,约兼而有之。"⑤《梁书·文学传》载:"至如近世谢

---

① [日]遍照金刚撰,卢盛江校考:《文镜秘府论汇校汇考》(3),中华书局 2006 年版,第 1238 页。

② 《宋书》卷七十五《颜骏传》,中华书局 1974 年版,第 1959 页。

③ 许逸民:《金楼子校笺》卷四《立言篇第九下》,中华书局 2011 年版,第 966 页。

④ 《汉书》卷九十九《王莽传上》,中华书局 1962 年版,第 1959 页。

⑤ 《南史》卷七十五《沈约传》,中华书局 1975 年版,第 1413 页。

眺、沈约之诗，任昉、陆倕之笔，斯实文章之冠冕，述作之楷模。"①清代阮元曾就文笔之别命其子弟著文，其子阮福等人认为唐前文与笔代表了两种不同的文体，其区别在形式方面是有韵与无韵，在内容方面，"文取乎沉思翰藻，吟咏哀思，故以有情辞声韵者为文"，而"直言无文采者为笔"②。显然综合了刘勰和萧绎的说法。

魏晋南北朝时期，又常文笔并称，如《晋书·侯喜光传》载"光儒学博古，历官著绩，文笔奏议皆有条理"，习凿齿"博学洽闻，以文笔著称"，袁乔"博学有文才，注《论语》及《诗》，并诸文笔皆行于世"；《南齐书·谢眺传》载谢眺"领记室，掌霸府文笔"；《梁书·鲍泉传》载"泉博涉史传，兼有文笔"，《江子一传》载"子一续《黄图》"及班固"九品"，并辞赋文笔数十篇"等。以上诸例，"文笔"有的泛指各类著述，有的偏重应用文体，有的指文字表达能力。

魏晋南北朝时期的文笔之别，表明了时人的文体意识。

区分文体，起自汉末曹魏。西汉刘向父子之《七略》，仅有"诗赋格"，刘向又将关于骚体的编为"楚辞"。西汉文人之作，尚无文体之区分，如东方朔传里的《非有先生论》里提道："朔之文辞，此二篇最善。其余有《封泰山》，《责和氏璧》及《皇太子生禖》，《屏风》，《殿上柏柱》，《平乐观赋猎》，八言、七言上下，《从公孙弘借车》，凡刘向所录朔书具是矣。"③至南朝宋范晔所作《后汉书》中，已有明确区分，如桓谭："所著赋、诔、书、奏，凡二十六篇。"冯衍："所著赋、诔、铭、说、《问交》、《德诰》、《慎情》、书记说、自序、官录说、策五十篇。"崔瑗："瑗高于文辞，尤善为书、记、箴、铭，所著赋、碑、铭、箴、颂、《七苏》、《南阳文学官志》、《叹辞》、《移社文》、《悔祈》、《草书埶》、七言，凡五十七篇。"杨修："所著赋、颂、碑、赞、诗、哀辞、表、记、书凡十五篇。"皇甫规："所著赋、铭、碑、赞、祷文、吊、章表、教

---

① 《梁书》卷四十九《文学传上·庾于陵附弟肩吾传》，中华书局 1973 年版，第 691 页。

② 阮福：《学海堂文笔策问》，《研经室三集》卷五，《研经室集》（下），中华书局 1993 年版，第 712 页。

③ 《汉书》卷六十五《东方朔传》，中华书局 1962 年版，第 2873 页。

令、书、檄、笺记，凡二十七篇。"杜笃："所著赋、诔、吊、书、赞、《七言》、《女诫》及杂文，凡十八篇。又著《明世论》十五篇。"皆别之甚详。曹丕之《典论·论文》区分为四科八种："盖奏议宜雅，书论宜理，铭诔尚实，诗赋欲丽。"[①]陆机之《文赋》别为十种："诗缘情而绮靡，赋体物而浏亮。碑披文以相质，诔缠绵而凄怆。铭博约而温润，箴顿挫而清壮。颂优游以彬蔚，论精微而朗畅。奏平彻以闲雅，说炜晔而谲诳。"[②]曹陆二人，均提出了各文体的美学特点。相比曹氏之论，陆机的描述显然更加突出了各文体的情感性和审美性。

到了梁代，刘勰著《文心雕龙》，萧统编《文选》，二人对于文体的划分更为细化了。《文心雕龙》卷二至卷五专论各类文体，共20篇，含34类，包括诗、乐府、赋、颂、赞、祝、盟、铭、箴、诔、碑、哀、吊、杂文、谐、隐、史、传、诸子、论、说、诏、策、檄、移、封禅、章、表、奏、启、议、对、书、记等，有些类下面又分成若干小类，如《杂文》中包含了对问、七、连珠3类，《诏策》包括先秦的誓、诰、令，汉代的策书、制书、诏书、戒敕等，并论及了受官方诏策影响而在民间出现的戒、教、命等。《书记》涉及书信与记笺，记笺又区分为记与笺两种，篇末又附论书记之各种支流，如谱、簿、录、方、术、占、试、律、令、法、制、符、契、券、疏、关、刺、解、牒、状、列、辞、谚等24种。汇总起来，有近四十种亚文体，加上主文体，共计七十余种。《昭明文选》所列文体有38类，分别为赋、诗、骚、七、诏、册、令、教、文、表、上书、启、弹事、笺、奏记、书、檄、难、对问、设论、辞、序、颂、赞、符命、史论、史述赞、论、连珠、箴、铭、诔、哀、碑文、墓志、行状、吊文、祭文。

约言之，魏晋南北朝时期的文笔之分，以及文体的愈益细化，表明了文学在魏晋南北朝走上自觉、获得独立地位以后，时人对于文学本身的欣赏、省察、反思和批判。他们的观点或有同异，不过皆带着历史的和审美的眼光，进行趣味上的观照，重视文学的美学价值和情感功能。

---

① 魏宏灿：《曹丕集校注》，安徽大学出版社2009年版，第313页。
② 张少康：《文赋集注》，人民文学出版社2002年版，第99页。

三、文人：才情的凸显

相比以往，魏晋南北朝社会结构的深刻变化，就是门阀世族成为社会主体，出身世族的士人成为历史舞台的主角。本书导论中提及，世家大族得以绵延不辍的关键，乃是要成为文化世族，掌握文化话语权。魏晋南北朝时期之文化表征，我们概括为博学、清谈、文章、艺术等方面，文学才华乃是士人文化素养一个重要因素，"文人"、"文士"等称谓，成为魏晋南北朝士人的新身份。

魏晋南北朝崇尚文学的风气，开端于汉灵帝的鸿都门学，其后历代君王，多有好文学者。如曹魏一族，武帝曹操、文帝曹丕、平原侯曹植、明帝曹叡、高贵乡公曹髦，皆好文学，擅长诗赋，曹氏父子更是建安文学的代表人物。有晋一代，司马氏出身儒学世族，帝王大多庸碌，好文学者不多，不过如晋明帝司马绍擅长绘画，晋简文帝司马昱钟爱清谈，身边招聚大量玄学名士，对于时风颇有影响。西晋之时，权臣贾充之孙贾谧爱好文义，以他为中心，出现了文学集团"金谷二十四友"。南朝文风大开，宋武帝刘裕虽为武人，出身寒素，但其定鼎之后，即重视文化之建设，子弟之中，多有好文者。如宋孝武帝刘骏好作文章，据史书记载："上好为文章，自谓物莫能及，照悟其旨，为文多鄙言累句，当时咸谓照才尽，实不然也。"①宋明帝刘彧，"好读书，爱文义，在藩时，撰《江左以来文章志》，又续卫瓘所注《论语》二卷，行于世"②。宗室之中，如临川王刘义庆，即爱好文义，招聚文学之士袁淑、陆展、何长瑜、鲍照等，《世说新语》一书，即由他主持编撰而成。南齐帝王中，高帝萧道成"博涉经史，善属文，工草隶书，弈棋第二品"③，竟陵王萧子良"少有清尚，礼才好士，居不疑之地，倾意宾客，天下才学皆游集焉。……移居鸡笼山邸，集学士抄《五经》、百家，依《皇览》例为《四部要略》千卷。招致名僧，讲语佛法，造经呗新声，道俗之盛，江

① 《宋书》卷五十一《宗室传·临川烈武王道规传附鲍照传》，中华书局1974年版，第1408页。

② 《宋书》卷八《明帝纪》，中华书局1974年版，第170页。

③ 《南齐书》卷二《高帝本纪下》，中华书局1972年版，第38页。

左未有也"。① 及至梁朝,帝王更是热衷文学,武帝萧衍、昭明太子萧统、简文帝萧纲、元帝萧绎,皆为大家手笔。萧衍少而笃学,著述甚丰,涉及经史子集佛道诸科,就文艺而论,其人"天情睿敏,下笔成章,千赋百诗,直疏便就,皆文质彬彬,超迈今古。诏铭赞诔,箴颂笺奏,爰初在田,洎登宝历,凡诸文集,又百二十卷。六艺备闲,棋登逸品,阴阳纬候,卜筮占决,并悉称善。又撰金策三十卷。草隶尺牍,骑射弓马,莫不奇妙"②,昭明太子萧统少有文才,"每游宴祖道,赋诗至十数韵。或命作剧韵赋之,皆属思便成,无所点易。……所著文集二十卷;又撰古今典诰文言,为《正序》十卷。五言诗之善者,为《文章英华》二十卷。《文选》三十卷"③。简文帝萧纲六岁即能属文,自称七岁有诗癖,为宫体诗代表人物,著有文集一百卷。萧绎少好读书,勤于著述,有文集五十卷。陈后主陈叔宝爱好诗文,"每引宾客对贵妃等游宴,则使诸贵人及女学士与狎客共赋新诗,互相赠答,采其尤艳丽者以为曲词,被以新声,选宫女有容色者以千百数,令习而哥之,分部迭进,持以相乐",④尤以《玉树后庭花》最为知名。北朝帝王亦多有好文学者,兹不赘举。

帝王的喜好和用人政策的鼓励,极大地助长了文学风气。世家大族锐意于此,才士辈出。如琅邪王氏、陈郡谢氏、彭城刘氏、吴郡张氏、南兰陵萧氏等,父子兄弟多有能文者。文名最盛者当属陈郡谢氏,谢灵运、谢朓、谢庄、谢朏、谢惠连等人,为其中尤著者。他如梁朝刘孝绰,其家族文士云集,"孝绰兄弟及群从诸子侄,当时有七十人,并能属文,近古未之有也。其三妹适琅邪王叔英、吴郡张嵊、东海徐悱,并有才学。悱妻文尤清拔。悱,仆射徐勉子,为晋安郡,卒,丧还京师,妻为祭文,辞甚凄怆。勉本欲为哀文,既睹此文,于是阁笔"⑤。与刘孝绰同时的琅邪王筠,在写给诸

① 《南齐书》卷四十《武十七王传·竟陵文宣王子良传》,中华书局1972年版,第698页。

② 《梁书》卷三《武帝本纪》,中华书局1973年版,第96页。

③ 《梁书》卷八《昭明太子传》,中华书局1973年版,第171页。

④ 《陈书》卷七《后主沈皇后传附张贵妃传》,中华书局1972年版,第132页。

⑤ 《梁书》卷三十三《刘孝绰传》,中华书局1973年版,第484页。

儿论家门的书信中提道："史传称安平崔氏及汝南应氏，并累世有文才，所以范蔚宗云崔氏'世擅雕龙'。然不过父子两三世耳。非有七叶之中，名德重光，爵位相继，人人有集，如吾门世者也。"①刘孝绰与王筠，一是家门同时能文者有七十人，一是家门七代人人有文集，皆称得上彬彬大盛，文风郁郁了。

因此之故，具有文学才华的"文人"或"文士"昭然兴起。萧绎在《金楼子·立言篇》中将古代学者分为两类：儒和文，"夫子门徒，转相师受，通圣人之经者，谓之儒，屈原、宋玉、枚乘、长卿之徒，止于辞赋，则谓之文"②。他将当时学者分成四类：儒、学、文、笔，"今之儒，博穷子史，但能识其事，不能通其理者，谓之学。至如不便为诗如阎纂，善为章奏如伯松，若此之流，泛谓之笔。吟咏风谣，流连哀思者，谓之文。"他谈到了每类学者的特征，对于文人，他提出："至如文者，惟须绮縠纷披，宫徵靡曼，唇吻遒会，情灵摇荡。"③突出了文学所具有的情感性和审美性。文人阶层大受重视，《梁书·任昉传》说："近世取人，多由文史。"北朝亦如是，皇始元年（396年），拓跋珪采纳右司马许谦的建议，"初建台省，置百官，封拜公侯、将军、刺史、太守，尚书郎已下悉用文人。"④北魏温子昇富有文学才能，南北人士悉称之，萧衍尝云："曹植、陆机复生于北土。恨我辞人，数穷百六。"⑤济阴王晖业亦说："江左文人，宋有颜延之、谢灵运，梁有沈约、任昉，我子昇足以陵颜轹谢，含任吐沈。"⑥南北对峙之时，北朝时人常有文化自卑感，奉南朝为文化正宗，在北人看来，温子昇以一人之才，力压南朝四大文士，足能为北朝文化挽回局面。

文学之所以如此受到重视，乃是因其最能彰显人的才情和学识。在史传的叙事中，士子之文才，比较值得留意的一个方面是"少能属文"。所载能属文的年龄，大抵在六岁至十五岁之间。有六岁者，如陆云、谢瞻、

① 《梁书》卷三十三《王筠传》，中华书局1973年版，第486—487页。
② 许逸民：《金楼子校笺》卷四《立言篇第九下》，中华书局2011年版，第966页。
③ 许逸民：《金楼子校笺》卷四《立言篇第九下》，中华书局2011年版，第966页。
④ 《魏书》卷二《太祖道武帝纪》，中华书局1974年版，第27页。
⑤ 《魏书》卷八十五《文苑传·温子昇传》，中华书局1974年版，第1876页。
⑥ 《魏书》卷八十五《文苑传·温子昇传》，中华书局1974年版，第1876页。

江革、萧纲;有七岁者,如谢庄、王籍;有八岁者,如曹丕、裴秀、刘之遴、徐陵;有九岁者,如班固、顾野王;有十岁者,如曹植、谢惠连、谢朓、邢邵、陈淑慎;有十二岁者,如姚察、萧撝传、鲍宏;有十三岁者,如罗宪;有十四岁者,如辛德源;有十五岁者,如魏收。还有大量事例,不叙具体年龄,只是描述为"少能属文"等。以上记载,以十岁之前者最多,十三岁以上者已非常之少。十岁左右即能写作文章,意味着年少聪慧。如在正史的描述中,阴铿,"幼聪慧,五岁能诵诗赋,日千言"。梁简文帝萧纲,"幼而敏睿,识悟过人,六岁便属文,高祖惊其早就,弗之信也,乃于御前面试,辞采甚美"。魏晋南北朝时期之所以出现了大量早慧之人,并成为一时之风气,《世说新语》专列"夙惠"门,亦与魏晋南北朝的世族社会文化语境息息相关。世族的延续,靠的是人才,因此必然重视家庭教育。士人之早慧,固然部分出于天赋,更重要的则是浓郁的文化氛围所致,如陈郡谢氏的谢瞻、谢庄、谢惠连、谢朓,都是少而能文,显示出谢氏家族的深厚文化教养。谢氏在南朝的政治势力虽已衰弱,但赖此诸人,其文化地位能够高居诸大家族之顶端。此外,如博综群书,识见渊雅;下笔快捷,犹如宿构;辞彩遒丽,妙语生花。皆为其人文学才情之体现,而丽之追求,构成魏晋南北朝文学审美之中心,乃下节研究的内容。

第二节　诗赋欲丽:魏晋南北朝文学的审美旨趣

魏晋南北朝之文学,虽然包囊文体众多,但诗与赋为其主流,是无可置疑的。诗赋并称,自汉代即已形成,刘向之《七略》,除"六艺略"、"诸子略"、"兵书略"、"术数略"、"方技略"之外,专设"诗赋略",《汉书·艺文志》即袭此例。曹丕之《论文》、陆机之《文赋》、萧统之《文选》,莫不注重诗赋。刘勰的《文心雕龙》,前面篇章虽备述诸体,但后一部分,如神思、体性、风骨、情采诸篇,皆以诗赋为主。钟嵘之《诗品》,更是品诗之专著。魏晋南北朝文笔有别,"文"主要指兼具"情辞声韵"的诗赋,相比"直言无文采"的"笔",诗赋更能彰显文人之才情,因此最受时人重视。

魏晋南北朝之诗赋,有一公认之审美标准,即"丽"。汉代扬雄在《法言·吾子》中提出"诗人之赋丽以则,辞人之赋丽以淫";陆机在《文赋》中推崇"诗赋欲丽";刘勰在《文心雕龙·明诗》论道"五言流调,则清丽居宗",《诠赋》篇中又云"物以情观,故词必巧丽"。均以"丽"为诗赋之美学旨归。

一、丽的类型

魏晋南北朝诗赋虽都求丽,然在风格上却有微妙差别,可细分为以下几种类型:

一为壮丽,以嵇康、左思等人为代表。

《魏书·王粲传附嵇康传》称嵇康"文辞壮丽,好言老、庄,而尚奇任侠",《晋书·文苑传·左思传》称左思"貌寝,口讷,而辞藻壮丽"。且看二人之作何以呈现出壮丽特征。

嵇康长于诗赋,以四言诗最受称道,戴名扬校注本《嵇康集》,卷一载嵇康诗52首,其中四言诗有34首。如《兄秀才公穆入军赠诗十九首》、《幽愤诗》、《酒会诗六首》等,更为其中之杰作。以其赠兄嵇喜入军诗为例,其一曰:"良马即闲,丽服有晖。左揽繁弱,右接忘归。风驰电逝,蹑景追飞。凌厉中原,顾盼生姿。"诗句充满迅急之动感,气势撼人,即使静处之时,亦神气飞扬,顾盼生姿。嵇康之诗,喜欢呈现富有强烈对比效果的动态情景,上诗是如此,接下来两首同样这样:

> 携我好仇,载我轻车。南凌长阜,北厉清渠。仰落惊鸿,俯引渊鱼。盘于游田,其乐只且。

> 息徒兰圃,秣马华山。流磻平皋,垂纶长川。目送归鸿,手挥五弦。俯仰自得,游心太玄。嘉彼钓叟,得鱼忘筌。郢人逝矣,谁与尽言。

"携"与"载","南凌"与"北厉","仰落"与"俯引";"息徒"与"秣马","流磻"与"垂纶","目送"与"手挥",皆为富有对比意味的动态行为。在短促的四言中,密集地运用此类动感十足的语汇,给人以触目惊心的压迫感和崇高感。即使完全处于静势,亦觉其人境界超绝,高不可攀。更因嵇康其人骨气奇高,磊落刚直,情感热烈,使其诗更添几分壮气。刘勰在《文心雕龙·体性篇》中评云"叔夜俊侠,故兴高而采烈",此论颇能得其神韵。

左思以写作《三都赋》出名,一时造成洛阳纸贵,卫权评其"辞义瑰玮"①,瑰玮,即有壮丽之意。不过,左思最为后人称道的,是他的《咏史》八首和《招隐》两首。左思出身寒门,加之长相丑陋,在重视门第和外貌的魏晋,他的才华郁郁不能施展。于是借古讽今,在《咏史》诗中,他以"涧底松"自比,痛斥世族制度对寒门的压迫,所谓"世胄蹑高位,英俊沉下僚",同时表达了自己不甘沉沦,意欲有所作为的昂扬气概,更抒发了功成不受赏、归隐于田庐的高洁品行。其一云:"皓天舒白日,灵景耀神州。列宅紫宫里,飞宇若云浮。峨峨高门内,蔼蔼皆王侯。自非攀龙客,何为欻来游?被褐出阊阖,高步追许由。振衣千仞冈,濯足万里流"②。此诗前六句描写门阀世族的高大华奢的宅院,实含批判与悲愤之意,后六句则自况其操行,不愿与世族之人同流为伍,而宁愿追随许由,隐居旷野。"振衣千仞冈,濯足万里流"二句,尤为经典,广为后世传诵,尽显其豪迈高旷。王夫之评此诗:"似此方可云温厚,可云元气!"③元气,即是其壮气。

《招隐》其一为:"杖策招隐士,荒途横古今。岩穴无结构,丘中有鸣琴。白雪停阴冈,丹葩曜阳林。石泉漱琼瑶,纤鳞或浮沉。非必丝与竹,山水有清音。何事待啸歌?灌木自悲吟。秋菊兼糇粮,幽兰间重襟。踌躇足力烦,聊欲投吾簪。"④此诗述自然风光,"白雪停阴冈,丹葩曜阳林。石泉漱琼瑶,纤鳞或浮沉"四句,颇显流丽。"非必丝与竹,山水有清音"更为千古名句,似随意吐出,而自然高旷。全诗显出作者胸襟洒然,超迈而有风力,当得起"壮丽"之评。

刘勰在《文心雕龙·体性篇》中,依照作者气质的差异,区分了八体,即八种不同的文学审美类型,其六即为"壮丽",释曰:"高论宏裁,卓烁异

---

① 《晋书》卷九十二《文苑传·左思传》,中华书局1974年版,第2376页。
② 逯钦立辑校:《先秦汉魏南北朝诗》,中华书局1983年版,第733页。
③ (清)王夫之:《古诗评选》,上海古籍出版社2011年版,第165页。
④ 逯钦立辑校:《先秦汉魏南北朝诗》,中华书局1983年版,第734页。

采者也。"一则强调立论之高超宏远，一则突出文采之飞扬生动，对作品之义理与辞采都作了要求。刘勰秉承曹丕等人的文学观，认为人的气质秉性决定了其作品的风格，所谓"吐纳英华，莫非情性"是也。他评价了汉代以来的十二位作家，如说刘桢，"公幹气褊，故言壮而情骇"；阮籍，"嗣宗俶傥，故响逸而调远"；嵇康，"叔夜俊侠，故兴高而采烈"。后人对这种以人论文的评论方式颇有非议，不过，古人讲知人论事，又重言为心声，从气化论与天人交感相通的角度来看，此种评论方式是颇为契合中国古代的宇宙观和哲学观的。刘勰在《体性篇》中赞云"辞为肌肤，志实骨髓"①，强调作者的才性气质对于文风辞采的决定作用，揆诸嵇康与左思二人，其人对于其文之影响，的确是决定性的。

魏晋南北朝文人之中，作品有壮丽之称的，又有江淹、任昉二人，姚察在《梁书》卷十四江淹和任昉传中，评曰"二子之作，辞藻壮丽"。此外，曹操父子以及建安七子之作，多显慷慨悲凉，辞藻华发，鲁迅评其文风为华丽、壮大，亦能以"壮丽"来概括之。钟嵘评曹植之诗"骨气奇高，词彩华茂"，即是明证。北朝魏收之文，亦有壮丽之誉，其《皇居新殿台赋》，颇得壮丽之风格。此处不再展开论述。

二为清丽，以谢灵运、谢朓等人为代表。

《南史·颜延之传》载："延之尝问鲍照己与灵运优劣，照曰：'谢五言如初发芙蓉，自然可爱；君诗若铺锦列绣，亦雕缋满眼。'"②钟嵘在《诗品》中评灵运诗"名章迥句，处处间起；丽曲新声，络绎奔发"。《南齐书·谢朓传》载"朓少好学，有美名，文章清丽"。那么，二人诗文之清丽，有何具体表现？

东晋时期，是玄言诗的天下，诸人以玄入诗，以诗阐玄，遂使诗歌"平典似《道德论》"，殊乏趣味。至谢混出，以清新浅畅之诗风，对于玄言诗风有所消解，并影响了其后诗歌风气。谢混现存诗（包括残诗）5首，以

---

① "肌肤"二字，黄叔琳注本为"肤根"，范文澜认为当作"肤叶"，杨明照互参他校与本校，提出乃是"肌肤"，黄霖整理集评本径用"肌肤"，似较确当。

② 钟嵘《诗品》卷中"宋光禄大夫颜延之诗"引汤惠休言："谢诗如芙蓉出水，颜如错彩镂金。"与鲍照所评雷同。

《游西池》最为人称道。其述景物诸句为："回阡被陵阙，高台眺飞霞。惠风荡繁囿，白云屯曾阿。景昃鸣禽集，水木湛清华。"①意象密集，描摹精微，清新流丽，尤其"景昃鸣禽集，水木湛清华"二句，率尔道出，让人耳目一新。钟嵘认为谢混的诗歌"务其清浅，殊得风流媚趣"。王夫之评其"文密意新，已全乎其为康乐、法曹矣。太元以下，浮腐之习初洗，此得不为元功乎？"②谢氏类似之作必然还有许多，如刘勰、王夫之等人所言，谢混对于南朝诗风，尤其谢灵运、谢朓等家族子弟的影响是显而易见的。

谢灵运的大量诗作不脱玄言诗的味道，然而由于他极嗜登山游览，对于山水之美有细腻的观察和深切的体味，加之学识渊博、擅御词藻，使得他的山水诗文，以描摹为能事，用词繁富精丽，虽如钟嵘所评"颇以繁芜为累"，然其呈现出的山水美学形象，却是给人清新富丽之感。《登池上楼》的"池塘生春草，园柳变鸣禽"二句，历来受人激赏，不必多论。《登江中孤屿》叙江中景象："乱流趋正绝，孤屿媚中川。云日相辉映，空水共澄鲜。"《郡东山望溟海诗》："开春献初岁，白日出悠悠。"《田南树园激流植援》："中园屏氛杂，清旷招远风。……群木既罗户，众山亦当窗。"《石壁精舍还湖中作》："昏旦变气候，山水含清晖。清晖能娱人，游子憺忘归。出谷日尚早，入舟阳已微。林壑敛暝色，云霞收夕霏。芰荷迭映蔚，蒲稗相因依。披拂趋南径，愉悦偃东扉。"《山居赋》述近西景物："近西则杨、宾接峰，唐、皇连纵。室、壁带溪，曾、孤临江。竹缘浦以被绿，石照涧而映红。月隐山而成阴，木鸣柯以起风。"通过上述几例，我们大致能够领略谢灵运描写景物的特点，他追求对偶之精工，语句之凝练，用字精雕细琢，而所述风光皆为盛日美景，颇能给人清新流丽之感。究其根源，乃在于灵运是真正爱山水的人。他的诗作，虽以哲理作结，但并不生硬。山水并不为哲理所统御，山水在他的笔下，婉转生情，媚丽多姿，是活的山水，有情的山水，真的山水。

谢朓之诗受谢混、谢灵运影响较深。现存诗作 200 余首，以山水诗为

---

① 逯钦立辑校：《先秦汉魏南北朝诗》，中华书局 1983 年版，第 934 页。

② （清）王夫之：《古诗评选》，上海古籍出版社 2011 年版，第 187 页。

主。谢朓与谢灵运同有清丽之称,相较起来,亦有异同之处。二人都擅长模山范水,描写自然景物的诗句居多。灵运的诗作,玄言意味尚浓,谢朓之诗则脱略已尽,不在着意玄理;灵运之作精雕细琢,用词过于繁密,有时难以畅读,谢朓则追求"圆美流转",他主张"好诗圆美流转如弹丸"①,因此用语多显自然,绝少繁难字眼,却更显锤炼之工。此外,为达圆美流转的效果,他吸收永明四声的发现,注重声律之平仄,追求音调之和谐,使他的诗作朗朗上口,铿锵悦耳。更重要的,他将个人情感很好地融入景物描写之中,做到了情景之间的契合交融。由于这些原因,他多有佳句传世。如"大江流日夜,客心悲未央"、"余霞散成绮,澄江静如练"、"天际识归舟,云中辨江树"、"朔风吹飞雨,萧条江上来"、"鱼戏新荷动,鸟散余花落"、"落日飞鸟远,忧来不可极"等,皆清新隽永,流畅和谐,对仗工整。谢朓的短诗亦颇耐回味,如《玉阶怨》:"夕殿下珠帘,流萤飞复息。长夜缝罗衣,思君此何极!"《王孙游》:"绿草蔓如丝,杂树红英发。无论君不归,君归芳已歇!"他如《同王主簿有所思》、《铜雀悲》、《金谷聚》等篇,一皆遣词自然,感情含蓄。谢朓的辞赋散文,亦有此类特点,如《拜中军记室辞随王笺》:"不悟沧溟未运,波臣自荡;渤澥方春,旅翩先谢。清切藩房,寂寥旧荜,轻舟反溯,吊影独留。白云在天,龙门不见,去德滋永,思德滋深。唯待青江可望,候归艎于春渚;朱邸方开,效蓬心于秋实",再如《齐海陵王墓志铭》:"风摇草色,月照松光。春秋非我,晓夜何长。"皆文情并茂,富有诗情画意。因此之故,谢朓之诗,对唐代五言诗产生了深远影响。

三为绮丽,以陆机、潘岳、颜延之、谢惠连等人为代表。

陆机和潘岳是西晋文坛的杰出代表,二人常常并称。钟嵘《诗品》将二人皆置上品,评陆机之诗"才高辞赡,举体华美",评潘岳之诗"如翔禽之有羽毛,衣服之有绡縠",则二者都称得上绮丽。钟嵘又引谢混品评二人之语较其短长,"潘诗烂若舒锦,无处不佳。陆文如披沙简金,往往见

① 《南史》卷二十二《王昙首传附王筠传》,中华书局1975年版,第609页。

宝"①。沈约在《宋书·文学传论》中指出:"降及元康,潘、陆特秀,律异班、贾,体变曹、王,缛旨星稠,繁文绮合,缀平台之逸响,采南皮之高韵。遗风余烈,事极江右。"②所谓"缛旨星稠,繁文绮合",与"烂若舒锦"等语,所指同一意思。颜延之在当世与谢灵运齐名,钟嵘认为其源出自陆机,追求巧似,喜用典故,钟嵘引汤惠休评云:"谢诗如芙蓉出水,颜如错采镂金。"③且简单看下此三人的诗文有何绮丽之处。

绮的本义为华美的丝织品,绮丽即指辞采之华丽。此一效果的达成,需要雕词琢句,讲究字形的缛丽、字声的谐和、辞藻的华美、对偶的工致等。陆机流传下来的诗有 105 首,赋 27 篇。陆机之诗,如《君子行》、《长安有狭邪行》、《赴洛道中作》以及若干拟作,皆有绮丽之特点。陆机的赋文之中,以《文赋》最为知名,此文虽为论文之作,却通篇使用骈体,音律谐美,讲求对偶,文采飞扬,如"伫中区以玄览,颐情志于典坟。遵四时以叹逝,瞻万物而思纷。悲落叶于劲秋,喜柔条于芳春。心懔懔以怀霜,志眇眇而临云。咏世德之骏烈,诵先人之清芬。游文章之林府,嘉丽藻之彬彬。慨投篇而援笔,聊宣之乎斯文。"④立意既佳,词采更显华丽,显出其人之纵横才气。

潘岳擅长抒情,其《悼亡诗》、《悼亡赋》、《闲情赋》、《秋思赋》等,都是名篇。《悼亡诗》有三首,其一为:"荏苒冬春谢,寒暑忽流易。之子归穷泉,重壤永幽隔。私怀谁克从,淹留亦何益。僶俛恭朝命,回心反初役。望庐思其人,入室想所历。帏屏无仿佛,翰墨有余迹。流芳未及歇,遗挂犹在壁。怅恍如或存,回惶忡惊惕。如彼翰林鸟,双栖一朝只。如彼游川鱼,比目中路析。春风缘隙来,晨溜承檐滴。寝息何时忘,沉忧日盈积。

① 《世说新语·文学》八十四亦载此说,为孙绰之言,盖谢混引述孙绰之说。

② 《宋书》卷六十七《谢灵运传》,中华书局 1974 年版,第 1778 页。

③ 《南史》卷三十四《颜延之传》载为鲍照语,"延之尝问鲍照己与灵运优劣,照曰:'谢五言如初发芙蓉,自然可爱。君诗若铺锦列绣,亦雕缋满眼。'延之每薄汤惠休诗,谓人曰:'惠休制作,委巷中歌谣耳,方当误后生。'是时议者以延之、灵运自潘岳、陆机之后,文士莫及,江右称潘、陆,江左称颜、谢焉。"

④ 张少康:《文赋集注》,人民文学出版社 2002 年版,第 20 页。

庶几有时衰，庄缶犹可击。"①他对亡妻的感情真挚浓烈，不过，形之于诗时，却不如苏轼"十年生死两茫茫，不思量，自难忘。千里孤坟，无处话凄凉"般直抒胸臆，而是锤炼词句，显出刻意雕琢的匠心。叶嘉莹先生对此评道："这就是当时的风气，你看他里面都是思力，都是安排，都是运用思想的力量，安排制作出来的。辞藻看上去也不错，也很美，什么'春风缘隙来，晨霤承檐滴'，什么'回惶忡惊惕'之类的。可是，他不给你直接的感动，这就是当时诗坛的面貌。"②当时文章风气既是如此，潘岳自很难超脱之外。

　　颜延之的诗文同样如此。如《夏夜呈从兄散骑车长沙》："炎天方埃郁，暑宴阕尘纷。独静阙偶坐，临堂对星分。侧听风薄木，遥睇月开云。夜蝉当夏疾，阴虫先秋闻。岁后初过半，荃蕙岂久芬。屏居恻物变，慕类抱情殷。九逝非空思，七襄无成文。"他的诗凝练规整，讲究对仗，以上十四句，每两句都形成严格对偶；他喜用典故，如"九逝"出自《楚辞》，"七襄"出自《诗经·小雅·大东》等。上诗明显见出颜延之对于辞藻的堆砌，是其典型之作。汤惠休评其诗"如错采镂金"，虽挟私人恩怨，却也不无确当。再如《还至梁城作》："故国多乔木，空城凝寒云。丘垄填郛郭，铭志灭无文。木石扃幽闼，黍苗延高坟"等句，感情虽较真实，然仍能见出对于词藻之讲究与铺排。

　　此外，有绮丽之称者还有谢惠连，惠连为谢灵运族子，为文深为灵运所重，钟嵘评其"工为绮丽歌谣，风人第一"，不再具论。

　　四是靡丽，以宫体诗人，如徐陵、萧纲、陈叔宝等人为代表。

　　靡丽，又可称为淫丽。汉代扬雄早就指出，"诗人之赋丽以则，辞人之赋丽以淫"。前者追求赋之道德教化意义，后者只追求形式华美，过分铺采摛文，缺少讽谏精神。《汉书·艺文志》说："汉兴，枚乘、司马相如等人，竞为侈丽宏衍之词，没其讽谕之义，是以扬子悔之。"

　　齐梁以来，宫体诗大兴。《隋书·经籍志》云："梁简文之在东宫，亦

---

① 逯钦立辑校：《先秦汉魏南北朝诗》，中华书局1983年版，第635页。
② 叶嘉莹：《叶嘉莹说汉魏六朝诗》，中华书局2007年版，第322页。

好篇什,清辞巧制,止乎衽席之间,雕琢蔓藻,思极闺闱之内。后生好事,递相放习,朝野纷纷,号为宫体。"宫体诗人以皇族成员及其亲信文人为主干,吟风弄月,内容以描绘宫闱生活为主,注重辞采之雕琢,声律之谐和,走上了过分形式化的道路。这在当时靡然成风,莫不相尚。颜之推在《颜氏家训·文章》中对此为文风气论道:"文章当以理致为心肾,气调为筋骨,事义为皮肤,华丽为冠冕。今世相承,趋本弃末,率多浮艳。辞与理竞,辞胜而理伏;事与才争,事繁而才损。放逸者流宕而忘归,穿凿者补缀而不足。时俗如此,安能独违?"①他承认时风难以违背,主张以古文为本,今文为末,相参为用。然其主张绝难于时俗有所撼动。

如宋时沙门释惠休,"善属文,辞采绮艳"②。《诗品》评其"惠休淫靡,情过其才"。其《白纻歌三首》之一有云:"少年窈窕舞君前,容华艳艳将欲然。为君娇凝复迁延,流目送笑不敢言。长袖拂面心自煎,愿君流光及盛年。"即属此类。庾信入北之前,为宫体诗人代表人物,《周书》论其文章:"然则子山之文,发源于宋末,盛行于梁季。其体以淫放为本,其词以轻险为宗。故能夸目侈于红紫,荡心逾于郑、卫。昔杨子云有言:'诗人之赋,丽以则。词人之赋,丽以淫。'若以庾氏方之,斯又词赋之罪人也。"③以"淫放"为本,道出了宫体诗文的重要特征,即过度追求辞采声律之华美,描摹对象之轻艳,而完全不顾儒家道德规范的制约。

徐陵的《玉台新咏》,是为宫廷女性编撰的诗歌读物,汇集魏晋南北朝宫体诗之精华。作品多描写宫廷或贵族女性的日常生活,不无艳情之作。历来对《玉台新咏》多有苛评,不过亦有嘉许之人,如明人袁宏道曾评其"清新俊逸,妩媚艳冶,锦绮交错,色色逼真",梁启超认为"欲观六代哀艳之作及其渊源所自,必于是焉"。④ 徐陵为此书所写序言,即颇能代表宫体诗之审美特色。如起首一段:"夫凌云概日,由余之所未窥;千门

---

① (北齐)颜之推著,王利器集解:《颜氏家训集解》卷四《文章第九》,中华书局1993年版,第267页。

② 《宋书》卷七十一《徐湛之传》,中华书局1974年版,第1847页。

③ 《周书》卷四一《庾信传》,中华书局1972年版,第744页。

④ 梁启超:《饮冰室书话》,时代文艺出版社1998年版,第437页。

万户,张衡之所曾赋。周王璧台之上,汉帝金屋之中,玉树以珊瑚为枝,珠帘以玳瑁为押,其中有丽人焉。其人也,五陵豪族,充选掖庭;四姓良家,驰名永巷。亦有颍川、新市,河间、观津,本号娇娥,曾名巧笑。楚王宫里,无不推其细腰;卫国佳人,俱言讶其纤手。阅诗敦礼,岂东邻之自媒;婉约风流,异西施之被教。弟兄协律,生小学歌;少长河阳,由来能舞。琵琶新曲,无待石崇;箜篌杂引,非关曹植。传鼓瑟于杨家,得吹箫于秦女。"①全文皆以骈文写成,讲究平仄,句式工整,对仗巧妙;音节欢快轻妙,节奏舒缓流畅,读起来婉转顿挫,如吟如唱;锤炼词句,精工刻镂,使事用典,藻丽繁富。可谓缠绵悱恻,光艳迷人。《奇赏》对此序评云:"绣口锦心,又香又艳,文士浪称才情,顾此应愧。又齐云:'云中彩凤,天上石麟,即此一序,惊才绝艳,妙绝人寰。序言'倾国倾城,无双无绎',可谓自评其文。'"②从审美的角度来说,宫体诗自有其值得肯定之处。

陈后主叔宝虽然为政昏聩,耽于享乐,却是一杰出的宫体诗人。他在《与詹事江总书》中提道:"吾监抚之暇,事隙之辰,颇用谭笑娱情,琴樽闲作,雅篇艳什,迭互锋起。每清风朗月,美景良辰,对群山之参差,望巨波之溟漾,或玩新花,时观落叶,既听春鸟,又聆秋雁,未尝不促膝举觞,连情发藻,且代琢磨,间以嘲谑,俱怡耳目,并留情致。"③宫廷审美趣味,尽显于此。他的《玉树后庭花》,允为宫体诗佳作,诗云:"丽宇芳林对高阁,新妆艳质本倾城。映户凝娇乍不进,出帷含态笑相迎。妖姬脸似花含露,玉树流光照后庭。"④娇软浓艳,正是其奢靡淫丽生活之写照。

以上所谓壮丽、清丽、绮丽、靡丽云者,只是大体言之,这几种类型并不判然有别。相较而言,有壮丽之称者,如嵇康、左思,其诗文中能够体现

① (南朝陈)徐陵编,(清)吴兆宜注,程琰删补:《玉台新咏》,上海古籍出版社 2013 年版,"玉台新咏序",第1—2页。

② (南朝陈)徐陵编,(清)吴兆宜注,程琰删补:《玉台新咏》,上海古籍出版社 2013 年版,"玉台新咏序",第3页。

③ 《陈书》卷三十四《文学传·陆琰传附弟瑜传》,中华书局 1972 年版,第464页。

④ 有的版本最后两句为"花开花落不长久,落红满地归寂中",郭茂倩《乐府诗集》与逯钦立《先秦汉魏晋南北朝诗》所收版本皆无,当为后人所加。

出高蹈不群的气概,使人有崇高之感;清丽之称者,指为文不露雕琢之迹,有自然之韵致,以山水诗文居多,描摹的景物优美动人,有清秀之气;绮丽和靡丽则偏重于诗文的形式,如注重声律与对偶,雕琢词句等。如陆云评价陆机之文,"绮语颇多,文适多体,便欲不清。"很好地道出了绮丽风格的特点。绮丽之诗文,多有雕琢之迹,显得繁芜,少了自然之致,便与"清丽"有隔。宫体诗更是体现出靡丽的特点,描写的对象集中于宫闱生活,既注辞采,内容又复香艳。当然,这四种风格并不能概括魏晋南北朝诗歌之全貌。再者,一人之诗作,或呈现数种风格,或同一作品兼具几个审美特点,都是有可能的。不过,总体而言,"丽"的追求构成魏晋南北朝文学的整体审美风气,为文不能丽者,常不见重于当时,如陶渊明和裴子野①。

二、丽的追求与清谈之关系

明代王世贞在《艺苑卮言》中提道:"渡江以还,作者无几,非惟戎马为阻,当由清谈间之耳。"②这个观点很有意思。东晋是清谈作为娱乐活动最盛的时代,诸名士忙于清谈,以清谈为高,对于文学创作确有疏忽之意。不过,清谈对于文学风格的形成,实有重要影响。

魏晋清谈起自曹魏正始年间的何晏、王弼等人,此后蔚然成风,大盛于两晋,成为魏晋南北朝十人最为热衷的文化活动。两晋时期,清谈的游戏性大大增强。西晋时期的王衍、乐广,东晋时期的王导、殷浩、孙盛、王濛、刘惔、谢安、司马昱、支遁等人乃清谈主力,这些人物基本以清谈为娱乐,除了注重清谈义理之探讨,同时还强调清谈时的言辞之美和音声之美。这在本书第二章已有所论。由于清谈极具表演性和观赏性,所以清谈者于精研玄理之外,尚需雕琢辞藻,锤炼字语,发音吐辞,讲究音声之清畅悠扬。

据《世说新语》所载,东晋王羲之与支遁初遇,支遁为其谈《逍遥游》,

---

① 《南史》卷三十三《裴松之传附曾孙子野传》:"子野为文典而速,不尚靡丽,制多法古,与今文体异。当时或有诋诃者,及其末,翕然重之。"中华书局 1975 年版,第 867 页。

② (明)王世贞著,罗仲鼎校注:《艺苑卮言校注》,齐鲁书社 1992 年版,第 128 页。

"作数千言,才藻新奇,花烂映发";王濛与支遁清谈,王濛"宿构精理,并撰其才藻","叙致数百语,自谓是名理奇藻";支遁与谢安等人谈《庄子·渔父》,支道林"作七百许语,叙致精丽,才藻奇拔",谢安"自叙其意,作万余语,才峰秀逸"。东晋清谈之注重辞采,于此可见。西晋之裴遐,"善叙名理,辞气清畅,泠然若琴瑟";王濛之清谈,以"韶音令辞"为特色。显然,清谈注重辞采与音声之美,具有极高的文学性和审美。

由于清谈在魏晋南北朝士人(尤其是两晋士人)的日常生活中占有极高的地位,是他们最为喜爱的文化活动,他们时时以清谈为念,注重切磋义理,锤锻词藻,精雕音声。这又影响于日常生活之中,亦十分注重雕饰词句音声。这在《世说新语》中多有记载。如:

> 顾恺之从会稽还,人问山川之美,顾云:"千岩竞秀,万壑争流,草木蒙笼其上,若云兴霞蔚。"①

> 王子敬曰:"从山阴道上行,山川自相映发,使人应接不暇。若秋冬之际,尤难为怀。"②

> 道壹道人好整饰音辞,从都下还东山,经吴中。已而会雪下,未甚寒。诸道人问在道所经,壹公曰:"风霜固所不论,乃先集其惨澹。郊邑正自飘瞥,林岫便已浩然。"③

> 子良尝置酒后园,有晋太傅谢安鸣琴在侧,援以授恽,恽弹为雅弄。子良曰:"卿巧越嵇心,妙臻羊体,良质美手,信在今夜。岂止当今称奇,亦可追踪古烈。"④

以上对自然景物以及人物才能之品评,颇能见出时人对于音辞之"整饰",讲求对仗,注重用典。魏晋南北朝人在日常谈话之中,亦颇注重音声之美,如:

> (张敷)善持音仪,尽详缓之致,与人别,执手曰:"念相闻。"余响

---

① 《言语》八十八,余嘉锡:《世说新语笺疏》,中华书局1983年版,第143页。
② 《言语》九十一,余嘉锡:《世说新语笺疏》,中华书局1983年版,第145页。
③ 《言语》九十三,余嘉锡:《世说新语笺疏》,中华书局1983年版,第146页。
④ 《南史》卷三十八《柳恽传》,中华书局1975年版,第987页。

久之不绝。张氏后进皆慕之,其源起自敷也。①

（张绪）吐纳风流,听者皆忘饥疲,见者肃然如在宗庙。②

（周）颙音辞辩丽,出言不穷,宫商朱紫,发口成句。……每宾友会同,颙虚席晤语,辞韵如流,听者忘倦。③

诸人之善持音仪,与清谈对音声之看重大有关系,此外,与佛经之唱颂亦有关联。总之,此乃当时之文化风气。清谈对辞藻与音声之推重,如"叙致精丽"、"音辞辩丽",皆具有"丽"的特点。这一追求,不能不影响到魏晋南北朝文学的创作,遂使魏晋南北朝文学,亦注重辞藻与音声等形式之美。

南齐永明时期,周颙、沈约诸人受佛教梵呗唱赞之影响,发现了"四声八病",大大促进了魏晋南北朝文学对声律辞采等形式之丽的追求。不过,在此之前,魏晋南北朝时人对于声韵已颇有重视,且表现于日常交谈之中。

如东晋之时,桓玄、殷仲堪与顾恺之闲叙,共作了语,顾恺之说:"火烧平原无遗燎。"桓玄说:"白布缠棺竖旒旐。"殷仲堪说:"投鱼深渊放飞鸟。"④燎、旐、鸟与了的韵母相同,晋人已认识到这一规律,并以之作为日常的语言游戏。南朝时期,有多则与"韵语"有关的史料:

（谢混）尝因酣宴之余,为韵语以奖劝灵运、瞻等曰:"康乐诞通度,实有名家韵,若加绳染功,剖莹乃琼瑾。宣明体远识,颖达且沉俊,若能去方执,穆穆三才顺。阿多标独解,弱冠篡华胤,质胜诚无文,其尚又能峻。通远怀清悟,采采摽兰讯,直辔鲜不踬,抑用解偏吝。微子基微尚,无劝由慕蔺,勿轻一篑少,进往将千仞。数子勉之哉,风流由尔振,如不犯所知,此外无所慎。"⑤

（何长瑜）尝于江陵寄书与宗人何勖,以韵语序义庆州府僚佐

① 《宋书》卷四十六《张敷传》,中华书局1974年版,第1396页。
② 《南史》卷三十一《张绪传》,中华书局1975年版,第810页。
③ 《南齐书》卷四十一《周颙传》,中华书局1972年版,第731页。
④ 《排调》六十一,余嘉锡:《世说新语笺疏》,中华书局1983年版,第820—821页。
⑤ 《宋书》卷五十八《谢弘微传》,中华书局1974年版,第1591页。

云:"陆展染鬓发,欲以媚侧室。青青不解久,星星行复出。"①

　　时又有鲍行卿以博学大才称,位后军临川王录事,兼中书舍人,迁步兵校尉。上《玉璧铭》,武帝发诏褒赏。好韵语,及拜步兵,面谢帝曰:"作舍人,不免贫,得五校,实大校。"例皆如此。②

　　谢混与何长瑜皆为刘宋时人,鲍行卿为梁人。谢混在酒宴之时,作韵语劝勉谢灵运(袭封康乐公)、谢晦(字宣明)、谢曜(小字阿多)、谢瞻(字通远)、谢弘微(昵称微子)等子弟,通篇二十四句,两句一组,最后一字同韵,具有很强的游戏性。何长瑜、鲍行卿亦以韵语品评人物或面谢帝王。表明韵语之规律在魏晋南北朝发现不久,时人颇有新鲜感,好之者大有人在。

　　声韵之规律,除韵语之外,又有双声和叠韵,二者常并称。双声指两字同一声母,叠韵指两字同一韵母。刘勰在《文心雕龙·声律》中指出:"凡声有飞沉,响有双叠;双声隔字而每舛,叠韵杂句而必睽。"双声叠韵的现象在南朝始被发现,因此,据《南史·谢庄传》,王玄谟询问谢庄何为双声和叠韵,谢庄举例说:"玄护为双声,碻磝为叠韵。""玄"与"护"按现代读音并非同一声母,"碻"与"磝"皆为 āo 韵。王玄谟率军北伐,曾败于碻磝,谢庄之回复,亦有讥讽之义,所以时人赞其反应之快捷。

　　再看几例。

　　《北齐书·魏收传》载:"收外兄博陵崔岩尝以双声嘲收曰:'愚魏衰收。'收答曰:'颜岩腥瘦,是谁所生,羊颐狗颊,头团鼻平,饭房笒笼,着孔嘲玎。'"③崔岩所说"衰收"为同声审母,而魏收所答数语,每两字同一声母,占尽上风。

　　《洛阳伽蓝记》:"陇西李元谦乐双声语,尝经郭文远宅过,见其门阀华美,乃曰:'是谁宅第过佳?'婢春风曰:'郭冠军家。'元谦曰:'凡婢双

---

①　《宋书》卷六十七《何长瑜传》,中华书局 1974 年版,第 1775 页。
②　《南史》卷六十二《鲍行卿传》,中华书局 1975 年版,第 1530 页。
③　《北齐书》卷三十七《魏收传》,中华书局 1975 年版,第 495 页。

声。'春风曰:'狞奴谩骂。'"①其中,"是谁"(禅母)、"宅第"(澄母、定母,古无舌上)、"郭冠"、"军家"(见母)、"凡婢"(奉母、并母,古无轻唇)、"双声"(审母)、"狞奴"(娘母、泥母,娘日归泥)、"谩骂"(明母)都是双声。

《南史》:"江夏王义恭尝设斋,使戎布床,须臾王出,以床狭,乃自开床。戎曰:'官家恨狭,更广八分。'王笑曰:'卿岂唯善双声,乃辩士也。'文帝好与玄保棋,尝中使至,玄保曰:'今日上何召我邪?'戎曰:'金沟清泚,铜池摇扬,既佳光景,当得剧棋。'"②其中,"官家"(见母)、"恨狭"(匣母)、"更广"(见母)、"八分"(帮母、非母,古无轻唇)、"金沟"(见母)、"清泚"(清母)、"铜池"(定母、澄母,古无舌上)、"摇扬"(喻母)、"既佳"、"光景"(见母)、"当得"(端母)、"剧棋"(群母)也都是双声。

王国维对于双声叠韵有过分析,他在《人间词话》中提道:"双声、叠韵之论,盛于六朝,唐人犹多用之。至宋以后,则渐不讲,并不知二者为何物。乾嘉间,吾乡周公霭先生著《杜诗双声叠韵谱括略》,正千余年之误,可谓有功文苑者矣。其言曰:'两字同母谓之双声,两字同韵谓之叠韵。'余按用今日各国文法通用之语表之,则两字同一子音者谓之双声。如《南史·羊元保传》之'官家恨狭,更广八分','官家更广'四字,皆从 k 得声。《洛阳伽蓝记》之'狞奴谩骂','狞奴'两字,皆从 n 得声。'谩骂'两字,皆从 m 得声也。两字同一母音者,谓之叠韵。如梁武帝'后牖有朽柳','后牖有'三字,双声而兼叠韵。'有朽柳'三字,其母音皆为 u。刘孝绰之'梁王长康强','梁长强'三字,其母音皆为 ian 也。"③

以上分析,可以大概得出如是结论,魏晋清谈对于音声之美与辞藻之丽的重视,深刻影响了士人的日常语言和诗文创作。他们在日常谈笑之

---

① 范祥雍:《洛阳伽蓝记校注》,上海古籍出版社 1978 年版,第 249 页。
② 《南史》卷三十六《羊玄保传附子戎传》,中华书局 1975 年版,第 934 页。
③ 王国维:《人间词话》,中华书局 2010 年版,第 108 页。

中，看到了双声叠韵的规律，又受佛典翻译及梵呗唱赞的启发，齐梁之时提出了诗文创作的"四声八病"，使得当时的文学更加注重形式之美，对"丽"的美学追求更显深切。

第四章

神采风流：书法审美意识

书法是魏晋南北朝时期重要的艺术形式之一。美学家宗白华将其视为魏晋之美的最好体现。此一时期,书法成为士人群体喜爱的艺术形式,书家竞出,名作叠现,尤其是王羲之父子的书法,成为后世学书者"永以为训"的模则。因此,作为实用性和审美性兼具的书法艺术,所体现出的审美意识,也就值得探究。

第一节　书法勃兴的几个要素

六艺之教,书为其一。与绘画、音乐等艺术不同,书法为每个人识字之初即修习使用。书法的实用性与普及性,为书法艺术的发展打下了坚实的基础。同时,书法的演进,又与外在的物质条件以及整个社会文化语境息息相关。探究魏晋南北朝书法大兴的根源,对于把握书法审美意识不无助益。因此,本文首先对此加以论述。魏晋南北朝书法,承自汉代,尤其是东汉书法,因此,以下溯源多有涉及汉代书法。

一、物质文化的繁荣

书法的发展,需以笔、墨、纸、砚等物质元素为基础,尤其是前三者。在纸张发明之前,文字的载体,有龟甲、兽骨、青铜、石鼓、竹简、木板、缣帛等。这些材料,或笨重,或昂贵,读、写皆很困难。以竹简为例,书写者"笔则笔,削则削",出现错字需用刀片刮掉,因此有"刀笔吏"之称。阅读起来同样不易,据《史记·秦始皇本纪》,秦始皇统一六国后,擅权任法,侯生、卢生批评道:"天下之事无小大皆决于上,上至以衡石量书,日夜有呈,不中呈不得休息。"所阅读的文书以石(一石为一百二十斤)衡量,称得上体力活了。藏书亦以车计算,传惠子"学富五车",即是显例。又据《博物志》记载,"蔡邕有书万卷,汉末年载数车与王粲"①。以车载书,可谓"汗牛充栋"了。这种情况,自然不利于书法艺术的推广。所以,在纸张普及之前,古代书家寥寥可数,羊欣的《采古来能书人名》,秦有李斯、赵高、程邈,西汉仅有一人入选,还被错置于东汉。②

　　及至后汉,情况大大改观,书家变得多起来。纸在此时的推广是一重大原因。纸的发明,蔡伦居功至伟。据《后汉书·蔡伦传》:"自古书契多编以竹简,其用缣帛者谓之纸。缣贵而简重,并不便于人。伦乃造意,用树肤、麻头、及敝布、鱼网以为纸。东汉和帝元兴元年奏上之。帝善其能。自是天下莫不从用焉,故天下咸称蔡侯纸。"蔡侯纸并非最早出现的纸。1957 年,考古工作者在陕西西安灞桥的汉武帝时代墓中发现有古纸残片,将其命名为"灞桥纸",该纸是现存最早的植物纤维纸。不过,蔡伦对造纸工艺进行了极大的改进,所用原料廉价易得,遂使纸为普通百姓所采用。蔡伦之后,又有"左伯纸"。"左伯字子邑,东莱人。特工八分,名与毛弘等列,小异于邯郸淳,亦擅名汉末。尤甚能作纸。汉兴用纸代简,至和帝时蔡伦工为之,而子邑尤得其妙。"③左伯本人亦为书法家,对蔡伦的造纸技术进行了改进,在汉中平二年(185 年)造出了质量更好的"左伯纸",萧子良赞其"妍妙辉光"。时人将其与韦诞墨、张芝笔相提并论,深受欢迎。不过,总体而言,后汉及曹魏时期,纸的普及程度不是很高,书写仍以缣帛为主。如汉末遭董卓之乱,"献帝西迁,图书缣帛,军人皆取为帷囊"④。曹魏之时,秘书郎郑默及秘书监荀勖整理当世书籍,别为四部,

---

①　张华:《博物志》卷六《人名考》,《汉魏六朝笔记小说大观》,上海古籍出版社 1999 年版,第 209 页。

②　此人为陈遵。羊欣《采古来能书人名》载:"杜陵陈遵,后汉人,不知其官。善篆、隶,每书,一座皆惊,时人谓为'陈惊座'。"其实陈遵为西汉时人,《汉书》卷六十二《游侠传》有记:"(陈遵)长八尺余,长头大鼻,容貌甚伟。略涉传记,赡于文辞。性善书,与人尺牍,主皆藏去以为荣。"羊欣显将时代混淆。

③　(唐)张怀瓘:《书断下·左伯》,《历代书法论文选》,上海书画出版社 1979 年版,第 195 页。

④　《隋书》卷三十二《经籍志一》,中华书局 1973 年版,第 906 页。

合二万九千九百四十五卷。"但录题及言,盛以缥囊,书用缃素。"①仍用缣帛书写。两晋时期,造纸技术传至长江流域和江南一带,造纸原料进一步扩展,如藤、竹等物,造出的纸更为细腻,更利书写。纸的普及,促成了晋代读书、抄书和藏书之风。左思《三都赋》一出,诸人纷纷传抄,引得"洛阳纸贵",抄经之风亦颇风行。凡此诸种,皆促进了书法艺术的发展。

此外,笔、墨、砚的制作工艺在汉魏时期有了长足进步。"汉代的毛笔比之现已出土的战国和秦代毛笔,有一个重大的改进,这就是笔头采用了两种不同硬度的毛制成,使之产生刚柔相济的效果。甘肃武威磨咀子一座东汉中期墓葬出土的一支毛笔,笔芯及锋用黑紫色的硬毛,外覆以较软的黄褐色毛,这是汉代毛笔的典型。"②硬度不同的笔毛,更利于笔锋的转换,从而达到刚柔相济的审美效果。东汉蔡邕写有《笔赋》一文,其中提道:"惟其翰之所生,于季冬之狡兔。性精亟以摽悍,体遄迅以骋步。削文竹以为管,加漆丝之缠束。形调抟以直端,染玄墨以定色。"③无疑,笔的制作工艺为士人所熟知。墨的制作亦有突破。陶宗仪指出:"上古无墨,竹挺点漆而书。中古方以石墨汁,或云是延安石浪。至魏晋时,始有墨丸。乃漆烟松煤夹和为之。所以晋人多用凹心砚者,欲磨墨贮沈耳。"④汉代已是烧烟制墨,东汉出现了制墨作坊,当时官员用墨由官府专门发放。据《汉官仪》说,尚书令、仆、丞、郎等官员,每月可得"隃糜大墨一枚,小墨一枚"。当时的隃糜有大片松林,所制墨颇为精良。砚台的使用在此间已很普遍,花样繁多,不但有石砚、瓦砚,还有玉砚、陶砚、漆砚和青铜砚。制作工艺同样考究。1970年,在江苏徐州土山东汉墓中出土了一件兽形鎏金铜盒砚,铜盒砚长25厘米、宽14.8厘米、通高10.2厘米。整体形状貌似蟾蜍,通体鎏金并镶嵌红珊瑚、青金石、绿松石。石质为甘肃临洮石,上置圆形研石一块。制作精致美观。

---

① 《隋书》卷三十二《经籍志一》,中华书局1973年版,第906页。
② 汤大民:《中国书法简史》,江苏古籍出版社2001年版,第76页。
③ 邓安生:《蔡邕集编年校注》,河北教育出版社2002年版,第444页。
④ (元)陶宗仪:《南村辍耕录》卷二十九《墨》,《陶宗仪集》,徐永明、杨光辉整理,浙江人民出版社2005年版,第444页。

有的士人善于制作笔、墨、纸,如曹魏时期的韦诞善制笔和墨,他曾说:"夫工欲善其事,必先利其器。若用张芝笔、左伯纸及臣墨,兼此三具,又得臣手,然后可以建劲丈之势,方寸之言。"①他著有《墨方》和《笔方》,记录了制作笔墨的方法与过程。东晋韦昶"妙作笔,子敬得其笔,称为绝世"②,刘宋张永,"纸及墨皆自营造,上每得永表启,辄执玩咨嗟,自叹供御者了不及也"③。文房四宝的普及,为书法艺术的繁兴提供了坚实的物质保障。

二、太学的发展

后汉及魏晋南北朝太学勃兴,促进了知识的普及和书法的发展。自汉武帝罢黜百家,独尊儒术,儒学地位渐隆。武帝时置五经博士,发展太学。初时人数不多,至东汉时期,太学发展迅猛。如汉顺帝时期,有各官官学 240 所,校舍 1850 间,学生 30000 余名。④ 私学同样兴盛,有的知名学者,其门下生徒可达数千人。此后清议横起,遭致党锢之祸,更兼汉末魏晋南北朝纷纷乱世,太学规模颇受减损。不过,正如吕思勉所言:"晋、南北朝,虽为丧乱之世,然朝廷苟获小安,即思兴学;地方官吏,亦颇能措意于此;私家仍以教授为业;虽偏隅割据之区,戎狄荐居之地,亦莫不然。"⑤如晋初有太学生三千人,至泰始八年增至八千人。北魏立国之初(386 年),即设太学,置五经博士,有生员一千余人,天兴二年(399 年)增至三千人。教育的普及,促进了知识的传播,知识阶层的队伍迅速扩大,由此产生了诸多促进书法发展的因素。

其一,当时的经籍谬误之处甚多,"俗儒穿凿,疑误后学",经籍亟须规范化。因此,在熹平四年(175 年),议郎蔡邕与五官中郎将堂谿典,光

---

① (唐)张怀瓘:《书断中》"韦诞"条,《历代书法论文选》,上海书画出版社 1979 年版,第 184 页。

② (唐)张怀瓘:《书断下》"韦昶"条,《历代书法论文选》,上海书画出版社 1979 年版,第 198 页。

③ 《宋书》卷五十三《张永传》,中华书局 1974 年版,第 1511 页。

④ 《后汉书》卷一百零九《儒林列传序》,中华书局 1965 年版,第 2547 页。

⑤ 吕思勉:《两晋南北朝史》(下),上海古籍出版社 2005 年版,第 1193 页。

禄大夫杨赐,谏议大夫马日䃅,议郎张驯、韩说,太史令单飏等人奏求正定《六经文字》,获汉灵帝许可。历时九年,石经至光和六年(183年)始成,"题书楷法,多是邕书也"①。"于是后儒晚学,咸取正焉。及碑始立,其观视及摹写者,车乘日千余辆,填塞街陌"②。在曹魏正始二年(241年),又以古文、小篆、隶书三体刻石经,世称《三字石经》或《正始石经》。正始石经的写家,有卫觊、邯郸淳、嵇康等人之说,迄无定论,然无疑为一代书法圣手。这些刻经,不仅规范了经籍的内容,其书法同样成为世人摹写的楷则。

其二,太学生众多,书籍的需求量大增,当时的书籍皆为手抄而成,无论是官府的公函文书,读书人所看的书籍,还是道佛两教的经籍,皆需善书者抄写。于是,一部分家境贫寒而擅长书法的读书人遂以"佣书"为业,被称为书手、抄手或写手。如班超就曾受雇于官府,佣书以养母。以书法知名者,还能跻身官府。如汉灵帝爱好文学,设鸿都门学,"征天下工书者于鸿都门,至数百人"③。对于工书鸟篆者,皆加引召,如蔡邕、师宜官、梁鸿等书法名家皆待诏门下,得以封侯晋爵者不在少数。北朝张景仁,"家贫,以学书为业,遂工草隶。选补内书生。天保八年,敕教太原王绍德书"④。这无疑大大地刺激了民间学书之风。

其三,书法审美意识开始走向自觉。西汉已开始对"善书"之人加以注目,《汉书》中不乏相关描写。如汉元帝、张安世、严延年、王尊、谷永、陈遵等人,多善"史书",即新兴的隶书。但总体上,还是将书法视为实用性的,其地位并不高,如东汉初的王充,认为与书法有相当关联的文书乃"小贱之能,非尊大之职"。⑤ 这种情况在公元二世纪以后发生了变化,赵壹的《非草书》一文中便可见出端倪。

后汉赵壹在《非草书》中提到,同郡梁、姜二人爱慕张芝的草书,"过

---

① (后魏)江式:《论书表》,《历代书法论文选》,上海书画出版社1979年版,第65页。

② 《后汉书》卷六十下《蔡邕列传》,中华书局1965年版,第1990页。

③ (唐)张怀瓘:《书断》,第182页,《后汉书·蔡邕传》记为数十人。

④ 《北史》卷八十一《儒林传上·张景仁》,中华书局1974年版,第2732页。

⑤ 黄晖:《论衡校释》,中华书局1990年版,第552页。

于希孔、颜"。时人学书,颇为痴迷,"专用为务,钻坚仰高,忘其疲劳,夕惕不息,仄不暇食。十日一笔,月数丸墨。领袖如皂,唇齿常黑。虽处众座,不遑谈戏,展指画地,以草刿壁,臂穿皮刮,指爪摧折,见鰓出血,犹不休辍"①。虽不无夸张,然其对草书所喷涌之热情,在此前是从未有过的。其中还有一个重大特点,就是不含功利目的在内,"乡邑不以此校能,朝廷不以此科吏,博士不以此讲试,四科不以此求备,征聘不问此意,考绩不课此字"。则时人对于书法之态度,由实用而审美。

三、书法进入士人文化体系

如上所言,书法在后汉已出现了审美的自觉,汉灵帝鸿都门学的设立为一大促动。不过,应当注意的是,此一审美自觉并未遍及广大士人,诸人对出身鸿都门下诸生的不齿态度即能见出。② 而到了魏晋南北朝时期,书法却日益受到重视,"当彼之时,士以不工书为耻"。③ 书法成为名士阶层必备的文化素养之一,并极大地推动了书法艺术的发展,出现了"二王"等诸多光耀千秋的书法圣手。这是颇值探讨的文化现象。推究个中原因,以下几点或可留意。

其一,魏晋南北朝诸多帝王喜好书法,促动了书法艺术的推广。魏国君王多好书法,魏武曹操喜爱梁鹄的书法,常将其八分书悬系在帐中观赏。他本人"尤工章草,雄逸绝伦"。魏文帝曹丕、魏明帝曹叡、陈思王曹植皆好书。曹丕曾"以素书所著《典论》及诗赋饷孙权,又以纸写一通与张昭"④。吴主孙权、孙皓皆有书名。张怀瓘的《书估》将历代书家别为五等,其中魏武帝、曹植、孙权、孙皓列入第三等。晋代帝王之中,武帝司马炎、齐王司马攸并有书名,司马炎"喜作字,于草书尤工,落笔雄健,挟

---

① 《全后汉文》卷八十二,商务印书馆 1999 年版,第 828 页。

② 《后汉书》卷六十(下)《蔡邕传》载:"其诸生皆敕州郡三公举用辟召,或出为刺史、太守,入为尚书、侍中,乃有封侯赐爵者,士君子皆耻与为列焉。"(《后汉书》,中华书局 1965 年版,第 1998 页。)

③ (宋)朱长文:《续书断》,《历代书法论文选》,上海书画出版社 1979 年版,第 318 页。

④ 《三国志》卷二《文帝记》注引《吴历》,中华书局 1959 年版,第 89 页。

英勇之气，毅然为一代祖"①，司马攸善草行，"京、洛以为楷法"②。武帝时期，荀勖领秘书监，"立书博士，置弟子教习，以钟、胡为法"③。此举对于书法之推广自然有很大推动。南朝帝王亦多有能书者，唐李嗣真所撰《书品后》中，宋文帝、齐高帝列入中下品，梁简文帝列入下中品，梁武帝、梁元帝、陈文帝列入下下品。帝王对书法的好尚，无疑刺激了朝野的学书之风。

其二，世族以其社会地位、经济能力与所占有的文化资本，为学习书法提供了经济基础和文化保障。前文提及，魏晋南北朝时期，纸的应用大大增加，然而纸价尚贵，家境贫寒者，难得纸笔习字。对此，魏晋南北朝史书中多有记载。如王隐家贫，所撰《晋书》，幸赖庾亮供其纸笔，书乃得成。④北魏崔鸿自述其作《十六国春秋》时，"家贫禄微，唯任孤力，至于书写所资，每不周接"⑤。"（齐）高帝虽为方伯，而居处甚贫，诸子学书无纸笔，（萧）晔常以指画空中及画掌学字，遂工篆法。"⑥齐高帝方伯之家尚且如此，普通士子之境况如何，更可想见了。如晋人王育少孤贫，折蒲学书。⑦陶弘景年少时，以荻为笔，画灰中学书。⑧葛洪在《抱朴子》中自陈"家贫乏纸，所写皆反复有字"。而世族子弟以丰厚的庄园经济为后盾，没有纸笔匮乏之虞，这就为其学习书法提供了物质保证。不特此也，有的世族成员还利用其经济条件，自造更易书写的纸笔，如《世说新语》："王羲之书《兰亭序》，用蚕茧纸，鼠须笔，遒媚劲健，绝代更无。"

学书必有师承与法帖。《法书要录》卷一《传授笔法人名》提供了一个书法传承的谱系："蔡邕受于神人，而传之崔瑗及女文姬，文姬传之钟

---

① 《宣和书谱》卷一《历代诸帝》，湖南美术出版社 1999 年版，第 1 页。
② （南朝齐）王僧虔：《论书》，《历代书法论文选》，上海书画出版社 1979 年版，第 58 页。
③ 《晋书》卷三十九《荀勖传》，中华书局 1974 年版，第 1154 页。
④ 参见《晋书》卷八十二《王隐传》，中华书局 1974 年版，第 2143 页。
⑤ 《北史》卷四十四《崔鸿传》，中华书局 1974 年版，第 1627 页。
⑥ 《南史》卷四十三《齐高帝诸子下》，中华书局 1975 年版，第 1081 页。
⑦ 事见《晋书》卷八十九《王育传》，中华书局 1974 年版，第 2309 页。
⑧ 事见《南史》卷七十六《陶弘景传》，中华书局 1975 年版，第 1897 页。

繇,钟繇传之卫夫人,卫夫人传之王羲之,王羲之传之王献之,王献之传之外甥羊欣,羊欣传之王僧虔,王僧虔传之萧子云,萧子云传之僧智永。……"①此一谱系相当简略,如王羲之的书法除学卫夫人外,其叔父王廙对其影响颇大,其他诸人抑或转益多师,未必从一人学来。不过,它却提供了很重要的信息,即魏晋南北朝书法的传承,基本是亲属相传,即在家族之内及缔结姻亲的亲属之间传承。盖书法作为一种技艺,有其书写秘诀,类似"非物质文化遗产",只在亲属之间口传手授,并不轻易外传。黄惇指出:"魏晋南北朝时期的士大夫文人极为重视用笔和笔法授受,但许多史料证明,当时都秘不示人而不著文字的。"②如虞喜的《志林》载:"钟繇见蔡邕笔法于韦诞坐中,苦求不与,捶胸呕血。太祖以五灵丹救之。诞死,繇盗发其冢,遂得之。"再如王羲之在《笔势论》序中一再强调:"今书《乐毅论》一本及《笔势论》一篇,贻尔藏之,勿播于外,缄之秘之,不可示知诸友。……此之笔论,可谓家宝家珍,学而秘之,世有名誉。……初成之时,同学张伯英欲求见之,吾诈云失矣,盖自秘之甚,不苟传也。"③用笔之法,为书家毕生心得,他们将其视为"家宝家珍","自秘之甚",只在家族子弟间传授,希望子弟能够领悟传承,并借此"世有名誉"。

世族子弟自小即有机会获得身为书法名家的父辈指点,有家学与师承,加之天资与勤奋,成为书法家的概率颇大。④ 因之,魏晋南北朝率多书法世家,最知名者自然是琅邪王氏,除王羲之、王献之父子外,其他如王导、王导子王恬、王洽、王廙等人皆善书⑤。还有颍川钟氏(钟繇、钟会)、河东卫氏(卫顗、卫瓘、卫恒、卫夫人等)、敦煌索氏(索靖)、泰山羊氏(羊

---

① (唐)张彦远辑:《法书要录》,洪丕谟点校,上海书画出版社1986年版,第14页。
② 黄惇:《秦汉魏晋南北朝书法史》,江苏美术出版社2009年版,第152页。
③ 王羲之:《笔势论十二章》,《历代书法论文选》,上海书画出版社1979年版,第29—30页。
④ 颜之推在《颜氏家训·杂艺第十九》中谈及自己的学书历程:"吾幼承门业,加性爱重,所见法书亦多,而玩习功夫颇至,遂不能佳者,良由无分故也。"颜之推出自名门大族,自幼受到良好教育,有条件见到大量法书,亦能勤于学书,他将自己的书艺不佳归诸天分不足。至其六世孙颜真卿,终成书法名家。
⑤ 南朝宋羊欣《采古今能书人名》,王氏有11人。

祜、羊忱、羊固、羊欣等）、太原王氏（王述、王濛、王修）、江夏李氏（李式、李廞、李充）、高平郗氏（郗愔、郗超）、颍川庾氏（庾亮、庾翼）①、吴郡张氏（张弘、张翰等）等，皆有书名，都是书家辈出的大家族。

此外，世族以其政治权力与社会地位，获取法帖的机会更大。如三国钟繇、张芝的书法为魏晋南北朝书法之模则，能得其法帖，不啻为学书提供了方便法门。然而魏晋时期兵火不断，书法作品殊为难得。晋室南渡时，王导曾将钟繇的《尚书宣示表》藏于衣带中过江。虞龢在《论书表》中提到，庾翼在看到王羲之晚年的书法作品后，不禁叹服，给羲之作书云："吾昔有伯英章英书十纸，过江亡失，常痛妙迹永绝。忽见足下答家兄书，焕若神明，顿还旧观。"东晋桓玄，爱好书法，"性贪好奇，天下法书名画，必使归己。及玄篡逆，晋府真迹玄尽得之"②。王导乃琅邪王氏核心人物，庾氏在东晋明、成、康三朝权势最盛，桓玄更是篡夺了东晋王位，他们三人凭其权势，方得拥有法书名帖。

其三，魏晋南北朝世族热衷于书法，除审美的自觉之外，有一现实的原因。世族子弟的"起家"，即入仕之初，常任秘书郎、著作郎、黄门侍郎、散骑侍郎等职闲位重的清职。③ 其中秘书郎掌图书经籍，著作郎掌史书。据《晋书·职官志》："著作郎，周左史之任也。汉东京图籍在东观，故使名儒著东观，有其名，尚未有官。魏明帝太和中，诏置著作郎，于此始有其官，隶书二年，诏曰：'著作旧属中书，而秘书既典文籍，今改中书著作为秘书著作。'于是改隶秘书省。后别自置省而犹隶秘书。著作郎一人，谓之大著作郎，专掌史任，又置佐著作郎八人。'于是改隶秘书省。著作郎始到职，必撰名臣传一人。"④秘书郎与著作郎既与关乎典籍的撰述与

---

① （南齐）王僧虔《论书》：庾征西翼书，少时与右军齐名。右军后进，庾犹不忿。在荆州与都下书云："小儿辈乃贱家鸡，爱野鹜，皆学逸少书。须吾还，当比之。"（《历代书法论文选》，上海书画出版社 1979 年版，第 58 页。）

② （唐）张彦远：《历代名画记》，浙江人民美术出版社 2011 年版，第 4 页。

③ 《梁书》卷三十四《张缅传付弟缵传》曰："秘书郎有四员，宋、齐以来，为甲族起家之选，待次入补，其居职，例数十百日便迁任。"（中华书局 1973 年版，第 493 页。）

④ 《晋书》卷二十四《职官志》，中华书局 1974 年版，第 735 页。

整理，①除要求在职者精通文史，长于文笔之外，书法优良或亦是条件之一。如隋开皇三年，秘书监牛弘表请搜访民间异本，"检其所得，多太建时书，纸墨不精，书亦拙恶。于是总集编次，存为古本。召天下工书之士，京兆韦霈、南阳杜頵等，于秘书内补续残卷"②。以魏晋时期的秘书郎为例，在《三国志》和《晋书》中，提及任职秘书郎者近 40 人。其中不乏以书法知名者，如钟会、左思、王导、王羲之、王献之、成公绥等。其余诸人，其父辈或家族中人多有为书法名家者，如嵇康之子嵇绍、王导之孙王谧、庾亮之侄庾希等。此外，任职黄门侍郎、尚书郎之位者，亦多有以书艺见长者。这些"清职"、"清官"，作为世族子弟通常的晋身之阶，需要文史、书法方面的文化素养，而书法也就成为世族子弟标榜自身贵族身份的文化表征。

四、玄、道、佛与书法之关系

玄学是魏晋南北朝时期的主导思想，道、佛二教亦在此间发展壮大，信奉两教的士人不在少数，它们皆对书法产生了深刻影响。下面简而言之。

玄学以无为本，崇尚自然，其生命根柢及哲学精神与魏晋时期风行的行书、草书深相契合。相比篆隶的繁复难写，行草简易流便，更易抒发魏晋玄学人生观影响之下的心灵的自由与精神的超越。宗白华先生对此有精彩论述："晋人风神潇洒，不滞于物，这优美的自由的心灵找到一种最适宜于表现他自己的艺术，这就是书法中的行草。行草艺术纯系一片神机，无法而有法，全在于下笔时点画自如，一点一拂皆有情趣，从头至尾，一气呵成，如天马行空，游行自在。又如庖丁之中肯綮，神行于虚。这种超妙的艺术，只有晋人萧散超脱的心灵，才能心手相应，登峰造极。……魏晋的玄学使晋人得到空前绝后的精神解放，晋人的书法是这自由的精

---

① 如《晋书·郑默传》：默字思元。起家秘书郎，考核旧文，删省浮秽。中书令虞松谓曰："而今而后，朱紫别矣。"（中华书局 1974 年版，第 1251 页。）

② 《隋书》卷三十二《经籍志》，中华书局 1973 年版，第 908 页。

神人格最具体最适当的艺术表现。"①可以说，玄学使魏晋行草书法达到了一个特有的高度，产生了"二王"这样的艺术高峰。及至唐代，以书法取士，推崇法度，楷书便成为此时代精神的最好表达。

除了对书法艺术精神的影响，玄学还对魏晋南北朝书法理论产生了较大影响。人物品藻盛行魏晋，要在以精练性与感受性的文学语言品评人物的风神气度，对比优劣高下，"神、骨、肉"的人体结构成为关注重点。如这种审美鉴赏话语被推广到了艺术理论之中。如"郗超草书亚于二王，紧媚过其父，骨力不及也。"②王右军书如谢家子弟，纵复不端正者，爽爽有一种风气。陶隐居书如吴兴小儿，形容虽未成长，而骨体甚骏快。蔡邕书骨气洞达，爽爽有神。③ 神韵、骨力、骨气等成为书学理论中的重要概念。

佛道二教同样推动了书法艺术的发展。魏晋南北朝时期佛典翻译获得长足进展，翻译过来的经籍众多，皆需手抄。众多佛门高僧精通书法，据《高僧传》记载，东晋高僧支遁、康法识、康昕、释慧生、道乘、于道邃、安慧则、昙瑶、惠式、道照等，皆善书法。书法是他们彰显自身文化素养、借此融入士人阶层传播佛法的重要手段。对于普通信众而言，抄经、写经、刻经是获取功德的重要途径。《华严经·普贤行愿品》云："是故汝等闻此愿王，莫生疑念，应当谛受，受已能读，读已能诵，诵已能持，乃至书写为人说。是诸人等，于一念中所有行愿，皆得成就。所获福聚，无量无边。"魏晋时代已开始大量出现写本佛经，迄今发现的，有属西晋作品的《诸佛要集经》残卷、《放光般若经》、《妙法莲华经》、《摩诃般若波罗蜜经》等。北朝佛教大兴，存有无数写经和石刻。由于性质所在，抄经书法不同于文人书法，有特殊的审美定式和规范，形成了"抄经体"。

道教对于书法艺术之影响，陈寅恪先生曾有所分析，他认为："东西晋南北朝，天师道为家世相传之宗教，其书法亦往往为家世相传之艺术。

---

① 宗白华：《美学散步》，上海人民出版社1981年版，第180—181页。
② 王僧虔：《论书》，《历代书法论文选》，上海书画出版社1979年版，第59页。
③ （南朝梁）袁昂：《古今书评》，《历代书法论文选》，上海书画出版社1979年版，第73—74页。

如北魏之崔、卢，东晋之王、郗，是其最著之例。旧史所载奉道世家与善书世家二者之符会，虽或为偶值之事，然艺术之发展多受宗教之影响，而宗教之传播亦多依艺术为资用。"①琅邪王氏与高平郗氏都信奉天师道，又皆为书法世家，确实很难说这二者之间有何必然关联，因为其他书法世家所在多多，却并不一定信奉天师道。然而，道教对书法之影响，是无疑存在的。与佛教一样，道教同样注重写经，如王羲之写有《黄庭经》、《道德经》，杨羲的《黄庭内景经》，皆为道家经典。王羲之的书法理论受到了道教的影响，他有一篇书论，名为《记白云先生书诀》，记载了天台山的紫真道人的书法观，其中提道："天台紫真谓予曰：'子虽至矣，而未善也。书之气，必达乎道，同混元之理。七宝齐贵，万古能名。阳气明则华壁立，阴气太则风神生。把笔抵锋，肇乎本性。'"②紫真道人以道教宇宙观理解书法，认为书道与混元之气是相通的，需要阴阳之气的调和。此外，道教的画符、书法，对于文人书法亦有影响。此外不再展开。

第二节　曹魏书法与士人审美意识

魏晋南北朝书法史的研究，多会依照时代，划分为魏国书法、吴国书法、西晋书法、东晋书法、南朝书法、北朝书法。实际上，这种划分不仅可以视为一种时代范畴，还可视为一种地理范畴和文化范畴，它们在文化上一方面具有相对独立性，另一方面又互有影响，尤其是作为文化正统的南朝对北朝的影响，因此，可以将其视为一个个相对独立的"书法文化区"。各文化区之间，既有其独特的审美意识，互相又有影响。无疑，曹魏是文化的正统，本书重点对三国中的曹魏书法加以论述。

曹魏承东汉二百年基业，定都洛阳，乃政治文化之中心，人才荟萃此地。文学、玄学皆拔新领异，书法亦是如此。曹魏书法，自是承自后汉，诸多书家皆由汉入魏。近代学者马宗霍曾列举三国书法之盛：

① 陈寅恪：《金明馆丛稿初编》，上海古籍出版社1980年版，第34页。
② 王羲之：《记白云先生书诀》，《历代书法论文选》，上海书画出版社1979年版，第37—38页。

三国规模，以魏京为最宏。文士云蒸，书家鳞萃；鸿都流风，去之未远。中郎虽往，法度可寻；孟皇尚存，翰墨自在。观夫《正始石经》，接武《熹平》，则邯郸之遗也；凌云榜题，比肩安定，则仲将之迹也。胡昭尺牍，动见模楷，刘廙草书，许通笺奏，此皆其著者。而郿阳残石之朴茂，胶东断碑之凝重，《范式》之体邻《衡方》，《王基》之意出《夏承》，虽不知书人之名，亦自可贵。至于元常专工，伯儒兼善，更无论矣。①

文中所提人物，如梁鹄（字孟皇）、邯郸淳（字子叔、子礼）、韦诞（字仲将）、胡昭（字孔明）、刘廙（字恭嗣）、钟繇（字元常）、卫觊（字伯儒），皆为三国最为知名的书法家，辐辏于魏国。加之魏国帝王（如魏武帝曹操、魏文帝曹丕、陈思王曹植等）多雅好书艺，在此文化氛围之下，魏国书法兴盛一时。

魏国书法之审美意识，可以分如下几个方面加以把握。

一、从书体看曹魏审美意识

曹魏时期的书体，表现为两点：一是篆、隶等书体虽仍受尊崇，却已急剧衰退；二是行、草等今体书法应用日广，地位日渐突出。

书体之演变，终究是一个渐进的过程，这是由书法的特质所决定的。不像文学，凭建安诸人，即能开一全新风气。曹魏时期，承自后汉，篆书与隶书仍占主流，大凡碑刻、石经、摩崖、神坐、墓砖文字、宫殿题榜，皆用篆、隶两种书体书刻。曹魏书家亦多以二书显能。如邯郸淳，"博学有才章，又善《仓》《雅》虫篆，许氏字指"。钟繇擅长三体："一曰铭石之书，最妙者也；二曰章程书，传秘书、教小学者也；三曰行狎书，相闻者也。三法皆世人所善。"②卫觊，"尤工古文、篆、隶"③。

古文、篆、隶之受重视，除其日常功用以外，还有学术上的重要意义。

---

① 马宗霍：《书林藻鉴 书林记事》卷五"三国"，文物出版社2015年版，第39页。
② （南朝宋）羊欣：《采古来能书人名》，《历代书法论文选》，上海书画出版社1979年版，第46页。
③ （唐）张怀瓘：《书断》，《历代书法论文选》，上海书画出版社1979年版，第196页。

文字学为小学的重要内容,①六艺之"书",除包含书写之外,更有字学。字学以篆书为体,清代书法家钱泳指出:"篆书一画、一直、一钩、一点,皆有义理,所谓指事、象形、谐声、会意、转注、假借是也,故谓之六书。"②因此,欲修字学,必须掌握篆书。"《仓》、《雅》虫篆,许氏字指",皆为字学内容,是每个学童的必修课目。文字之学可谓极其重要。"盖古文有字学,有书法,必取相兼,是以难也。"③而经历后汉乱世之后,太学生人数锐减。东汉顺帝时有太学生3万人,魏文帝黄初元年,太学始开,诸生不过数百人,至太和、青龙年间,多有避役者进入太学,生员增至千数,比之后汉已有霄壤之殊。不特此也,携教授之命的诸博士竟也学识浅薄,无以为教。据史书记载:"诸博士率皆粗疏,无以教弟子。弟子本亦避役,竟无能习学,冬来春去,岁岁如是。又虽有精者,而台阁举格太高,加不念统其大义,而问字指墨点注之间,百人同试,度者未十。是以志学之士,遂复陵迟,而末求浮虚者各竞逐也。"④儒学之衰微,一至如此。在此情势之下,这些博通字学的书家,便分外受到重视。江式《论书表》记载:

> 魏初,博士清河张辑著《埤仓》、《广雅》、《古今字诂》。究诸《埤》、《广》,掇拾遗漏,增长事类,抑亦于文为益者也;然其《字诂》,方之许篇,古今之体用,或得或失矣。陈留邯郸淳教诸皇子。又建《三字石经》于汉碑之西,其文蔚焕,三体复宣。校之《说文》,篆、隶大同,而古字小异。又有京兆韦诞、河东卫觊二家,并号能篆。当时台观榜题、宝器之铭,悉是诞书,咸传之子孙,世称其妙。⑤

上文中提及的张辑、邯郸淳诸人,皆精通古文字学。他们不只是书法家,更是学者。他们除了题写匾额,更能校订文字,以为准则,垂示学人,对于当时的文字学教育起到匡正指导作用。此一意义显然更为重大。因

---

① 许慎:《说文解字·序》:小学者,儿童识字之学也。
② (清)钱泳:《书学》,《历代书法论文选》,上海书画出版社1979年版,第618页。
③ (清)刘熙载:《艺概》,上海古籍出版社1978年版,第134页。
④ 《三国志》卷十三《王肃传》注引《魏略·序》,中华书局1959年版,第422页。
⑤ (北魏)江式:《论书表》,《历代书法论文选》,上海书画出版社1979年版,第65页。

此,"论魏国书法家当时的知名度,大抵是博通字学的书法家占有优势"①。

不过,古体书法到底是式微了。卫觊的古文书法师承邯郸淳,"写淳《尚书》,后以示淳而淳不别"。② 从书法传承的角度来讲,做得非常之好,如果递相沿续下去,古文书法便可连绵不绝了。然而,在邯郸淳去世之后刻成的《三字石经》,其古文书体"转失淳法,因科斗之名,遂效其形"。古体书法已出现了后继乏人的情况。与此同时,草书、行书、楷书等新体书法却接受日广。究其原因,一是从学习难度上来讲,古体书法因与字学密切相关,修习起来需要有文字学基础,加之笔法繁复,难度颇大,而今体书法与字学关系较疏,笔法便利,易于书写。二是就书学基础而言,新书体皆已在后汉出现,并且不乏名家。如崔瑗、崔寔、张芝、张昶皆精草书。刘德升以行书名世,并有钟繇和胡昭两位高足。钟繇除精于八分,亦工正书和行书。曹魏擅长古体的书家亦能兼营今体,如韦诞除精于古文篆书,还能做"大字楷法"。后汉社会还出现过学习草书的热潮,就此而言,新书体的推广与应用,已经具有了良好的群众基础。三是就社会文化背景而言,古今书体的消长背后是儒学的衰颓和玄学的兴起。魏晋南北朝时期玄学发兴,强调以无为本,自然任心,注重个性之张扬与自我之表达,简易流便的新体书法正好契合了此种文化氛围。如曹魏初期,魏武曹操简易通脱,在文学创造上别开生面,书法上亦有造诣,"尤工章草,雄逸绝伦"。及至东晋,二王的行书更将玄学精神发挥至极致。

二、书家书作体现出的审美意识

书法史的写作,基本是围绕著名书法家和传世或发掘出来的著名书法作品展开。由于书法人物的生成,往往是一个历史建构的过程,其在当时的影响或大或小,与后世的认知并不完全一致。同时,年代愈古,传世

① 刘涛:《中国书法史·魏晋南北朝卷》,江苏教育出版社 2001 年版,第 38 页。
② (晋)卫恒:《四体书势》,《历代书法论文选》,上海书画出版社 1979 年版,第 12 页。

作品就愈少,只能根据有限的摹本或考古材料加以描述。资料上的局限,使这种写作方式不可避免地带有以偏概全的弊端。对于中国古代审美意识的研究亦存在同样的问题,因为所要研究的是士人群体的审美意识,某个书法家即使颇具影响,但同时需要获得当世人的认同,方才具有代表性。因此,在写作过程中,不可只顾其在后世的影响,更需要考虑到其人其作在当世的接受情况。

就魏晋南北朝书法而言,由于传世作品不多,仅靠这些作品必不能传达审美意识的全貌,而只能作管中一窥。因此,我们的研究便不能仅依赖于作品,还需要参照相关的诸多文献来进行综合性的考察。

（一）书　家

三国书家众多,如曹操、曹植、钟繇、钟会、嵇康、韦诞、胡昭、卫瓘等,其中又以钟繇在后世影响最大。讲到对审美风尚与审美意识的影响,帝王与权臣之功无疑最大,所以对审美意识的研究,一是要有一种整体性的眼光,不要局限于一人一作,二是对帝王权臣的引领作用不可轻忽,需要加以强调。

1.笔墨雄逸:曹操之书

上文提及,曹魏君主多喜爱书法,曹操(155—220 年)好书,西晋陆云在给其兄陆机的信中提道:"一日上三台,曹公藏石墨数十万斤。"①他喜欢梁鹄的书法,《三国志》注引卫恒《四体书势序》云:"上谷王次仲善隶书,始为楷法。至灵帝好书,世多能者。而师宜官为最,甚矜其能,每书,辄削焚其札。梁鹄乃益为版而饮之酒,候其醉而窃其札,鹄卒以攻书至选部尚书。于是公欲为洛阳令,鹄以为北部尉。鹄后依刘表。及荆州平,公募求鹄,鹄惧,自缚诣门,署军假司马,使在秘书,以勤书自效。公尝悬著帐中,及以钉壁观之,谓胜宜官。鹄字孟黄,安定人。魏宫殿题署,皆鹄书也。"梁鹄取法师宜官,擅写大字隶书,其作品虽不传,但从曹操对他的欣赏,宫殿题署多经他手,以及他的弟子毛弘曾任教于秘书等种种来看,梁鹄的书法在魏世影响颇大。袁昂评道:"梁鹄书如太祖忘寝,观之丧目。"

①　陆云:《与兄平原书》,《全晋文》卷一百二十,商务印书馆 1999 年版,第 1074 页。

此一品评是针对梁鹄书法所能引起的审美效果,对其具体风格没有置喙。卫恒云"鹄之用笔,尽其势矣"①,"势"是魏晋南北朝书法美学中的一个重要范畴,所谓"尽其势",是指书法作品神完气足,气势非凡。袁昂"观之丧目"之说,同样表明了梁鹄书法之气势撼人。

曹操之偏爱梁鹄的书法,或与其本人的书法同样显出"尽其势"的特点有关。曹操精于章草,《三国志》注引张华《博物志》载:"汉世,安平崔瑗、瑗子寔、弘农张芝、芝弟昶并善草书,而太祖亚之。"②梁庾肩吾《书品》评曹操为中之中,称其"笔墨雄赡"。张怀瓘《书断》以书体为类,将历代书家分成神、妙、能三品,曹操以章草擅名,被列入妙品,并被评为"雄逸绝人"。"雄赡"、"雄逸",皆不脱一"雄"字,这与其人的英雄气质,其诗文的悲壮慷慨,可谓契合无间。

唐人书评对曹操的书法还有如是评语:"金花细落,遍地玲珑;荆玉分辉,瑶若璀粲。"突出了其富丽的一面,因无具体作品留传,无法领略其神韵了。陕西汉中博物馆藏有传为曹操所书"衮雪"二字,据《三国志·魏书·武帝纪》记载,曹操曾于建安二十年(215 年)和二十四年(219 年)两次来到汉中,或曾登临褒谷故地,写下了隶体"衮雪"二字于谷中石尖,以喻褒谷山水之美。"衮"字俊逸舒展,尤其是最后的捺笔,曲折回环而富有动势,"雪"字则呈静态之美。不过,二字都带有浓重的楷意,未必为曹操本人的书作。

2.瘦劲古雅:钟繇之书

钟繇(151—230 年)位至太傅,在《三国志》中,与司徒华歆、司空王朗并称三公,合为一传。史书中唯称其功德,对其书法成就未赞一言。由此可知,在陈寿所处的西晋时期,正史的叙事中,书法作为杂艺之一种,比之德行功业,尚属"小道"。不过,钟繇在后世影响甚巨,与王羲之并称"钟王",在后世文献尤其是书论之中,不乏对钟繇的记载。比如,东晋虞喜的《志林》记载有钟繇的一段轶闻:"钟繇见蔡邕笔法于韦诞坐中,苦求

———————————

① 　(西晋)卫恒:《四体书势》,《历代书法论文选》,上海书画出版社 1979 年版,第 15 页。

② 　《三国志·魏书》卷一《武帝纪》,中华书局 1959 年版,第 55 页。

不与,捶胸呕血。太祖以五灵丹救之,诞死,繇盗发其冢,遂得之。"在另一部文献中记载"繇同胡昭学书十六年未尝窥户,繇与子会论曰:'吾精思学书三十年,若与人居,画地广数步,卧画被穿过表。每见万类皆画象之。'"这两段故事的真实性姑且不论,倒很能显示钟繇对书法的痴迷与苦学,以及"笔法"的秘要性。

羊欣称:"钟有三体:一曰铭石之书,最妙者也;二曰章程书,传秘书、教小学者也;三曰行狎书,相闻者也。三法皆世人所善。"①铭石之书指碑刻文字,有人认为指正楷书,章程书指隶书,行狎书指用于书札的行书或行草。② 钟繇的书法,师承刘德升,又从曹喜和蔡邕两位大家学得了篆隶的笔法。他不是固守师法,而是将其融入到了新书体——楷书的书写之中,这使他成为冠绝群伦的书法名家,并对后世产生了深远的影响。当代书法史研究者黄惇评价道:"钟繇对行、楷二体的发展,无论从文字学史,还是书法史角度观照,都具有伟大的变革意义。他昭示着一个以楷书为标准书体的审美时代的来临,建立起以新体——楷书与行书为基础的书法体系,对后世书法艺术作出了划时代的贡献。"③

钟繇的真迹已然无存,东晋时期已属罕见,到梁武帝时期,"世论咸云江东无复钟迹"④。宋代刻帖大兴,据刘涛的统计,宋代《淳化阁帖》中收钟繇书迹7种(《尚书宣示表》、《还示帖》、《张乐帖》、《白骑帖》、《常患帖》、《雪寒帖》和《长风帖》),《潭帖》中收《力命表》和《贺捷表》两种,《汝帖》中收刻《墓田帖》一种,《淳熙秘阁续帖》收《荐季直表》一种,共十种。⑤ 其中以《宣示表》、《贺捷表》、《荐季直表》和《力命表》最为知名,皆

---

① （南朝宋）羊欣:《采古来能书人名》,《历代书法论文选》,上海书画出版社1979年版,第46页。

② 关于三种书体的所指,意见不一,如黄惇认为铭石书指分书、章程书指楷书、行狎书指行草。见黄惇:《秦汉魏晋南北朝书法史》,江苏美术出版社2009年版,第179—180页。

③ 黄惇:《秦汉魏晋南北朝书法史》,江苏美术出版社2009年版,第179页。

④ （南朝梁）陶弘景:《与梁武帝论书启》,《历代书法论文选》,上海书画出版社1979年版,第70页。

⑤ 刘涛:《中国书法史·魏晋南北朝卷》,江苏教育出版社2002年版,第76—77页。刘涛还提及明代《泼墨斋法书》中收传为钟繇所写的《调元表》。

为小楷。

钟繇以隶意入楷，字势横扁，略显欹侧，单字疏阔，整体密丽。历代书评家对钟繇的书法多有所论，概括起来，有如下几个方面：

第一，从审美形式上看，富有茂密之美。梁武帝萧衍评曰："钟繇书如云鹄游天，群鸿戏海，行间茂密，实亦难过。"①钟繇单字疏朗萧散，字体扁平欹侧，横画紧凑，用笔横细竖粗，整体观之，显得茂密幽深。唐太宗亦评道："至于布纤浓，分疏密，霞舒云卷，无所间然。"②

第二，从审美风格上看，富有瘦劲之美。据宋代陈思的《秦汉魏四朝用笔法》，钟繇谈到了这样的笔法心得："多力丰筋者圣，无力无筋者病"。"多力丰筋"，正是体现出了瘦劲之美。钟繇的书作也体现出了这样的特点。羊欣提到，钟繇和胡昭俱学于刘德升，"胡书肥，钟书瘦"③。《宣和书谱》称："昭用笔肥重，不若繇之瘦劲，故昭座于无闻，而繇独得以行书显，当时谓繇善行押者此也。"④可知，宋人对比钟、胡行书，称钟书"瘦劲"。黄庭坚亦说钟繇小字"笔法清劲，殆欲不可攀也"⑤。可以说，以瘦为特征的钟繇书法契合了魏晋士人及中国文人的审美心理，他的书法受到了欢迎，而与他同出一师门的胡昭却寂寂无闻了。

第三，从审美意境上看，富有古雅之美。唐朝张怀瓘《书断》评曰："真书古雅，道合神明，则元常第一。"又云："元常真书绝妙，乃过于师，刚柔备焉。点画之间，多有异趣，可谓幽深无际，古雅有余，秦汉以来一人而已。"古是相对今而言，相对王氏父子流便的真行，钟繇的书法字细画短，运笔显得质直迟涩，遗存有隶意，便显出古意。"中国文化的传统，向来尚古厚古，称钟书古雅，不仅指脱尽卑俗或者指不染俗氛的书境，更含有

① 萧衍：《古今书人优劣评》，《历代书法论文选》，上海书画出版社 1979 年版，第 81 页。

② 《晋书》卷八十《王羲之传》，中华书局 1974 年版，第 2107 页。

③ 羊欣：《采古来能书人名》，《历代书法论文选》，上海书画出版社 1979 年版，第 46 页。

④ 《宣和书谱》卷七《行书叙论》，湖南美术出版社 1999 年版，第 135 页。

⑤ 黄庭坚：《山谷题跋》卷四《跋法帖》，丛书集成本，商务印书馆 1936 年版，第 32 页。

高古的旨趣，元朝陆行直跋《荐季直表》称赏钟书'高古纯朴，超妙入神，无晋唐插花美女之态'，就是从古雅的角度立言的。"①以古雅评钟书，在唐朝以后似成公论，如明人汤临初所说：

> 且如元常真书，如《宣示》、《戎路》、《雪寒》诸帖，详其用笔，绸缪委至，情意款密，盖由结体尚似八分，故沉着处独冠诸家。右军得之，加以潇散，遂如光弼将子仪军。世或谓钟体扁而右军体长，不知长短间正非所论也。②

第四，从审美境界上看，富有天然之美。梁代庾肩吾在品评张芝、钟繇和王羲之三人的书法时说道："张工夫第一，天然次之，衣帛先书，称为'草圣'；钟天然第一，功夫次之，妙尽许昌之碑，穷极邺下之牍。王工夫不及张，天然过之；天然不及钟，工夫过之。"③在此，天然和工夫构成一对审美范畴。这一对审美范畴，可以和钟嵘《诗品》中提及的谢灵运的"芙蓉出水"和颜延之的"错采缕金"④合而观之。芙蓉出水即有天然之意，表明作者富有天然的才气，作品不事雕饰而自然出尘脱俗，而错采镂金则显出了人工雕琢的痕迹。在以道家为主导的中国艺术精神中，天然要胜过于人工。

3.其他书家

胡昭（161—250 年），与钟繇同为颍川人，他高尚不仕，袁绍、曹操征召皆不就，隐居于陆浑山中，以耕读自娱。他还于司马懿有救命之恩。正始年间，又有多人向朝廷推荐他，荐语为："天真高絜，老而弥笃。玄虚静素，有夷、皓之节。宜蒙徵命，以励风俗。"他皆不应征，年八十九卒。胡昭擅长隶、草、行，在魏晋南北朝与钟繇、邯郸淳、卫觊、韦诞等书家齐名。

---

① 刘涛：《中国书法史·魏晋南北朝卷》，江苏教育出版社 2002 年版，第 81 页。
② （明）汤临初：《书指》，《中国书画全书》（四），上海书画出版社 1992 年版，第 792 页。
③ （南朝梁）庾肩吾：《书品论》，《历代书法论文选》，上海书画出版社 1979 年版，第 87 页。
④ 钟嵘《诗品》："汤惠休曰：'谢诗如芙蓉出水，颜诗如错采镂金。'颜终身病之。"

他的行书与钟繇俱学于刘德升,而有自己的特点:"胡书肥,钟书瘦"①,羊欣以肥评之,可知其以字体丰腴为特点。胡昭在当世的影响非常之大,"尺牍之迹,动见模楷",秘书之学书,亦是以钟、胡二人为法。葛洪的《抱朴子》里,更是将胡昭称为书圣:"善史书之绝时者,则谓之书圣,故皇象、胡昭于今有书圣之名焉。"②葛洪是就"史书"即隶书而论的。以胡昭的名声之大,对当时的书法审美意识必有影响。不过,由于胡昭书迹少有留传,以"肥"为审美特点的书法,又与魏晋南北朝崇瘦的审美意识有所对立。加之他隐居不仕,远离庙堂,书学后继乏人,终至默默。

韦诞(179—253 年),京兆人,官至光禄大夫,与邯郸淳、卫觊齐名。韦诞擅长多种字体,张怀瓘的《书断》中,韦诞八分、隶书、章草、飞白入妙品,小篆入能品。据卫恒《四体书势》,他的篆书师从邯郸淳,草书师从张芝,又善写大字楷书。"当时楼观榜题、宝器之铭,悉是诞书。"③韦诞题写凌云台的故事最为知名,《世说新语》以及诸多书论中都有记载。"韦仲将能书。魏明帝起殿,欲安榜,使仲将登梯题之。既下,头鬓皓然。因敕儿孙:'勿复学书。'"④不同著述中对这个故事的记载版本稍异,如卫恒《四体书势》中说所题为陵霄观,张怀瓘说是凌云台。有的没有"头鬓皓然。因敕儿孙勿复学书"的说法。如江式《论书表》中就说"咸传之子孙,世称其妙"。韦诞的书迹不传,不过从史料记载来看,他是以写古体为主。袁昂评其书"如龙威虎振,剑拔弩张"⑤,具有雄强的气势。

"竹林七贤"之一的嵇康,除了文学、音乐绝胜,于书画上也颇有造诣。治书法史者往往会对他有所忽视。唐代张怀瓘对他推崇备至,在《书断》中,将其草书列入妙品,评曰:"叔夜善书,妙于草制,观其体势,得

① (南朝宋)羊欣:《采古来能书人名》,《历代书法论文选》,上海书画出版社 1979 年版,第 46 页。

② (晋)葛洪撰,王明校释:《抱朴子内篇校释》卷十二《辩问》,中华书局 1985 年版,第 225 页。

③ 江式:《论书表》,《历代书法论文选》,上海书画出版社 1979 年版,第 65 页。

④ 《世说新语》《巧艺》第二十一,余嘉锡:《世说新语笺疏》,中华书局 1983 年版,第 716 页。

⑤ 袁昂:《古今书评》,《历代书法论文选》,上海书画出版社 1979 年版,第 74 页。

之自然，意不在乎笔墨。若高逸之士，虽在布衣，有傲然之色。故知临不测之火，使人神清；登万仞之岩，自然意远。"在《书议》中，张怀瓘列出了汉魏书法名家共十九人，将嵇康的草书排第二，仅次于草圣张芝，王献之排第三，王羲之排在了第八位。张怀瓘自称有嵇康的草写《绝交书》一纸，宝贵非常，有人用两纸王羲之的书法和他交换，他没有答应。他又说道："近于李造处见全书，了然知公平生志气，若与面焉。后有达志者，览此论，当亦悉心矣。夫知人者智，自知者明。论人才能，先文而后墨。"①张怀瓘对嵇康书法的爱重，显然与他对嵇康为人的敬慕不无关系，有些"爱屋及乌"的意味。不过，元人盛熙明编著的《法书考》中记载，唐人评嵇书"如抱琴半醉，咏物缓行，又若孤鹤归林，群鸟乍散"②。窦臮的《述书赋》中收入"翰墨之妙可入品流者"，将嵇康列入晋六十三人之一，并评曰："叔夜才高，心在幽愤。允文允武，令望令问。精光照人，气格凌云。力举巨石，芳愈众芬。"同样重在品其人格之高蹈。不过，由此可知嵇书之高妙乃公论。不过，唐人已很难看到嵇康真迹，张怀瓘提到他在李造处看到《绝交书》的全书，据窦蒙的注解，他见到嵇康带名行书一纸，五行。他还提到，《绝交书》乃是初唐书家李怀琳的伪作。③ 嵇康的书法到底是何种面貌，已经难以得知了，张怀瓘认为嵇康的书法"得之自然，意不在乎笔墨"，这与玄学精神正是相通的。

钟繇之子钟会，除了具有政治才能，是司马氏初期倚重的人物，后因谋反被诛。他亦是著名书家，"书有父风，稍备筋骨，美兼行草，尤工隶书，遂逸致飘然，有凌云之志，亦所谓剑则干将、莫邪焉"④。庾肩吾《书品论》评钟会为上之下，与索靖、梁鹄、韦诞、皇象等人同属一列。庾肩吾评道："士季之范元常，犹子敬之禀逸少。而功拙兼效，真草皆成。"袁昂评

① （唐）张怀瓘：《书议》，《历代书法论文选》，上海书画出版社1979年版，第149页。

② （元）盛熙明：《法书考》卷一《书谱》。

③ （唐）窦蒙《述书赋注》云：李怀琳，洛阳人，国初时好为伪迹。其《大急就》称王书，及《七贤书》假云薛道衡作叙，及竹林叙事，并卫夫人"咄咄逼人"，嵇康绝交书，并怀琳之伪迹也。

④ （唐）张怀瓘：《书断》，《历代书法论文选》，上海书画出版社1979年版，第185页。

钟会书法:"字十二种意,意外殊妙,实亦多奇。"①在张怀瓘的《书断》中,钟会的隶书、行书、章草、草书皆入妙品。此外,曹植还善书,宋代御府藏有他的章草《鹞雀赋》,《宣和书谱》以其诗文才学论其书:"至于学术愈工,自是不随世故与之低昂,有卓然而独存者。然其胸中磊落发于笔墨间者,固自不恶耳。"②河东卫氏一门,是书法世家,放入西晋部分论述。

第三节 西晋书法与士人审美意识

西晋(265—316年)虽历短短五十余年,在书法上亦有可观之处。这一时期,最知名的书法世家为河东卫氏,自曹魏卫觊始,"四世家风不坠",绵延上百年。敦煌索氏亦是知名书法家族,出现了索靖这位书法大家,还有三世善草的京兆杜氏,并善行书的泰山羊氏,兼善草、隶的荥阳杨氏等。除此之外,后世的书法理论著作中还收有西晋其他一些书家。刘涛统计了南朝至明代的若干书法理论著作,共收西晋书家42位。"西晋的书家,同见于南朝、唐朝、宋朝、明朝书法文献者有何曾、傅玄、卫瓘、杜预、索靖、齐王攸、卫恒、陆机、杨肇、荀勖、卫宣11人,西晋的著名书家尽在其中。同见于唐、宋、明三朝文献记载的西晋书家为10人,同见于南朝、宋、明三朝文献记载的西晋书家有3人,共计13人,他们书法及其影响次之。其他20人,如文学之士的左思、成公绥,文字学家吕忱,清谈名士王衍、刘伶、向秀、阮咸、乐广,或是因为文学的才能、或是因为名士的声望而荣及其字。"③还可看到,一些东晋著名书门,在西晋已有肇始之迹,如王衍、王戎作为琅邪王氏的先导,已有书名。

就书体而言,篆书仍用于印章与碑额。不过,与汉魏碑刻题额常用篆书不同,西晋碑刻题额已普遍采用隶书。尺牍则普遍采用草书和行书。

---

① (梁)袁昂:《古今书评》,《历代书法论文选》,上海书画出版社1979年版,第74页。

② 《宣和书谱》卷十三《草书一》"曹植",湖南美术出版社1999年版,第248—249页。

③ 刘涛:《中国书法史·魏晋南北朝卷》,江苏教育出版社2002年版,第143页。

抄写经额以隶书或楷书为主。西晋书家,多以隶、草、行知名,除了卫氏家族,已经极少有人以古文和篆书名世了。随着玄学思潮的影响日渐深入,以及纸张代替绢帛而进一步推广,新书体尤其是草书日益受到重视,在士人之间得到普及。

西晋有一个事件,对于书法发展产生了积极的影响,那就是荀勖设立了"书博士"。据《晋书》本传记载:"(荀勖)俄领秘书监,与中书令张华依刘向《别录》,整理记籍。又立书博士,置弟子教习,以钟、胡为法。"①书博士的设立,在书法史上尚属首次,开创了朝廷设立书法专科教育的先河,对后世书法教育产生了深远的影响。同时,以钟、胡为法,设立了书法正宗,胡昭在后世书名不显,而钟繇书法却成为"终古之独绝,百代之楷式"②,这与西晋时期对他的继承与光大不无相关。

西晋书法还有一个特点,就是出现了专门性的书法论著,如成公绥的《隶书体》、卫恒的《四体书势》、索靖的《草书势》等。后汉蔡邕的书论作品《笔论》和《九势》,最早出现于宋代陈思的《书苑菁华》一书,或为后人伪作。所以,西晋书论较为可信,从中亦能见出西晋士人的审美意识。

西晋时期,其书法传统有章可循,古文和小篆,以蔡邕、邯郸淳等人为楷则;草书,以崔瑗、杜度尤其是张芝为法度;八分和行书,以钟繇、胡昭等人为榜样。西晋时期的书家,最知名者,为河东卫氏和敦煌索氏,下面先论这两家,再述及其他书家。

1.河东卫氏

河东卫氏自曹魏时期的卫觊,卫觊子卫瓘,卫瓘子卫恒、卫宣、卫庭,卫恒子卫璪、卫玠,卫恒侄女卫铄(卫夫人),皆有书名,张怀瓘称卫氏"四世家风不坠"。比之三国时齐名的钟繇、邯郸淳、韦诞、胡昭,卫氏家族绵延最久,堪称西晋书坛第一门户。

卫氏是儒学世家,他们博通古文,在古文书法上占据绝对优势的同时,又能诸体兼工,吸收各体之长,于今体书法亦声名显赫。如卫觊:"好

---

① 《晋书》卷三十九《荀勖传》,中华书局 1974 年版,第 1154 页。
② (南朝宋)虞龢:《论书表》,《历代书法论文选》,上海书画出版社 1979 年版,第 50 页。

古文、鸟篆、隶草,无所不善。"①他的古文师法邯郸淳,草书颇有特点,"草体微瘦,而笔迹精熟"②。卫瓘擅长草书,他与另一草书名手索靖供职于尚书台,时人称为"一台两妙"。卫瓘的草书,取法张芝和卫觊,进行了创新,已不同于传统的章草,时人称为"草稿"。北宋时存有其草书作品《州民帖》。刘涛对此作品分析道:"卫瓘的这件草书,横笔是左低右高的欹斜,捺笔都不作平出的隶波,而是向下作内敛的纵引,许多字的末笔向下牵引映带,我们看到,卫瓘笔下的'年、始、尔、得、还、情、旦、卅、里、须、节、度、乃、人、欣、不、具、恐'等字,体态流美,与流行的章草体势颇有不同。"③卫瓘的"体态流美",获得了公认,在当世就有"放手流便"的美誉。张怀瓘称其"天姿特秀,若鸿雁奋六翮,飘飘乎清风之上。率情运用,不以为难"。④卫瓘秀美流便的草稿,正是应合了晋人崇尚简易和秀美的审美意识,因此成为"相闻书",普遍用于尺牍的书写。

卫恒同样擅长多种书体,张怀瓘《书断》中称:"巨山善古文,得汲冢古文论楚事者最妙,恒尝玩之。作《四体书势》,并造散隶书。……古文、章草、草书入妙,隶入能。"⑤卫恒同样具有创新意识,他以飞白为基础,创造了散隶书,"开张隶体,微露其白,拘束于飞白,萧洒于隶书,处其季孟之间也"。比之隶书,散隶书以"散"为审美特点,显得潇洒散落。他的草书,同样师法张芝,其父卫瓘曾说卫恒得到了张芝之"骨"。袁昂评价卫恒的书法:"如插花美女,舞笑镜台。"唐代李嗣真指出,卫恒之书:"纵任轻巧,流转风媚,刚健非有余,便媚少俦匹。"⑥说明其书法与卫瓘一样具有秀美流便的特点,《宣和书谱》评道"是其便娟有余,而刚健非所长也",

① 《三国志》卷二十一《卫觊传》,中华书局1959年版,第612页。

② 羊欣:《采古来能书人名》,载《历代书法论文选》,上海书画出版社1979年版,第46页。

③ 刘涛:《中国书法史·魏晋南北朝卷》,江苏教育出版社2002年版,第109—110页。

④ (唐)张怀瓘:《书断》,《历代书法论文选》,上海书画出版社1979年版,第179页。

⑤ (唐)张怀瓘:《书断》,《历代书法论文选》,上海书画出版社1979年版,第185页。

⑥ (唐)李嗣真:《书后品》,《历代书法论文选》,上海书画出版社1979年版,第138页。

可作其书法特征的补注。卫恒除了是位书法家,还精于书法理论,他依据渊博的家学和对书法史的掌握,写出了《四体书势》,四体指的是古文、篆、隶、草。他在文中论述了四种字体的起源、发展,列举了著名书家,并对其书法特点进行了分析与比较。《四体书势》是存世最早和比较可靠的书法理论之一,由于此前没有书迹留存,有关当时的书体、书史的演变,以及一些知名书家的情况,大都赖此书得以保存,因此具有重要的史料价值。

2.索靖

西晋时期,索靖是与卫瓘齐名的两大书法家。索靖字幼安,敦煌人,乃张芝姊之孙,书法传自张芝,善章草。李嗣真在《书后品》中定其为上中品,张怀瓘定其章草入神,草书入妙。目前能见到的题为索靖的书迹有《月仪帖》、《七月颂》和《七月帖》,皆为章草。

结合历代书家以及具体书作,索靖之书的突出特点就是具有雄勇之气。索靖的书法传自张芝,而有所不同,王僧虔《论书》中提道:"传芝草而形异,甚矜其书,名其字势曰'银钩虿尾'。"索靖作有《草书状》一文,文中提道:"草书之状也,宛若银钩,飘若惊鸾。舒翼未发,若举复安。"这也可视为乃是索靖对自己的草书的品评。历代评家多论及索靖书势凌人的气概,如袁昂评曰:"索靖书如飘风忽举,鸷鸟乍飞。"李嗣真如是评价索靖的《月仪帖》:"观其趣况,大为遒竦,无愧珪璋特达。犹夫聂政、相如,千载凛凛,为不亡矣。"张怀瓘亦提及索靖书法"雄逸",比之杜度"越制特立,风神凛然,其雄勇过之也"。张怀瓘在《书断》中还用一系列类似性意象评之:"有若山形中裂,水势悬流,雪岭孤松,冰河危石,其坚劲则古今不逮。或云'楷法则过于卫瓘',然穷兵极势,扬威耀武,观其雄勇,欲陵于张,何但于卫。"可知索靖的书法雄勇中又带有险劲之势。

索靖的书法,除了具有雄勇之气,还有一个特点是具有秀健之气。时人对比张芝和索靖的书法:"精熟至极,索不及张;妙有余姿,张不及索。"①所谓"妙有余姿",即是说索靖之书具有秀逸的一面。如他的草书

---

① （唐）张怀瓘:《书断》,《历代书法论文选》,上海书画出版社 1979 年版,第 179 页。

作品《出师颂》,清朝鉴定家吴其贞评曰:"书法秀健,丰神飘逸,为绝妙书法。"①

索靖书法的另一个特点是具有法度,时人评价卫瓘与索靖的书法:"放手流便过索,而法则不如之。"②《晋书·索靖传》亦云:"靖与尚书令卫瓘俱以善草书知名,帝爱之。瓘笔胜靖,然有楷法,远不能及靖。"因为有楷法,便于学习,所以索靖的书法在西晋特别受到瞩目,成为学书者的楷模,东晋王隐云:"靖草书绝世,学者如云。"

3.其他书家

据《宣和书谱》的记载,晋武帝司马炎精于书法,"喜作字,于草书尤工,落笔雄健,挟英勇之气,毅然为一代祖,岂龊龊弄笔墨之末以取胜者"③。宣和内府藏有其草书《我师帖》和《善消息帖》。其书号称雄健,或与曹操有相似之处。齐王司马攸同样善书,南齐王僧虔在《论书》中称"京洛以为楷法"。

清谈名家王衍擅长行草,"作行草尤妙,初非经意,而洒然痛快见于笔下,亦何事双钩、虚掌、八法、回腕哉? 其自得于规矩之外,盖真是风尘物表脱去流俗者,不可以常理规之也"④。宣和内府藏其行书《尊夫人帖》。王衍是西晋最为重要的名士之一,他风神超迈,善谈名理,深得庄老旨趣,其书法无疑深得玄学熏染,不重规矩法度,而能脱去流俗洒然痛快。

杜预,博学多通,好《左传》,有平台之功。他出身名门,"父祖三世善行草,皆以书驰名,而预闻誉尤著。……其作草书尤有笔力,当时士大夫以家世比卫瓘夫子"⑤。出身琅邪王氏的王戎,"作草字得崔、杜法,妙鉴者多所称赏。自是所造渊深,一出便在人上。字画之工特游戏耳"⑥。吴

---

① 《书画记》卷四"索靖《出师颂》一卷"条。
② (唐)张怀瓘:《书断》,《历代书法论文选》,上海书画出版社1979年版,第179页。
③ 《宣和书谱》卷一《历代诸帝》"晋武帝",湖南美术出版社1999年版,第1页。
④ 《宣和书谱》卷七《行书一》,湖南美术出版社1999年版,第138页。
⑤ 《宣和书谱》卷十三《草书一》,湖南美术出版社1999年版,第256页。
⑥ 《宣和书谱》卷十三《草书一》,湖南美术出版社1999年版,第261页。

郡陆机,擅长章草,其所书《平复帖》留传至今,被视为现在所能见到的最早且最可靠的古代名家墨书真迹。其书点画简率,字形偏长,左高右低,颇有奇趣。杨守敬称陆机的草书"无一笔姿媚气,亦无一笔粗犷气,所以为高"。①

　　总体来看,西晋时期,草书成为士人日常应用最为广泛的书体,以上分析的书家多以草书知名。就书法审美意识而言,以卫瓘卫恒父子为代表的流美简易和以索靖为代表的雄勇秀健成为两大主潮。西晋的书法,受玄学影响日深,王衍、王戎等清谈名家的书法作品受到后世关注,其书法亦透出浓重的玄学意味。

第四节　东晋南朝书法审美意识

　　东晋(317—420 年)时期,"王与马,共天下",是典型的门阀政治,世族大家成为政治、文化的绝对主导。书法领域更是如此,拥有显赫书名的世家大族数量众多,如琅邪王氏、颍川庾氏、高平郗氏、陈郡谢氏、太原王氏、江夏李氏、吴郡张氏、泰山羊氏等。东晋书法的最大亮点,就是王羲之、王献之父子的出现。王氏父子成为中国书法史上不可逾越足为万世楷模的巅峰。

　　从知识社会学的角度来看,王氏父子的经典地位,是一个历史建构的过程。如唐太宗李世民对王羲之书法的钟情与鹰扬,对其经典地位的确立功莫大焉。不过,与陶渊明在死后多年方被经典化的境遇颇有不同,王羲之的书法在生前即大受时人推崇,在书坛的地位已经确立。② 在此要探讨的是,其一,王羲之父子的书法是在怎样的社会文化环境之中孕育而出的? 其二,他们的书法具有怎样的审美特点,体现出了怎样的审美意识? 这种审美意识如何会受到时人的欢迎? 成为时代主流的? 其三,南朝时期,羲献父子的书法经历了怎样的接受过程,反映了怎样的审美意识?

----

　　① (清)杨守敬:《激素飞清阁评碑记　激素飞清阁评帖记》,陈上岷整理,文物出版社 1990 年版,第 591 页。

　　② 至于陆机的《平复帖》被视为经典,是因其作为仅有的"真迹"之故,更具偶然性。

一、语境中的王氏书法

东晋开国初年,从书法文化资源上说,张芝、钟繇等经典地位早已确立,他如"体态流美"、"放手流变"的卫瓘、"秀健飘逸"的索靖,亦颇受时人推崇,皆是学书者取法的对象。如东晋开国功臣、琅邪王氏的中坚人物王导,"以师钟、卫,好爱无厌,丧乱狼狈,犹以钟繇《尚书宣示帖》藏带中"①。琅邪王氏中的王廙被视为此间的书坛之最,他的书法,祖述张、卫,亦好索靖。"尝得索《七月二十六日书》一纸,每宝玩之,遭丧乱,乃四叠缀于衣中以过江。"②当时的书法名家,在在多有,最知名者,除了琅邪王氏中的王廙、王羲之、王珉、王珣等,还有颍川庾氏的庾翼、庾亮,高平郗氏的郗鉴、郗愔、郗超等,陈郡谢氏中的谢安、谢奕等,江夏李氏的李充(卫夫人之子)、李式,亦富书名。正如宋徽宗赵构所感叹的:"东晋渡江后,犹有王、谢而下,朝士无不能书,以擅一时之誉,彬彬盛哉!"③整体看来,南朝书法家绝大多数集中于世族,④东晋时期,诸大家族书家辈出,形成一个极为浓郁的书学氛围。

东晋书风缘何大兴?需要深入东晋南朝社会文化语境之中,作一剖析。

第一,自曹魏以来,书法愈益受到重视,与文学、清谈、音乐等并列,成为彰显士人文化素养的不可或缺之条件。士人文化素养的高低,不仅能够决定士人个体的社会地位,还能表征其家族在社会权力格局中的声誉,体现世族家门之兴衰。东晋最盛的家族,往往也是文化素养最高的家族,如琅邪王氏之书法,陈郡谢氏之文学。因此,各大家族,纵不能在为时人所重的各个方面领先,亦极力要在某一方面争胜。书法便是其中一个重要的文化要素。由此出现的一个文化现象是,与魏晋南北朝人物品藻相

---

① (南朝齐)王僧虔:《论书》,《历代书法论文选》,上海书画出版社 1979 年版,第 59 页。

② (宋)陈思:《书小史》,《宋代书论》,湖南美术出版社 2010 年版,第 293 页。

③ (宋)赵构:《翰墨志》,《历代书法论文选》,上海书画出版社 1979 年版,第 369 页。

④ 如唐代窦臮、窦蒙《述书赋》中,收录南朝书家 82 人,北朝仅 3 人。近人马宗霍《书林藻鉴》收南朝书家近 180 人,其中约 90%出身士族。

伴而生的，书法成为品评与比较的对象。

东晋南朝，两个例子最为有名。一是庾翼与王羲之争名的故事："庾征西翼书，少时与右军齐名。右军后进，庾犹不忿。在荆州与都下书云：'小儿辈乃贱家鸡，爱野鹜，皆学逸少书。须吾还，当比之。'"①二是齐高祖萧道成与王僧虔赌书的故事："太祖善书，及即位，笃好不已。与僧虔赌书毕，谓僧虔曰：'谁为第一？'僧虔曰：'臣书第一，陛下亦第一。'帝笑曰：'卿可谓善自为谋矣。'"②诸人赌书的目的，与人物评比一样，是争个高下优劣，进而确定自身在士人共同体中的文化地位。此类评比，与人物品藻一样，背后有家族利益、亲属关系以及权力因素的考量。

第二，艺术市场的促动，是东晋书法大兴的又一诱因。魏晋南北朝作为贵族制社会，社会阶层相对封闭，门阀世族高高在上，和下层难有交汇。在文化领域，这种"区隔"亦颇为严重，贵族文化基本在世族共同体内部流通，缺乏进入下层的通道，下层只有以仰望的姿态看待上层文化。艺术市场的出现，确切地说，是将书法变成收藏品与商品，使得上下层之间的交往成为可能。

魏晋南北朝书法的流通，除了世族之间的交往，如书牍往来、应合酬答，还有如下几种方式：

一是奇观式的欣赏。制造"奇观"的是著名书法家，他们的作品平素难以见到，如若将其放置于社会公共空间之内，自然会引起围观。如后汉师宜官，"或空至酒家，先书其壁，观者云集，酒因大售，俟其饮足，削书而退"。③ 王羲之曾在一老太扇子上手书五字，令其扇价暴涨。王献之年少时外出游玩，"见北馆新泥垩壁白净，子敬取帚沾泥汁书方丈一字，观者如市"④。画家顾恺之亦有类似故事，瓦官寺初成，向士夫募捐，他许诺捐

---

① （南朝齐）王僧虔：《论书》，《历代书法论文选》，上海书画出版社 1979 年版，第 58 页。

② 《南齐书》卷三十三《王僧虔传》，中华书局 1972 年版，第 596 页。

③ （南朝宋）羊欣：《采古来能书人名》，《历代书法论文选》，上海书画出版社 1979 年版，第 45 页。

④ （南朝宋）虞龢：《论书表》，《历代书法论文选》，上海书画出版社 1979 年版，第 54 页。

款一百万。"长康素贫,时皆以为大言。后寺成,僧请勾疏,长康曰:'宜备一壁',遂闭户往来一百余日,画维摩一躯。工毕将欲点眸子,谓寺僧曰:'第一日开见者责施十万,第二日开可五万,第三日任例责施。'及开户,光明照寺,施者填咽,俄而果得百万钱也。"这种"围观"固然能够增进文化的流通,但由于偶或有之,所以更多成为一种轰动性的文化事件。

二是礼物交换。最著名的案例,当属王羲之以书法换鹅的故事:"羲之性好鹅,山阴县罇村有一道士,养好鹅十余,右军清旦乘小艇故往,意大愿乐,乃告求市易,道士不与,百方譬说不能得。道士乃言性好《道德》,久欲写河上公《老子》,缣素早办,而无人能书,府君若能自屈,书《道德经》各两章,便合群以奉。羲之便住半日,为写毕,笼鹅而归。"①在虞龢的《论书表》中,紧随其后的是另一个类似的故事,说得是王羲之到一门生家做客,门生招待得很是丰盛,羲之过意不去,"欲以书相报",便在其家用新棐木做的床几之上挥毫作书。此一方式,见诸史籍者亦颇有限。不过,从社会学的角度(如法国莫斯之研究)对作为礼物的书法予以研究,倒是一个值得注意的课题。

三是购求收藏。喜好书法的帝王权贵,开始主动收藏名家书法。虞龢《论书表》中所记录的一段话堪称典型,兹征引于此:

> 桓玄耽玩不能释手,乃撰二王纸迹,杂有缣素,正、行之尤美者,各为一帙,常置左右。及南奔,虽甚狼狈,犹以自随;擒获之后,莫知所在。刘毅颇尚风流,亦甚爱书,倾意搜求,及将败,大有所得。卢循素善尺牍,尤珍名法。西南豪士,咸慕其风,人无长幼,翕然尚之,家赢金币,竞远寻求。于是京师三吴之迹颇散四方。羲之为会稽,献之为吴兴,故三吴之近地,偏多遗迹也。又是末年道美之时,中世宗室诸王尚多,素嗤贵游,不甚爱好,朝廷亦不搜求。人间所秘,往往不少,新渝惠侯雅所爱重,悬金招买,不计贵贱。而轻薄之徒锐意摹学,以茅屋漏汁染变纸色,加以劳辱,使类久书,真伪相糅,莫之能别。故

---

① (南朝宋)虞龢:《论书表》,《历代书法论文选》,上海书画出版社1979年版,第54页。

惠侯所蓄,多有非真。然招聚既多,时有佳迹,如献之《吴兴》二笺,足为名法。孝武亦纂集佳书,都鄙士人,多有献奉,真伪混杂。①

桓玄、刘毅、卢循、惠侯刘义宗、宋孝武帝刘骏皆为王侯贵胄,喜好书法的他们,以其权势与经济实力,大力搜求二王书迹。卢循竟掀起西南收藏之风,使得"人无长幼,翕然尚之"。惠侯刘义宗经济殷实,悬金招买,刺激了摹学与作伪这种与艺术市场相伴而生的现象。如晋穆帝时的张翼和道人康昕,善于摹仿王羲之的书迹,能达到"几欲乱真"的效果。② 陶弘景和梁武帝议论书法的信函中,除了提及赝品丛生的现象,③还提到羲之晚年有一神秘的代笔人,羲之的晚期作品多由此人代笔,王献之年少时亦仿写此人的书作。④ 梁萧子云的尺牍远播海外,百济国派使求书,他书三十纸,获金贷数十万。名家书迹俨然成为珍贵的商品。

凡此种种,皆表明书法不唯是士人文化素养之一部分,更成了一种具有经济价值的商品。尤其是帝王和权贵的收藏行为,对于书法市场具有极大的促动。这是东晋南朝书法兴盛不可忽视的一大原因。同时也是二王书法兴起的大的社会文化背景。

具体到书法个体而言,王羲之的书法,在青年时代并不特出,能与他一争高下甚至要强于他的,至少有庾翼和郗愔二人。⑤ 其族弟王洽的书法亦不弱于他。那么,羲之的书法在其末年为何会何脱颖而出呢?

先来看王羲之的家学和师承。羲之的父亲王旷早逝,由叔父王廙抚

---

① (南朝宋)虞龢:《论书表》,《历代书法论文选》,上海书画出版社1979年版,第54页。

② 王僧虔《论书》:"张翼书右军自书表,晋穆帝令翼写题后答右军,右军当时不别,久方觉,云:'小子几欲乱真。'""康昕学右军草,亦欲乱真,与南州释道人作右军书赞。"

③ 如梁武帝谈道:"逸少迹无甚极细书,《乐毅论》乃微粗健,恐非真迹。《大师箴》小复方媚,笔力过嫩,书体乖异。""'给事黄门'二纸为任靖书,观其送靖书诸字相附近。彼二纸,靖书体解离,便当非靖书,要复当以点画波撇论,极诸家之致。""钟书乃有一卷,传以为真。意谓悉是摹学,多不足论。有两三行许似摹,微得钟体。"

④ 陶弘景《论书启》:(王羲之)从失郡告灵不仕以后,略不复自书,皆使比一人,世中不能别也。见其缓异,呼为末年书。逸少亡后,子敬年十七、八,全仿此人书,故遂成与之相似,今圣旨标题,足使众识顿悟。

⑤ 对此有多条史料论及,如虞龢《论书表》提道:"羲之所书紫纸,多是少年临川时迹,亦无取焉。羲之书,在始未有奇殊,不胜庾翼、郗愔,迨其末年,乃造其极。"

养长大,书法上得到他的亲传。卫夫人亦是他的启蒙老师,他在成名之后还临摹过卫夫人的书迹。王廙和卫夫人都是师承钟繇。如果谨守师法,羲之可能会成为当世的书法名家,但绝不会成为足为万代师表的大家。王羲之在晚年回顾自己的学书历程时提道:"予少学卫夫人书,将谓大能;及渡江北游名山,见李斯、曹喜等书,又之许下,见钟繇、梁鹄书,又之洛下,见蔡邕《石经》三体书,又于从兄洽处,见张昶《华岳碑》,始知学卫夫人书,徒费年月耳。遂改本师,仍于众碑学习焉。"①可见,羲之取法名家,转益多师,从名家碑刻颇得滋养。

羲之没有提到但可以想见的是,其他书法家族亦为他提供了教益。他的妻子郗璿是郗鉴之女,史称"甚工书。兄愔与昙谓之'女中笔仙'"。②他又与谢安等谢氏家族的成员交好,善写正行书的才女谢道韫是其次子王凝之之妻。家族之间的亲属关系,无疑极大地促进了文化交流。王氏父子的存世杂帖,多为与几大家族姻亲的书信往还。此类交往,对于书法上的取人之长补己之短提供了最直接的来源。因此,王氏书法,可谓"兼撮众法,备成一家"。

除了取法名师,作为掌握着文化资本的世族,有更多渠道得到传世名帖。如王导过江时携带的钟繇的《宣示帖》,王廙得到索靖的《七月二十六日书》一纸,这些名家名帖,对于学习书法大有助益。当然,以上这些条件,其他世家大族都可具备。以名帖而论,如庾翼曾有张芝的章草十纸,皇帝借国家之力搜求名帖,其所寓目的就更多了。那么,在始未有奇出的王羲之,为何在中年以后蔚然而深秀,登峰而造极,成为与张芝、钟繇齐名的人物呢?

王僧虔的一句话道出了个中原委:"亡曾祖领军洽与右军俱变古形,不尔,至今犹法钟、张。"③我们可以理解为,王羲之的书法具有范式转换的意义。尤为绝特的是,他不仅引领了一种新的书法范式,而且成为万世

---

① (东晋)王羲之:《题卫夫人〈笔阵图〉后》,《历代书法论文选》,上海书画出版社1979年版,第27页。

② (宋)陈思:《书小史》,《宋代书论》,湖南美术出版社2010年版,第272页。

③ (南朝齐)王僧虔:《论书》,《历代书法论文选》,上海书画出版社1979年版,第58页。

之表。那么，从历时性的角度来说，王羲之的书法，与前代的钟、张，其后的王献之相比，具有怎样的审美特点？体现出了怎样的审美意识？王氏父子在南朝的接受，又经历了怎样的变迁？这种变迁的背后，反映了怎样的审美意识？这是下面着重探讨的问题。

二、二王书法审美意识及其时代流变

关于二王书法审美意识的问题，在此用几对魏晋南北朝书学概念加以探讨。

1.古与今

据王僧虔所言，王羲之的书法能够卓然秀出，是因其"变古形"。而在羲之殁后，南朝很长一段时间，王献之的书名淹过了乃父，成为众人效仿的对象，何以致此？《南齐书·刘休传》中指出："羊欣重王子敬正隶书，世共宗之，右军之体微古，不复贵之。"张怀瓘在《书断》中对王献之的书学道路作了明确的说明："幼学于父，次习于张，后改变制度，别创其法。"在曹魏时期，金文、小篆被视为古文，钟、张所书写的隶书、楷书、章草则被视为新字体（今）。张芝的草书，比之崔瑗、杜操，谓之今草。王羲之比之钟繇、张芝，可视为今，而与献之相比，又成了古。古今之别，真让人有"后之视今，亦犹今之视昔"之叹！

古与今首先是一种时间概念，但更多是就审美对象的样式、风格及其背后透出的审美精神而言。"古肥"与"今瘦"，"古质"与"今妍"，成为魏晋南北朝书法区别古今的两对审美范畴。

古今有质妍之别。钟繇之书有古雅之称，是因其运笔略显迟涩质朴，有隶意存焉，并且行间细密，显出古意，而二王则快利流便，行间较疏，点画多姿，尽显媚态。如王羲之的楷书《东方朔画像赞》，"用遒劲的'一拓直下'的笔势化解了钟繇楷书中那种隐含隶意的翻挑之笔，写出的笔画，形直而势曲；又弱化横向的笔画，强调纵向的笔画，从而将钟繇楷书惯用的宽展结构收束得紧凑俊整"①。

————————

① 刘涛：《书法谈丛》，中华书局 2012 年版，第 102 页。

王羲之最为脍炙人口的《兰亭集序》，通篇324字，用笔潇洒自然、遒媚飘逸，字体大小参差，颇具匠心，却毫不做作，尽显自然天成之妙。尤其常为人称道的是，凡是相同的字，写法绝不相同，如"之"、"以"、"为"等字，富有变化，特别是21个"之"字，各具风韵，灵动多姿。

而献之与其父相比，"笔迹流怿，宛转妍媚，乃欲过之"①。从笔法来看，王羲之以折笔为主，转带笔意相对较少，用的是内撅法，即笔力向从下、从右，意在收敛，字迹不连，所以王羲之的书体以行楷为主；王献之则多用外拓法，笔力从上、从左，意在纵放，字体相连，绝无追求笔画的方折而带来的停顿感，所以王献之的书体以行草为主，显出流动灵活的趣味。元代袁哀的《书学纂要·总论书家》云："右军用笔内撅而收敛，故森严而有法度；大令用笔外拓而开廓，故散朗而多姿。"沈尹默亦提出："大凡笔致紧敛，是内撅所成；反是，必然是外拓。后人用内撅外拓来区别二王书迹，很有道理，说大王是内撅，小王则是外拓。试观大王之书，刚健中正，流美而静；小王之书，刚用柔显，华而实增。"并指出："内撅是骨（骨气）胜之书，外拓是筋（筋力）胜之书。"

及于南朝，楷书写经的笔法亦颇受时风影响，古质、夸张与方硬的笔理明显减少，代之以济的曲线转笔，字势趋于平稳、灵动和舒展，流露出一种妍丽平和的韵味。如梁天监五年的《大般涅槃经卷第十一》、陈至德四年的《摩诃摩耶经卷上》都体现了这一特点。其中，《摩诃摩耶经卷上》更显遒媚，风格秀丽，字势平稳匀称，笔画妍丽灵动，提按变化也较为平缓。这种风格在南朝至隋的写经中多能见到。②

整体而言，从钟繇到王羲之再到王献之，有一个字形由肥而瘦、字态由质而妍的变化。何以会出现这种变迁？

对于古今质妍之变，虞龢曾给出如是说明："夫古质而今妍，数之常

---

① （南朝宋）虞龢：《论书表》，《历代书法论文选》，上海书画出版社1979年版，第53页。

② 参见虞晓勇：《隋代书法史》，人民美术出版社2010年版。

也;爱妍而薄质,人之情也。"①虞龢从自然常情作出的解释,貌似有理,实际上经不起推敲,我们很容易找出反例,因为历史上的复古之风并不鲜见,而对于古今的高下之别同样仁智互见。唐代张彦远对魏晋南北朝质妍书风的变迁同样作过探讨,他提出:"评者云:'彼之四贤,古今特绝;而今不逮古,古质而今妍。'夫质以代兴,妍因俗易。……贵能古不乖时,今不同弊。"②张彦远反对今不如古的观点,他认为质妍随时代和风俗而不断变化,最要紧的是,古而能为今人所接受,今而不落于流弊。持论较为客观。

实际上,结合魏晋南北朝的社会文化背景,更能看出书法何以会有求瘦求妍的变化。魏晋南北朝玄学大兴,儒家大一统的秩序既被打破,士人阶层遂张扬个性,标举随性适意的生活态度,所谓"越名教而任自然"是也。这种人生态度,反映在服饰上面,是求新求变。如葛洪所说:"丧乱以来,事物屡变:冠履衣服,袖袂财制,日月改易,无复一定。乍长乍短,一广一狭,忽高忽卑,或粗或细。所饰无常,以同为快。其好事者,朝夕放效,所谓京辇贵大眉,远方皆半额也。"③反映在文艺创作上面,是突出个体情感的表达,追求"丽"的风格。这种同样体现于盛行于魏晋的人物品藻上面,魏晋时期最为人欣赏的美男子,在形体特征上无不具有高、瘦、白、丽的美学特点,在内在精神上则注重洒脱不羁的个性。而在书法审美上,同样体现出了这些审美追求。如王羲之,时人评他"飘若游云,矫若惊龙",这一评语也被人用于对他的书法的评价。由此看来,羲献父子的书法之所以受到时人推崇,首先是由于它们契合了魏晋南北朝时人的审美观念。

2.天然与功夫

"天然"与"功夫"是魏晋南北朝书法美学中使用较多的一对概

---

① (南朝宋)虞龢:《论书表》,《历代书法论文选》,上海书画出版社1979年版,第50页。

② (唐)张彦远:《书谱》,《历代书法论文选》,上海书画出版社1979年版,第124页。

③ (东晋)葛洪撰,杨明照校笺:《抱朴子外篇校笺》(下册)《讥惑卷二十六》,中华书局1997年版,第11页。

念。如：

> 张工夫第一，天然次之，衣帛先书，称为"草圣"。钟天然第一，功夫次之，妙尽许昌之碑，穷极邺下之牍。王工夫不及张，天然过之；天然不及钟，工夫过之。①

> 宋文帝书，自谓不减王子敬。时议者云："天然胜羊欣，功夫不及欣。"②

> 孔琳之书，天然绝逸，极有笔力，规矩恐在羊欣后。丘道护与羊欣俱面授子敬，故当在欣后，丘殊在羊欣前。③

> 褚氏（遂良）临写右军，亦为高足，丰艳雕刻，盛为当今所尚，但恨乏自然，功勤精悉耳。④

所谓"工夫"，相对易解。王羲之在《自论书》中提道："张精熟过人，临池学书，池水尽墨。若吾耽之若此，未必谢之。"苏轼亦有过类似表述："笔成冢，墨成池，不及羲之及献之；笔秃千管，墨磨万铤，不作张芝作索靖。""工夫"首先指的是书家练习书法所投入的时间和精力。张芝隐居不仕，痴于书法，"临池学书"、"衣帛先书"，下了极大工夫。钟繇学书，同样工夫颇深，他在临终前对其子钟会说："吾精思学，学其用笔，每见万类，皆画像之，其专挚如此。"书家的工夫反映到书法上面，即对笔法的驾驭"精熟过人"。凡书法大家，必然先有工夫。如南朝孔琳之的书法，被评为天然绝逸，然而工夫不够，笔法不够精熟，未能尽其妙，因此劣于羊欣。

"天然"，亦可从两个方面来理解，就书家而言，指的是在书法上面的天分或天赋。北齐颜之推而论及自己的学书经历时说："吾幼承门业，加

---

① （南朝梁）庾肩吾：《书品论》，《历代书法论文选》，上海书画出版社 1979 年版，第 87 页。

② （南齐）王僧虔：《论书》，《历代书法论文选》，上海书画出版社 1979 年版，第 57 页。

③ （南齐）王僧虔：《论书》，《历代书法论文选》，上海书画出版社 1979 年版，第 59 页。

④ （唐）李嗣真：《书后品》，《历代书法论文选》，上海书画出版社 1979 年版，第 138 页。

性爱重,所见法书亦多,而玩习功夫颇至,遂不能佳者,良由无分故也。"①
颜之推学书,家学、法帖、兴趣与努力,全都具备,而不能成为名家者,是因
"无分"。这个"分",即是书法天赋。王羲之一门七子,皆有书名,独献之
蔚然独秀,不能不说其人更具天分。就书作中的"天然"而言,如谢朓的
诗句"池塘生春草",宛如得自天然,不着人工之迹。张怀瓘评介钟繇"点
画之间多有异趣"。其子钟会之书法秉承于他,被评为"逸致飘然,有凌
云之志,亦所谓剑则干将、莫邪焉"②。由此亦可领略钟繇书法之天然意
趣。王羲之的书法更是富有天然之美,张怀瓘评曰:"惟逸少笔迹遒润,
独擅一家之美,天质自然,丰神盖代。"③陈思亦曰:"其所指意,皆自然万
象,无以加也。"

　　钟繇"每见万类,皆画像之",道出了他的创作理念。《书苑菁华·秦
汉魏四朝用笔法》中记载钟繇的言论:"用笔者天也,流美者地也,非凡庸
所知。"刘熙载在《艺概·书概》中亦提道:"钟繇书法曰:'笔迹者,界也,
流美者,人也。'"钟繇认为书法之精神源自天地自然,学习书法除了"工
夫",参悟自然同样重要。惟其如此,方能使书法显得平淡真淳,多天工
而少人为。重天然而轻人工的思想,广泛存在于魏晋南北朝乃至中国古
代的艺术理论之中,它的背后,实际上体现出道家与玄学的自然主义。

　　3.笔力与媚好

　　笔力,指笔法之力度而言,于人体,偏重于骨与神,媚好,指书法之意
态而言,于人体,偏重于形态意趣。这一对范畴,在王僧虔的《论书》中使
用颇多,兹引数例:

　　　　郗超草书,亚于二王。紧媚过其父,骨力不及也。

　　　　萧思话全法羊欣,风流趣好,殆当不减,而笔力恨弱。

　　　　(王)珉笔力过于子敬。

　　　　谢综书,其舅云:"紧洁生起,实为得赏。"至不重羊欣,欣亦惮

---

① (北齐)颜之推著,王利器集解:《颜氏家训集解》卷七《杂艺第十九》,中华书局
1993年版,第567页。

② (唐)张怀瓘:《书议》,《历代书法论文选》,上海书画出版社1979年版,第185页。

③ (唐)张怀瓘:《书议》,《历代书法论文选》,上海书画出版社1979年版,第145页。

之。书法有力,恨少媚好。

关于笔力,卫烁《笔阵图》中有所论:"善笔力者多骨,不善笔力者多肉。多骨微肉者谓之筋书,多肉微骨者谓之墨猪;多力丰筋者圣,无力无筋者病。"①笔力的达成,是以对笔法的掌握为前提的。蔡邕的《九势》,卫夫人的《笔阵图》,王羲之的《笔势论十二章》、《记白云先生书诀》,萧衍的《观钟繇书法十二意》,及至唐代欧阳询的《八诀》、《三十六法》,李世民的《笔法诀》等,都涉及用笔之法。如蔡邕说:"藏头护尾,力在字中,下笔用力,肌肤之丽。"②如卫夫人《笔阵图》论横画"如千里阵云,隐隐然其实有形",点画"如高峰坠石,磕磕然实如崩也",竖画如"万岁枯藤",其他笔画,有"陆断犀象"、"百钧弩发"、"崩浪雷奔"、"劲弩筋节"等比喻,皆凸显了一种雄强遒劲的力度之美。因此,在书法话语中,最常以"雄"来修饰笔力,如雄浑、雄健、沉雄、雄逸、雄壮、雄放等,体现出阳刚与壮美。

媚,《尔雅》释为"美也",《广雅》释为"好也"。揆诸美学范畴,"笔力"可视为壮美,"媚"则可归入优美,即审美对象体现出娇弱可爱的审美特点,能够唤起审美主体的怜爱欣喜之情。在魏晋南北朝诗歌中,常见有"媚"字,如阮籍的《咏怀诗》:"流眄发姿媚,言笑吐芬芳";陆机的《日出东南隅行》:"窈窕多容仪,婉媚巧笑言";陆云的《为顾彦先赠妇往返诗四首》:"目想清惠姿,耳存淑媚音";《吴中子夜歌》:"见娘善容媚,愿得结金兰";《采桑度》:"姿容应春媚,粉黛不加饰";鲍照的《咏白雪诗》:"能逐势方圆,无妨玉颜媚。"

在上述诗句中,"媚"多指女性的姿容姣美动人,她们应该顾盼生姿,婀娜多情,能够给人以无限遐思。"媚好"的书法亦有这个特点。萧衍认为王羲之的书法"字势雄逸,如龙跳天门,虎卧凤阙"③,自然颇富笔力。王献之的书法与其父相比,被视为"笔迹流怿,宛转妍媚,乃欲过之"。④

① (晋)卫烁:《笔阵图》,《历代书法论文选》,上海书画出版社 1979 年版,第 22 页。
② (汉)蔡邕:《九势》,《历代书法论文选》,上海书画出版社 1979 年版,第 6 页。
③ (南朝梁)萧衍:《古今书人优劣评》,《历代书法论文选》,上海书画出版社 1979 年版,第 81 页。
④ (南朝宋)虞龢:《论书表》,《历代书法论文选》,上海书画出版社 1979 年版,第 53 页。

他的行草笔力稍弱,不比王珉,具有妍媚的特点。张怀瓘对此作了进一步评价,他认为:"子敬才高识远,行草之外,更开一门。子敬之法,非草非行,流便于草,开张于行,草又处其中间。有若风行雨散,润色开花,笔法体势之中,最为风流者也。"①

从上引王僧虔的评语可以见出时人的审美意识,在他们看来,好的书法作品,是笔力与媚好的结合。王子敬的书法在东晋受到重视,能够独擅一时,甚至超越乃父,与其"妍媚"的特点密不可分。而这种书法审美上的妍媚追求,与文学创作中诗赋欲丽、文必极美、辞必尽丽的"流韵绮靡"的倾向,以及人物品藻中对具有阴性之美的人物形象的欣赏,是相契合的,它们体现出了一个时代共同的审美倾向。

三、从二王的接受看南朝审美意识的流变

由于迎合了追新逐妍的时代审美意识,王献之的书法在他生前即大受青睐。晋起太极殿,谢安想请他题榜,以为万世宝,后来慑于王献之的高逸气节,竟然没敢开口。而王献之本人对自己的书法亦颇为自得,认为已经超过其父。王献之有着自觉的革新意识,他在十五六岁时即建议父亲改体:"古之章草,未能宏逸。今穷伪略之理,极草踪之致,不若藁行之间,于往法固殊。大人宜改体。"②事实上,王献之正是书法改革的践行者。

存世的宋刻本王献之小楷《洛神赋》,最著名的当属祖出晋本的"玉版十三行"。亲见过晋本墨迹的赵孟頫称其"字画神逸,墨彩飞动"。该作品"结字有疏有密,姿态亦正亦斜,字形忽大忽小,如'天然不齐',各尽字之真态。与王羲之小楷比较,王献之能够从遒整的楷式中跃现出散逸自然的风姿,这是他的特点。"③最能体现王献之书法特征是行草,如被乾隆称为三希之宝,实为米芾摹本的《中秋帖》,还有《十二月帖》、《相过

① (唐)张怀瓘:《书议》,《历代书法论文选》,上海书画出版社 1979 年版,第 148—149 页。

② (唐)张怀瓘:《书议》,《历代书法论文选》,上海书画出版社 1979 年版,第 147 页。

③ 刘涛:《中国书法史·魏晋南北朝卷》,江苏教育出版社 2002 年版,第 222 页。

帖》、《鸭头丸帖》、《诸舍帖》、《授衣帖》、《鹅还帖》、《岁尽帖》、《吴兴帖》等。王献之常在一幅书作中运用多种书体,典型的如《岁尽帖》、《吴兴帖》,有行有草,个别字尚有楷意,兴之所至,则一笔直书,行间疏朗,婉转多姿,尽显潇洒飘逸之态。正如张怀瓘《书议》所评:"子敬之法,非草非行,流便于行草;又处于其中间,无藉因循,宁拘制则,挺然秀出,务于简易。情驰神纵,超逸优游,临事制宜,从意适便。有若风行雨散,润色开花,笔法体势之中,最为风流者也! 逸少秉真行之要,子敬执行草之权,父之灵和,子之神俊,皆古今之独绝也。"宗白华先生对此有深刻的洞察,他指出:"中国独有的美术书法——这书法也就是中国绘画艺术的灵魂——是从晋人的风韵中产生的。魏晋的玄学使晋人得到空前绝后的精神解放,晋人的书法是这自由的精神人格最具体、最适当的艺术表现。这抽象的音乐似的艺术才能表达出晋人的空灵的玄学精神和个性主义的自我价值。"①这一观点已成不刊之论,对于魏晋南北朝书法中所透出的审美意识及其玄学精神给出了精彩的见解。

王献之殁后,宋齐间的著名书家皆师法于他。张怀瓘在《书议》中说:"子敬没后,羊、薄嗣之。宋、齐之间,此体弥尚。"他的亲传弟子羊欣、丘道护、薄绍之、谢灵运等人率为书坛领袖,宋文帝刘义隆②、孔琳之、齐高帝萧道成等著名书家亦师法于他。在这些人的推动下,献之的书法地位盖过了钟繇、张芝以及他的父亲王羲之,成为时人争相取法的典范。如陶弘景所言:"比世皆尚子敬书,元常继以齐代,名实脱略,海内非惟不复知有元常,于逸少亦然。"③

那么,献之的门徒及其再传弟子,其书法具有怎样的美学特点? 体现出了怎样的审美意识? 下面简而言之。

羊欣所著《采古来能书人名》中,如是评价献之:"骨势不能父,而媚

---

① 宗白华:《美学散步》,上海人民出版社 1981 年版,第 212 页。

② 宋文帝曾以己书比子敬,议者未许。李嗣真的《书后品》提道:"宋帝有子敬风骨,超纵狼藉,翕焕为美。"

③ (南朝梁)陶弘景:《与梁武帝论书启》,《历代书法论文选》,上海书画出版社 1979 年版,第 70 页。

趣过之。"羊欣是王献之的外甥,对于二王书法的把握自能到位。他亲承献之妙旨,登堂入室,走的自然是作为新书体的媚趣一路。梁朝沈约称其"献之之后,可以独步",时谚有云:"买王得羊,不失所望。"可知羊欣"最得王体"。南齐王僧虔在《论书》中提到羊欣的书法见重一时,师承于他的萧思话,"风流趣好,殆当不减,而笔力恨弱"。谢综不看重羊欣的书法,他"书法有力,恨少媚好"。这二例皆说明,羊欣的书法笔力既强,更具媚好之态。献之的另一弟子薄绍之,其书法"风格秀异",行草倜傥。师法子敬的王僧虔,因其尚古,字乏妍华,而被视为寡于风味。如《太子舍人帖》和《刘伯宠帖》,字形端正,缺少姿媚,后者杂有隶意,字形多显扁平。此种书法,在重视小王媚趣书法的宋齐,便不被看好。以上诸例皆能说明,宋齐之间,王献之的新妍的书法受到时人所重。

然而,及至梁代,形势发生逆转,王羲之重又取代了王献之的地位,并且成为难以撼动的高峰。何以至此?很显然,梁武帝萧衍对王羲之书法的青睐起到了决定性的作用。

在小王之书大行于世的时代,萧衍为何独对王羲之的书法情有独钟?其审美趣味的形成根源,似乎很难从现有史料中找到。不过可以知道的是,第一,刘宋时期,宋文帝的宠臣刘休在举世皆宗献之书法,右军之体不复见贵的情况下,"休始好此法,至今此体大行"。[①] "大行"之说自是一种修辞,因为终宋齐之世,小王书法无疑一直占据主流。不过,刘休的喜好右军书法,的确带动了一批人学习右军书体。萧衍受到这种风气的影响,是有可能的。第二,王献之的弟子及再传弟子,没有一人能够超越这位师尊。羊欣虽承献之亲传,形体虽相似,然风神较弱,已不及献之。羊欣的学生萧思话在媚趣方面类似乃师,笔力又不及。也就是说,小王书法的后继者一任媚趣,笔力却一代不如一代,越来越弱。重神轻形是中国艺术中的主流思潮,在魏晋南北朝更是如此,书法亦不例外,如王僧虔所论:"书之妙道,神彩为上,形质次之,兼之者方可绍于古人。"[②]在此种情势

① 《南齐书》卷三十四《刘休传》,中华书局 1972 年版,第 613 页。
② (南朝齐)王僧虔:《笔意赞》,《历代书法论文选》,上海书画出版社 1979 年版,第 62 页。

下,或有尚古心理的梁武帝看不惯时人摹学小王的风潮,开始追踪钟繇和王羲之,由于钟繇书迹已难见到,实际上王羲之的书法重登主流。由此,萧衍以帝王之尊,引领了书法审美意识的转换。

梁武帝萧衍不唯爱好书法,而且还喜欢品评探讨前代书人,他和陶弘景曾就钟王等人书迹的真伪,书法的优劣得失进行多次来往启答,成为书法史上的重要资料。萧衍的基本观点是:"子敬之不迨逸少,犹逸少之不迨元常。"①此论一出,几成定评。梁代的书法评论家便纷纷持此观点,对于羲献父子,以及献之一脉的书家的评论,也就发生了很大的转向。

梁时著名书家,如萧子云、陶弘景、阮研,皆弃献之而学羲之,史称他们三人各得右军一体。而在梁代书法评论家的笔下,亦颇显现了这种转向。如袁昂奉勅命所作的《古今书评》中,品评古今书家 25 人,明显地扬羲之而贬献之。他评王羲之书法"如谢家子弟,纵复不端正者,爽爽有一种风气",王献之的书法则"如河、洛间少年,虽皆充悦,而举体沓拖,殊不可耐"。王献之既属"殊不可耐",他的弟子就更等而下之了,羊欣书,"如大家婢为夫人,虽处其位,而举止羞涩,终不似真"。如此"毒舌"之"恶评",在诸多书法品评著作中实属少见。② 袁昂之所以对王献之和羊欣作出如是评价,实际上正是迎合圣意之故。

梁代以后,王羲之的地位基本奠定。隋僧智永为羲之后人,师法羲之,颇具影响。唐代虞世南师从于他。唐代另一书法大家褚遂良祖述右军,真书甚得媚趣。当然,真正奠定王羲之书坛地位的,乃是唐太宗李世民。

李世民对王羲之推崇备至,他亲自书写《晋书·王羲之传》的赞辞。在《王羲之传论》中,李世民独推右军,对于钟繇、献之等人大有指摘。如认为钟繇"虽擅美一时,亦为迥绝,论其尽善,或有所疑","其体则古而不

---

① （南朝梁）萧衍:《观钟繇书法十二意》,《历代书法论文选》,上海书画出版社 1979 年版,第 78 页。

② 25 人之中,同遭恶评的还有徐希秀、阮研、王俭、庾肩吾、袁崧等人,评语多是以人论书,如"徐淮南书如南冈士大夫,徒好尚风范,终不免寒乞"。此类评语,不免夹杂个人好恶,其中或有某些不为人所知的因素。

今,字则长而逾制,语其大量以此为瑕"。对于王献之的批评更为刻薄:"献之虽有父风,殊非新巧。观其字势疏瘦,如隆冬之枯树,览其笔踪拘束,若严家之饿隶。"①李世民广泛征集天下王书,令虞世南、褚遂良等名家摹写,颁发给属下大臣,掀起了学王书的热潮,自此以后,王羲之的书坛独尊地位基本确立。

实际上,唐代张怀瓘对此提出异议,他很具有科学的态度,将历代书家按照书体分别品级,认为王羲之以真行见长,不必样样皆精。"逸少则格律非高,功夫又少,虽圆丰妍美,乃乏神气,又戈戟铦锐可畏,无物象生动可奇,是以劣于诸子。得重名者,以真、行故也。"②他还认为"逸少草有女郎材,无丈夫气,不足贵也"。③ 并对王献之的行书给出高度评价。这种观念实发人未发,虽则如此,王羲之的地位已经确立,成为举世公认的书坛圣手,再难撼动了。

---

① (唐)李世民:《王羲之传论》,《历代书法论文选》,上海书画出版社 1979 年版,第 121—122 页。

② (唐)张怀瓘:《书议》,《历代书法论文选》,上海书画出版社 1979 年版,第 147 页。

③ (唐)张怀瓘:《书议》,《历代书法论文选》,上海书画出版社 1979 年版,第 147—150 页。

第五章

绘画审美意识：从传神写照到气韵生动

　　魏晋南北朝时期,有大量石窟壁画以及出土的墓室壁画。石窟壁画,本为宣传佛教而作,所绘题材,多为佛教本生故事。墓室壁画则多表现贵族之世俗生活,以及对死后世界的想象。另外,魏晋南北朝留传下来的士人绘画寥寥无几,能够看到的,多为后人摹本。相关的史料,亦远不如诗文、书法、清谈、人物品藻等丰赡。不过另一方面,魏晋南北朝出现了如顾恺之、戴逵、陆探微、张僧繇等大画家,更有宗炳的《画山水序》、谢赫的《古画品录》等理论著述。谢赫提出的"气韵生动",成为中国绘画史乃至中国艺术史中最为重要的理论之一。因此,士人绘画虽则史料不多,但在魏晋南北朝审美意识研究中占有突出的地位。我们在本章根据有限的材料,探究其所体现出的审美意识。

第一节　魏晋南北朝时期的绘画观

　　魏晋南北朝时人对于绘画有着怎样的观念?绘画有着怎样的功能和社会意义?在魏晋南北朝文化体系中,绘画相比清谈、书法、诗文,有着怎样的位置?画家又有着怎样的社会身份?士人群体如何看待画家这种角色?士人们对于绘画作品又有着怎样的评价?其评价方式与人物品藻、书法评论有着怎样的互动关系?对这些问题探讨,有助于我们深层地把握魏晋南北朝绘画中所体现出的审美意识。

一、社会结构中的画家

　　绘画之出现,由来已久。早在石器时代的彩陶上面,就有各种几何纹饰和具体形象,西安半坡村出土的人面陶盆最为知名。以人类学的视角来看,这些作品尚属于"原始艺术",虽说它们在形式、构图甚至风格上,已经具有了相当的艺术性,但其创作并不以审美欣赏为目的,而是服务于巫术、宗教、劳动生产或仪式等方面的需要。"即使是最简单的事物,比如面具、人形图案或丧葬歌曲,都传达了该事物所由产生的地区对社会、仪式和经济等问题的认识。"①因此,彼时的绘画更为看重的是其社会功能或文化意义。同时,由于尚未具有明确的社会分工,作画者或为社会群体之普通一员,并不因其技艺而与其他人员相区隔。阶级社会出现之后,画家遂又从社会成员之中独立出来,成为一专门职业的可能。

从名称来看,汉代以前,画家并无专名。《周礼·冬官考工记》中提到当时的工匠种类及数量:"凡攻木之工七,攻金之工六,攻皮之工五,设色之工五,刮摩之工五,搏埴之工二。"②设色之工又分画、缋、钟、筐、㡛五种。一件器物的制作,需要众多工种的配合,诸人各司其职,如钟氏染羽,筐人湅丝,画缋者在绢帛织物上绘画。作画者统称为"设色之工"。战国时期成书的《韩非子·外储说左上》中,有两条与绘画有关的材料,"客有为周君画筴者,三年而成"。"客有为齐王画者"。③ 两处之画家,皆无专名,而以"客"称之。此处之"客",或为游走四方寄食权贵门下的"门客",这在战国时期急剧的社会流动中很是普遍。《说苑·佚文》中有则史料同样颇能说明问题:"齐王起九重之台,募国中能画者,则赐之钱。有敬君,居常饥寒,其妻妙色。敬君工画,贪赐画台。去家日久,思忆其妻,遂画其像,向之喜笑。"④齐王似并无专门画工,而是以赏金招募"国中能画者"。此类人物,应该即是《韩非子》所云之"客",他们怀揣绘画之技,乞食于王公贵族。《庄子·田子方篇》中的一则故事广被征引:"宋元君将画图,众史皆至,受揖而立,舐笔和墨,在外者半。有一史后至者,儃儃然不趋,受揖不立。因之舍,公使人视之,则解衣盘礴嬴。君曰:'可

---

① 李修建:《雷蒙德·弗思的艺术人类学研究》,《思想战线》2011 年第 1 期。

② 杨天宇:《周礼译注》,上海古籍出版社 2004 年版,第 601 页。

③ (清)王先慎:《韩非子集解》,中华书局 2013 年版,第 267、268 页。

④ 向宗鲁:《说苑校证》,中华书局 1987 年版,第 536 页。

矣,是真画者也。'"①后人常将其解读为画家所应具有的精神状态,即超越世俗之礼规,以自然而自由的心境进行创作。据许地山等人考证,《田子方篇》为庄子后学所作,成于战国末或汉初。可以据此推断,在彼时,宫廷之内已有专门作画人员,此类人物被笼统地称为"史"。《说文》释"史"为"记事者也"。《礼记·玉藻》:"动则左史书之,言则右史书之。"《周礼》中置有大量史官,如大史、小史、闪史、外史、御史、女史等。君王左右的史官,主要担任祭祀、星历、卜筮、记事等职。由是言之,画家亦为史官之一。不过,其所承担的职能或非仅作画一项,因此并无专名,而以涵盖广泛的"史"称之。同时,又以"画者"名之,除上述几例外,《吕氏春秋·似顺论·处方》提道:"今夫射者仪毫而失墙,画者仪发而易貌,言审本也。"《淮南子·说林训》中有类似说法:"画者谨毛而失貌,射者仪小而遗大。"皆以"画者"称之。

　　张彦远在《历代名画记》中指出:"图画之妙,爰自秦汉,可得而记。"秦始皇好大喜功,阿房宫、陵墓、宫苑浩大异常,装饰华丽,专操绘事的画工必定所在多有。前秦王嘉所撰《拾遗记》载:"始皇二年,骞霄国献刻玉善画工名烈裔。使含丹青以漱地,即成魑魅及诡怪群物之象;刻玉为百兽之形,毛发宛若真矣。"②其事光怪陆离,未必为真。不过,汉代画事已经有典可循。《后汉书·百官志三》载,汉代宫廷设有"少府",下设"黄门署长、画室署长、玉堂署长各一人"。皆由宦官担任,秩四百石,黄绶。画室署长管理的画工称为"黄门画者"或"尚方画工"。"画工"之名,开始在汉代出现并沿用。《史记·外戚世家》载,汉武帝"居甘泉宫,召画工图画周公负成王也";《汉书·广川惠王越传》:"前画工画望卿舍,望卿袒裼傅粉其傍。"《汉书·霍光传》载,汉武帝曾"使黄门画者画周公负成王朝诸侯图以赐光"。《后汉书·姜肱传》载:"桓帝乃下彭城使画工图其形状。"此皆为宫廷画工之记载。其中最为知名的,当为毛延寿为王昭君画像的故事,这条故事出自《西京杂记》,其撰人,旧题汉代刘歆,或题东晋葛洪,

---

① （晋）郭象注,（唐）成玄英疏:《庄子注疏》,中华书局 2011 年版,第 383 页。
② 《汉魏六朝笔记小说大观》,上海古籍出版社 1999 年版,第 520 页。

这则史料的真实性存疑,有人已经辨伪。然则,由于其传奇性所在,总为人津津乐道。

汉明帝时,别立画官。据唐张彦远《历代名画记·卷三·述古之秘画珍图》"汉明帝画宫图"条记载:"汉明帝雅好图画,别立画官,诏博洽之士班固、贾逵辈取诸经史事,命尚方画工图画,谓之画赞。"同书卷一"叙画之兴废"中亦云:"汉明雅好丹青,别开画室。"尤可注意的,是汉灵帝时期,创立鸿都学,"以集奇艺,天下之艺云集"①。并下诏为鸿都文学乐松、江览等三十二人图象立赞,以劝学者。出身卑微之人,凭借一技之长即可荣登高位,"或献赋一篇,或鸟篆盈简,而位升郎中,形图丹青"。② 应该说,此举极大地刺激了当时文学艺术的发展。在书法一章我们已经指出,学习草书的狂热之风即能表明此点。此外,有学者认为汉明帝之别开画室,成为后来宫廷设置画院的滥觞。③

秦汉之前,画家被笼统称以"史"、"客",绝少提及姓名。《历代名画记》所载汉前画人有四类,包括轩辕时之史皇(见《世本》)、周时封膜(见《穆天子传》)、齐之敬君(见《说苑》)、秦之烈裔(见《拾遗录》)。这些史料大多后出。因此,多数画家处于匿名状态。汉代,见诸史籍的画家越来越多。《西京杂记》所载宫廷画家,有杜陵人毛延寿、安陵人陈敞、新丰人刘白、洛阳人龚宽、下杜人阳望、长安人樊育及刘旦、杨鲁等。刘旦和杨鲁二人为光和中画家,画于鸿都学。汉代画家按照社会身份来说,有宫廷画家、民间画工及士人画家之分。

士人画家④出现于后汉,并且自此以后,成为画史之主体。后汉画家,有赵岐、刘褒、蔡邕、张衡。其人皆仕有他位,并不供职宫廷画室,并且

---

① 张彦远:《历代名画记·叙画之兴废》。此条原文:"汉明雅好丹青,别开画室。又创立鸿都学,以集天下奇艺,天下之艺云集。"许多学者常据此认为汉明帝创立了鸿都学。实际上应为汉灵帝。《后汉书·孝灵帝纪》中说:"始置鸿都门学生。"《蔡邕传》中亦提道:"光和元年,遂置鸿都门学,画孔子及七十二弟子像。"

② 《后汉书》卷七十七《酷吏列传》,中华书局 1965 年版,第 2499 页。

③ 王伯敏:《中国绘画通史》(上),三联书店 2008 年版,第 118 页。

④ 有的学者以"文人画家"称之,不过学界通常所说的"文人画"指的是宋代画院成立之后,与院画形成对立的绘画形式。

兼综数艺,非仅以善画名世。如赵岐官至太常卿,多才艺。刘褒官至蜀郡太守。蔡邕建宁中为郎中,工书画,善鼓琴,亦为文学家。张衡累拜侍中,"高才过人,性巧,明天象,善画"。正是这些社会地位及文化素养皆相对较高的士人画的出现,方才提升了绘画的品格。

魏晋南北朝,士人画家更是成为绘画的主流。根据《历代名画记》的记载,三国画家中,魏有少帝曹髦、杨修、桓范、徐邈(凡4人),吴有曹不兴、吴王赵夫人,蜀有诸葛亮、亮子诸葛瞻。晋有明帝司马绍、荀勖、张墨、卫协、王廙、王羲之、王献之、康昕、顾恺之、史道硕、谢稚、夏侯瞻、嵇康、温峤、谢岩、曹龙、丁远、杨惠、江思远、王濛、戴逵、戴勃、戴颙(凡23人)。宋有陆探微、陆绥、陆弘肃、顾宝光、宗炳、王微、谢庄、袁倩、袁质、史敬文、史艺、刘斌、尹长生、顾骏之、康允之、顾景秀、吴暕、张则、刘胤祖、刘绍祖、刘璞、蔡斌、濮万年、濮道兴、史粲、宋僧辩、褚灵石、范惟贤(凡28人)。此外,南齐28人,梁20人,陈1人,后魏9人,北齐10人,后周1人,隋21人,名不具列。这些画家之中,除史料阙如,身份不明者以外,可分为如下几种类型:一为画工,如吴之曹不兴,宋之顾景秀、陆探微。曹不兴的史料不详,从孙权使用其画的屏风等实迹来看,或为吴之宫廷所用。姑将其列入画工之类,实则存疑。顾景秀为宋武帝时画手,陆探微于宋明帝时常在侍从。二为隐士,有人物若干,如谢岩、曹龙、丁远、杨惠,"辟召皆不就";戴逵及其子戴勃、戴颙,戴氏"一门隐遁,高风振于晋、宋";宗炳及其孙宗测,以及陶弘景等人。三为僧人,如南齐姚昙度、昙度子惠觉、僧珍;梁时光宅寺僧威公、僧吉底俱、摩罗菩提、迦佛陀,此三僧皆为外国人,所画多为外国人物、走兽。以上三类人物数量不多。第四类人物,即士人占据绝大多数。其中又可分为两小类:一即为帝王,如曹魏少帝曹髦、晋明帝司马绍、梁元帝萧绎等,此类人物虽居帝王之尊,然喜好绘事,就其文化素养而言,亦属士人之列。二即为入仕为官的士人们。他们一般官居他位,兼综数艺,绘画为其兴趣之一。

由此可知,魏晋之后,画家在文化史上的地位发生了转移,由之前的无名画工为主一变而为士人主导。其背后所凸显的是绘画地位的提高,这与文学、书法等地位的变化有着类似的境遇。

二、绘画在魏晋南北朝文化体系中的地位

孙吴有"八绝"之称，张勃《吴录》云："八绝者，菰城郑妪善相，刘敦善星象，吴范善候风气，赵达善算，严武善棋，宋寿善占梦，皇象善书，曹不兴善画，是八绝也。"将绘画与相人、星象、风水、算术、围棋、占梦、书法等并列，并且星相占卜等术居于前，书法和绘画列于后。在此有必要展开一下这些技能之间的关系。

星象占卜等术由来已久，并且广为应用，在中国传统文化中有着不可或缺的地位。目录之学始于刘歆《七略》，"七略"包括六艺、诸子、诗赋、兵书、术数、方技，术数与方技占其二，可见其地位的重要。《晋书》专列"艺术"传，所涉及的，皆为精通天文、历算、阴阳、占卜等方术之士。在传序中提道："艺术之兴，由来尚矣。先王以是决犹豫，定吉凶，审存亡，省祸福。曰神与智，藏往知来；幽赞冥符，弼成人事；既兴利而除害，亦威众以立权，所谓神道设教，率由于此。"①此处之艺术，专指术数、方技。经、史、子、集四部分类法出现以后，术数、方技之学一般列入子部，如《旧唐书·经籍志》载丙部子录十七类，其中天文、历算、五行属术数、方技之类，第十四类为"杂艺术类"，包括投壶、博弈、围棋等"杂技"，音乐一般列入经部乐类，书法列入经部小学类，绘画尚未列入。至《宋史·艺文志》的"杂艺术类"，包括绘画、墨、砚、文房、酒令、射、投壶、弹棋之属。《明史·艺文志》的"艺术类"，已将酒令、射、弹棋等杂艺剔除在外，只包括绘画、书法、音乐（琴）、金石、围棋、印之属。《清史稿·艺文志》，艺术类涵盖书画、篆刻、音乐、杂技四种。由此可见，中国古代的"艺术"概念有一变迁的过程，由最初的术数、方技之学而变为以书画为主。

以上是从中国古代典籍的分类来看艺术以及绘画的地位。四部分类法对于刘歆的《七略》有一定的承继关系，以经学为主导，数术、方技类始终处于艺术类之前。当然，艺术之属在典籍分类法中的地位并不与其在士人文化体系中的地位完全相对应。因此，我们还需要从具体的史料记

---

① 《晋书》卷九十五《艺术传》，中华书局1974年版，第2467页。

载中来看待绘画。

下面列举几例史书对士人文化素养的描述。

诸葛亮之子诸葛瞻"工书画,强识念";张华"学业优博,辞藻温丽,朗赡多通,图纬方伎之书莫不详览";傅玄"博学善属文,解钟律";阮籍"博览群籍,尤好《庄》、《老》。嗜酒能啸,善弹琴";嵇康"博览无不该通,长好《老》、《庄》","善谈理,又能属文";郭璞"好经术,博学有高才,而讷于言论,词赋为中兴之冠。好古文奇字,妙于阴阳算历";王廙"少能属文,多所通涉,工书画,善音乐、射御、博弈、杂伎";戴逵"少博学,好谈论,善属文,能鼓琴,工书画,其余巧艺靡不毕综";谢尚"善音乐,博综众艺";王羲之"辩赡,以骨鲠称,尤善隶书,为古今之冠";王献之"工草隶,善丹青";王恬"多技艺,善弈棋,为中兴第一";羊忻"博学工书,能骑射,善围棋";梁元帝"聪慧俊朗,博涉技艺,天生善书画";南齐刘瑱"少聪慧,多才艺,工书画,饮酒至数斗。画嫔嫱,当代第一,官至吏部郎";梁人陆杲"好词学,信佛理,工书画";陶弘景"喜琴棋、工草隶……好著述,明众艺,善书画"。

可以看出,在史书中对魏晋南北朝士人文化能力的书写中,清谈、博学、文章、词赋、书法、绘画、音乐、围棋等构成其人文化素养的主要方面。推究其源,汉灵帝创鸿都门学,招聚擅长词赋、书画之人,并授予尊位,此举对士人的文化习得影响甚大,实际上已经初步奠定了士人文化体系的基本格局。而在构成魏晋南北朝士人文化素养的诸因素中,其地位并不完全平等。"博学"常被置于首位,所谓博学,当指对于文化经典的全面掌握。自后汉开始,知名士人便不再固守一经,而是博通诸经,如郑玄、马融等人。魏晋南北朝士人之博学,则更要详览群籍,如张华连图纬方伎之书亦旁涉多通。更重要的,是对《老》、《庄》等玄学经籍有精深研读,并且有高超的清谈能力。

诸文艺门类中,文学的地位要高于音乐、书画诸艺。汉代以词赋为小道,自曹丕在《典论·论文》中将文学提升为"经国之大业,不朽之盛事",文章词赋不再被视为小道,而是有了崇高的地位,由此兴起了文学的自觉,并且在士人文化体系中一直居于高位。如《世说新语》共36门,《巧

艺》属第21门，涉及书法、绘画、弹棋、围棋等，而词赋则被置于第4门
《文学》之中。对于这点，我们在文学一章中已有详论。词赋文章之外，
精通音乐、书法、绘画等技艺亦成为重要条件。

绘画与其他艺术门类的关系如何？以嵇康为例，《三国志》和《晋书》
本传说他好《老》、《庄》，能谈论，善属文，解音乐，却没有提及他的书画才
能。到了张彦远的《历代名画记》中，方才提到嵇康"能属词，善鼓琴，工
书画"，并且是依照文学、音乐、书法、绘画的次序加以描述。其中，书画
常常并称，并且书居画前。宋人颜延之在写给王微的一封书信中提道：
"图画非止艺行，成当与《易》象同体，而工篆隶者，自以书巧为高。"①王
微后来在《叙画》中引用了这句话："工篆隶者，自以书巧为高。欲其并辩
藻绘，核其攸同。"王微意欲提高绘画的地位，是时人认为书法高于绘画
之明证。对此，《世说新语》中的一则史料颇堪玩味：

> 戴安道就范宣学，视范所为：范读书亦读书，范抄书亦抄书。唯
> 独好画，范以为无用，不宜劳思于此。戴乃画《南都赋图》，范看毕咨
> 嗟，甚以为有益，始重画。②

范宣列入《晋书·儒林传》，其人尚隐遁，征辟不出，入《隐逸传》亦
可。之所以归入《儒林传》，乃因其人以儒学立身。据《晋书》本传记载，
范宣好学不倦，博综丛书，而尤善《三礼》。他深感正始以来玄风日炽，风
气荡弥，而以儒家自持，遂有"太儒"③之称。范宣以讲诵为业，名气颇高，
戴逵等远近诸人皆来就学。范宣从经世治用的儒家观之，认为绘画无用，
不宜耗费精力，而在看过戴逵所绘《南都赋图》以后，却"甚以为有益"，开
始重视绘画。范宣作为一个隐居不仕的儒家，在出身于世家大族的名士

---

① 颜延之：《与王微书》，《全宋文》卷三十七，商务印书馆1999年版，第362页。
② 《巧艺》六，余嘉锡：《世说新语笺疏》，中华书局1983年版，第719页。
③ 《晋书》卷九十一《范宣传》：庾爰之以宣素贫，加年荒疾疫，厚饷给之，宣又不受。
爰之问宣曰："君博学通综，何以太儒？"宣曰："汉兴，贵经术，至于石渠之论，实以儒为弊。
正始以来，世尚老庄。逮晋之初，竞以裸裎为高。仆诚太儒，然'丘不与易'。"宣言谈未尝
及《老》、《庄》。客有问人生与忧俱生，不知此语何出？宣云："出《庄子·至乐篇》。"客曰：
"君言不读《老》、《庄》，何由识此？"宣笑曰："小时尝一览。"时人莫之测也。（中华书局
1974年版，第2360页。）

为主体的魏晋士人中,地位相对边缘,其对绘画的态度尚且有了变化,由轻视改为重视,则一般的世族中人,已将绘画作为文化修养之一了。

另一位儒家,北齐颜之推,对于绘画的态度同样值得玩味。颜之推所著《颜氏家训》共七卷二十篇,第十九篇为"杂艺",所叙内容,依其次序,分别有书法、绘画、射、卜筮、算术、医方、琴、博弈、投壶、弹棋等。这一序列确显驳杂,既有传统的"六艺"(乐、射、书、数),又有游艺(博弈、投壶、弹棋),还有医方、卜筮之属。值得注意的是,颜之推将书法和绘画列于首位,这反映出在齐梁时期,书画在士人文化体系中已颇显重要。就绘画而言,颜之推指出:"画绘之工,亦为妙矣,自古名士,多或能之。"尽管他肯定绘画的娱乐功能:"玩阅古今,特可宝爱。"然而,像对待书法、算术等的态度一样,他主张兼明则可,反对将其当成专业。颜之推将士人和工匠作了明确区分,他认为,对于士人而言,尤其是对于官未通显之士人,如果精于书画之艺,很可能会被公私使令,承担猥役,与诸工杂处,招耻受辱。因此他反复告诫子孙,所习诸艺不可过精。他列举了韦诞诫子孙勿复学书;王羲之以能书自蔽;王褒苦于笔砚之役;吴县顾士端父子擅长丹青,而被梁元帝所使,每怀羞恨;彭城刘岳为陆护军画支江寺壁,与诸工巧杂处等故事,来说明此点。显然,颜之推是将诸艺视为士大夫修养心性、消愁释愤之物。正如清人李方膺所说:"以画为业则贱,以画自娱则贵。"实际上,魏晋南北朝之后的整个中国古代社会,士人莫不以被视为职业画家为耻,如唐代阎立本、宋代李成、郭熙,明代陈洪绶,清代曹雪芹,皆有类似故事传世。这也是文人画与院画形成对立,并且文人画占据主流的重要原因。

三、绘画的功能及类型

东汉王延寿在《鲁灵光殿赋》中,有一段文字涉及了绘画的功能问题:

> 图画天地,品类群生。杂物奇怪,山神海灵。写载其状,托之丹青。千变万化,事各缪形。随色象类,曲得其情。上纪开辟,遂古之初。五龙比翼,人皇九头。伏羲鳞身,女娲蛇躯。鸿荒朴略,厥状睢

盱。焕炳可观,黄帝唐虞。轩冕以庸,衣裳有殊。上及三后,淫妃乱主。忠臣孝子,烈士贞女。贤愚成败,靡不载叙。恶以诫世,善以示后。①

学者在引用这段话时,常常关注最后一句:"恶以诫世,善以示后",认为其强调了绘画的诫世扬善功能。这自无疑义。不过,这段话能够给我们更多的信息。"图画天地,品类群生"之说,首先告诉我们的是绘画的知识学功能,即记录或呈现天地自然、世间万象。张彦远《历代名画记》卷三"述古之秘画珍图"中有《五星八卦二十八宿图》、《十二星官图》、《日月交会九道图》、《望气图》、《河图》、《山海经图》、《地形方丈图》、《百国人图》、《地形图》之属。这些图画,以视觉化的方式呈现实存或想象中的自然万物,能够反映时人的宇宙观,具有文献学的意义。就其对山川河渠的记录而言,对于国家治理不无裨益,因此具有政治学上的价值。而对于天地开辟以来神话或历史人物的描述,则颇能强化人们对于民族历史的认知与记忆,从而增强自我认同感。

其中,绘画的鉴诫功能得到了极大突出。《左传》中就有"铸鼎象物"之说,其目的是"百物而为之备,使民知神奸"。《孔子家语·观周》记载孔子观明堂,看到四门墙壁上画有尧舜与桀纣,"各有善恶之状,兴废之诫焉"。汉代以来,绘画的此一功能成为共识。如曹植在《画赞序》中说:"观画者见三皇五帝,莫不仰戴;见三季暴主,莫不悲惋;见篡臣贼嗣,莫不切齿;见高节妙士,莫不忘食;见忠节死难,莫不抗首;见放臣斥子,莫不叹息;见淫夫妒妇,莫不侧目;见令妃顺后,莫不嘉贵。是知存乎鉴戒者,图画也。"②何晏在《景福殿赋》中提道:"图像古昔,以当箴规。"后世在论及绘画之功能时,莫不有类似表述,如张彦远在《历代名画记》中说:"夫画者,成教化,助人伦,穷神变,测幽微。"唐代裴孝源在《贞观公私画录》中提道:"其于忠臣孝子,贤愚美恶,莫不图之屋壁,以训将来。"北宋郭熙的《林泉高致》中指出:"自帝王名公巨儒相袭而画者,皆有所为述作也。

① 《全后汉文》卷五十八,商务印书馆1999年版,第590页。
② 《全三国文》卷十七,商务印书馆1999年版,第169页。

如今成都周公礼殿,有西晋益州刺史张牧画三皇、五帝、三代至汉以来君臣贤圣人物,灿然满殿,令人识万世礼乐。"米芾在《画史》中指出"古人图画,无非劝诫"。明代宋濂在《画原》中提到绘画有"助名教而翼群伦"的功能。清代松年在《颐园论画》中提道:"古人左图右史,本为触目惊心,非徒玩好,实有益于身心之作,或传忠孝节义,或传懿行嘉言,莫非足资观感者,断非后人图绘淫冶美丽以娱目者比也。"

绘画的劝诫功能,不只表现于图绘古人,还对当世人物进行摹写,予以表彰留念。汉武帝甘露三年,单于始入朝,"上思股肱之美,乃图画其人于麒麟阁,法其形貌,署其官爵姓名。"①汉明帝时,曾绘云台二十八将。王充在《论衡·须颂》中提道:"宣帝之时,画图汉列士,或不在于画上者,子孙耻之。何则?父祖不贤,故不画图也。"②再如:

> 高彪除郎中,校书东观。后迁外黄令,画彪形像,以劝学者。③
>
> 后与徐稺俱征,不至。桓帝乃下彭城使画工图其形状。肱卧于幽暗,以被韬面,言患眩疾,不欲出风。工竟不得见之。④
>
> 曹操时为司空,举以自代。光禄勋桓典、少府孔融上书荐之,于是就拜岐为太常。年九十余,建安六年卒。先自为寿藏,图季札、子产、晏婴、叔向四像居宾位,又自画其像居主位,皆为赞颂。敕其子曰:"我死之日,墓中聚沙为床,布簟白衣,散发其上,覆以单被,即日便下,下讫便掩。"⑤

显然,这些具有劝诫之功的绘画,全为人物画。也就是说,在将绘画视作具有政治功利目的的时期,人物画具有绝对优势。至魏晋南北朝,人物画始终占据主流。

不过,绘画的意义又确乎发生了变化。如上所论,像文学、书法一样,绘画的地位在魏晋南北朝有了提高。王充在《论衡》中对于绘画尚有所

---

① 《汉书》卷五十四《李广苏建传》,中华书局1962年版,第2468页。
② 黄晖:《论衡校释》,中华书局1990年版,第815页。
③ (东汉)刘珍等撰,吴树平校注:《东观汉记校注》卷十八《高彪》,中华书局2008年版,第843页。
④ 《后汉书》卷五十三《姜肱传》,中华书局1965年版,第1750页。
⑤ 《后汉书》卷六十四《赵岐传》,中华书局1965年版,第2124页。

不屑,"人好观图画者,图上所画,古之列人也。见列人之面,孰与观其言行? 置之空壁,形容具存,人不激劝者,不见言行也。古贤之遗文,竹帛之所载粲然,岂徒墙壁之画哉?"①在他看来,就记言记行之功能而言,绘画并不能与文籍相提并论。当然,王充作为边缘士人,颇有些愤世嫉俗,其观点往往与时流相反。他的轻视态度,恰能说明时人对于绘画的观赏已经蔚成风气。时至魏晋,士人已将绘画与文籍相比,如陆机所云:"丹青之兴,比《雅》《颂》之述作,美大业之馨香。宣物莫大于言,存形莫善于画。"②王廙则指出"学书则知积学可以致远,学画可以知师弟子行己之道"。③ 将书画并列,并且认为其对于为学修身有重要意义。南朝宋颜光禄更进一步,提出"图画非止艺行,成当于《易》象同体",④认为绘画不仅仅是一种技艺,而且与反映天地自然之道的《易》象同体,上升到了至高的地位。到了唐代,张彦远在《历代名画记》中进一步提出:"夫画者,成教化,助人伦,穷神变,测幽微,与六籍同功,四时并运,发于天然,非繇述作。"则是对绘画"于《易》象同体"的展开说明。

在南朝山水画兴起之后,绘画的审美价值备受瞩目。如南朝宋宗炳在《画山水序》中提出了"畅神"说:"峰岫峣嶷,云林森渺,圣贤映于绝代,万趣融其神思,余复何为哉? 畅神而已,神之所畅,孰有先焉!"⑤王微在《叙画》中也有一段著名的表述:"望秋云,神飞扬;临春风,思浩荡。虽有金石之乐,珪璋之琛,岂能仿佛之哉! 披图按牒,效异山海。绿林扬风,白水激涧。呜呼! 岂独运诸指掌,亦以神明降之。此画之情也。"⑥都是强调自然山水以及山水画给人带来的美妙的审美感受。南朝姚最在《续画品》中评价擅长人物画的嵇宝钧、聂松时,指出"二人无的师范,而意兼真

---

① 黄晖:《论衡校释》,中华书局 1990 年版,第 596—597 页。
② (唐)张彦远:《历代名画记》,浙江人民美术出版社 2011 年版,第 3 页。
③ 俞剑华:《中国古代画论类编》(上),人民美术出版社 1998 年版,第 14 页。
④ 王微:《叙画》,见俞剑华:《中国古代画论类编》(上),人民美术出版社 1998 年版,第 585 页。
⑤ 俞剑华:《中国古代画论类编》(上),人民美术出版社 1998 年版,第 584 页。
⑥ 俞剑华:《中国古代画论类编》(上),人民美术出版社 1998 年版,第 585 页。

俗。赋彩鲜丽,观者悦情",①同样从审美的角度予以品评,强调其美学形式以及观赏功能了。所以陈衡恪说:"六朝以前之绘画大抵为人伦之补助,政教之方便,或为建筑之装饰,艺术尚未脱束缚。迨至六朝,则美术具独立之精神,审美之风尚因以兴起,渐见自由艺术之萌芽,其技能顿进。"②这种观点,恰当地表明了魏晋南北朝绘画功能的变迁。

第二节　士人绘画美学:以顾恺之为中心

在中国绘画史上,常将顾恺之与张僧繇、陆探微相提并论,然而,顾恺之的名声却远远高于其他二人。顾恺之的《女史箴图》、《洛神赋图》等,皆为绘画史上的经典之作,他所提出的"传神写照"、"迁想妙得"等理论,亦被视为艺术理论史上的著名观念。此处试图从艺术社会学或艺术人类学的角度,对顾恺之的社会身份、人际交往,顾恺之绘画在其中所扮演的作用,顾恺之对时代精神的把握对其绘画实践及理论的影响等方面,探讨魏晋南北朝绘画审美意识。

一、名士中的画家:顾恺之的出身与才学

魏晋南北朝时期,江南有四大著称。《世说新语·赏誉》谓:"吴四姓旧目云:'张文、朱武、陆忠、顾厚。'"此条刘孝标注引《吴录·士林》云:"吴郡有顾、陆、朱、张,为四姓。三国之间,四姓盛焉。"③《世说》正文,有修辞学之考虑,依文、武、忠、厚之序,顾姓排在最后,而《吴录》之排名,则很可能依照家庭权势和门望,将顾姓排在第一。顾姓重要人物,三国时期有顾雍,其曾祖顾奉任颍川太守,顾雍任吴国丞相十九年,为顾氏奠基人物,富有治国安邦之才,王夫之赞其"三代以下之材,求有如顾雍者鲜矣……允为天子之大臣也"。④ 顾雍长子顾邵,为江东名士,少与舅陆绩

---

① 俞剑华:《中国古代画论类编》(上),人民美术出版社 1998 年版,第 374 页。
② 陈衡恪:《中国绘画史》,时代文艺出版社 2009 年版,第 234 页。
③ 余嘉锡:《世说新语笺疏》,中华书局 1983 年版,第 491 页。
④ (清)王夫之:《读通鉴论》,中华书局 2013 年版,第 257 页。

齐名,陆逊、张敦等人名亚于他。顾雍之孙顾荣(其父顾裕为顾雍次子),
为江东名士,元帝初镇江东时,以荣为军司马,礼遇甚隆。荣之族弟顾众,
曾任东晋尚书郎、侍中等职,平苏峻之乱时立有大功。众之族子顾和,少
有清操,任吏部尚书等职。梁时顾宪之,任建康令、衡阳内史等职。可谓
一门显宦。

不过,顾恺之却不属顾雍一系。据《晋书》记载,顾恺之乃晋陵无锡
人,顾雍一族则为吴郡吴人(今苏州)。这两族或同出一脉,因之,宋代汪
藻所作《世说人名谱》,将顾恺之列为吴郡顾氏之别族。顾恺之的父亲为
顾悦之,①《晋书》卷七十七有附传,聊聊百余字,记其二事。一是说顾悦
之与简文帝同年,而头发早白,简文问其缘故,他回答说:"蒲柳之姿,望
秋先落;松柏之质,经霜弥茂。"②这则故事见于《世说新语·言语》,表明
其善于应对。二是他不顾众人规劝,而抗表讼殷浩,"决意以闻,又与朝
臣争论,故众无以夺焉。时人咸称之"③。表明其人之骨鲠。顾悦之曾担
任州别驾、尚书右丞等职。东晋世族政治更为成型,入仕为官更需门第,
顾恺之的出身,为他跻身魏晋上流社会提供了必要条件。

当然,仅仅出身好还远远不够,顾恺之能够卓然特出,与他自身的才
学密不可分。他广为人知的,是有"三绝"之称,即才绝、画绝、痴绝。所
谓才绝,是指他聪颖过人,博学有才气,擅长诗文。顾恺之才思机敏,善于
应对。他吃甘蔗先吃尾部,别人问其原因,他回答说:"渐至佳境。"④他目
桓温所治江陵城:"遥望层城,丹楼如霞。"⑤受到桓温奖赏。顾恺之曾著
《筝赋》,自比嵇康之作。他曾如是描述会稽山川之状:"千岩竞秀,万壑

---

① 潘天寿和温肇桐都指出顾恺之的祖父为顾荣之子顾毗(见温肇桐《顾恺之新论》,
四川美术出版社1985年版,第12页),潘天寿依据的是《无锡顾氏宗谱》,至今有些通俗性
的文章仍沿用这种观点,其说存疑。若顾恺之真为顾荣一系,史书应当明文记载。因此,宋
代汪藻作《世说人名谱》,将顾恺之列为吴郡顾氏之别族,同属此列者还有顾野王和顾夷,
汪藻称"以上三人,并吴郡人,莫知世次"(杨勇:《世说新语校笺》(下册),(台湾)正文书局
有限公司,第212页)。

② 余嘉锡:《世说新语笺疏》,中华书局1983年版,第117页。

③ 《晋书》卷七十七《殷浩传附顾悦之传》,中华书局1974年版,第2048页。

④ 余嘉锡:《世说新语笺疏》,中华书局1983年版,第819页。

⑤ 余嘉锡:《世说新语笺疏》,中华书局1983年版,第141页。

争流。草木蒙笼其上,若云兴霞蔚。"①寥寥数语,穷尽会稽山水之秀丽明媚。这几句话在后世广为流传,成为山水画创作的一个主题。如明代画家程邃、文徵明、魏之璜等人皆画过《千岩竞秀图》,现代画家李可染、郑午昌等人亦创作同题绘画,当代以此为题目进行创作者仍不乏其人。顾恺之还著有《启蒙记》、《启疑记》及文集行于当世,惜皆轶亡。

　　他的画名,更是成为一个神话。顾恺之的生卒无考,据潘天寿先生推算,以生于穆帝永和元年(345 年),卒于义熙二年(406 年)较为适中。②兴宁中(364 年),建康瓦棺寺初建,僧众设会,请朝贤士夫前来捐款,没人超过十万。一向贫穷的顾恺之声称要捐一百万,大家以为他是吹牛。顾恺之让寺僧准备一面墙壁,他闭户往来一个多月,画成维摩诘像一躯,"工毕,将欲点眸子,乃谓寺僧曰:'第一日观者请施十万,第二日可五万,第三日可任例责施。'及开户,光照一室,施者填咽,俄而得百万钱。"③这或许是顾恺之在东晋舞台上的第一次盛大出场,他以极具戏剧化的方式,取得了一鸣惊人的效果。④ 此时,他不过是一个二十岁左右的青年。在此后四十年中,他创作了大量画作。唐代裴孝源的《贞观公私画史》中录 17 件,张彦远的《历代名画记》中录 29 件 38 幅,散见于其他典籍中的尚有 20 余件。其中最知名者,如《女史箴图》、《洛神赋图》、《列女图传》、《斫琴图》等,更是名闻千古。此外,他还是一个绘画理论家,有《论画》、《魏晋胜流画传》、《画云台山记》等画论传世,提出了对后世影响深远的

---

　　① 余嘉锡:《世说新语笺疏》,中华书局 1983 年版,第 143 页。

　　② 潘天寿:《顾恺之》,上海人民美术出版社 1979 年版,第 15 页。温肇桐作顾恺之年表,以其生年为公元 348 年。

　　③ (唐)张彦远:《历代名画记》,浙江人民美术出版社 2011 年版,第 87 页。

　　④ 一个有趣的比较发生在法国画家大卫身上,他的《贺拉斯兄弟的宣誓》,亦有类似的创作过程:"1785 年初,大卫返回罗马,城内谣言四起,纷传他正在私人工作室里创作一幅荒诞怪异的作品。经过这一口头性的广告宣传之后,大卫打开了他的工作室之门,人们蜂拥而至,排起队伍,期待一睹这幅不久之前还遮遮掩掩的画作的庐山真面目。在画展开幕前日,油画被送往巴黎之前,外国的艺术家来了,意大利的艺术家也来了,然后是贵族、梵蒂冈的红衣主教,以及所有那些翘首以待渴望看到画作的人们。"(参见[美]蒙特豪克斯:《艺术公司:审美管理与形而上营销》,王旭晓、谷鹏飞、李修建等译,人民邮电出版社 2010 年版,第 148 页。)

绘画命题。

所谓"痴绝",是就顾恺之的性情而言。史载他"好谐谑",幽默旷达,率真通脱,而又带着痴和黠。在魏晋名士之中,顾恺之称得上一个异数。他于政治上毫无机心,没有世族子弟的清高傲世,加上他幽默诙谐的性格,十足的"艺术家"风范,"人多爱狎之",乐于和他交往。如果不是出身于世族,他倒很像一个优游于豪门贵胄的"俳优"。

就顾恺之的家世及才学而言,他首先是一个名士,其次才是一个画家。他具备名士的所有条件,出身于世家大族,性情真率通脱,有文艺才能。唯有如此,他才能跻身于东晋上流社会。如果仅仅是一个出身不明的宫廷画师,如曹不兴,尽管画技超绝,却绝不会获得如此之高的社会声誉。可以说,顾恺之是名士中的画家,画家中的名士。

二、艺术的能动性:顾恺之的社会交往

艺术的"能动性"(agency)是英国艺术人类家盖尔(Alfred Gell)提出的一个概念。他将艺术看作一套行为体系,对艺术的审美性弃而不顾,而是关注艺术生产、流通和接受的社会语境。在他看来,艺术就是处于各种社会关系之中的"物品"("object"),通过它,形成了人与人以及人与物之间的关系。① 盖尔的理论尽管遭致大量批评,却对艺术人类学研究产生了深刻影响,艺术史研究亦借鉴其思路。如英国学者柯律格的《雅债:文徵明的社交性艺术》一书,就是显例。② 柯律格在书中探讨了文徵明与家族、师友、同辈、请托人、顾客、弟子、帮手、仆役等人之间的社会交往与人际互动,将画作视为一种礼物和商品,在其社会文化语境中进行了较为深

---

① Alfred Gell: *Art and Agency: An Anthropological Theory*, NewYork: Oxford University Press, 1998.

② 柯律格在书中提道:"我承认我深受已故人类学家阿尔弗雷德·杰尔(Alfred Gell)的影响,他甘于在方法上撇开艺术性之讨论(methodological philistinism),并以能动性(agency)代替意义(meaning)的探询,作为发展'艺术人类学'的基础。尽管有些人可能认为这样的问题超越了艺术史所处理的范围,同时又达不到人类学的起码标准,我仍然坚持我的想法。"([英]柯律格:《雅债:文徵明的社交性艺术》,"引言",刘宇珍等译,三联书店2012年版,第16页。)

入的探讨。而汉学家高居翰亦有类似观点，他认为："中国绘画和其他民族的艺术一般，通体来说也是社会上某些阶层间的交易行为，或是经济、或是类似经济的交易，是一个精密制度下的产物。在这个约定俗成的社会体系下，艺术家作画乃是为了报答、应合社会上某些人的需求或期望，从这种交易的过程中来表现自己的才能，或传达自己的情感，甚至获取某种利益。"①这些观点，对于我们分析顾恺之给出了一个新的思路。

诚然，在顾恺之生活的东晋时代，绘画在士人文化体系中的地位尚处边缘，远不及明代勃兴。不过，对于顾恺之而言，绘画不可避免地具有礼物的性质，成为他进行社会交际的一个中介。

或许是在瓦官寺绘制《维摩诘像》之后，名声大噪的顾恺之受到了桓温的注意，于太和元年（366年）被桓温引为大司马参军。这是他入仕之始，从此受到权臣桓温的庇护，也开始了与东晋上层社会的交往。

在中国历史上，桓温（312—373年）是以一代枭雄的面目示人的。他英略过人，有文武识度，颇具军事才干和政治野心。剿灭成汉政权，带军三次北伐，战功赫赫。晚年欲行篡逆，未遂而死。实际上，桓温不是一介武夫，他颇具名士风范，爱好文义，喜欢清谈，深受玄学人生观之影响，有着丰富而深沉的情感。②《世说新语》一书对此有大量描写。桓温在家族门第和文化素养上难与王导、谢安、庾亮等人匹敌，置身于诸名士之间，时或受到轻视。然而他并不妒贤嫉能，相反，他礼贤下士，极力招揽天下英才，幕僚之中可谓人才济济。唐代余知古的《渚宫旧事》载："温在镇三十年，参佐习凿齿、袁宏、谢安、王坦之、孙盛、孟嘉、王珣、罗友、郗超、伏滔、谢奕、顾恺之、王子猷、谢玄、罗含、范汪、郝隆、车胤、韩康等，皆海内奇士，伏其知人。"③这些人物，皆为海内名士，多出身于世家大族，具有极高的文化素养，或长于文学，或颇具史才，或精于义理，或明于政事。他们都受

---

① ［美］高居翰：《中国绘画史方法论》，见曹意强主编：《艺术史的视野——图像研究的理论、方法与意义》，中国美术学院出版社2007年版，第478页。

② 如《世说新语·言语》载：桓公北征，经金城，见前为琅邪时种柳，皆已十围，慨然曰："木犹如此，人何以堪！"攀枝执条，泫然流泪。

③ （唐）余知古著，袁华忠译注：《渚宫旧事译注》，湖北人民出版社1999年版，第202页。

到桓温的推重与礼遇。如弱冠之年的王珣与谢玄，"俱为温所敬重"；郗超受到桓温的"倾意礼待"，成为他的重要谋士；谢安成为桓温的司马之后，"既到，温甚喜，言生平，欢笑竟日"①；伏滔，"大司马桓温引为参军，深加礼接，每宴集之所，必命滔同游"②；罗含，"温雅重其才"③。显然，桓温对这批青年名士，能够倾心交纳，并且不时举办文化活动，营造了一种良好的文化氛围，有学者将他们称为"桓温文学集团"④。

顾恺之身处其列，同样受到优待，时常被桓温请去探讨书画，史载桓温对他"甚见亲昵"，可谓有知遇之恩。因此之故，顾恺之对桓温有着很深的感情。他在桓温幕下待了八年左右，宁康元年（373 年），桓温病逝，顾恺之往拜桓温墓，赋诗云："山崩溟海竭，鱼鸟将何依？"将桓温比作高山大海，自己则是栖居于其间的鱼鸟。如今，山崩海竭，鱼鸟何处依存？有人问他，"卿凭重桓公乃尔，哭状其可见乎？"他回答："声如震雷破山，泪如倾河注海。"颇为沉痛。外人"凭重桓公"之语，亦道出了顾恺之对于桓温的依附关系。

桓温殁时，顾恺之不到 30 岁，此后多年，他的行踪事迹，史料付之阙如。我们只能知道的是，太元十七年（392 年），殷仲堪任荆州刺史，都督荆、益、宁州军事，顾恺之又担任殷仲堪的参军。他与桓温之子桓玄（369—404 年）亦交好，二人曾在殷仲堪府共作了语与危语。⑤ 桓玄嗜好书画，时常与顾恺之、羊欣探讨交流。元兴三年（404 年），桓玄篡逆败亡，不过并没有累及顾恺之。义熙初年（405 年），顾恺之任职散骑常侍。义熙五年（409 年）四月，刘裕誓师北伐南燕慕容超，顾恺之为其作《祭牙文》，于是年离世。

---

① 《晋书》卷七十九《谢安传》，中华书局 1974 年版，第 2073 页。
② 《晋书》卷九十二《文苑传·伏滔传》，中华书局 1974 年版，第 2399 页。
③ 《晋书》卷九十二《文苑传·罗含传》，中华书局 1974 年版，第 2403 页。
④ 见胡大雷：《中古文学集团》第五章第八节，广西师范大学出版社 1996 年版。
⑤ 《晋书·顾恺之传》：桓玄时与恺之同在仲堪坐，共作了语。恺之先曰："火烧平原无遗燎。"玄曰："白布缠根树旒旗。"仲堪曰："投鱼深泉放飞鸟。"复作危语。玄曰："矛头淅米剑头炊。"仲堪曰："百岁老翁攀枯枝。"有一参军云："盲人骑瞎马临深池。"仲堪眇目，惊曰："此太逼人！"因罢。

自青年时代在瓦官寺作《维摩诘像》始，顾恺之的艺术活动应该持续终老。根据《贞观公私画史》和《历代名画记》等相关典籍的记载，顾恺之的创作主题非常丰富：有山水，如《庐山图》《云台山图》《雪霁望五老峰图》；有花卉，如《笋图》《竹图》；有禽鸟，如《凫雁水洋图》《木雁图》《招隐鹅鹄图》等；有猛兽，如《行龙图》《虎啸图》《虎豹杂鸷鸟图》《三狮子图》《十一头狮子图》等。有描绘人物活动的，如《斫琴图》《勘书图》《水阁围棋图》《清夜游西园图》《射雉图》等。最多的还是道释和人物画，尤以人物画为多。道释画，如《列仙像》《皇初平牧羊图》《三天女像》《列女仙》《维摩天女飞仙图》等。人物画又可分为三种：一是古圣先贤，如《古贤图》《夏禹治水图》《宣王姜后免冠谏图》等，这类内容相对较少。二是魏晋前代人物，帝王，有《司马宣王像》《司马宣王并魏二太子像》《晋帝相列像》；名士，如《魏晋胜流画像》《魏晋名臣画像》《中朝名士图》《七贤图》《阮咸像》《王戎像》《王安期像》《裴楷像》《阮修像》《谢鲲像》《卫索像》等；隐士，如《荣启期像》《苏门先生像》等。三是同代人物，如《桓温像》《桓玄像》《谢安像》《殷仲堪像》《刘牢之像》等。

显然，在绘画的命名中，以"像"为名的都是人物画，并且绝大多数为单个人物的画像。这正是我们关注的重点。就这些画像的功能而言，其中有一部分是用于"成教化，助人伦"的，如《古贤图》《夏禹治水图》之属。还有一部分，其功能和汉明帝时所绘"云台二十八将"类似，具有劝戒表彰的作用，如《魏晋名臣画像》《中朝名士图》等。再有一些，如帝王像、前代名士像，当具有"存形"和纪念的意义。而如桓温等同代人物之画像，亦有"存形"的目的。这些图像，或悬挂于居室之中，应该还有审美之功用。

诸如《晋帝相列像》《魏晋名臣画像》等，应当是置于特定的国家建筑空间之内，如汉代的麒麟阁、云台、唐代的凌烟阁，都曾张挂功臣图像。这些"订单"，是由国家发出的，代表了官方对于顾恺之绘画才能的认可。在此可与书法作一比较。魏宫匾额多由韦诞题署，晋太元中起太极殿，谢安欲使王献之题榜，表明对其书法水平的肯定。不过，有意思的是，韦诞和王献之对这种认可"不以为荣,反以为耻",前者告诫子孙不要再学书法,后者拒绝了谢安的要求。实际上,他们都将题榜视为一种工匠所为的猥役,与其士大夫身份并不相符。这是因为,士人书法水平的高低,是由士人文化圈来认定的。如王献之的书法地位,是通过与庾氏、郗氏、谢氏等世族子弟,以及其父王羲之在内的王氏家族等人书法的品评和比较而认定的。这种认定是士人内部自发进行的,他们将其作为士人文化素养的一个有机组成部分。它虽属自发,却具有权威性,远过于皇权或官方的认可之上。① 书法既是如此,绘画的情形又怎样呢? 史料所限,我们看不到顾恺之对于这些官方"订单"的态度。他担任的是参军、散骑常侍,绘画并非其本职所在。不过,对于一个嗜好绘画的人来说,他或许是乐在其中的。

魏晋名士像及时贤像,在顾恺之的画作中所占比例最多。涉及诸多家族的重要人物,如琅邪王氏的王戎,太原王氏的王安期,陈郡阮氏的阮籍、阮咸、阮修,河东裴氏的裴楷,陈郡谢氏的谢鲲等。同代人物,他至少画过桓温、桓玄、谢安、殷仲堪、刘牢之五人。这些人物,全都是魏晋时期最为知名的人物。不过,这些画像应该不是官方指定顾恺之所作,而更可能是家族子弟为了纪念先人,请求顾恺之绘制,或者顾恺之主动绘成。可以确定的是,顾恺之曾自告奋勇为殷仲堪画像,《世说新语·巧艺》载:"顾长康好写起人形,欲图殷荆州。"桓温和桓玄的画像,或亦顾恺之主动为之,而非在其人去世之后所做。② 在此情形中,绘画具有礼物的性质。

_____

① 在宋代画院兴起之后,这种情况依然如故,文人画和文人书法的地位一直在院画和馆阁体书法之上。因为中国古代,掌握书法话语权的,一直是文人群体。在传统社会瓦解,大众文化兴起,书画市场繁荣的现代社会,文人群体不复存在,掌握话语权的是官方性质的"书协"、高校或研究院,还有大众媒体。此时,官方认定方才变得重要起来。

② 在汉魏时期,大量史料表明很多画像是在其人去世之后所作,以示纪念。如《后汉书·蔡邕传》:"邕死,年六十一,缙绅诸儒,莫不流涕,兖州、陈留间之,皆画像而颂之。"《后汉书·独行传》:"公孙述欲以李业为博士,持毒酒劫令起,业饮毒死。蜀平,光武下诏,表其闾,益部纪载其高节,图画形像。"同时,亦有许多是在人物生前所绘,以表彰其功德。如《后汉书·杨球传》:"乐松江览为鸿都文学,诏敕中尚书为松等三十二人图像立赞。"至晋代,有些画像是人物生前所绘,如顾恺之为殷仲堪画像即是显例,而其画像的目的,亦非为了教化之用,或为单纯的审美。李福顺著《中国美术史》所作"大事记",其中提到"桓温死,顾恺之哭其墓,作《桓温像》"、"谢安卒,顾恺之作《谢安像》"、"殷仲堪死,顾恺之作《殷仲堪像》"等,实际上这些画像未必是在其人死后才作。

顾恺之以自己的画技,报答桓氏父子以及殷仲堪的知遇之恩。顾恺之与长他二十多岁的谢安(320—385 年)的交往,当是始于桓温府内,升平四年(360 年),谢安被桓温辟为司马,顾恺之在五年之后任桓温参军之职,二人同府为官,平时自然多有交往。我们无法得知顾恺之绘制《谢鲲像》和《谢安像》的确切时代了。谢鲲乃谢尚之父、谢安的伯父,他在中朝由儒入玄,豁达不拘,颇有声名,为王衍"四友"之一,亦是西晋"八达"之一,乃陈郡谢氏家族兴起的第一个关键性人物。为这样一个先辈绘像存形,以示纪念,在东晋时期是很正常的事情。请"图写特妙"的大画家顾恺之来为先人画像,亦称得上对先人的尊敬。顾恺之将谢鲲画置于岩石之中,因为晋明帝曾问谢鲲他与庾亮的优劣,谢鲲回答:"一丘一壑,自谓过之。"谢鲲颇以山林之情自许,这正是玄学价值观所认肯的,代表了时人的审美观念。顾恺之可谓抓住了谢鲲的特点。谢安对于顾恺之的如此安排,想必也是认同甚或嘉赏的。顾恺之又为谢安画过像。从人情往还的角度说,谢安似应有所表示。的确,谢安对于顾恺之的画作给了一个无与伦比的"好评",他说:"顾长康画,有苍生来所无。"短短十个字,将顾恺之推到了前无古人、至高无上的地位。

应该如何理解谢安的这句话呢?首先,它产生于魏晋人物品藻的氛围之中,名士之间相互品题,同一家族或同一阵营的人物相互称誉,交情不好的人物相互贬低,是极为正常的事情。谢安作为海内名士,一方面有着极高的文化素养,他本人亦有画名;另一方面最具权势,其一言一行,在士林中皆颇具影响。裴启的《语林》,就因为谢安的一句贬语而遭废弃。①而谢安之所以否定此书,一则他认为记载不实,二则很大程度上和王珣有关。王珣因与谢万的女儿离婚而与谢氏交恶,谢安对他意见很大。反之,顾恺之却很受时人欢迎,与谢安的关系定然不差。况且,他又为谢安及其

---

① 《世说新语·轻诋》:庾道季诧谢公曰:"裴郎云:'谢安谓裴郎乃可不恶,何得为复饮酒?'裴郎又云:'谢安目支道林,如九方皋之相马,略其玄黄,取其俊逸。'"谢公云:"都无此二语,裴自为此辞耳!"庾意甚不以为好,因陈东亭《经酒垆下赋》。读毕,都下不下赏裁,直云:"君乃复作裴氏学!"于此《语林》遂废。今时有者,皆是先写,无复谢语。(余嘉锡:《世说新语笺疏》,中华书局 1983 年版,第 843—844 页。)

伯父谢鲲画了像,谢安自然要予以还礼。这句好评,就足比任何礼物了。它对于建构顾恺之的绘画地位具有举足轻重的意义,后世评论家对于顾恺之的赞扬,很难说没有受到谢安的影响。

其次,从魏晋绘画史来看。在顾恺之之前,士人画家寥寥可数,最知名者,当数吴国曹不兴。然曹不兴的相关史料委实太少,令人莫名其踪。比顾恺之稍早或同时的,有西晋的卫协和张墨,东晋初年的王廙、戴逵,王羲之和王献之父子亦有画名。不过,王廙兼综诸艺,并不专以绘画名世,羲献父子书法独步,远超其画名。再者,谢安对王献之的书法都有轻视之意,①对其绘画更不会格外垂青。真正能与顾恺之匹敌的,当属戴逵。戴逵(326—396 年)比顾恺之约大 20 岁,是个文艺全才,诗文、书画、音乐、雕塑无不精通。谢赫的《古画品录》,将戴逵和顾恺之都列入第三品,他评戴逵:"荀、卫已后,实为领袖。"②荀、卫即西晋的荀勖和卫协,属第一品。显然,谢赫认为戴逵在顾恺之之上。顾恺之的《论画》,评魏晋作品 21 幅,其中戴逵作品就有 5 幅,显然顾恺之对戴逵亦很推崇。那么,谢安为何没有将戴逵考虑在内,而直呼顾恺之的绘画"有苍生来所无"?

一个很重要的原因,就是戴逵没有融入贵族群体。他虽然出身士族,却性情高洁,无心仕宦,多次拒绝官府征辟,隐居深山,所以在《晋书》中,他被列入"隐逸传"而非"文苑传"(顾恺之即在此传)。由此,他就身处贵族交际圈和文化中心之外。更有甚者,他"常以礼度自处,深以放达为非道",曾著论对元康名士的放达行径予以猛烈批判。这种言论必为崇尚玄学的魏晋名士所不喜。何况,元康诸人正是东晋名士的先辈。据《历代名画录》记载,戴逵的人物画有十余幅,如《阿谷处女图》、《胡人弄猿图》、《董威辇诗图》、《孔子弟子图》、《五天罗汉图》、《杜征南人物图》、《渔父图》、《尚子平白画》、《孙绰高士像》、《嵇阮像》等,另有山水鸟兽画多幅,如《狮子图》、《名马图》、《三牛图》、《三马伯乐图》、《南都赋图》、《吴中溪山邑居图》等。就人物画而言,戴逵创作的魏晋名士像非常之

---

① 孙过庭《书谱》云:"谢安素善尺牍,而轻子敬之书。子敬尝作佳书与之,谓必存录,安辄题后答之。甚以为恨。"

② 俞剑华:《中国古代画论类编》(上),人民美术出版社 1998 年版,第 362 页。

少,《历代名画记》只载两幅,除了嵇阮、孙绰为其同代人物,皆为高士,与其性情相合。无数是创作数量还是人物地位,戴逵远不能和顾恺之相提并论。

再者,就绘画技能而言,顾恺之在《论画》中,对戴逵画作的评论还是有所保留的。如评《七贤像》,他认为"唯嵇生一像欲佳,其馀虽不妙合,以比前竹林之画,莫有及者。"①顾恺之认为戴逵画中六贤未能尽其妙,尽管已经超越前人之画,但言下之意是否在说,自己所作《七贤像》更胜一筹呢? 再如他评《嵇轻车诗》:"作啸人似人啸,然容悴不似中散。"同样是说戴逵对嵇康神情的描绘还很不够。顾恺之的这一"高论",或许在和谢安诸人相聚时作过陈述,为其所知。根据以上分析,谢安何以盛称顾恺之,便不难领会。而谢赫在《古画品录》中批判顾恺之"声过其实",亦是可以理解的了。

三、传神写照:魏晋南北朝绘画审美意识之一

顾恺之已无存世作品,现有的三幅作品《女史箴图》、《洛神赋图》和《列女图》,皆为唐人或宋人摹本。更有甚者,当代有些学者通过考证认为,这三幅作品的原作者都不是顾恺之。如杨新、巫鸿、石守谦等人,从考古学和人类学的角度,对这三幅作品进行了精细的分析,对其创作时代和作者进行了颠覆。同时,有的学者,如韦宾、刘屹等,认为顾恺之传世的三篇绘画理论著作,即《论画》、《魏晋胜流画赞》和《画云台山记》,皆是伪作。② 如果这些结论成立,那么,我们对顾恺之的研究更难有史料可依。因此,我们姑且搁置这些争议,将这些作品仍旧归诸顾恺之名下,并以此为中心,来探讨魏晋南北朝时期的审美意识。

先从顾恺之的创作谈起。

顾恺之年轻时在瓦官寺绘制的《维摩诘像》,史籍载之凿凿。唐会昌五年(845 年)武宗灭佛,《维摩诘像》移至甘露寺,并于大中七年(853 年)

---

① 俞剑华:《中国古代画论类编》(上),人民美术出版社 1998 年版,第 349 页。

② 邹清泉:《顾恺之研究述论》,《美术学报》2011 年第 2 期。

转入内府，唐亡后不知所踪。莫高窟第 220 窟中有《维摩诘经变图》，图中的维摩诘坐于三面围屏的高足大床之上，床上施以锦帐。维摩诘身披宽袍，右手执麈尾，身体略显前倾，凭几而坐。其人深目高鼻，眉毛浓重，胡须疏朗，是一老年胡人形象。有的学者认为，这幅画像并非根据顾恺之的原图摹写而成，"第 220 窟坐帐维摩所据图样或有可能是初唐绘于京师寺院中的壁画，尤其是莫高窟第 335 窟、第 103 窟等初盛唐维摩变于屏风上'临古迹帖'的做法与长安甚有渊源。"①不过，鉴于维摩信仰在中古蔚成风气，诸多名画家都绘有维摩画像，而顾恺之实则开创了一个维摩画像的样式和传统。

那么，维摩诘到底何许人也？维摩诘是毗耶离城中的一位居士，他家境富有，而又参透名利，领悟了至道妙法。《维摩诘经·方便品第二》称其："虽处居家，不著三界；示有妻子，常修梵行；现有眷属，常乐远离；虽服宝饰，而以相好严身；虽复饮食，而以禅悦为味；若至博弈戏处，辄以度人；受诸异道，不毁正信；虽明世典，常乐佛法；一切见敬，为供养中最；执持正法，摄诸长幼；一切治生谐偶，虽获俗利，不以喜悦；游诸四衢，饶益众生。"②也就是说，他一方面不摒弃世俗的欲望娱乐，同时却能以佛法大道持之。此外，更重要的是，他具有绝高的论辩本领，"辩才无碍，游戏神通，逮诸总持"。简而言之，维摩诘形象对于魏晋名士具有极大的吸引，可以说他代表了魏晋名士的生活理想与文化理想。

他示病于床，佛祖派诸弟子前往问疾，先后派遣舍利弗、大目犍连、大迦叶、须菩提、富楼那弥多罗尼子、摩诃迦旃延、阿那律、优波离、罗睺罗、阿难、弥勒菩萨、光严童子、持世菩萨、善德等人，诸人称述自己此前与维摩诘的对答，全都甘拜下方，皆曰不能胜任。佛祖最后派遣文殊师利前往，文殊师利赞叹维摩诘："彼上人者，难为酬对，深达实相，善说法要，辩才无滞，智慧无碍，一切菩萨法式悉知，诸佛秘藏无所不入，降伏众魔，游戏神通，其慧方便，皆已得度。"③虽则如此，文殊师利还是知其不可而为

---

① 邹清泉：《莫高窟唐代坐帐维摩诘画像考论》，《敦煌研究》2012 年第 1 期。
② 《维摩诘经·方便品第二》，中华书局 2010 年版，第 24—25 页。
③ 《维摩诘经·文殊师利问疾品第五》，中华书局 2010 年版，第 79 页。

之,率众前往毗耶离大城问疾。维摩诘得知其人前来,便除去室内所有,唯置一床,独寝其上。《维摩诘像》所画的就是这一场景。

这幅画作虽不得见,然张彦远对它的评价"清羸示病之容,隐几欲言之状",以及莫高窟的维摩诘经变图,可以让我们对其形象有所领略。很可注意的一点,是顾恺之所绘的维摩诘有"清羸"之容,实际上,在《维摩诘经》原文中,并没有对维摩诘形体特征的描述。顾恺之的这种处理,毋宁说是对魏晋名士"秀骨清相"型的理想形象的一种投射。此外,"隐几欲言之状",可谓得其神似,抓住了维摩诘善辩的特点,这点最为崇尚清谈的名士所激赏。

深浸于魏晋名士群体的顾恺之,对于他们的理想形象自然了然于心。关于这点,还有一个可供对比的案例。在《画云台山记》这篇绘画草稿记录中,"画天师瘦形而神气远"。顾恺之所绘天师,与维摩诘一样,均为"瘦形",传达了魏晋士人的审美偏好。天师的"神气远",同样表明了顾恺之对于魏晋时期重神观的领会。

历代对于《女史箴图》、《洛神赋图》和《列女图》等原作或摹本的赏析多有,如唐代张彦远在《历代名画记》中如是评价顾恺之的画法:"紧劲连绵,循环超忽,调格逸易,风趋电疾。意存笔先,画尽意在,所以全神气也。"①呈现出一种力度之美。宋代米芾在《画史》中提及,他家藏有顾恺之的《维摩天女飞仙图》,刘有方家藏有《女史箴横卷》,皆"笔彩生动,髭发秀润",自是传神。元人汤垕在《画鉴》中云:"顾恺之画如春蚕吐丝,初见甚平易,且形似时或有失,细视之,六法兼备,有不可以语言文字形容者。曾见《初平起石图》、《夏禹治水》、《洛神赋》、《小身天王》,其笔意如春云浮空,流水行地,皆出自然。傅染人物容貌,以浓色微加点缀,不求藻饰。"②1960 年发掘的南京西善桥南朝墓中,有竹林七贤与荣启期砖画,绘画风格与顾恺之的画风非常相似,借此可以一窥顾氏作品的风貌。砖画造型生动,人物形象与史料所载七贤的性情行止非常相合,"从壁画的

---

①　(唐)张彦远:《历代名画记》,浙江人民美术出版社 2011 年版,第 26 页。

②　俞剑华:《中国古代画论类编》(上),人民美术出版社 1998 年版,第 476 页。

技法上看，衣褶线条刚劲柔和兼而有之，人物比例匀称，是相当成熟的画师的作品。以之与今天尚流传的晋代绘画相较，和顾恺之有很多相似之处：它与'女史箴图'同样的表现了那种'如春蚕吐丝'般的有韵律的线条和典雅的风格；壁画中的银杏、垂柳与'洛神赋图卷'中的手法几全相同，显示出我国山水画的早期作风"①。甚至有学者认为此组砖画乃顾恺之的手笔。今人马采如是评价顾恺之的创作："我国古代艺术到了顾恺之，才真正摆脱了表现上的古拙呆滞，变成周瞻完美、生动活泼。"②唐代张怀瓘以"神"目顾恺之，他将顾恺之与陆探微和张僧繇这"六朝三杰"进行了对比，"象人之美，张得其肉，陆得其骨，顾得其神。神妙无方，以顾为贵"。③ 在神、骨、肉的理论体系中，神占据最高地位。生动地传达了顾恺之的绘画特点和艺术地位。

再来看一下顾恺之的画评，顾恺之作有《论画》，对魏晋时期的 21 幅画作进行了点评。这些画作，绝大部分是人物画。我们在此要关注的是，顾恺之是如何评价这些画作的？他关注的是画作的哪些方面？他有怎样的审美标准和审美偏好？

通观这些评论，约而言之，顾恺之主要关注画作的两个方面：形和神。形，包括面部表情、肢体动作、服饰和骨法，尤以骨法最受关注。如评《周本纪》"重叠弥纶有骨法"，《伏羲神农》"有奇骨而兼美好"，《汉本纪》"有天骨而少细美"，《孙武》"骨趣甚奇"，《醉客》"多有骨俱"，《列士》"有骨俱"，《三马》"隽骨天奇"。神，指人物所体现出的神态、意韵、精神、气势。如评《小列女》"不尽生气"，《伏羲神农》"神属冥芒，居然有得一之想"，《醉客》"作人形骨成而制衣服慢之，亦以助醉神耳"，《壮士》"有奔腾大势，恨不尽激扬之态"，《列士》"然蔺生恨急烈，不似英贤之慨"，《三马》"其腾罩如蹑虚空，于马势尽善也"，《东王公》"如小吴神灵，居然为神灵之器，不似世中生人也"，《七佛》及《夏殷》与《大列女》"有情势"，《北风

---

① 南京博物院南京市丈物保管委员会：《南京西善桥南朝墓及其碑刻壁画》，《文物》1960 年第 Z1 期。

② 马采：《顾恺之研究》，上海人民美术出版社 1957 年版，第 12 页。

③ （唐）张彦远：《历代名画记》，浙江人民美术出版社 2011 年版，第 88 页。

诗》"神仪在心,而手称其目者,玄赏则不待喻";《嵇轻车诗》"处置意事既佳,又林木雍容调畅,亦有天趣"。①

显然,顾恺之对形与神的关注,直接承继的是魏晋的人物品藻。人物品藻对于人物的形体与骨法皆有关注,顾恺之偏好的是画中人物之骨法。他喜欢用"奇"字描述"骨",骨之奇,突出人物的不同凡俗。此外,"美"也是顾恺之多次使用的一个词,如"美好"、"细美"、"虽美而不尽善"等,侧重于对所绘人物外形的描述。人物品藻对人物形神并重,相较而言,更重视人物之神,重视人物的姿容背后所传达出的情趣、修养、气度、意蕴等内在的精神世界。顾恺之的画评,强调画中人物的"生气"、"大势"、"情势"、"天趣",正是表明了重神的观念。顾恺之认为绘画应该抓住所绘对象的特点和风神。如《列士》中的蔺相如,顾恺之认为应该描摹出其"英贤之概";《壮士》应该将其激扬的神采描摹地更为生动;《嵇轻车诗》应该传达出嵇康"容悴"的容止特征。其中,在描绘人物之神时,"势"是顾恺之使用较多的一个概念。"势"体现出的人物之神,是一种活泼的动态之美。魏晋南北朝时期,"势"还成为书法评论中常用的概念。

顾恺之不仅在自己的画作和画论中自觉地践行时人重神的观念,更重要的是,他将这种观念提升到了理论的高度,提出了"迁想妙得"、"以形写神"、"传神写照"等重要命题,尤以"传神写照"最受重视。

就其原生语境而言,"以形写神"和"传神写照"都是顾恺之从人物画的创作中生发出的。"传神写照"之说出自《世说新语·巧艺》,"顾长康画人,或数年不点目精。人问其故,顾曰:'四体妍蚩,本无关妙处;传神写照,正在阿堵中。'"这段话表明了顾恺之对于人物之神的认知,他认为人物的精神状态和内心世界,即传神之处表现于眼睛之上。所以他对于眼睛的处理特别谨慎,甚或数年不点其睛。有的学者据此认为顾恺之的绘画技巧不够成熟,如徐复观认为,顾恺之的这种处理,"这都是在技巧上无可奈何的表现方法。即以画人或数年不点眼睛一事而论,这也说明

——————————

① 以上顾恺之《论画》文字,见张彦远:《历代名画记》,浙江人民美术出版社 2011 年版,第 89—91 页。

他所遇到的技巧对意境的抗拒性，还没有完全克服下来。则其作品的'迹不逮意'，是当然的结果"①。陈传席亦有类似的看法："顾恺之作为一个大理论家，作画的得失，他是十分清楚的，然而技巧上的局限，给他的创作造成了逆境。……所以，谢赫说他'迹不逮意'是言之有据的。"②这种解读值得商榷。实际上，顾恺之对于眼睛的重视，其来有自。他的人物画师承卫协，卫协同样有作画不点眼睛的记载："（卫协）尝画《七佛图》，不点目睛，人或疑而有请。协谓：'不尔。即恐其腾空而去。'"③潘运告编著的《汉魏六朝书画论》，辑录顾恺之"论画人物"故事7则，其中有5则与画眼睛有关。如他为眇一目的殷仲堪画像，对眼睛的处理是"明点童子，飞白拂其上，使如轻云之蔽月"；他论画："手挥五弦易，目送归鸿难"；他绘瓦官寺《维摩诘像》，"工毕，将欲点眸子。"他为人画扇，"作嵇、阮，而都不点眼睛，曰：'点眼睛便欲语。'"④顾恺之的"点眼睛便欲语"与卫协的"即恐其腾空而去"简直如出一辙，表明他们师徒对于画人物之眼有着共同的认知。通过以上数例还可看到，在魏晋人物画创作中，通常都将点画眼睛放在最后进行。此举并非由于画家技巧上的欠缺，而是因为眼睛对于传达人物的精神面貌有着至关重要的作用，放在最后处理，便于把握全局，符合作画规律。数年不点其睛，更表明了对于神的传达的重视，以及人物画的难点所在。

需要强调的是，"传神写照"命题的提出，是顾恺之的生活实践和创作经验相结合的产物。他活跃于占据主流的魏晋名士群体之中，对于他们的日常审美经验和美学观念深有领会，以高超的绘画技艺和深厚的文化素养，对其进行了创作上的传达和理论上的概括。此时，正值中国艺术的兴起时期，也是辉煌时期，于是，"传神写照"便不仅仅是对魏晋人物绘画理论的总结，更对后世的绘画理论和艺术理论产生了深远影响。

---

① 徐复观：《中国艺术精神》，春风文艺出版社1987年版，第138页。
② 陈传席：《六朝画论研究》，天津人民美术出版社2006年版，第25页。
③ 《宣和画谱》，湖南美术出版社1999年版，第112页。
④ 潘运告编著：《汉魏六朝书画论》，湖南美术出版社1997年版，第270—271页。

四、气韵生动:魏晋南北朝绘画审美意识之二

在魏晋南北朝,谢赫是继顾恺之之后最为重要的画论家,二人颇有可以比较之处。他们都对前代画家画作有所品评,顾恺之作有《论画》,谢赫作有《古画品录》。谢赫对顾恺之的"差评",成为中国绘画史上一桩公案。他们都提出了重要的绘画理论,顾恺之的"传神写照",谢赫的"六法",都是中国绘画史上重要的理论命题,尤其"六法"理论,最称经典,"六法精论,万古不移"。①"六法"中的"气韵生动",更是成为中国绘画最为重要的标准,郭若虚指出:"凡画必周气韵,方号世珍,不尔,虽竭巧思,止同众工之事,虽曰画而非画。"现代学者余绍宋亦提出:"至于'气韵'二字,在国画中极关重要。盖无气韵之画,便失去国画之精神。"②

这里,仍要对谢赫对于顾恺之的评价问题,给出我的理解。谢赫在《古画品录》中分六品,评价了前代画家28人。顾恺之被置于第三品,评语亦极短,称其"格体精微,笔无妄下,但迹不逮意,声过其实"。一反以谢安为首的东晋核心名士对顾恺之"前无来者"的崇高定位。谢赫的观点基本受到后世评论家的一致驳斥,陈代姚最、唐代李嗣真、张彦远、张怀瓘等后世画评家皆力挺顾恺之,却几乎无人对谢赫表示支持。离谢赫时代最近的姚最,对谢赫的观点十分不忿,他在《续画品》提出:"至如长康之美,擅高往策,矫然独步,终始无双。有若神明,非庸识之所能效,如负日月,岂末学之所能窥?"③认为顾恺之的地位至高无上,对谢赫则大加讥讽。何以如此?

关于谢赫的生平与家世,正史和画史均无记载。不过很可能的情况是,他本人并非出自世家大族,尤其不是出自陈郡谢氏,否则相关史料中

---

① (宋)郭若虚:《图画见闻志》卷一"论气韵非师",上海人民美术出版社1963年版,第17页。

② 余子安编著:《余绍宋书画论丛·国画之气韵问题》,北京图书馆出版社2003年版,第21页。

③ 俞剑华:《中国古代画论类编》(上),人民美术出版社1998年版,第369页。

应该有所说明。有的文章将谢赫视为陈郡谢氏中人,①是欠妥的。如果谢赫果真出自陈郡谢氏,那么从情理上讲,他不会对先祖谢安的言论大唱反调。谢安说顾恺之的画"有苍生来所无",他却说顾恺之"声过其实",岂不是有辱先祖? 所以,谢赫可能出身寒族,他不满于世族文人对于文化的垄断,他知道顾恺之的名声与以谢安为首的名士群体的鼓吹大有关联。因此之故,他把顾恺之列为第三品,大有挑战世族文化的垄断权之意。而姚最则出身文化世家,其祖姚菩堤曾任梁高平令,通医理,其父姚僧垣为梁代著名医家,受到武帝重用,其兄姚察为史学家,与子姚思廉共著《梁书》《陈书》。基于这种背景,姚最对于贵族文化是持认同态度的,因而也就认同谢安对于顾恺之的评价,将其视为公论。他认为谢赫对顾恺之的品评是"情所抑扬,画无善恶",也就是说谢赫是根据自己的个人情感进行评价,而无关乎画作的好坏。这一观点相当犀利,他或许意识到了谢赫的出发点所在,因此极力对顾恺之加以维护。此乃原因之一。

原因之二,是谢赫所持评判标准的问题。谢赫本人善画,姚最在《续画品》中评他:"貌写人物,不俟对看。所须一览,便工操笔。点刷研精,意在切似。目想毫发,皆无遗失。丽服靓妆,随时变改。直眉曲鬓,与世事新。别体细微,多从赫始。遂使委巷逐末,皆类效矉。至于气运精灵,未穷生动之致;笔路纤弱,不副雅壮之怀。然中兴以后,象人莫及。"②由此可知,谢赫善画人物,特点有二:一是绘画速度快,"所须一览,便工操笔";二是追求"研精"和"切似",细微之处皆求形似。这种美学偏好不可能不反映于他的绘画评论中③,如:第一品中的卫协,"虽不赅备形妙";第二品中的顾骏之,"精微谨细,有过往哲",袁蒨"象人之妙,亚美前贤";第三品中的姚昙度,"虽纤微长短,往往失之,而舆皂之中,莫与为匹";第四品中的蘧道愍、章继伯,"人马分数,毫厘不失",王微、史道硕,"王得其

① 如在网络上有一篇流传很广的文章《两晋豪门代表——陈郡谢氏》,将谢赫列为陈郡谢氏的代表人物之一。

② 俞剑华:《中国古代画论类编》(上),人民美术出版社1998年版,第371页。

③ 谢赫:《古画品录》,见俞剑华:《中国古代画论类编》(上),人民美术出版社1998年版,第355—367页。

细,史得其真。细而论之,景玄为劣";第五品中的刘顼"纤细过度,翻更失真"等。这一标准,即"六法"中的"应物象形"。谢赫强调"细"与"真"。以此来看,顾恺之绘裴楷于颊上益三毛,画谢鲲将其置丘壑之中,便是失真而有损于形似。况且,谢赫本人绘画速度极快,而顾恺之在瓦官寺绘维摩诘,用去一月时间,画人或数年不点睛,相形之下,实在差距很大。此或亦顾恺之不入谢赫法眼之又一因也。

然而,"应物象形"不过是"六法"之一。六法者,"一曰气韵生动,二曰骨法用笔,三曰应物象形,四曰随类赋彩,五曰经营位置,六曰传模移写"。"应物象形"位居第三,真正重要的是,是名列第一的"气韵生动"。实际上,谢赫在品评中即贯穿了这六条准则,尤其是气韵生动。而谢赫本人的画作,据姚最"至于气运精灵,未穷生动之致。笔路纤弱,不副雅壮之怀"的品评,于"气韵生动"有所缺失。创作家和理论家不能兼擅,在绘画史上亦属正常。值得玩味的是,被谢赫置于第一品的卫协,乃顾恺之的老师。谢赫对卫协已有所不满,称其"虽不该备形妙"。傅抱石先生对卫协有所评论,他说:"(卫协)能在形象逼真之外,表示作者的个性!所以顾恺之赞他:'密于情思'。以'情'入画,埋伏了蔑视形似的暗礁了。"①顾恺之师承卫协,他提出的"迁想妙得"和"以形写神",更重视把握对象之内在精神。顾恺之对裴楷和谢鲲画像的处理,不正是增加了其"气韵生动"吗?不知谢赫在进行品第排名时,是否考虑到了这点。

"六法"之说,历来最受推崇。姚最虽对谢赫之画作评价不高,然其作《续画品》,却依六法为准则。概因"六法"乃对前代绘画理论之精练总括。顾恺之的绘画理论,已有"六法"之雏形。顾恺之的《论画》,上文提及它关注的是形与神两个方面,这是大体而言。刘海粟认为它注重的是精神、天趣、骨相、构图、用笔五点,日本学者金原省吾则分为神气、骨法、用笔、传神、置陈、模写六点,王世襄则概括为神气、形貌、骨俱、用笔、置陈五点。顾恺之的《魏晋胜流画赞》谈论的是模写和用笔与置陈的问题,

---

① 傅抱石:《中国绘画变迁史纲》,上海古籍出版社 1998 年版,第 29 页。

《画云台山记》则谈到了置陈和色采。① 显然,谢赫"六法"与顾恺之的画论有相承关系。前辈学者对此多有讨论,兹不展开。②

再来看顾恺之的《论画》和谢赫《古画品录》对画作之"神"的品评差异。上文提及,顾恺之关注画中人物的"生气"、"大势"、"情势"、"天趣",其中,"势"是顾恺之使用较多的一个术语。而在谢赫的《古画品录》中,对"神"的评价用语有了些许变化,罗列如下:

第一品中,曹弗兴:"观其风骨,名岂虚成",卫协:"虽不该备形妙,颇得壮气",张墨、荀勖:"风范气候③,极妙参神,但取精灵,遗其骨法";第二品中,顾骏之:"神韵气力,不逮前贤",陆绥:"体韵遒举,风采飘然";第三品中,毛惠远"力遒韵雅,超迈绝伦",夏瞻:"虽气力不足,而精彩有馀",戴逵:"情韵连绵,风趣巧拔",吴暕:"体法雅媚,制置才巧";第五品中,晋明帝:"虽略于形色,颇得神气";第六品中,丁光:"非不精谨,乏于生气"。

顾恺之的评论文字很短,最少的3字,绝大多数不足20字,最长不过评卫协的《北风诗》,约100字,更多关注画作的骨体和生气。而谢赫的25则评语,虽10余字者不在少数,但其描述画作之神的用语更显丰富,大致可以分为两类:第一类以"气"统领,如壮气、气候、气力、神气、生气;第二类以"韵"统领,如神韵、体韵、韵雅、情韵。两类合在一起,正是"六法"之首"气韵生动"。

"气"是中国哲学中具有本体论意味的一个重要概念,在魏晋南北朝人物品藻中,亦有广泛使用,如"体气"、"神气"、"气骨"等,表示人物的内在的生命活力和精神状态。自曹丕在《典论·论文》中提出"文以气为主"的观点,气开始用于文艺评论之中。钟嵘的《诗品》和刘勰的《文心雕龙》中多用"气"字。"韵"则相对晚出,《说文解字》释"韵"为:"和也。从音员声。"表示声音的和谐。蔡邕的《琴赋》有言:"繁弦既抑,雅韵乃扬。"

① 参见王世襄:《中国画论研究》(上),广西师范大学出版社2010年版,第42—48页。

② 可参考王世襄《中国画论研究》第五章"谢赫《古画品录》中之六法"。

③ "气候",《佩文斋书画谱》本作"气韵"。

用于文字和音乐,则有声韵和音韵。在魏晋南北朝人物品藻中,"韵"广泛使用,如赞赏人物"有雅正之韵"、"有拔俗之韵"、"风韵迈达"、"风韵疏诞"、"思韵淹齐"等。"韵"在此指人物的风度、个性、情调、意趣之美,这种美可以领会而难以言传,正是人物品藻所迷恋和品评的对象。徐复观先生对"气韵"有较详细的分析,他的《中国艺术精神》第三章专论"气韵生动",他认为:"韵是当时人伦鉴识上所用的重要观念。它指的是一个人的情调、个性,有清远、通达、放旷之美,而这种美是流注于人的形相之间,从形相中可以看得出来的。把这种神形相融的韵,在绘画上表现出来,这即是气韵的韵。"①这一解读很是精当。

徐复观没有指出却十分值得注意的是,"韵"进入人物审美领域并大量使用,基本是东晋以来的事情。这与人物审美形象在东晋的转变有关。一方面是庄子哲学的影响;另一方面是江南自然山水的浸润,使得东晋士人不仅发现了自然美,更形成了一种具有超越性的理想人格和人物形象。这种人物形象,是带着自然拔俗之"韵",值得细细品味欣赏。"韵",具有优美的属性,偏向于阴柔一极。从上面我们对谢赫品评用语所分的两组来看,"韵"正有此特点,所谓"情韵连绵"、"体韵遒举",即有此意。而"气"所组成的"骨气"、"壮气",则带有阳刚的特色。徐复观亦提出:"谢赫的所谓气,实指的是表现在作品中的阳刚之美。而所谓韵,则实指的是表现在作品中的阴柔之美。"②就此而言,"气"与"韵"在谢赫那里乃分而言之的两个概念,而它们都与"神"有关,二者之间又有着必然的关联,所以在后世艺术理论中,有时将"气韵"视作一个概念了。

至此,我们便能理解顾恺之的画论中何以没有出现"韵"字了。第一,顾恺之品评的是前代画家的创作,其时,理想的人物形象不是具有"风韵",而是曹魏时的"玉人"或竹林的"放达",顾恺之所看重的是,画作能否体现人物之"生气"和"大势";其二,顾恺之所处的东晋,"韵"在人物品藻中虽大量使用,然其进入艺术批评领域,尚需一个过程。谢赫生

① 徐复观:《中国艺术精神》,春风文艺出版社 1987 年版,第 152 页。
② 徐复观:《中国艺术精神》,春风文艺出版社 1987 年版,第 154 页。

存的齐梁时代,已对东晋理想人物形象有很好的把握,"韵"已广为接受。

显然,从"传神写照"到"气韵生动",表明了魏晋南北朝审美意识的重要变迁。

第六章

手挥五弦：音乐审美意识

　　和书法、绘画等艺术形式不同,音乐与士人的关系更为切近。自周公制礼作乐,礼乐制度成为国家政治制度的基本层面,绵延整个中国古代王朝。周代,"乐"是士人教育的必修科目之一。孔子说"兴于诗,立于礼,成于乐",音乐不仅能够修养心性,更重要的是,音乐能够促使一个人挺立于儒家规范之中,成为一个理想的社会人,因此儒家文化特重音乐的社会功能。及至魏晋南北朝,中央集权的政治体系依然存在,礼乐制度仍在发挥作用,但由于一方面世族力量成为社会主导;另一方面是异族的入侵和威胁,使得皇权对社会失去了有效控制。更由于思想上的解放,玄学大兴,给士人生活造成了迥异于此前的巨大变化,音乐在士人生活中的地位和功能,亦不能不有所变迁。本章以琴为主要研究对象,探讨汉魏六朝音乐审美意识的嬗变。

第一节　魏晋南北朝之前的琴与审美

一、古琴探源

　　中国古代以材质区分八类乐器:金、石、土、革、丝、木、匏、竹。琴属丝类乐器。琴之起源,颇为久远。中国众多器物的发明人,往往假托三皇五帝,以表明其渊源之深久,其立意之高远。

　　先秦文献中,《乐记》载"舜作五弦之琴"。及至汉代,不少文献提到琴的创始人,主要有两说:一为伏羲,一为神农。在中国古代帝王世系中,神农居伏羲之后。扬雄(前32—前7年)的《琴清英》、桓谭(前25—56

年)的《新序》、应劭(153—196 年)的《风俗通义》引《世本》等典籍说琴乃神农所造,汉代马融(79—166 年)的《笛赋》、蔡邕(132—192 年)的《琴操》则云伏羲造琴。大抵西汉人说是神农,东汉人说是伏羲,作者年代越后,追溯得越是久远。这些记载,皆渺不可征。然在《诗经》、《尚书》等文献中,琴多有出现,且常于另一丝弦乐器"瑟"关联在一起。如《诗经》中,"窈窕淑女,琴瑟友之"、"我有嘉宾,鼓瑟鼓琴"、"妻子好合,如鼓瑟琴"、"琴瑟在御,莫不静好"以及"琴瑟击鼓,以御田祖"等句。这些诗句,是以琴瑟伴奏,且舞且歌的,不仅用于燕乐宾客,亦用于宗庙祭祀。

《诗经·定之方中》说:"椅桐梓漆,爰伐琴瑟。"中国古人早就发现桐和梓木为良好的制琴材料,延续至今。一般而言,琴的上面为梧桐木,下面为楸梓木,用两木相合制造而成。不过,先秦两汉时期,琴的形制不一,琴弦数量、琴体长短、琴的外观并不固定。从考古资料来看,1978 年湖北随县发掘的曾侯乙墓,为战国早期墓葬,出土了十弦琴。1980 年湖南长沙五里牌战国晚期楚墓中出土了彩绘琴,为九弦。1973 年长沙马王堆三号墓出土的西汉早期之琴,为七弦。扬雄在《琴清英》中说:"舜弹五弦之琴而天下治,尧加二弦,以合君臣之恩也。"[1]则舜所弹之琴为五弦,尧加二弦,成为七弦。此外,据《宋书·乐志》所记:"《尔雅》'大琴曰离',二十弦,今无其器。"[2]《西京杂记》记载,高祖初入咸阳宫,发现"有琴长六尺,安十三弦,二十六徽,皆用七宝饰之,铭曰:璠玙之乐"[3]。则琴弦之数,有五弦、七弦、九弦、十弦、十三弦、二十弦。不过,到魏晋时期,七弦琴成为基本定制。1997 年出土的江西南昌东晋永和八年雷陔墓中的抚琴图漆平盘,以及南京西善桥魏晋南北朝墓葬"竹林七贤"砖印壁画中嵇康所抚之琴,皆为七弦,与唐宋以来流传至今的琴基本一致了。

琴的尺寸亦不统一。司马迁在《史记·乐书》中提道:"琴长八尺一寸,正度也。弦大者为宫,而居中央,君也。商张右傍,其余大小相次,不

---

① 《全汉文》卷五十四,商务印书馆 1999 年版,第 556 页。
② 《宋书》卷十九《乐志一》,中华书局 1974 年版,第 555 页。
③ (晋)葛洪:《西京杂记》,程毅中点校,中华书局 1985 年版,第 19 页。

失其次序,则君臣之位正矣。"①应邵在《风俗通义》中指出:"今琴长四尺五寸,法四时五行也。七弦者,法七星也。"桓谭的《新论·琴道十六》论述更为详细,琴的长度则为三尺六寸六分:"昔神农继伏羲王天下,梧桐作琴,三尺六寸有六分,象期之数;厚寸有八,象三六数;广六分,象六律;上圆而敛,法天;下方而平,法地;上广下狭,法尊卑之礼。琴隐长四寸五分,隐以前长八分。五弦,第一弦为宫,其次商、角、徵、羽。文王、武王各加一弦,以为少宫、少商。下徵七弦,总会枢要,足以通万物而考治乱也。"正如花果山上孕育出孙悟空的石头大小有度,"其石有三丈六尺五寸高,按周天三百六十五度;有二丈四尺围圆,按政历二十四气;上有九窍八孔,按九宫八卦。"②可以见出,琴的尺寸虽不统一,然其尺寸绝非随意而为,而是法天象地,取则天数。唯其如此,才能奏出美妙和谐的音符,起到感化人心的作用。这种观念,贯穿于中国古代的所有造物之中,体现了中国古人天人感应、天人合一的宇宙观。

根据考古资料以及图像资料,琴的其他形制亦有演变。马王堆三号墓出土的琴为半箱式一足无徽琴,而在四川绵阳等地出土的东汉弹琴俑所持之琴模型,均是长条形全箱式琴。故宫博物院所藏东晋顾恺之的《斫琴图》,图中绘有两种古琴,都是全箱式。两种琴身虽已出现额、颈、肩等细部分化,但造型仍与东汉弹琴俑大体一致。这一样式的琴体还见于河南邓县北朝彩绘画像砖墓《商山四皓图》,说明初见于东汉的这一古琴形制,一直保留在东晋南北朝时期。陕西三原唐初李寿墓线刻壁画伎乐图中,有抱琴、弹琴图像各一,琴式则与《斫琴图》中的琴基本相同。另外,先秦时期的琴没有标志泛音位置的琴徽,西汉枚乘的名赋《七发》中,提到用龙门之桐制琴,用野茧之丝制弦,并以"九寡之珥为约"。李纯一先生认为"约"即是琴徽。嵇康在《琴赋》中有"徽以钟山之玉",明确提到琴徽。在"竹林七贤"壁画上,已赫然出现琴徽。李纯一先生据此认为全箱式琴体和十三徽的基本定制,年代约在东晋或稍前,下限至迟不晚于

---

① 《史记》卷二十四《乐书二》,中华书局 1959 年版,第 1236—1237 页。
② (明)吴承恩:《西游记》,黄周星点评本,中华书局 2009 年版,第 2 页。

南齐初年,即公元 5 世纪 90 年代。① 可见,在魏晋南北朝时期,琴的形制基本确立。

二、"琴德最优":琴的文化内涵

八音之中,乐器繁多,以丝类乐器而论,除琴之外,尚有瑟、筑、筝、琵琶、箜篌等。先秦时期,琴瑟多联称并举,《曲礼下》云:"君无故,玉不去身;大夫无故不彻县,士无故不彻琴瑟。"可知琴瑟作为礼器,共同用于音乐伴奏。在西汉前期的文献中,同样多为琴瑟并举,强调琴瑟的宗庙仪典和礼乐教化功能。到西汉中期以后,关于琴的单独论述渐多起来,琴走向独立,备受重视。东汉桓谭说"八音广博,琴德最优",何以琴在汉代开始受到士人青睐,成为最能彰显士人精神世界与文化素养的元素? 试从以下三个方面作一分析。

其一,琴的宇宙论内涵。

天人感应之说在先秦已有萌芽,汉代大儒董仲舒以阴阳五行学说为基础,在《春秋繁露》等书中对天人感应作了深入阐发,使这一思想广为汉人及后世接受,深刻影响了传统中国人对于灾异的理解。音乐亦复如是,同样受到了天人感应说的影响,时人对琴的解释,同样体现了这一宇宙论。

桓谭的《新论》指出神农在创制琴之时,"上观法于天,下取法于地,近取诸身,远取诸物",②这段话与伏羲作八卦的描述基本相同,表明了琴所具有的宇宙论内涵。如上文所引,桓谭对琴的尺寸所具有的象征意义已有所论,汉末蔡邕论之更详,他指出:"琴长三尺六寸六分,象三百六十日也;广六寸,象六合也。文上曰池,下曰岩。池,水也,言其平。下曰滨,滨,宾也,言其服也。前广后狭,象尊卑也。上圆下方,法天地也。五弦宫也,象五行也。大弦者,君也,宽和而温。小弦者,臣也,清廉而不乱。文

---

① 参见秦序:《琴乐是一个不断变革发展的多元开放系统——兼及中国文化传统的传承与发展》,《中国音乐学》2003 年第 3 期。参见李纯一:《中国上古出土乐器综论电子书》,第十八章,文物出版社 1996 年版。

② 朱谦之校辑:《新辑本桓谭新论》卷十六《琴道篇》,中华书局 2009 年版,第 64 页。

王武王加二弦,合君臣恩也。宫为君,商为臣,角为民,徵为事,羽为物。"①由此来看,琴的各个部位、形状、尺寸,皆有象征意义,琴身正如人身,乃一具体而微的宇宙,其上体现出了儒家视野下的自然、社会和政治秩序。正如桓谭所论,琴"足以通万物而考治乱",唯其如此,才会出现"昔者舜鼓五弦,歌《南风》之诗而天下治"②的盛况。

琴自创制之始,就被赋予了崇高的社会教化意义。舜弹五弦琴唱南风之歌,何以能令天下治? 这与儒家对音乐的社会功能的认知息息相关。司马迁在《史记·乐书》中说:"夫上古明王举乐者,非以娱心自乐,快意恣欲,将欲为治也。正教者皆始于音,音正而行正。故音乐者,所以动荡血脉,通流精神而和正心也。故宫动脾而和正圣,商动肺而和正义,角动肝而和正仁,徵动心而和正礼,羽动肾而和正智。故乐所以内辅正心而外异贵贱也;上以事宗庙,下以变化黎庶也。"③音乐能够促进个体感官、脏腑与精神的通达,使人心绪平和中正,不生淫邪之念,而且能够移风易俗,"五色成文而不乱,八风从律而不奸,百度得数而有常。小大相成,终始相生,倡和清浊,迭相为经。故乐行而伦清,耳目聪明,血气和平,移风易俗,天下皆宁"④。使社会秩序处于和谐良好的状态。这种观念的哲学基础,是气化论以及天人感应的宇宙观。正是因为这种观念,礼与乐才能相须而用,形成礼乐制度。

其二,琴的道德内涵。

先秦时期,琴是一种与瑟并举、作为伴奏之用的礼器,而在汉代文献中,琴在被赋予宇宙论内涵的同时,也被渲染上了深厚的道德内涵。桓谭说"八音广博,琴德最优"⑤,应劭亦说"雅琴者,乐之统也",⑥都将琴抬到了极高的地位。那么,琴到底有何种道德内涵? 且看如下文献:

---

① 吉联抗辑:《琴操》(两种),人民音乐出版社1990年版,第21—22页。

② (清)王先慎:《韩非子集解》,中华书局2013年版,第263页。

③ 《史记》卷二十四《乐书二》,中华书局1959年版,第1236页。

④ (清)孙希旦:《礼记集解》(下),中华书局1989年版,第1004—1005页。

⑤ (汉)桓谭撰,朱谦之校辑:《新辑本桓谭新论》卷十六《琴道篇》,中华书局2009年版,第64页。

⑥ 王利器:《风俗通义校注》卷六《声音·琴》,中华书局1981年版,第293页。

神农之初作琴也,以归神,及其淫也,反其天心。[1]

刘向《琴说》:凡鼓琴,有七例:一曰明道德,二曰感鬼神,三曰美风俗,四曰妙心察,五曰制声调,六曰流文雅,七曰善传授。

刘向《说苑·修文》:古者天子诸侯听钟声未尝离于庭,卿大夫听琴瑟未尝离于前,所以养正心而灭淫气也。[2]

昔者神农造琴,以定神禁淫辟去邪,欲反其天真者也。[3]

桓谭《新论·琴道篇》:琴之言禁也,君子守以自禁也。

班固《白虎通德论·礼乐》:琴者禁也,所以禁止淫邪,正人心也。

蔡邕《琴操》:昔伏羲作琴,所以御邪僻,防心淫,以修身理性,反其天真也。

以上表述有雷同之处,归结起来有以下两点:第一,琴者,禁也。这也是《说文解字》对琴的解释。琴有“禁”的功能,所禁所去所防所灭的,是淫僻、邪气、邪欲、淫邪、邪僻、心淫。这都是有悖个人修养的心意状态。对于个人修身而言,儒家讲究正心诚意,如果心意放荡而无收束,那么行为就会失检,违礼背法,不能做到修齐治平。对社会而言,就会造成风俗的败坏,长幼无序,上下失和,进而带来国家的混乱。第二,琴不仅能禁掉个人的这些邪欲,而且能够“正人心”、“反其天真”。使人心归正,使心神回到正途,甚至是天真的状态。这种天真的状态,就是与天地万物同一的自然和谐状态。后汉李尤作有一篇《琴铭》:“琴之在音,荡涤邪心。虽有正性,其感亦深。存雅却郑,浮侈是禁。条畅和正,乐而不淫。”[4]很好地传达了琴所具有的上述功能。

不过,琴所具有的道德教化功能,尚需通过琴曲传达出来。要想真正

---

① 刘文典:《淮南鸿烈集解》卷二十《泰族训》,中华书局 1989 年版,第 672 页。

② 向宗鲁:《说苑校证》卷十九《修文》,中华书局 1987 年版,第 508 页。

③ (清)严可均辑:《全汉文》卷五十四《扬雄·琴清英》,商务印书馆 1999 年版,第 554 页。

④ 《全后汉文》卷五十,商务印书馆 1999 年版,第 513 页。日本正仓院北仓所藏唐代“金银平文琴”,龙口下之铭,即为李尤《琴铭》。详见傅芸子:《正仓院考古记》,上海书画出版社 2014 年版,第 20 页。

实现上述功能,就需要对琴曲有所选择,摒弃郑卫之音。《孔子家语·辩乐解》中有则故事很能说明这个问题。子路鼓琴,因为所奏为北鄙之曲,受到孔子责骂。孔子说:"夫先王之制音也,奏中声以为节,入于南,不归于北。夫南者,生育之乡,北者,杀伐之城。故君子之音,温柔居中,以养生育之气。忧愁之感不加于心也,暴厉之动不在于体也。夫然者,乃所谓治安之风也。小人之音则不然,亢丽微末,以象杀伐之气,中和之感不载于心,温和之动不存于体。夫然者,乃所以为乱之风。"①他还指出,舜所奏为《南风》之诗,所以天下治,纣好为北鄙之声,所以亡国。因此君子必须却郑存雅,学习先王之音。桓谭是另一个很好的例证,他好音律,善鼓琴,"颇离雅操而更为新弄",喜欢弹奏时新的乐曲,受到光武帝欣赏,却遭到保守势力的攻击,大司空宋弘批评他"数进郑声以乱雅颂",告诫他应当"辅国家以道德"。② 史料所载琴曲,或名"畅",或名"操","其道行和乐而作者,命其曲曰畅。畅者,言其道之美畅,犹不敢自安,不骄不溢,好礼不以畅其意也。其遇闭塞,忧愁而作者,命其曲曰操。操者,言遇灾遭害,困厄穷迫,虽怨恨失意,犹守礼义,不惧不慑,乐道而不失其操者也"③。琴曲的命名,即传达了其所具有的修养身心的道德教化观念。

其三,琴的审美内涵。

先秦时期,强调琴的礼仪功能,"士无故不彻琴瑟",琴是士人阶层身份的象征,非供娱乐之用,如《左传·昭公元年》所记:"君子之近琴瑟,以仪节也,非以慆心也。"所以儒家最重音乐,孔子及其门人颜回、子路、子思、闵子骞、曾皙等人多能弹琴。不过,当时的古琴名家,多是宫廷乐手,如钟仪、师旷、师涓、师曹、师襄。战国时期,还出现了伯牙、雍门周等民间杰出琴家。两汉时期的琴家,如刘向《别录》所载的东海师中、渤海赵定、梁国龙德,这些人虽为宫廷乐师,不过已有琴学著述,《汉书·艺文志》载"师氏七篇,赵氏十篇,龙氏九十九篇",《隋书·音乐志》所记篇数有所不同:"《赵氏雅琴》七篇,《师氏雅琴》八篇,《龙氏雅琴》百六篇。"据刘向所

---

① 《孔子家语》卷八《辩乐解第三十五》,中华书局 2011 年版,第 393 页。
② 《后汉书》卷二十六《宋弘传》,中华书局 1965 年版,第 904 页。
③ 王利器:《风俗通义校注》卷六《声音·琴》,中华书局 1981 年版,第 293 页。

言,龙德还著有《诸琴杂事》,惜皆失传。除了宫廷乐师,两汉有了很多擅长弹琴的士人,最知名者,有刘向、司马相如、桓谭、蔡邕等人。此外,汉代女性亦乐此道,汉末皇后王政君、赵飞燕都擅长弹琴。蔡邕还作有一篇《女训》,专门介绍了女妇在公婆及长辈面前鼓琴的礼仪和注意事项,如"舅姑若命之鼓琴,必正坐操琴而奏曲。若问曲名,则舍琴兴而对,曰某曲。""凡鼓小曲,五终则止;大曲,三终则止。""琴必常调,尊者之前,不更调张。私室若近舅姑,则不敢独鼓;若绝远,声音不闻,鼓之可也鼓琴之夜,有姊妹之宴则可也。"①蔡邕此文,或是针对贵族女性所写,说明弹琴在汉末贵族女性中相当普遍,成为她们具备的文化素养之一。在这种情况下,虽然琴所具有的道德教化意义在汉代得到极大强调,不过,琴所具有的审美意义开始备受关注。

早在战国时期的《荀子》一文中,就有"昔者瓠巴鼓瑟,而流鱼出听;伯牙鼓琴,而六马仰秣"之说,"仰秣",高诱注曰:"仰头吹吐,谓马笑也。"荀子的本意在表明"声无小而不闻",为学需要积累的道理。不过,伯牙的琴声能令马儿抬头微笑,可知其音声之美妙。刘向的《说苑》较早记载了伯牙与钟子期的故事,伯牙鼓琴,钟子期听之,"方鼓而志在太山,钟子期曰:'善哉乎鼓琴,巍巍乎若太山!'少选之间,而志在流水,钟子期复曰:'善哉乎鼓琴,汤汤乎若流水!'"②及至钟子期死,伯牙破琴绝弦,终身不复鼓琴。这段动人的故事千古流传,阐释了友朋之间心有灵犀的"知音"之情。伯牙的琴声,巍巍乎,荡荡乎,或雄浑,或优美。他所着意的不是琴的道德教化,而是以琴声描摹自然山水的憾人气势。

汉代学者对于古琴音声的审美特点进行了探讨,桓谭指出:"大声不震哗而流漫,细声不湮灭而不闻。"③应劭讲得更为详细:"琴之大小得中,而声音和,大声不喧哗而流漫,小声不湮灭而不闻,适足以和人意气,感人善心。"④也就是说,琴的声音不大,不至于喧闹不安,让人心神动荡,又不

---

① 蔡邕:《女训》,《全后汉文》卷七十四,商务印书馆 1999 年版,第 755 页。
② 向宗鲁:《说苑校证》,中华书局 1987 年版,第 183—184 页。
③ 《新辑本桓谭新论》卷十六《琴道篇》,第 64 页。
④ 王利器:《风俗通义校注》卷六《声音·琴》,中华书局 1981 年版,第 293 页。

算太小，让人无法听到。总体来说，琴的声音不是很大，无法用于宴饮集会等众声喧哗的场合，在这些场合，要靠"钟鼓乐之"，或者"鼓瑟吹笙"。所谓"大小得中而声音和"，"中"、"和"二字，正足以代表汉代古琴的审美内涵，这一审美特点，契合于儒家美学思想，与琴所具有的宇宙论内涵和道德论色彩是相适应的。

汉代记载了前代流传下来的大量琴曲，传为蔡邕所作《琴操》中，所载古琴曲，有五首歌诗、十二首操、九首引，另有《河间杂歌》二十一章。汉代流传的著名琴曲，主要有《幽兰》、《白雪》、《双凤离鸾》、《尧畅》、《舜操》、《禹操》、《文王操》、《微子操》、《箕子操》、《伯夷操》、《雉朝飞操》、《别鹤操》、《聂政刺秦王曲》等。《幽兰》又名《猗兰操》，传为孔子所作。孔子自卫返鲁，见隐谷中芗兰独茂，自伤不逢于时，援琴作歌曰："习习谷风，以阴以雨。之子于归，远送于野。何彼苍天，不得其所。逍遥九州，无所定处。世人暗蔽，不知贤者。年纪逝迈，一身将老。"其情感定然是悲凉哀伤的。《白雪》，据朱权《神奇秘谱》所载，为师旷所作，"阳春，宫调也；白雪，商调也。阳春取万物知春和风淡荡之意；白雪取凛然清洁雪竹琳琅之音。因有白雪，始制阳春之曲。宋玉所谓阳春白雪，曲弥高而和弥寡，其此也夫。"《幽兰》与《白雪》二曲非常知名，战国宋玉在《讽赋》中提道："中有鸣琴焉，臣援而鼓之，为《幽兰》、《白雪》之曲。"汉代司马相如拟作的《美人赋》，亦云："遂设旨酒，进鸣琴。臣遂抚弦为幽兰白雪之曲，女乃歌曰：'独处室兮廓无依，思佳人兮情伤悲。有美人兮来何迟，日既暮兮华色衰，敢托身兮长自私。'"二曲皆表明德行之高洁。他如《尧畅》、《舜操》、《禹操》、《文王操》、《微子操》、《箕子操》、《伯夷操》等，主题皆为前代贤君名臣，其道德教化意味很是明显。

不过，后汉时期，琴曲的美学意味有所远离儒家教化色彩，而更倾向于个人情感的抒发了。最典型的，当属蔡邕所作的五首琴曲，号称《蔡氏五弄》。其题解云：

> 《琴历》曰："琴曲有《蔡氏五弄》。"《琴集》曰："《五弄》，《游春》、《渌水》、《幽居》、《坐愁》、《秋思》，并宫调，蔡邕所作也。"《琴书》曰："邕性沈厚，雅好琴道。嘉平初，入青溪访鬼谷先生。所居山

有五曲:一曲制一弄,山之东曲,常有仙人游,故作《游春》;南曲有涧,冬夏常渌,故作《渌水》;中曲即鬼谷先生旧所居也,深邃岑寂,故作《幽居》;北曲高岩,猿鸟所集,感物愁坐,故作《坐愁》;西曲灌水吟秋,故作《秋思》。三年曲成,出示马融,甚异之。"①

据此,《蔡氏五弄》是在山中所作,蔡邕睹山水之清盛,高士之幽居,即景生情,有感而作,意在抒发山水之思,怀古之情,感物之愁,悲秋之绪,全是个人情感的倾诉,而不顾及琴所具有的道德教化功能了。在明代朱权的《神奇秘谱》中,还载有蔡邕的两首琴曲:《秋月照茅亭》和《山中思友人》。《秋月照茅亭》题解曰:"是曲者,或谓蔡邕所作,或曰左思。盖曲之趣也,写天宇之一碧,万籁之咸寂,有孤月之明秋,影涵万象。当斯之时,良夜寂寥,迢迢未央,孤坐茅亭,抱琴于膝,鼓弦而歌,以诉心中之志。但见明月窥人,入于茅亭之内,使心与道融,意与弦合,不知琴之于手,手之于琴,皆神会也。其趣也如此。"②生动地描绘了琴曲所摹写的意象,弹琴时的心意状态,以及琴曲所具有的精神内涵。显然,它与《蔡氏五弄》旨趣相类,皆是对自然山水以及个体情感的发露,是纯然审美性的,透着高古的诗意,而绝无道德教化意味在其中了。魏晋南北朝的琴人与琴曲,更是淋漓尽致地展现出了其审美品性,而蔡邕已作了很好的发端。

第二节　魏晋南北朝古琴的审美特点

魏晋南北朝时期,音乐与士人的关系变得更为紧密,成为他们日常生活中不可须臾离的文化要素。如魏祖曹操,"好音乐,倡优在侧,常以日达夕"③。蜀主刘备,"不甚乐读书,喜狗马、音乐、美衣服"④。东晋名相谢安,"性好音乐,自弟万丧,十年不听音乐。及登台辅,期丧不废乐"⑤。

---

① (宋)郭茂倩编:《乐府诗集》(第三册),中华书局1979年版,第855—856页。
② (明)朱权:《神奇秘谱》,收《琴曲集成》(第1册),中华书局2010年版,第117页。
③ 《三国志》卷一《魏书·太祖本纪》注引《曹瞒传》,中华书局1959年版,第55页。
④ 《三国志》卷三十二《蜀书·先主传》,中华书局1959年版,第871页。
⑤ 《晋书》卷七十九《谢安传》,中华书局1974年版,第2075页。

梁代夏侯亶,"晚年颇好音乐,有妓妾十数人,并无被服姿容。每有客,常隔帘奏之,时谓帘为夏侯妓衣也"①。北魏高允,"性好音乐,每至伶人弦歌鼓舞,常击节称善"②。魏晋南北朝士人爱好音乐,不止于日常的欣赏,而且以擅长音乐为能事,音乐,尤其是弹琴,遂与文学、清谈、书画等一起,成为彰显士人才情与素养的文化符号之一。③ 同样与文学、书法、绘画等相似的是,音乐的传承具有家族性,如阮氏家族中的阮瑀、阮籍、阮咸、阮瞻,嵇氏家族中的嵇康、嵇绍,谢氏家族中的谢鲲、谢安、谢楷等,皆擅音乐,这种情形,无疑进一步提升了音乐在士人文化体系中的地位。

与之相应的是,音乐的娱乐性和审美性大大增强。以乐府而论,汉代乐府大都采自民间,其中多有反映社会问题,风格亦质朴自然。至曹魏时期,曹氏父子以旧曲翻新调,开私家模拟之渐,"其事先出乎樽俎,其情则多个人之兴感"④。西晋时期,多个人拟作,较少描写社会状况的作品,乐府与社会之有关系,日就衰薄,乃乐府的个人主义时期。及至东晋南朝,"吴楚新声,乃大放厥彩,其体制则率多短章,其风格则儇佻而绮丽,其歌咏之对象,则不外男女相思,虽曰民歌,然实皆都市生活之写真,非所谓两汉田野之制作也。于是文人所作,大抵亦如此。乐府至是,几与社会完全脱离关系,而仅为少数有闲阶级陶情悦耳之艳曲。惟北朝之朴直,犹有汉遗风耳。是为乐府之浪漫主义时期,此又一变也"⑤。则乐府俨然成为魏晋南北朝士人表达个人才情,以及愉悦耳目的凭借。

我们所关注的古琴在魏晋南北朝亦有如是变化。魏晋南北朝时期,琴在士人文化体系中的地位更加凸显,习琴成为世族子弟必备的文化技

---

① 《梁书》卷二十八《夏侯亶传》,中华书局 1973 年版,第 420 页。

② 《魏书》卷四十八《高允传》,中华书局 1974 年版,第 1089 页。

③ 如谢鲲:"通简有高识,不修威仪,好《老》《易》,能歌,善鼓琴。"(《晋书》卷四十九)公孙宏:"善鼓琴,颇能属文。"(《晋书》卷五十五)段丰妻慕容氏:"有才慧,善书史,能鼓琴。"(《晋书》卷九十六)陶弘景:"读书万余卷,善琴棋,工草隶。"(《梁书》卷五十一)侯安都:"工隶书,能鼓琴,涉猎书传,为五言诗,亦颇清靡,兼善骑射。"(《陈书》卷八)以上数例,将弹琴与学术、文章、书法、围棋等相提并举,以体现其人之文化素养。

④ 萧涤非:《汉魏六朝乐府文学史》,人民文学出版社 2011 年版,第 25 页。

⑤ 萧涤非:《汉魏六朝乐府文学史》,人民文学出版社 2011 年版,第 25 页。

能之一，所谓"衣冠子孙，不知琴者，号有所阙"。① 以左思之卑微出身，犹自小即学书与琴。魏晋南北朝琴家非常之多，宋代朱长文的《琴史》中著录魏晋南北朝琴人四十有余，其最著者，如嵇康、嵇绍、阮籍、阮咸、顾荣、谢安、戴逵父子、王僧佑、宗炳、柳世隆、柳恽等人，远较唐代为多。不过，朱长文所录不全，见于史籍的，如西晋谢鲲、公孙宏、贺循，东晋谢楷，宋世嵇元荣、羊盖，南齐王仲雄、王欣泰等人，皆擅弹琴，都未收入。

　　魏晋南北朝琴曲颇显隆盛，以嵇康的《琴赋》所述为例，其中有古曲，如《白雪》、《清角》、《渌水》、《清徵》、《尧畅》、《微子》、《南荆》、《西秦》、《陵阳》、《巴人》等，亦有新声，如《广陵》、《止息》、《东武》、《太山》、《飞龙》、《鹿鸣》等，还有民间谣俗，如《蔡氏五曲》、《千里》、《别鹤》等。魏晋南北朝士人亦能自造新曲，"创新声，改旧用"②。在宴饮之时，"奏新声，理秘舞"。③ 如传嵇康作有《长清》、《短清》、《长侧》、《短侧》，号称《嵇氏四弄》，与《蔡氏五弄》合称"九弄"。此外，嵇康还作有《风入松》等曲。再如戴逵之子戴勃与戴颙，"各造新声，勃五部，颙十五部，颙又制长弄一部，并传于世"。戴颙所奏之曲，"并新声变曲，其《三调游弦》、《广陵止息》之流皆与世异"。他们还吸收民歌内容，进行改编加工，"尝合《何尝》、《白鹄》二声，以为一调，号为《清旷》"④。其他如左思、刘琨等人都作有琴曲。梁代柳恽是著名琴家，"尝以今声转弃古法，乃著《清调论》，具有条流"⑤。北齐郑述祖，自造《龙吟十弄》，自云梦中得之，当时以为妙绝。这些琴曲，或环艳奇伟，或丰赡多姿，体现较强的音乐性和审美性。亦见魏晋南北朝琴人并不因守旧习，而能根据自己的审美需要造出新声。这种观念，同样表明了魏晋南北朝音乐的自觉意识。

　　此外，与琴相关的诗文、论著亦多了起来：嵇康、傅玄、成公绥等人皆

---

　　① （北齐）颜之推著，王利器集解：《颜氏家训集解》卷七《杂艺第十九》，中华书局1993年版，第589页。

　　② 成公绥：《琴赋》，《全晋文》卷五十九，商务印书馆1999年版，第615页。

　　③ 傅玄：《正都赋》，《全晋文》卷四十五，商务印书馆1999年版，第458页。

　　④ 《宋书》卷九十三《隐逸传》，中华书局1974年版，第2277页。

　　⑤ 《梁书》卷二十一《柳恽传》，中华书局1973年版，第332页。

作有《琴赋》;诗歌中多见琴的踪影;相和歌中亦有很多琴歌。琴学论著亦有不少,《隋书·经籍志》所记载魏晋南北朝琴类书籍有:"《琴操》三卷,晋广陵相孔衍撰;《琴操钞》二卷;《琴操钞》一卷;《琴谱四卷》,戴氏撰;《琴经》一卷;《琴说》一卷;《琴历头簿》一卷,《新杂漆调弦谱》一卷。"《宋史·艺文志》还补充了五部:"蔡琰的《胡笳十八拍》四卷,孔衍的《琴操引》三卷,谢庄的《琴论》一卷,梁武帝的《钟律纬》一卷,陈僧智匠的《古今乐录》十三卷。"这些论著惜皆失传,不过于此亦能见出魏晋南北朝琴学之盛。

结合魏晋南北朝琴学资料,我们将琴的审美意识总结为四点:一曰情,二曰雅,三曰逸,四曰悲。悲将放在第三节,专门论述。

一、重 情

此处的情,是与礼相对而言的。

音乐本是表达情感的艺术,"情动于中而行于言,言之不足,故嗟叹之,嗟叹之不足,故咏歌之,咏歌之不足,不知手之舞之、足之蹈之也"①。不过,在儒家文化中,情总是被限定于礼的框架之内,所谓"乐而不淫,哀而不伤",情感的表达要合乎礼仪,儒家音乐观体现出了"中"与"和"的审美标准。先秦时期是中国古代社会的第一个大转型期,三代形成的封建秩序瓦解,群雄并起,礼崩乐坏,统治者逾越礼制的现象所在多有。诸子对此乱象,开出了不同的疗救之道。孔子奉周代礼乐制度为圭臬,他以身作则,动静合礼,以乐教人,并周游列国,四处推行这一主张,他对季氏以八佾舞于庭的僭礼行为非常恼火,发出了"是可忍,孰不可忍"的怒言。荀子肯定人性需要耳目之娱,认为"夫乐者,乐也,人情之所必不免也,故人不能无乐",不过主张以礼节乐。具有平民意识的墨子看到统治者贪图享受,干脆"非乐",力倡取消乐舞。老子同样对享乐性的音乐持否定态度,认为"五音令人耳聋",主张清静无为,回归小国寡民的古代社会。诸子皆从社会与政治的角度思考音乐。汉代重建了儒家的统治地位,使音乐复归礼法的框架之

---

① 《毛诗正义》,北京大学出版社 1999 年版,第 6 页。

内,所以汉代琴学强调道德教化意义,追求中和之美。及至汉末魏晋南北朝,社会又陷入混乱,儒家秩序衰微,玄学思潮大兴,情与礼之间出现了严重冲突。在情与礼之间,与先秦士人对其时溺情毁礼的现状所持反对态度迥乎不同,魏晋南北朝士人几乎全面地倒向了情的一方。

其原因是多方面的,诸如大一统政治的崩塌,玄学思潮的兴起,世族社会的形成,士人群体的自觉等。总之,重情成为此一时代的审美意识,并贯穿于魏晋南北朝思想、文艺以及士人生命精神之中。在魏晋清谈中,有对圣人有情还是无情的讨论,何晏认为圣人无情,而王弼认为:"圣人茂于人者神明也,同于人者五情也,神明茂故能体冲和以通无,五情同故不能无哀乐以应物,然则圣人之情,应物而无累于物者也。"①大家普遍接受了王弼的观点,肯定圣人有情,而不累于情。魏晋名士王戎(一说王衍),发出了"情之所钟,正在我辈"的感叹;卫玠:"初欲渡江,形神惨悴,语左右云:见此芒芒,不觉百端交集。苟未免有情,亦复谁能遣此!"东晋名士王廙登茅山,大呼"琅邪王伯舆,终当为情死"。人皆有情,然而,在不同的历史和文化语境下,特定群体的情感结构、对情感的表达方式可能是大异其趣的。儒家同样讲"情",李泽厚甚至提出了"情本体"的观点。不过,儒家所讲之"情"不同于魏晋南北朝人之"情"。就后者而言,它祛除了政治和礼教的外衣,这种情感是纯然个体性的,魏晋南北朝士人发现了个体存在的价值,人的情感可以不受礼法之制约,以一种浓厚的体贴态度,对待自然山水、亲人朋友甚或宇宙万物,情之所至,是内在而真切的、自然而率性的。在这个意义上,宗白华先生提出"魏晋人向内发现了自己的深情"。

这种情感结构,不能不表现于琴中。

第一,琴成为娱心之具。这种观念,在汉代已有产生,如桓谭所说"古者圣贤,玩琴以养心",②琴成为"玩"的器物,体现了其娱乐功能,不过,"养心"之说,更偏重其"禁"和"正"的修身功能。实际上,早在《庄子》一书中,就有对琴的娱乐功能的论说。《庄子·让王》中,载孔子问颜

---

① 《三国志》卷二十八《魏书·钟会传附王弼传》,中华书局 1959 年版,第 796 页。
② 朱谦之校辑:《新辑本桓谭新论》卷十六《琴道篇》,中华书局 2009 年版,第 65 页。

回,家贫为何不仕? 颜回答曰:"不愿仕。回有郭外之田五十亩,足以给
饘粥;郭内之田十亩,足以为丝麻;鼓琴足以自娱;所学夫子之道者足以自
乐也。回不愿仕。"①颜回鼓琴是为了自娱,没有附着道德意义。当然,
《庄子》引此则故事,不是为了表明琴的自娱功能,而是意在赞颂内修于
己,不以穷通为意的得道之人。《庄子》在汉代湮没无闻,可以说是魏晋
人重新发现了《庄子》,并将之作为玄学经典悉心研求,他们不仅在思想
观念上深受《庄子》影响,在立身行事上同样如此。魏晋士人将琴作为自
娱之物,如嵇康在《琴赋》中所云:"可以导养神气,宣和情志,处穷独而不
闷者,莫近于音声也。"②嵇康认为音乐最能排解人的孤怀。魏晋士人不
离于琴,"平昼闲居,隐几而弹琴"③,这一行为却无关乎礼,乃是为了媚耳
会心,安顿自己的情感。谢安对王羲之说:"中年伤于哀乐,与亲友别,辄
作数日恶。"王羲之回答说:"年在桑榆,自然至此,正赖丝竹陶写。恒恐
儿辈觉,损欣乐之趣。"④生命是一个周期,人到中年,经历和体验到的哀
乐之事更显其多,尤其是亲友的离别,"黯然消魂者,唯别而已矣",让人
情何以堪,心绪难平。在王羲之看来,音乐恰能抚慰这一哀伤,沉浸在音
乐之中,孤怀愁绪能够得到宣发,心神得到陶冶。

　　魏晋南北朝士人在孤独郁结之际,常以琴遣怀。王粲作有三首《七
哀诗》,其二为《荆蛮非我乡》,其中几句曰:"独夜不能寐,摄衣起抚琴。
丝桐感人情,为我发悲音。"本诗作于王粲羁留荆州之时(192—208 年之
间)。阮籍的《咏怀诗》第一首,起始即说:"夜中不能寐,起坐弹鸣琴。"谢
灵运的《晚出西射堂》作于永初三年(422 年)外放永嘉之年,深秋景致,
满目忧戚,他在诗句最后感叹:"安排徒空言,幽独赖鸣琴。"王粲和阮籍
处于魏晋南北朝社会最混乱的时期之一,三国群雄逐鹿,王粲逃离中原,
避乱荆州,虽负才学,却因貌寝身羸,不受刘表重用,加之久别家乡,荆州
又被曹操虎视,非长处之地,前路渺渺,孤闷之情,自不待言。阮籍更是处

①　(晋)郭象注,(唐)成玄英疏:《庄子注疏》,中华书局 2011 年版,第 510 页。
②　嵇康:《琴赋》,戴明扬:《嵇康集校注》,中华书局 2014 年版,第 140 页。
③　阮籍:《达庄论》,陈伯君:《阮籍集校注》,中华书局 1987 年版,第 133 页。
④　余嘉锡:《世说新语笺疏》,中华书局 1983 年版,第 121 页。

于魏晋嬗代之际，他对司马氏处于依违之间，终日临深履薄，以酒避祸，愤懑异常。谢灵运被贬职外放，心中亦是郁郁难平。他们在夜不能寐之时，借以排遣长夜孤寂的，便是弹琴。他们所弹何曲，已杳不可闻。不过，流传下来的琴曲中，有一首《酒狂》，正是阮籍的作品。

朱权《神奇秘谱》载有此曲，题解曰："是曲者，阮籍所作也。籍叹道之不行，与时不合，故忘世虑于形骸之外，托兴于酣酒，以乐终身之志。其趣也若是，岂真嗜酒耶？有道存焉。纱纱于其中，故不为俗子道，达者得之。"①杨伦的《太古遗音》题解更为详细："按是曲本晋室竹林七贤阮籍辈所作也。盖自典午之世，君暗后凶，骨肉相残，而铜驼荆棘，胡马云集，一时士大夫若言行稍危，往往罹夫奇祸。是以阮氏诸贤，每盘桓于修竹之场，娱乐于秫蘖之境，镇日酩酊，与世浮沉，庶不为人所忌，而得以保首领于浊世。则夫酒狂之作，岂真恣情于杯斝者耶？昔箕子佯狂，子仪奢欲，皆此意耳。"②杨伦将阮籍的心迹剖析得很是深刻，可谓知阮籍者也。当代著名古琴家姚丙炎先生以《神奇秘谱》为蓝本，参照《西麓堂琴统》对《酒狂》一曲进行整理打谱，确定乐曲为三拍节奏，重音放在第二拍。乐曲虽旋律简单，然低回激越，反复慨叹，胸中似郁积有无数不平之气，无处可发，唯借琴声表白出来。谢灵运说"幽独赖鸣琴"，一个"赖"字，道出了琴在魏晋南北朝士人日常生活中的亲密关系。

琴还表达了至深的朋友之谊、手足之情。《世说新语·伤逝》记载了两则故事，皆与琴有关：

> 顾彦先平生好琴，及丧，家人常以琴置灵床上。张季鹰往哭之，不胜其恸，遂径上床，鼓琴，作数曲竟，抚琴曰："顾彦先颇复赏此不？"因又大恸，遂不执孝子手而出。

> 王子猷、子敬俱病笃，而子敬先亡。子猷问左右："何以都不闻消息？此已丧矣。"语时了不悲。便索舆来奔丧，都不哭。子敬素好琴，便径入坐灵床上，取子敬琴弹，弦既不调，掷地云："子敬子敬，人

①　（明）朱权：《神奇秘谱》，《琴曲集成》（第1册），中华书局2010年版，第115页。

②　杨伦：《太古遗音》，《琴曲集成》（第7册），中华书局2010年版，第61页。

琴俱亡。"因恸绝良久,月余亦卒。

顾荣与张翰皆为东吴名士,顾荣出身吴郡顾氏,被誉为"八音之琴瑟,五色之龙章"。西晋末年,司马睿渡江经营南方,得到了以顾荣为首的江南世族的鼎力支持,东晋政权方才稳定下来。张翰放纵不羁,人称"江东步兵",曾因想念家乡的莼羹与鲈鱼脍两道美味,决然辞官返回故里。顾荣逝世,张翰吊丧,直上灵床弹琴,惜乎斯人已逝,再也听不到朋友的琴声。张翰不依丧礼执孝子手,径直出门。其哀恸之情难以言喻,唯借琴声与哭声表白。王氏兄弟的故事更为感人肺腑,王羲之有子七人,以五子王徽之(字子猷)与七子王献之(字子敬)感情最笃,王徽之卓荦不羁,雪夜访戴,爱竹如命,王献之风神洒脱,雅量清贵,书法盖世。二人俱病终,子敬先逝,子猷奔丧,直取子敬之琴来弹,弦音不调,掷地呼曰:"子敬子敬,人琴俱亡。"彼情彼景,是何等感伤!子猷月余亦亡,追兄弟而去,这种兄弟之情,因琴的存在,更添了几多况味。

二、崇 雅

汉代许慎《说文》释"雅"为:"楚乌也。一名䳼,一名卑居。秦谓之雅。"则雅本为一种鸟。段玉裁注云:"雅之训亦云素也、正也。皆属假借。"不过,在先秦两汉文献中,极少有雅作鸟讲的情况,基本都是训为"正"。如《论语·述而》:"子所雅言,《诗》、《书》、执《礼》,皆雅言也。"孔安国注云:"雅言,正言也。"郑玄曰:"读先王典法,必正言其音,然后义全,故不可有所讳也。"①《诗经》分风、雅、颂,对于雅,朱熹释曰:"雅者,正也,正乐之歌也。"②《荀子·荣辱》:"君子安雅。"王先谦注云:"正而有美德者谓之雅。"③《荀子·修身》又云:"容貌、态度、进退、趋行,由礼则雅,不由礼则夷固僻违、庸众而野。"《毛诗序》云:"雅者,正也。言王政之所由废兴也。"《白虎通·礼乐》:"乐尚雅何?雅者,古正也,所以远郑声也。"《风俗通义·声音》云:"雅之为言正也。"统上资料,雅皆训为正,强

---

① (梁)皇侃:《论语义疏》,中华书局2013年版,第168页。
② (宋)朱熹:《诗集传》,中华书局1958年版,第99页。
③ (清)王先谦:《荀子集解》,中华书局1988年版,第62页。

调人的语言、行为,诗歌的内容、曲调,符合儒家礼制和道德规范。

汉代,琴乃有雅之目。如《汉书·艺文志》载《雅琴赵氏七篇》、《雅琴师氏八篇》、《雅琴龙氏九十九篇》;《汉书·王褒传》记"丞相魏相奏言知音善鼓雅琴者渤海赵定、梁国龚德,皆召见待诏";《后汉书·儒林列传》载刘宣"能弹雅琴,知清角之操";《风俗通义》谓"雅琴者、乐之统也,与八音并行"等。在这些文献中,"雅琴"之"雅",同样训为"正",是与郑卫之音相对的正乐。由两汉而魏晋,琴的地位得以凸显,琴仍被视为具有雅的意蕴,不过,雅之内涵,出现了从道德到审美的嬗变。

"雅"在魏晋南北朝广为使用,诸如《世说新语》、《文心雕龙》等文献中,大量可见。或指人物仪表风貌,如闲雅、安雅、都雅、儒雅;或指人物性情器量,如雅正、雅重、温雅、弘雅、淹雅、宽雅、渊雅、通雅;或指文学特色,如典雅、丽雅、雅丽、雅润、雅赡;或指文学才能,如博雅、精雅、雅壮等。雅亦用作修饰语,如雅望、雅论、雅韵、雅人、雅材、雅戏等。在这些词汇中,"雅"皆有审美意义,成为一个美学范畴,有高洁、美好之义,体现出主体深厚的文化素养。显然,先是魏晋人物品藻大量使用"雅"字,以形容人物神情风度之美,由此促进了雅的审美意蕴的生成,进而拓展到了对文艺作品和日常事物的欣赏与批评之中。

就琴而言,更是被赋予了"雅"的审美内涵。《颜氏家训·杂艺》赞曰:"此乐愔愔雅致,有深味哉!"琴之雅,表现于多个方面,下面分而述之。

第一是琴的材质之雅。

琴以梓桐制成,在汉魏六朝以琴为主题的赋或赞中,无不盛称其材质的高贵与难得:

> 尔乃言求茂木,周流四垂。观彼椅桐,层山之陂。丹华炜烨,绿叶参差。甘露润其末,凉风扇其枝。鸾凤翔其巅,玄鹤巢其岐。(蔡邕《琴赋》)

> 惟梧桐之所生,在衡山之峻陂。(马融《琴赋》)

> 历嵩岑而将降,睹鸿梧于幽阻。高百仞而不枉,对修条以特处。(傅毅《雅琴赋》)

> 惟椅梧之所生兮,托峻岳之崇冈,披重壤以诞载兮,参辰极而高

骧,含天地之醇和兮,吸日月之休光,郁纷缊以独茂兮,飞英蕤于昊苍,夕纳景于虞渊兮,旦晞干于九阳,经千载以待价兮,寂神跱而永康。……顾兹梧而兴虑,思假物以托心,乃斫孙枝,准量所任。至人摅思,制为雅琴。乃使离子督墨,匠石奋斤,夔、襄荐法,般、倕骋神,镂会衮厕,朗密调均,华绘雕琢,布藻垂文,错以犀象,籍以翠绿。弦以园客之丝,徽以钟山之玉。(嵇康《琴赋》)

懿吾雅器,载朴灵山。体具德贞,情和自然。澡以春雪,澹若洞泉。(嵇康《琴赞》)

乃从容以旁眺,睹美材于山阳。上森萧以崇立,下婆娑而四张。(闵鸿《琴赋》)

龙门琦树,上笼云雾。根带千仞之溪,叶泫三危之露。忽纷糅而交下,终摧残而莫顾。(陆瑜《琴赋》)

峄阳孤桐,裁为鸣琴。(谢惠连《琴赞》)

制琴需用上好的桐木,上文皆赞梧桐生成环境之高绝,尤以嵇康《琴赋》最为盛称。此桐不是长在平凡的乡野,而是耸立于崇山峻岳之上,下临百仞之渊,吸日月之精,聚天地之气,经惠风,饮清露,婆娑四张。上有玄鹤筑巢,鸾凤翱翔,东有春兰,西有沙棠。"夫所以经营其左右者,固以自然神丽,而足思愿爱乐矣。"①诸人所营构的梧桐生长之乡,近乎仙境,如此环境下生长的梧桐,带着灵性,定是"美材"。再经名匠高超的技艺,砍砍剥削,精雕细镂,藻以华形,用犀角、象牙、宝玉等物装点,如是以来,所制之琴,必为"雅器"。因为材料的来之不易,作为"雅器"之琴,具有了高贵的意味。魏晋南北朝士人多出自世家大族,最重出身,于是,琴与士人,在身份上正相契合。

由于琴乃雅器,制琴也成为雅事,魏晋南北朝士人甚至亲自操作,顾恺之所绘《斫琴图》,正可见出这点。《斫琴图》的场景是在庭院之内,绘有14个人物,其中有5个无须小童,或持扇,或背水,或侍立,头扎小髻,明显是童仆,服务于正在制琴之人。另外9人,从其发型、着装及神情来看,皆褒衣博带,面容方整,长髯修目,神情安闲,其身份应为士人而非工匠。最左上之

---

① 嵇康:《琴赋》,戴明扬:《嵇康集校注》,中华书局2014年版,第141页。

人,右脚踩住木头底部,双手挥动工具,正在刨削一根倚放于树杈上的桐木。右下之人则蹲在地上,雕凿琴板。左三那位士人,策杖徐行,身后跟着一个手持羽扇的仆人。他或许是庭院的主人,来观看制琴的。右边两位士人,相对而坐,其一斜抱琴板,或在调音,其一凝神注视。右边四位士人分成两组,右下三人,皆席地坐在榻上,其中二人斜身专注于制琴,另一人坐于对面,或在指导。右上一人,独坐于一张长形席上,右手食指拨动木架上的丝弦。诸人神情悠然,专注而认真,显然以为雅事,乐在其中。

二是琴人之雅。

琴即为雅器,则弹奏者应为雅人。在魏晋南北朝之世,琴人之雅表现于两个方面:

第一,弹琴之人需具备较高的文化素养。南齐之时,有位张欣泰,他与世祖萧赜少年交好,曾任直阁将军、安远护军、步兵校尉等职,虽为武官,却热衷于文人雅事。他结交的多为名士,闲散之时,“游园池,著鹿皮冠,衲衣锡杖,挟素琴”。遭人举报,世祖大怒曰:“将家儿何敢作此举止!”将其外放,后顾及交情召还,告之:“卿不乐为武职驱使,当处卿以清贯。”[1]授予他正员郎。由此可见,在时人的观念中,弹琴赋诗,乃身居清贵之职、具有较高文化素养的士人所好,武将不得为此。

第二,弹琴之人需具备独立的人格和高洁的品性,符合玄学价值观。如阮籍母死,嵇康之哥嵇喜前来吊丧,阮籍对以白眼,嵇喜悻悻而退。嵇康带着琴酒前往,阮籍大喜,以青眼相加。在阮籍和向秀等玄学之士眼中,嵇喜不忘功名,乃一俗儒,虽为朋友之兄,亦不尊敬,反而相讽。[2] 嵇康临终一曲《广陵散》,成为千古绝唱,之所以感佩人心,正因为嵇康品行之孤挺高洁。东晋琴家戴逵,负有盛名,武陵王司马晞使人召之,戴逵面对使者将琴摔破,说:“戴安道不为王门伶人!”戴逵之兄戴述亦能鼓琴,司马晞转而召之,戴述“闻命欣然,拥琴而往”。[3] 兄弟二人面对王者的征

　① 《南齐书》卷五十一《张欣泰传》,中华书局 1972 年版,第 882 页。
　② 《世说新语·简傲》云:“嵇康与吕安善,每一相思,千里命驾。安后来,值康不在,喜出户延之,不入。题门上作‘凤’字而去。喜不觉,犹以为欣故作。‘凤’字,凡鸟也。”
　③ 《晋书》卷九十四《戴逵传》,中华书局 1974 年版,第 2457 页。

召,一拒一迎,表现出截然不同的反应。《晋书》虽对二人不作褒贬,但对照之间,高下立现,正是史家习用的春秋笔法。南齐王僧祐,负气不群,竟陵王萧子良听说他擅长弹琴,希望他能表演一下,王僧祐不肯从命。① 戴逵和王僧祐所表现出的不畏强权的独立人格,正是为人所推重的。阮咸之子阮瞻,为人清虚寡欲,"善弹琴,人闻其能,多往求听,不问贵贱长幼,皆为弹之。神气冲和,而不知向人所在。内兄潘岳每令鼓琴,终日达夜,无忤色。由是识者叹其恬澹,不可荣辱矣。"②阮瞻作为琴人,体现出了另一种境界,即"恬澹"。这同样是为人所欣赏的琴学境界,明人徐上瀛作《琴况》,将琴乐分为二十四种况味,"恬"与"澹"即其二焉。其论"恬"曰:"及睨其下指也,其见君子之质,冲然有德之养,绝无雄竞柔媚态。"阮瞻其人,正是冲然有德之养的人。

三是弹琴场景之雅。

嵇康在《琴赋》中对弹琴的时间和场所有大段描述。情境之一,是在高大宽敞的居室中,时维冬夜,天气清冷,明月高照,身着华丽的新衣,心境闲舒,调弄琴弦,鸣琴放歌,有悠然自得之乐。情境之二,是在暮春时节,天气转暖,改换丽服,呼朋引伴,外出嬉游。"涉兰圃,登重基,背长林,翳华芝,临清流,赋新诗。嘉鱼龙之逸豫,乐百卉之荣滋。"穿过长满兰花的庭院,登上高高的山冈,走进茂密的树林,坐在高大的树荫下,来到潺潺的溪流边,欣赏游鱼之乐,流连百花之荣,一派欢欣的景色。当此之时,吟咏新诗,弹奏古琴,别有长思慕远之情。情境之三,是在"华堂曲宴"之时,所谓曲宴,即私宴也,参与者,皆为密友近宾,知心朋友。宴会之上,有美酒,有佳肴,岂可少了音乐? 在嵇康看来,在这种场合下,古琴最能助兴,是笙籁这些竹类乐器无法比拟的。

嵇康所论三种弹琴场景,是魏晋南北朝士人最常经遇的。或静日独居,以琴歌遣怀,如后汉马融喜好声乐,"居宇器服,多存侈饰。常坐高堂,施绛纱帐,前授生徒,后列女乐"③。西晋贺循入洛阳,经过吴阊门时,

---

① 《南齐书》卷四十六《王僧祐传》,中华书局 1972 年版,第 801 页。
② 《晋书》卷四十九《阮瞻传》,中华书局 1974 年版,第 1363 页。
③ 《后汉书》卷六十《马融列传第五十上》,中华书局 1965 年版,第 1972 页。

独自在船中弹琴,并因而与张翰定交。① 或与友朋游览宴饮,以琴曲寄兴。在后两种情形中,嵇康尤其强调共处者的性情与才学:"非夫旷远者,不能与之嬉游;非夫渊静者,不能与之闲止;非夫放达者,不能与之无吝;非夫至精者,不能与之析理也。"对于"渊静",唐代吕向注曰:"非深静之志,不能与琴闲居也。"②旷远、渊静、放达与至精,正是嵇康的"夫子自道"。嵇康不妄交游,相与者,乃阮籍、山涛、向秀、吕安诸人,皆好庄老,性情旷远放达,玄学造诣精深。嵇康强调琴人需具备旷远的襟怀态度与至精的文化素养,给琴学注入了玄学化的内核,后世古琴美学,基本沿袭了嵇康所树立的琴学精神。

三、尚 逸

《说文》释"逸"为:"失也,从辵兔,兔谩诡善逃也。"本意指像兔子一样善于奔跑。《玉篇》解为:"逸,奔也。""逸"在先秦文献中已大量使用,或指"逃逸",如《左传·成公二年》:"马逸不能止";或指"安逸",如《诗·小雅·十月之交》:"民莫不逸,我独不敢休";或指隐逸,如《论语·尧曰》:"兴灭国,继绝世,举逸民,天下之民归心焉。"在魏晋南北朝,琴被赋予了"逸"的美学品格,这一审美范畴,又可拓展为互有关联的两点:隐逸和高逸。

隐逸的主体是读书人,或具有相当文化素养之人,所以称之为隐士。他们不应朝廷征辟,不与当权者合作,隐居于山林,过着躬耕自食的清苦平民生活,所以又可称为逸民。隐逸乃读书人所作出的自觉选择,多见于时事动荡之时,太平之世亦有发生。中国古代的隐逸之风由来已久,可以说,自有政权以来,就有不愿进入权力漩涡,而甘居体制之外的人。《周易》称:"君子之道,或出或处,或默或语。"处(入)世者可称之为朝廷之士,出世者即是山林之士。历代之隐士,见于史籍者在在多有。先秦之隐士,尧时有许由、巢父,夏时有卞隋、务光,商代之伯夷、叔齐,孔子遇到的

① 事见《世说新语·任诞》二十二,余嘉锡:《世说新语笺疏》,中华书局1983年版,第740—741页。

② 戴名扬:《嵇康集校注》,中华书局2014年版,第184页。

楚狂接舆、荷蓧丈人、长沮、桀溺等，都是隐士。庄子同样是一个大隐士，他坚辞楚王之聘，甘愿曳尾于涂中，而不愿被藏之庙堂之上。

汉代逸民更多进入历史视野，班固在《汉书》卷七十二《王贡两龚列传》，所载诸人，可视为逸民。班固认识到了他们的身份的特异性，他在序言中列举了前代逸民，"自园公、绮里季、夏黄公、甪里先生、郑子真、严君平皆未尝仕，然其风声足以激贪厉俗，近古之逸民也"。班固所论，重在其德行之高洁。而王贡两龚，皆通明经学之辈。《后汉书》专列"逸民列传"，范烨对于逸民的历史、特征进行了深入的分析，他首举《易》中所言，"《遯》之时义大矣哉""不事王侯，高尚其事"，对逸民的风格给予高度肯定。他指出，历代逸民颇多，隐逸的原因不一："或隐居以求其志，或回避以全其道，或静己以镇其躁，或去危以图其安，或垢俗以动其概，或疵物以激其清。"或是为了个人的安危、自我的修养，或表达对社会的不满。范烨还分析了汉代隐士的情况，西汉之时，汉室中微，王莽篡位引发社会动乱，隐逸行为大行其道。东汉光武、肃宗诸帝，征聘隐士，高尚其志，"群方咸遂，志士怀仁"。汉末社会大乱，隐居避世者又大量出现。《后汉书》列隐士19人，在生活方式上，这些人大多隐居深山老林，住在岩穴蓬户，或耕稼，或采药，乃至贫无衣食。有的连名姓都无，如野王二老、汉阴老父、陈留老父。他们在思想上亦趋于多元，有明经学者，如逢萌通《春秋》，井丹通《五经》，高凤为南阳名儒，在西唐山教授生徒。更有好道家者，如向长通《老》《易》，高恢好《老子》，矫慎少好黄、老，仰慕松、乔导引之术。所以说，魏晋玄学在后汉已现端倪，承续其后。而汝南戴良，任诞毁礼，放纵不拘，亦开魏晋名士放达行为之先。

及至魏晋南北朝，政权陵替，战事频仍，社会更为动荡，加之庄子的发见，玄学的大兴，其后佛教的渐染，共同促成了隐逸思潮的风行。玄学思想更成为隐逸的精神核心。魏晋南北朝士人大多出身世家大族，掌控着政治、经济和文化的资本，他们极少有人愿意放弃这种特权，逃到山林去过清苦日子。于是，他们践行了隐逸的另一种形式，即"避世金马门"的"朝隐"。在深受玄学侵浸的他们看来，隐逸不必是避居山林，最重要的是要有一颗玄心。只要有一颗超越世俗的玄远之心，即使身在庙堂，亦可心系江湖,所谓"会心之处,不必在远,翳然林水,便自有濠濮间想也,觉鸟兽禽鱼,自来亲人"。他们大倡出处同归,泯合名教与自然之间的差异。由此,魏晋南北朝士人热衷于登山临水、建造园林,无疑,魏晋南北朝隐逸思潮促成了士人园林的繁盛。而古琴,亦与隐逸生活紧紧地联系在了一起。

真正的隐居生活无疑是清苦异常的,虽则时常有衣食之虞,但"人情犹不能无嬉娱,嬉娱之好,亦在于饮宴琴书射御之间",①在孤寂贫寒的山中岁月,饮宴是没有的,射御是不必的,唯有琴与书,成了隐士们的娱乐所寄。

历代隐士多好弹琴。孔子游泰山,在郕之野外见到隐士荣启期,"鹿裘带索,鼓琴而歌"②。南京魏晋南北朝墓出土的砖画《竹林七贤与荣启期》,画中的荣启期,正是手抚琴弦,鼓琴作歌。上引《庄子·让王》篇中,孔子问颜回,你家境贫困,为何不愿出仕? 颜回答曰:"鼓琴足以自娱;所学夫子之道者足以自乐也。"颜回所以自娱的,是鼓琴和所学孔子之道。将琴与孔子之道并举,则琴在其生活中的作用,实在不容小视。汉代东方朔在《非有先生论》中指出:"故养寿命之士,莫肯进也,遂居深山间,积土为室,编蓬为户,弹琴其中,以咏先王之风,亦可以乐而忘死矣。"③与上文颜回的表述几乎完全相同。晋代隐士孙登,"于郡北山为土窟居之,夏则编草为裳,冬则被发自覆。好读《易》,抚一弦琴,见者皆亲乐之"④。同属《晋书》隐逸传的陶渊明,"性不解音,而畜素琴一张,弦徽不具,每朋酒之会,则抚而和之,曰:'但识琴中趣,何劳弦上声!'"

隐士为何唯独好琴? 这与上述琴的文化内涵及审美特点有关。上面提及,琴在汉代具有宇宙论的、道德的和审美的多重内涵,及至魏晋,琴成为士人表达个体情感的寄托。琴一方面被雅化,同时又被赋予了玄学化的精神内涵。值得重视的是,嵇康对琴的玄学化作出了重要贡献。嵇康在魏晋之世虽甘居边缘,但因其才学所在,在士林中声望甚隆,其言行颇具影响。嵇康是一个著名琴家,不仅自身好琴,创作了多首琴曲,临刑之

---

① 《三国志》卷五十九《吴书·孙和传》,中华书局1959年版,第1369页。
② 《孔子家语》卷四《六本第十五》,中华书局2011年版,第195页。
③ 《汉书》卷六十五《东方朔传》,中华书局1962年版,第2870页。
④ 《晋书》卷九十四《隐逸·孙登传》,中华书局1974年版,第2426页。

前一曲《广陵散》，成为千古绝唱，更是撰写了《琴赋》、《琴赞》等琴学文章，在其诗歌中亦多处有琴。在《琴赋》中，嵇康极力描摹了琴的材质、弹琴的身体语言、琴曲以及听琴的情景所具有的审美特性，其中有首琴歌，曰："凌扶摇兮憩瀛洲，要列子兮为好仇。餐沆瀣兮带朝霞，眇翩翩兮薄天游。齐万物兮超自得，委性命兮任去留。激清响以赴会，何弦歌之绸缪。"《琴赋》的"乱曰"，即终篇为："愔愔琴德，不可测兮，体清心远，邈难极兮。良质美手，遇今世兮。纷纶翕响，冠众艺兮。识音者希，孰能珍希。能尽雅琴，唯至人兮。"其四言诗曰："手挥五弦，目送归鸿。俯仰自得，游心太玄。"营造的是一种超越个体、社会与世俗的局限与束缚，"越名教而任自然"，齐同万物，凌虚高蹈，直与天地精神相往来的自由无拘的精神境界，显现了心灵的自由和解放。这是魏晋玄学所阐发的庄子"逍遥游"的精神，也正是中国艺术所崇尚的最高精神。

那些潜入山林的隐士，正是"能尽雅琴"、深悟琴之意蕴的"至人"。假托刘向，或是成书于魏晋南北朝的《列仙传》，记载了古来好琴的成仙者，如涓子："拊琴幽岩，高栖遐峙。"务光："耳长七寸，好琴，服蒲韭根。"琴高："琴高者，赵人也。以鼓琴为宋康王舍人。行涓彭之术。"寇先："数十年踞宋城门，鼓琴数十日乃去。"毛女："得意岩岫，寄欢琴瑟。"宁先生："宁主祠秀，拊琴龙眉。"[1]这些人，多隐居山中，以琴为乐，终至成仙。具有玄远之心的魏晋南北朝名士，同样希望成为这样的至人。如西晋豪富石崇，以劫掠发家，奢侈无度，竟也有栖逸之心，他作有琴曲《思归引》，在序言中说："出则以游目弋钓为事，入则有琴书之娱。又好服食咽气，志在不朽，傲然有凌云之操。"[2]这种生活方式，是典型的朝隐。梁代徐勉在《为书诫子崧》中表白自己的生活理想是："或复冬日之阳，夏日之阴，良辰美景，文案间隙，负杖蹑屦，逍遥陋馆，临池观鱼，披林听鸟，浊酒一杯，弹琴一曲，求数刻之暂乐，庶居常以待终，不宜复劳家间细务。"[3]亲近自然，以琴酒自娱，远离俗事细务。

---

① 王叔岷：《列仙传校笺》，中华书局 2007 年版。
② 《全晋文》卷三十三，商务印书馆 1999 年版，第 333 页。
③ 《梁书》卷二五《徐勉传》，中华书局 1973 年版，第 385 页。

"逸"还有"高逸"之义,淡泊名利,超越世俗,即是高逸。高逸的一个重要表征,是琴书并称。最早将琴书相提并论的是《楚辞·九思·伤时》,其中云:"且从容兮自慰,玩琴书兮游戏。"其后大量见于汉魏六朝,如:《说苑·建本》:"然晚世之人,莫能闲居心思,鼓琴读书,追观上古,友贤大夫";刘歆《遂初赋》:"玩琴书以涤畅。"《史记·淮南衡山列传》:"淮南王安为人好读书鼓琴,不喜弋猎狗马驰骋";《列女传·楚于陵妻》:"左琴右书,为人灌园";《续列女传·梁鸿妻》:"诵书弹琴,忘富贵之乐";潘尼诗:"成名非我事,所玩琴与书";陶渊明《归去来辞》:"悦亲戚之情话,乐琴书以消忧";《世说新语·赏誉》:"戴公从东出,谢太傅往看之。谢本轻戴,见但与论琴书。戴既无吝色,而谈琴书愈妙。谢悠然知其量";《颜氏家训·涉务》:"士君子之处世,贵能有益于物耳,不徒高谈虚论,左琴右书,以费人君禄位也。"以上数例,当将琴书并称时,皆发生于退隐的情景中,他们所表现出的,是不汲于功名,不关心利禄,遗落世事,恬淡自得的生活态度和高逸脱俗的精神境界。

概言之,魏晋南北朝之琴摆脱了道德的附庸,重视审美性的追求和个体情感的表达。在美学追求上,崇雅、尚逸,他如清、简、静、淡、远等美学特征,在魏晋南北朝古琴审美中都已有所表露。明代徐上瀛《溪山琴况》论"雅"曰:"但能体认得静、远、淡、逸四字,有正始风,斯俗情悉去,臻于大雅矣。"①所谓有"正始风",即有魏晋南北朝人玄远高逸的精神境界。可以说,古琴的审美意蕴与文化精神在魏晋南北朝时期已经确立,后世对古琴美学的拓展,基本依此进行。

第三节　魏晋南北朝音乐的悲剧意识

魏晋南北朝,有一个很奇怪的音乐现象,那就是喜听悲音,以悲为美。嵇康在《琴赋》中对此有过概括:"称其材干,则以危苦为上;赋其声音,则

---

① (明)徐上瀛:《溪山琴况》,《琴曲集成》(第10册),中华书局2010年版,第323页。

以悲哀为主;美其感化,则以垂涕为贵。"①阮籍在《乐论》中同样有所论:
"满堂而饮酒,乐奏而流涕,此非皆有忧者也,则此乐非乐也。当王莽居
臣之时,奏新乐于庙中,闻之者皆为之悲咽。桓帝闻楚琴,凄怆伤心,倚房
而悲,慷慨长息曰:'善哉乎! 为琴若此,一而已足矣。'顺帝上恭陵,过樊
衢,闻鸟鸣而悲,泣下横流,曰:'善哉鸟鸣!'使左右吟之,曰:'使丝声若
是,岂不乐哉!'夫是谓以悲为乐者也。"②钱锺书先生总结说:"按奏乐以
生悲为善音,听乐以能悲为知音,汉魏六朝,风尚如斯。"③并罗举汉魏六
朝的音乐理论、佛经翻译、诗歌以及西方文献中所表达的以悲为美的例
证。或是篇幅所限,钱锺书并未提及"挽歌"这一重要文化现象。琴曲中
的以悲为美尤为突出,钱氏亦未论及。本节着重谈此两点。

　　这种审美意识,与儒家所持温柔敦厚、平淡中和的美学原则大相悖
离,究竟为魏晋南北朝特出的文化现象,抑或有其深厚的传统之根?

一、喜为挽歌:魏晋南北朝的奇特文化景观

　　以悲为美的极端表现,是以听唱挽歌为乐。挽歌本为葬礼所用音乐,
由乐曲与歌词组成,汉代属乐府。后汉以来,帝王和皇后送葬,要从公卿
子弟中挑选英俊秀拔者作挽郎④,素服,分列灵车左右,执绳(绋)牵引,且
行且歌,"挽僮齐唱,悲音激摧。"⑤如《宋书》卷五一《刘道规传》载:"及长

---

　　① 戴明扬:《嵇康集校注》,中华书局 2014 年版,第 140 页。
　　② 陈伯君:《阮籍集校注》,中华书局 1987 年版,第 98—100 页。
　　③ 钱锺书:《管锥编》(三),三联书店 2008 年版,第 1506 页。
　　④ 《世说新语·纰漏》四条下,余嘉锡对挽郎制度有所梳理,从史料来看,挽郎制度
起于后汉,延至隋唐,不过各代不一,没有定例。我们在魏晋南北朝史料中可以看到士人作
过挽郎的大量记录,兹不详述,仅举数例,如晋武帝崩,选挽郎一百二十人,皆一时之秀彦,
王戎从中挑选女婿。挽郎制度亦传至北朝,《洛阳伽蓝记》卷三《城南·景明寺》载:"正光
末,(邢子才)解褐为世宗挽郎,奉朝请,寻进中书侍郎、黄门侍郎。"《北齐书》卷二十三《崔
甗传》载:"甗状貌伟丽,善于容止,少有名望,为当时所知。初为魏世宗挽郎,释褐太学博
士。"由于挽郎的人选为世族子弟中的俊逸,所以能作挽郎非但是一种荣耀,亦成为进官的
资质。《文献通考》卷二十八《选举考一》云:"陈依梁制,凡年未三十,不得入仕,唯经学生
策试得第、诸州迎主簿、西曹左奏及尝为挽郎,得未壮而仕。"则梁陈之时,只要作过挽郎,
便可未及年而入仕。
　　⑤ 左棻:《万年公主诔》,《全晋文》卷十三,商务印书馆 1999 年版,第 122 页。

沙太妃檀氏、临川太妃曹氏后薨,祭皆给鸾辂九旒,黄屋左纛,辒辌车,挽歌一部,前后部羽葆、鼓吹,虎贲班剑百人。"可知挽歌为其时葬礼制度。王公大臣及庶人送殡,虽无挽郎,却有挽歌,此亦当时葬礼之一端。

关于挽歌起源,有三种说法。

其一为汉武帝时役人之歌。《晋书》卷二十《礼志中》载:"汉魏故事,大丧及大臣之丧,执绋者挽歌。新礼以为挽歌出于汉武帝役人之劳歌,声哀切,遂以为送终之礼。虽音曲摧怆,非经典所制,违礼设衔枚之义。方在号慕,不宜以歌为名。除,不挽歌。挚虞以为:'挽歌因倡和而为摧怆之声,衔枚所以全哀,此亦以感众。虽非经典所载,是历代故事。《诗》称'君子作歌,惟以告哀',以歌为名,亦无所嫌。宜定新礼如旧。'诏从之。"据此,则挽歌源于汉武帝之世,因役人劳作时所唱之歌音声哀切摧怆,遂用于葬礼,相沿成俗。

其二为田横门人。三国西蜀学者谯周认为挽歌出于汉初田横之门人,其《法训》曰:"挽歌者,高帝召田横至尸乡自刭,从者不敢哭而不胜其哀,故作此歌以寄哀音焉。"[1]晋代崔豹与干宝皆承此说,崔豹在《古今注》中指出:"《薤露》、《蒿里》,并丧歌也,出田横门人。横自杀,门人伤之,为作悲歌,言人命如薤上露,易晞灭也。亦谓人死,魂魄归于蒿里,故用二章。其一曰:'薤上朝露何易晞,露晞明朝更复落,人死一去何时归!'其二曰:'蒿里谁家地?聚敛魂魄无贤愚。鬼伯一何相摧促,人命不得少踟蹰。'至孝武时,李延年乃分二章为二曲。《薤露》送王公贵人,《蒿里》送士大夫庶人,使挽柩者歌之,世亦呼为挽歌。亦谓之长短歌。言人寿命长短定分,不可妄求也。"[2]崔豹此注较为详明,对《薤露》、《蒿里》二章的缘起、歌词、适用对象、意义皆作了解说,干宝在《搜神记》中的相关论述显然袭用了崔豹之书。这一观点很为晋人接受,如张湛酒后大唱挽

---

① 《太平御览》卷五百五十二《礼仪部三十一·挽歌》,中华书局 1960 年影印版,第 2500 页。

② 崔豹:《古今注》卷中《音乐第三》,中华书局丛书集成本,第 10 页。

歌,桓玄对他说:"卿非田横门人,何乃顿尔至致?"①

其三为周代即有。《世说新语·任诞》四五条刘孝标注云:"《春秋左氏传》曰:'鲁哀公会吴伐齐,其将公孙夏命歌《虞殡》。'杜预曰:'《虞殡》,送葬歌,示必死也。'《史记·绛侯世家》曰:'周勃以吹箫乐丧。'然则挽歌之来久矣,非始起于田横也。然谯氏引礼之文,颇有明据,非固陋者所能详闻。疑以传疑,以俟通博。"②刘孝标以春秋时的《虞殡》为送葬歌,认为挽歌由来已久。不过对于谯周之说亦存疑待考。按《仪礼》有《士虞礼》之篇,乃士举行虞祭的正礼。对于虞祭的得名与时间,郑玄释曰:"虞,安也。骨肉归于土,精气无所不之,孝子为其彷徨,三祭以安之。朝葬,日中而虞,不忍一日离。"③彭林对此解释说:"可知虞祭是安定死者精气,以免其彷徨飘泊的祭祀。虞祭的时间就在葬日当天的中午,因为孝子一天也不忍心离开亲人的魂神。"④孔颖达对《左传》"公孙夏命歌《虞殡》"疏云:"礼,启殡而葬,葬即下棺,反,日中而虞,盖以启殡将虞之歌,谓之《虞殡》。"孔颖达用一"盖"字,亦属推测。由于"虞殡"仅此一见,其意实难确定,不过公孙夏命令手下所唱的,必定是用于丧葬之礼的歌曲,以示必死之志。

在笔者看来,由于"虞"与"殡"皆为葬礼中的仪式,"殡"为送葬,"虞"为葬后的安神,则公孙夏令手下所歌的,可能是在送殡与虞祭时的音乐,而非杜预所说的"送葬歌"或孔颖达所谓的"启殡将虞之歌",即《左传》以"虞殡",指代丧葬,喻其死心,不是特指某首音乐。颜之推似乎看到了这点,他指出:"挽歌辞者,或云古者虞殡之歌,或云出自田横之客,皆为生者悼往告哀之意。"⑤颜之推所说"古者虞殡之歌",显然

---

① 《世说新语·任诞》四十五,余嘉锡:《世说新语笺疏》,中华书局1983年版,第759页。

② 余嘉锡:《世说新语笺疏》,中华书局1983年版,第759页。

③ (汉)郑玄注,(唐)贾公彦疏:《仪礼注疏》卷四十《既夕礼第十三》,北京大学出版社1999年版,第764页。

④ 彭林:《中国古代礼仪文明》,中华书局2004年版,第240页。

⑤ (北齐)颜之推著,王利器集解:《颜氏家训集解》卷四《文章第九》,中华书局1993年版,第285页。

不是将《虞殡》视为一首歌。不过，时人难得究竟，相沿已久，《虞殡》便被当成了挽歌。如唐代李百药所作《文德皇后挽歌》，尾联为："寒山寂已暮，虞殡有余哀。"宋代苏轼《祭蔡景繁文》，末句云："歌此奠诗，以和虞殡。"中和起来，可以说，挽歌之制，起自汉初，论其渊源，亦为久远。

质言之，挽歌制度创于汉代，延续至唐。魏晋南北朝士人，多有挽歌之作。最早写挽歌的，是魏人缪袭。①《文选》卷二十八将"挽歌"作为一个题类，收诗 5 首，其中缪袭一首，陆机三首，陶渊明一首。逯钦立所辑《先秦汉魏晋南北朝诗》，收挽歌约 21 首，当然并非全璧，因为众多挽歌诗没能流传下来。这些挽歌的对象，或为帝王，或为公主，或为皇妃，或为王公，或为士人，或为庶人，或为自挽。帝后王公的挽歌，多为应制之作，如北齐文宣帝高洋驾崩，"当朝文士各作挽歌十首，择其善者而用之。魏收、阳休之、祖孝征等不过得一二首，唯思道独有八篇。故时人称为'八米卢郎'"②。这些挽歌都已不存。卢思道作有挽歌两首，一为《彭城王挽歌》，一为《乐平长公主挽歌》。另，南朝宋人江智渊作有《宣贵妃挽歌》，北魏温子昇作有《相国清河王挽歌》。再如魏孝文帝拓跋宏宠溺冯诞，诞死，"帝又亲为作碑文及挽歌词，皆穷美尽哀，事过其厚"③。冯诞的挽歌，更是皇帝亲为。陆机所传挽歌最多，既有《王侯挽歌辞》，亦有《庶人挽歌辞》。更有自作挽歌者，陶渊明自作挽歌三首，显其旷达。北魏宋道屿，"临死，作诗及挽歌词，寄之亲朋，以见怨痛"。除诗名挽歌者，曹操、曹植等人还作有《蒿里》、《薤露》的拟作，亦属同类。

挽歌的旨趣，是"穷美尽哀"。"穷美"者有之，如卢询祖为赵郡王妃郑氏所作挽歌，"君王盛海内，伉俪尽寰中。女仪掩郑国，嫔容映赵宫。

---

① 明人张岱在《夜航船》卷八《文学部》中说："田横从者始为《薤露》、《蒿里》歌。魏缪袭始以挽歌为辞。"缪袭之作，《太平御览》与《乐府诗集》中皆有收录，逯钦立《先秦汉魏晋南北朝诗》遗漏。

② 《北史》卷三十《卢思道传》，中华书局 1974 年版，第 1075 页。

③ 《魏书》卷八十三《外戚传上·冯熙传附子诞、修传》，中华书局 1974 年版，第 1822 页。

春艳桃花水,秋度桂枝风。遂使丛台夜,明月满床空"①。极赞郑氏仪容之丽,"明月满床空"一句,固然表达斯人已逝的哀思,但温婉含蓄,悲伤的情感不强,此为一特例。而绝大部分挽歌,则以"尽哀"为能事。如陆机《庶人挽歌辞》:"死生各异方,昭非神色袭。贵贱礼有差,外相盛已集。魂衣何盈盈,旐旂何习习。父母拊棺号,兄弟扶筵泣。灵輀动轇轕,龙首矫崔嵬。挽歌挟毂唱,嘈嘈一何悲。浮云中容与,飘风不能回。渊鱼仰失梁,征鸟俯坠飞。念彼平生时,延宾陟此帏。宾阶有邻迹,我降无登辉。"陶渊明《拟挽歌辞》:"荒草何茫茫,白杨亦萧萧。严霜九月中,送我出远郊。四面无人居,高坟正嶕峣。马为仰天鸣,风为自萧条。幽室一已闭,千年不复朝。千年不复朝,贤达无奈何。向来相送人,各自还其家。亲戚或余悲,他人亦已歌。死去何所道,托体同山阿。"送殡时的气候、沿途的风物、亲人的哀状,对生前与死后世界的回想与比照,对人终将一死的无奈与反思,皆透出"悲"的底蕴。北魏孝庄帝元子攸被尔朱兆囚禁,临死之前,作五言诗曰:"权去生道促,忧来死路长。怀恨出国门,含悲入鬼乡!隧门一时闭,幽庭岂复光? 思鸟吟青松,哀风吹白杨。昔来闻死苦,何言身自当!"当孝庄帝葬于靖陵时,这首诗就成了他的挽歌辞。"朝野闻之,莫不悲恸。百姓观者,悉皆掩涕而已!"②可谓沉痛。

葬礼用挽歌既已成为魏晋南北朝习俗,则文人进行创作,应属正常之事。不过,陆机之作,已为儒学之士所讽,颜之推评曰:"陆平原多为死人自叹之言,诗格既无此例,又乖制作本意。"③然而后汉六朝之人对于挽歌的欣赏,无疑更为惊世骇俗,试看下例:

> 六年三月上巳日,(梁)商大会宾客,宴于洛水,举时称疾不往,商与亲昵酣饮极欢,及酒阑倡罢,续以《薤露》之歌,座中闻者,皆为掩涕。太仆张种时亦在焉,会还,以事告举。举叹曰:"此所谓哀乐

---

① 《北齐书》卷二十二《卢询祖传》,中华书局 1975 年版,第 321 页。
② 范祥雍:《洛阳伽蓝记校注》,上海古籍出版社 1978 年版,第 11 页。
③ (北齐)颜之推著,王利器集解:《颜氏家训集解》卷四《文章第九》,中华书局 1993 年版,第 285 页。

失时,非其所也,殃将及乎!"商至秋果薨。①

　　灵帝时,京师宾婚嘉会,皆作魁櫑,酒酣之后,续以挽歌。魁櫑,丧家之乐;挽歌,执绋相偶和之者。②

　　旧歌有《行路难》曲,辞颇疏质,山松好之,乃文其辞句,婉其节制,每因酣醉纵歌之,听者莫不流涕。初,羊昙善唱乐,桓伊能挽歌,及山松《行路难》继之,时人谓之"三绝"。时张湛好于斋前种松柏,而山松每出游,好令左右作挽歌,人谓"湛屋下陈尸,山松道上行殡"。③

　　张骟酒后,挽歌甚苦。桓车骑曰:"卿非田横门人,何乃顿尔至致?"④

　　海西公时,庚晞四五年中喜为挽歌,自摇大铃为唱,使左右齐和。⑤

　　晔与司徒左西属王深宿广渊许,夜中酣饮,开北牖听挽歌为乐。义康大怒,左迁晔宣城太守。⑥

　　文帝尝召延之,传诏频不见,常日但酒店裸袒挽歌,了不应对。⑦

　　系于京畿狱。文略弹琵琶,吹横笛,谣咏,倦极便卧唱挽歌。⑧

梁商为汉顺帝(115—144 年,126—144 年在位)梁皇后之父,任职大将军,他在永和六年(141 年)三月三日,于洛水修禊,大会宾客,是依习俗行事。于欢宴中高唱《薤露》之歌,却是如周举说的"哀乐失时",于礼大违。然此风已开,漫延至灵帝(156—189 年,168—189 年在位)之世,在

① 《后汉书》卷六十一《周举传》,中华书局 1965 年版,第 2028 页。
② 王利器:《风俗通义校注·佚文》,中华书局 1981 年版,第 568—569 页。
③ 《晋书》卷八十三《袁山松传》,中华书局 1974 年版,第 2169 页。
④ 《任诞》四十五,余嘉锡:《世说新语笺疏》,中华书局 1983 年版,第 759 页。
⑤ 《晋书》卷二十八《五行志中》,中华书局 1974 年版,第 836 页。
⑥ 《宋书》卷六十九《范晔传》,中华书局 1974 年版,第 1820 页。
⑦ 《南史》卷二十四《颜延之传》,中华书局 1975 年版,第 879 页。
⑧ 《北齐书》卷四十八《外戚列传·尔朱文畅传附尔朱文略传》,中华书局 1975 年版,第 667 页。

宾婚嘉会等吉庆场合,上演本用于"丧家之乐"的傀儡戏,并奏挽歌。灵帝为人昏愦,在后宫列市肆,使采女贩卖,于西园斗狗驾驴,好胡服、胡帐、胡床、胡舞,京师竞为,世风大坏。于吉礼上奏挽歌,亦是种种不合礼法行为之一端。及至魏晋南北朝,张湛、桓伊、袁山松、庾晞、范晔、颜延之等人的喜为挽歌,已非在仪式场合,而是行之于日常生活之中,成为一种个人化的行为。这种行为,与魏晋南北朝人的嗜酒、服药,以及其他种种狂悖的行为具有相通性。一则表明了玄学思潮对个体生活的解放,他们冲决礼法束缚、任性而动、放纵不拘、追求身体的快感和生命的适意;一则道出了个体在面对纷乱世事面前的无奈与痛苦,他们意欲有所作为而不能为,面对人生的大痛苦,以种种极端的行为来倾泄心中的愤懑,袁山松、张湛、范晔诸人,皆在酒后大唱挽歌,让人闻之流涕,彼时他们的心情,定然亦是凄楚的。他们所唱的,不仅是用作他人葬礼的挽歌,更是自己的挽歌,彰显了悲苦的生命意识。

二、惠音清且悲:古琴中的悲美意识

汉魏六朝以悲为美的审美意识,在古琴等音乐中表现得尤为明显。

以琴曲而论,梁元帝《纂要》云:"曲有畅、有操、有引、有弄。"[①]对于这四种琴曲的意味,谢庄《琴论》释曰:"和乐而作,命之曰畅,言达则兼济天下而美畅其道也。忧愁而作,命之曰操,言穷则独善其身而不失其操也。引者,进德修业,申达之名也。弄者,情性和畅,宽泰之名也。"[②]从历代流传琴曲来看,畅类微乎其微,东汉桓谭《新论》载有《尧畅》,谢庄《琴论》中提到《神人畅》,为尧所作,二者不知是否为同一作品。以蔡邕《琴操》为例,目前的通行本为平津馆丛书本,收五曲、十二操、九引,另有《河间杂歌》二十一章,连同补遗,凡五十余首,其中四首已阙。从类型上看,没有"畅"和"弄"。就内容而言,表达欢畅感情者,只在河间杂歌中找到

---

① （宋）郭茂倩:《乐府诗集》卷五十七《琴曲歌辞一》,中华书局 1979 年版,第 821 页。

② （宋）郭茂倩:《乐府诗集》卷五十七《琴曲歌辞一》,中华书局 1979 年版,第 822 页。

三首，一为《文王思士》，因得吕尚为师，"文王悦喜，乃援琴而鼓之，自叙思士之意"。二为《仪凤歌》，乃周成王之作，成王之世，天下大治，凤凰来仪，故作此曲。三为《霍将军歌》，霍去病大败匈奴，官封万户，志得意欢，乃作此歌。除此之外，五曲十二操，皆为困厄穷迫，忧愁失意之作，如《伐檀》，"伤贤者隐避，素餐在位，闵伤怨旷，失其嘉会"；《白驹》操，"失朋友之作也"；《龟山操》，孔子所作，"伤政道之陵迟，闵百姓不得其所，欲诛季氏，而力不能"；《拘幽操》，"文王拘于羑里而作也"；《别鹤操》，商陵牧子所作，牧子娶妻五年而无子，父兄欲为改娶，其妻闻之，中夜倚户悲啸，牧子援琴作歌："痛恩爱之永离，叹别鹤以舒情"等。谢庄释"引"为"进德修业，申达之名"，然观九引之题解，基本为凄怆之作，如《伯姬引》为伯姬保母所作，伯姬守礼不出，被火烧死，"其母悼伯姬之遇灾，故作此引"；《贞女引》为鲁漆室女所作，其"忧国伤人，心悲而啸"，被邻人误解，自经而死；《思归引》，为卫女所作，邵太子拘卫女于深宫，"思归不得，心悲忧伤，遂援琴而作歌"，歌罢自缢而死；《箜篌引》，为子高所作，子高见有狂夫堕河而死，其妻鼓箜篌而歌："公无渡河，公竟渡河，公堕河死，当奈公何！"曲终自投河死。子高闻而悲之，乃作此曲；《琴引》，"秦时采天下美女以充后宫，幽愁怨旷，咸致灾异"。屠门高作此曲以谏；《楚引》，为龙丘高所作，"龙丘高出游三年，思归故乡，心悲不乐，望楚而长叹，故曰《楚引》"。可知谢庄对"引"的解释与史料不符。凡此诸种，或忧国家危亡，或伤个人不遇，或哀妻子别离，或悲亲人丧乱，或怨友朋沦亡，或思故乡杳远，皆表达了悲伤愁怨的情感。

　　嵇康本人倡导"声无哀乐"，反对以悲为美的审美时尚，然而，其临终所奏《广陵散》，必是慷慨悲凉之音。《广陵散》本为古曲，嵇康或参以家法，别为新声。戴明扬《广陵散考》一文论之甚详。唐代韩皋以《止息》与《广陵散》为同一曲，论曰："其音主商，商为秋声。秋也者，天将摇落肃杀，其岁之晏乎！又晋乘金运，商金声，此所以知魏之季而晋之将代也。"[①]韩皋对《广陵散》的背景及喻义多有附会，然其人精于音律，《广陵

---

①　《旧唐书》卷一百二十九《韩滉传》，中华书局1975年版，第3605页。

散》以商声为主,应是无疑的。留传至今的《广陵散》,音色富有变化,多用拨剌的奏法,琴学专家许健分析说:"这种连扫双弦的奏法常能造成强烈的节奏感,特别是空弦第一、二两弦奏出最低的主音,有如战鼓轰鸣,很富于战斗气氛。乐曲使用了罕见的'慢商调',把第二弦降低,使第二弦与第一弦同为宫音,就是专门为了突出主音拨剌的效果。"①学界普遍认为,《广陵散》取材于聂政刺韩王,其曲谱中有"井里"、"取韩"、"冲冠"、"投剑"、"长虹"等标题,于此可证。琴曲慷慨激昂,如朱熹所说,"有臣凌君之意"。嵇康独钟此曲,与其透出的怨愤不羁的抗争意味自是相关的。另外,《太平御览》卷五百七十九引吴均《续齐谐记》故事一则,事涉嵇康。余姚人王彦伯行至吴邮亭,夜半于船上秉烛弹琴,有一女子上得船来,取琴鼓之,其声甚哀。女子告知王彦伯,此曲名为《楚明光》,唯嵇叔夜能为此声,传者不过数人。彦伯欲学,女子说:"此非艳俗所宜,唯岩栖谷饮可以自娱耳。"②这则故事有两点颇可注意,一是《楚明光》之音声甚哀,二乃隐于幽穴之士所弹,非俗人所宜。这两点,皆合于魏晋南北朝音乐所彰显出的审美意识。嵇康虽倡声无哀乐,但就其本人的音乐实践而言,不可能逾越此一审美趣味。

这种审美意识,在诗句中亦多能见到,如苏武《别诗》:"幸有弦歌曲,可以喻中怀。请为游子吟,泠泠一何悲!"《古诗十九首》:"燕赵多佳人,美者颜如玉。被服罗裳衣,当户理清曲。音响一何悲,弦急知柱促。""上有弦歌声,音响一何悲!"王粲《公宴诗》:"管弦发徽音,曲度清且悲。"陆机《拟东城一何高》:"闲夜抚鸣琴,惠音清且悲。"潘岳《金谷集作诗》:"扬枹抚灵鼓,箫管清且悲。"其他乐器,尤其是丝弦类乐器,亦以发悲声为乐。如筝,汉代侯瑾《筝赋》云:"朱弦微而慷慨兮,哀气切而怀伤。……感悲音而增叹,怆憔悴而怀愁。"③傅玄《筝赋》云:"哀起清羽,乐混大宫。"简文帝萧纲《筝赋》:"曹后听之而欢宴,谢相闻之而涕垂。"

---

① 许健:《琴曲新编》,中华书局 2012 年版,第 64 页。
② (宋)李昉等编:《太平御览》,中华书局 1960 年影印版,第 2614 页。
③ 《全后汉文》卷六十六,商务印书馆 1999 年版,第 671 页。

推考汉魏六朝以悲为美的审美意识之根源，其因素是复杂的。其一，汉末魏晋南北朝社会之混乱是一大近因，三国军阀割据，战争连绵，加之蝗灾、旱涝等自然灾害，以及瘟疫的流行等因素，都会导致人口的大面积死亡。相关史书中对此多有记载。如初平元年（190 年），董卓强制迁都，"尽徙洛阳人数百万口于长安，步骑驱蹙，更相蹈藉，饥饿寇掠，积尸盈路。卓自屯留毕圭苑中，悉烧宫庙官府居家，二百里内无复孑遗"。① 建安元年（196 年）汉献帝回洛阳，此时状况甚是凄惨："宫室烧尽，百官披荆棘，依墙壁间。州郡各拥强兵，而委输不至，群僚饥乏，尚书郎以下自出采稆，或饥死墙壁间，或为兵士所杀。"②献帝西迁后，李傕、郭汜攻破长安，"时三辅民尚数十万户，傕等放兵劫略，攻剽城邑，人民饥困，二年间相啖食略尽"③。再如，初平四年（193 年）曹操为报父仇攻陶谦，"过拔取虑、睢陵、夏丘，皆屠之。凡杀男女数十万人，鸡犬无余，泗水为之不流，自是五县城保，无复行迹。初三辅遭李傕乱，百姓流移依谦者皆歼"④。蝗灾、旱灾是农耕最大的威胁，建安前后发生多次，如兴平元年（194 年）夏，大蝗。三辅大旱，自四月至七月无雨，"是时谷一斛五十万，豆麦一斛二十万，人相食啖，白骨委积"⑤。建安二年（197 年），南阳地区"天旱岁荒，士民冻馁，江、淮间相食殆尽"。⑥ 建安年间的疫情亦非常严重，建安十三年（208 年），赤壁之战，曹操的军队遭受大疫，吏士多有死者。建安二十二年，又发生大疫，曹丕在《与吴质书》中沉痛地谈道："昔年疾疫，亲故多离其灾。徐、陈、应、刘，一时俱逝，痛何可言耶！"曹植描述当时的情况是"家家有强尸之痛，室室有号泣之哀，或阖门而殪，或举族而丧者"。⑦ 晋武帝咸宁元年（275 年），"大疫，洛阳死者以万数"⑧。据葛剑雄的研究，

① 《后汉书》卷七十二《董卓传》，中华书局 1965 年版，第 2327 页。
② 《后汉书》卷九《孝献帝纪》，中华书局 1965 年版，第 379 页。
③ 《三国志》《魏书》卷六《董卓传附李傕、郭汜传》，中华书局 1959 年版，第 182 页。
④ 《后汉书》卷七十三《陶谦传》，中华书局 1965 年版，第 2367 页。
⑤ 《后汉书》卷九《孝献帝纪》，中华书局 1965 年版，第 376 页。
⑥ 《后汉书》卷七五《袁术传》，中华书局 1965 年版，第 2442 页。
⑦ 《后汉书》卷一〇七《五行五·疫条》注引，中华书局 1965 年版，第 3350 页。
⑧ 《资治通鉴》卷八十《晋纪二》，中华书局 2014 年版，第 2126 页。

"东汉三国间的人口谷底大致在2224万—2361万之间。如果东汉的人口高峰以6000万计,则已经减少了60%强。虽然远远谈不上是'十不存一',但也是中国历史上人口下降幅度最大的几次灾祸之一"①。总之,天灾人祸,加之政权嬗替时的争斗屠杀,使生命如同飘萍,人们目睹了太多的死亡,深深地体验到了人生的短暂与悲苦。因之魏晋南北朝人诉诸多种渠道寻求解脱,或沉迷酒色,追逐身体的快感和现世的享乐;或求仙问道,炼丹服药,以期长生延年;或转向佛教,接受人生皆苦的信仰,希冀来世求得超解;或忘情于山水文艺,以诗文书画抒发性灵,在音乐歌舞中寻求慰藉。更多的则是出入玄佛诗酒,兼而有之,尤以文艺最受魏晋南北朝士人瞩目。在此多重背景之下,汉魏士人对于生命的悲苦意识自会投射到音乐之中,从而出现唱挽歌、听哀曲等以悲为美的现象。

然而,以上解释只是一近因,以悲为美的音乐审美意识尚有更久的来源,许多学者将汉魏音乐的源头追溯到了楚地音乐。② 楚地多悲音,与巫风盛行有关,巫以歌舞事神,其音乐多悲怨之声,英国汉学家大卫·霍克斯在其《神女之探寻》中认为,楚地的音乐作品中有一种哀怨忧郁的情调,"这种哀怨忧郁的情调,可能源于巫术传统赋予祭神乐歌的那种忧郁、失意的特殊音调。这种乐歌是巫师们唱给萍踪不定、朝云暮雨的神祇们听的"。③ 这一观点很有道理。汉高祖刘邦喜听楚音,垓下之围四面楚歌,则汉军中的楚人定有不少,抑或是汉人习唱楚歌。刘邦所赋《大风歌》,即为楚歌。汉代音乐与楚地音乐有直接的承继关系,萧涤非指出:"汉初雅乐,既已沦亡殆尽,故不得不别寻新调,其取雅乐而代之者,则楚声也。楚声在汉乐府中,时代最早,地位最高,力量亦最大。"④如高祖时之《房中乐》,武帝时之《郊祀歌》及《相和歌辞》中的《楚调》,皆为楚声。

---

① 葛剑雄:《中国人口史》(第1卷),复旦大学出版社2002年版,第448页。

② 相关论文,如傅新营、张秋艳的《南楚文化与"以悲为美"的产生》,《浙江教育学院学报》2002年第5期;梁惠敏的《楚音以悲为美论略》,《长江大学学报》2004年第4期;田海花的《论楚声与汉乐府的"以悲为美"》,《牡丹江大学学报》2012年第6期。

③ 莫砺锋编:《神女的探源》,上海古籍出版社1994年版,第36页。

④ 萧涤非:《汉魏六朝乐府文学史》,人民文学出版社2011年版,第30页。

楚声既然对汉代音乐有绝大影响,则其悲美的审美意识自然会弥漫于汉世,并影响及魏晋南北朝。

不过,我们尚需进一步追问,以悲为美的审美意识是否完全缘自楚声? 它有没有更深厚的渊源及文化基础? 这种审美意识在中国文化乃至世界文化中有没有共通性? 是否乃中国文化精神的一个体现,表征了中国文化某种深层的特质?

以悲为美的现象在春秋战国时期已多能见到。《韩非子·十过》第十中记载了晋平公听琴的故事,师涓先弹,平公问所奏何声,师旷告知乃清商,平公问:"清商固最悲乎?"师旷说不如清徵,平公求听清徵,师旷被迫而弹,"一奏之,有玄鹤二八,道南方来,集于郎门之垝;再奏之,而列。三奏之,延颈而鸣,舒翼而舞,音中宫商之声,声闻于天。平公大说,坐者皆喜。"平公又问:"音莫悲于清徵乎?"师旷说不如清角,平公又央求听清角,师旷不得已而鼓,"一奏之,有玄云从西北方起;再奏之,大风至,大雨随之,裂帷幕,破俎豆,隳廊瓦。坐者散走,平公恐惧伏于廊室之间。晋国大旱,赤地三年。平公之身遂癃病"①。《韩非子》以此则故事,论述为君者应以治国为要务,而非迷恋声色。根据师旷的讲述,清商乃纣时乐人师延所作,武王伐纣,师延投濮水而死。清角乃黄帝合鬼神于泰山之上时所作,"蚩尤居前,风伯进扫,雨师洒道,虎狼在前,鬼神在后,腾蛇伏地,凤皇覆上",情形险恶,音声悲悼自在情理之中。文中未说清徵之由来,从其引鹤来舞,平公大悦,坐者皆喜的效果来看,已具有极强的感染力。尤为值得注意的是,此处之"悲",似已与美相通,并不专指音声之哀怨,而指音乐所具有的引人的审美效果。《淮南子》中有多个例证,如《诠言训》中云:"故不得已而歌者,不事为悲;不得已而舞者,不矜为丽。歌舞而不事为悲丽者,皆无有根心者。"《说林训》中说:"行一棋,不足以见智;弹一弦,不足以见悲。"《说林训》又有:"举事者,若乘舟而悲歌,一人唱而千人和。"这几例中,"悲"皆为音声美好之意,足证以悲为美的观念,在汉初已深入人心。正如有的论者所说,春秋以降,随着"以悲为乐"的审美要求

———————

① (清)王先慎:《韩非子集解》,中华书局 2013 年版,第 64—65 页。

的出现，曲调愈悲，感人愈深，而悲到极点，也就美到了极点，"悲"、"哀"成为一种与"喜"、"乐"相对立的审美情感；经战国而汉代，作为一种审美感受，"悲"、"哀"逐渐脱离了本指的悲哀、凄婉的原始基调，进一步抽象、上升为一种似乎高于"喜"、"乐"的审美标准而泛指一切美好动人、高尚优雅的音声。①

实际上，以悲为美的审美意识具有一定的普遍性，钱锺书已指出西方音乐中亦存在此一现象，而无疑在中国文化中更显突出。究其根源，其一，中国文化中有"诗言志，歌咏言"的传统，遇有忧喜之事，常常诉诸乐舞，尤其是忧思怨愤之时，更将其情感以诗歌等形式宣泄出来，这种传统的代表，屈原发其端，贾谊、司马迁、阮籍、韩愈等人赓续，构成中国抒情传统的一大谱系。当汉末六朝之世，以音乐表达哀怨之情与不平之气，体现得尤为明显。其二，中国自古有"物极必反"、"盛极而衰"的观念，这种观念在《周易》、《老子》等典籍中有大量论述，以太极图最能代表。以卦象论，剥极必复、否极必泰，以事理论，"祸兮，福之所倚；福兮，祸之所伏"。中国人早就洞察了盛衰相互转化的哲理，因此在其文化心理结构中存有一种"忧患意识"。② 试举一例，《西游记》第一回，石猴发现水帘洞，作上猴王之位后，"美猴王享乐天真，何期有三五百载。一日，与群猴喜宴之间，忽然忧恼，堕下泪来"③。猴王于极乐之际而生悲落泪，想到生命有时而尽，不能永寿无疆，于是立志外出访道学仙，这正是忧患意识的一个体现。汉魏时期的王公贵人，在高堂欢宴中聆听挽歌，张湛之于门前种松

---

① 陈家林：《汉译佛经中"以悲为美"的审美意识》，《湛江师范学院学报》2013 年第 3 期。

② 徐复观先生在《中国人性史论·先秦篇》中提出了忧患意识之说。他的着眼点是商周鼎革之后，由商人崇尚宗教而变为人文精神的觉醒，其核心观念为"敬"。徐复观认为："周人建立了一个由'敬'所贯注的'敬德'、'明德'的观念世界，来照察、指导自己的行为，对自己的行为负责，这正是中国人文精神最早的出现；而此种人文精神，是以'敬'为其动力的，这便使其成为道德的性格，与西方之所谓人文主义，有其最大不同的内容。在此人文精神之跃动中，周人遂能在制度上作了飞跃性的革新，并把他所继承的殷人的宗教，给与以本质的转化。"（徐复观：《中国人性史论·先秦篇》，九州出版社 2014 年版，第 23 页。）本书所谓中国人文化心理结构中的"忧患意识"，承接徐复观的观点而来，不过指的是周代以后，中国人对自然人事盛衰转换之理的认知与体验而言。

③ （明）吴承恩：《西游记》，人民文学出版社 1980 年版，第 6 页。

柏,或亦出自同样的心理。实际上,以悲为美的审美意识不独体现于中国古代音乐之中。诗词里,悲秋伤别乃一大主题,绘画上,寂寞荒寒的意象和境界为我们所欣赏。凡此诸种,表明了以悲为美的审美意识在中国文化中带有普遍性,具有深厚的文化渊源。

第七章

乐志会心：园林审美意识

　　园林作为一个物理空间和文化空间,呈现出多样化的功能,诸如宗教、经济、居住、娱乐、审美等,这些功能是历史性地展开的。上古时期的高台灵囿,具有宗教祭祀的功能,形制高大,线条简单,体现出古人对于天人关系的特有认知。周代被视为人文精神的觉醒期,"上古灵台、灵沼之际那种沉郁、神秘的原始压迫感却不再起主导的作用"。① 园林的功能由娱神转变为娱人。当然,所娱之人皆为君主王侯。春秋时期,各国诸侯竞相修筑宫室苑台,以奢丽逸乐相高。此时在建筑类型上仍以高台为典型,不过,在其美学特征上已有了重大变化,不再追求单纯的孤直和高大,而是融入了基于现世理性和审美精神的明朗节奏感,注意到了台与周围宫苑建筑的联系。秦汉园林发生了重大变化,由崇峻的高台转向宽广的宫苑,体象天地,以宇宙为模则,极力强调空间上的扬厉铺陈,"视之无端,察之无涯"②,以令人瞠目惊心的广大气概,展现出大一统帝国的赫赫威权,表征了秦汉时期包举宇内、并吞八荒的美学精神。

　　魏晋南北朝时期,士人群体崛起,他们出身于世族大家,掌握政治权力,经济富足,文化素养深厚,这些条件保障了他们有足够的精力和能力去营构园林,兼以玄学思想的影响,隐逸思潮的大兴,更加促成了他们对园林的热切追求。于是,园林成为魏晋南北朝士人日常生活中不可或缺的组成部分,他们在其中种菜、养殖、休憩、宴饮、清谈、交游,寻求身体的安顿和灵魂的依托。士人对园林的营构,自然能够体现出他们的审美意

---

　　① 王毅:《中国园林文化史》,上海人民出版社 2004 年版,第 31 页。
　　② 司马相如:《上林赋》,《汉书》卷五十七上《司马相如传》,中华书局 1962 年版,第 2556 页。

趣和生活理想,体现出他们对自然、人生和宇宙的观念。

魏晋南北朝园林,依照园林主人的社会身份,可以分为皇家园林、士人园林和宗教园林。由于功能不同,三种园林在建筑格局上亦迥然有异,不过,由于魏晋南北朝士人在文化上的绝对主导,他们在园林上的营构方式、生活情趣、审美爱好以及投注其中的文化理想,必然对皇家园林和宗教园林产生影响,当然,这种影响常常是相互的,士人园林亦从皇家园林和宗教园林中获得借鉴。限于篇幅,本节将以魏晋南北朝几个典型的士人园林为例,对其中所体现出的审美意识进行剖析。

第一节　仲长统的乐志园

仲长统(179—220 年),字公理,山阳郡高平人,生活于东汉末年的纷纷乱世。其人文采风流,性情不羁,州郡命召,多称疾不就,献帝时曾受荀彧举荐担任尚书郎,后又任曹操参军。《后汉书》将其与王充、王符列为一传,因为三人皆不遇于时,具有隐士风操。本书论园林,以仲长统为起始,正是因为魏晋南北朝文化与美学已于后汉发其端。仲长统写有一篇《乐志论》①,其对园林布局、景观、生活状态的描述,体现出的思想倾向与审美追求,已开魏晋南北朝士人园林之先声,与魏晋南北朝士人的文化旨趣深相契合,因此特加探究。

门阀世族形成并兴起于东汉,若干豪门大族,依靠军功、封赏、荫子等手段,取得政治权力;还有的,或为皇室姻亲,或以经商致富,或以文化传家,掌握了政治、文化上的话语权,进而以此为基础获得经济上的实利。他们拥有大型庄园,田产众多,仆役成群,甚至配备部曲家兵,不唯经济上自给自足,更能从事经营性活动,家族子弟的教育亦在其间进行,集生产、经营、防卫、教育于一体,从而形成具有独立体系的庄园王国。

---

① 《乐志论》文字见于《昌言》,原文并无篇名,《乐志论》乃后人所加,元代赵孟頫和明代文徵明都写有行书《乐志论》。明代胡维新所编《两京遗编》收入此篇,亦名"乐志论",可见是沿用前人之说。此文又被称为"乐志文",仲长统留传下来的两首诗亦被称为"乐志诗"。

仲长统在《昌言》中对这一状况有详细的描述：

> 汉兴以来，相与同为编户齐民，而以财力相君长者，世无数焉。而清洁之士，徒自苦于茨棘之间，无所益损于风俗也。豪人之室，连栋数百，膏田满野，奴婢千群，徒附万计。船车贾贩，周于四方，废居积贮，满于都城，琦赂宝货，巨室不能容；马牛羊豕，山谷不能受。妖童美妾，填乎绮室；倡讴伎乐，列乎深堂。宾客待见而不敢去，车骑交错而不敢进。三牲之肉，臭而不可食；清醇之酎，败而不可饮。睇盼则人从其目之所视，喜怒则人随其心之所虑。此皆公侯之广乐，君长之厚实也。①

豪族地主热衷于侵占山泽，吞并良田，蓄养大量奴仆田客，进行农耕、养殖等活动，并将这些产品进行市场交易，以此贮积大量资财。江统在《谏愍怀太子书》中亦尖锐地指出了这一社会问题："秦汉以来，风俗转薄，公侯之尊，莫不殖园圃之田，而收市井之利也，渐冉相放，莫以为耻，乘以古道，诚可愧也。"②如光武帝外祖樊重，善长货殖，颇富家业，"广起庐舍，高楼连阁，陂池灌注，竹木成林，六畜放牧，鱼蠃梨果，檀漆桑麻，闭门成市，兵弩机械，赀至巨万"③。光武帝之子济南安王刘康，"多殖财货，大修宫室，奴婢至千四百人，厩马千二百匹，私田八百顷，奢侈恣欲，游观无节"④。后汉大儒马援之子马防："防兄弟贵盛，奴婢各千人以上，资产巨亿，皆买京师膏腴美田。"⑤类似情况在汉魏六朝非常普遍，我们所熟知的魏晋名士如王戎、王羲之、谢安诸人，都拥有大量田产。在仲长统笔下，对豪族们穷奢极欲的生活进行了猛烈抨击，他们资财山积，纵情声色，宴饮无度，对饮食资源造成巨大浪费，却作威作福，全然不顾底层民众之死活。东汉崔寔在《政论》中对此亦有沉痛揭露，他提道："父子低首，奴事富人，躬帅妻孥，为之服役。故富者席余而日炽，贫者蹙短而岁踧，历代为虏，犹

---

① 《后汉书》卷四十九《仲长统传》，中华书局 1965 年版，第 1648 页。

② 《晋书》卷五十六《江统传》，中华书局 1974 年版，第 1537 页。

③ （北魏）郦道元著，陈桥驿校证：《水经注校证》，中华书局 2007 年版，第 693 页。

④ 《后汉书》卷四十二《光武十王传·济南安王康传》，中华书局 1965 年版，第 1431 页。

⑤ 《后汉书》卷二十四《马援传附子防传》，中华书局 1965 年版，第 857 页。

不赡于衣食,生有终身之勤,死有暴骨之忧,岁小不登,流离沟壑,嫁妻卖子,其所以伤心腐藏,失生人之乐者,盖不可胜陈。"①杜甫的"朱门酒肉臭,路有冻死骨",正是这种状况的最佳写照。社会上层和底层的贫富悬殊,几乎在任何朝代都存在,这个问题解决不好,必然会引起社会的动荡不安。

从《昌言》的内容来看,仲长统首先是一个儒家。他"少好学,博涉书记,赡于文辞。年二十余,游学青、徐、并、冀之间"。② 显然,仲长统的青年时代和大多数汉代士人一样,以游学的方式,提升自己的学识素养与社会交际。的确,仲长统以其才学,获得了很高的声名,多次受到朝廷征召。如在清平之世,仲长统或许会欣然入仕。然而,在礼乐崩坏的乱世,身为一名儒家士人,尤其是出身底层的士人,走汉代以来的惯常之路,即以德行或学识受到荐举,已经很难。一方面,寒门士人很难进入社会上层;另一方面,更重要的,其所持守的儒家精神已与社会现实格格不入。当此之时,老庄道家进入了仲长统的视野,被他所吸收、所依附,慰藉了他的心灵。中国古代文人儒道兼综,后汉部分士人可谓发其端。仲长统就是一个典型,他屡辞辟命,想到了隐居。

"古之人,乃避世于深山中",③隐于山林,毫无经济基础,为求温饱,需要亲身劳作,是异常辛苦的。如仲长统所说:"清洁之士,徒自苦于茨棘之间。"他在《昌言》另一处提道:"闻上古之隐士,或夫负妻戴,以入山泽,伏重岫之内,窜穷皋之底。"以《晋书·隐逸传》为例,其中记载了大量隐士,不少人穴居野处,生活艰辛。典型者如孙登,"于郡北山为土窟居之,夏则编草为裳,冬则被发自覆"。他如郭文,"乃步担入吴兴余杭大辟山中穷谷无人之地,倚木于树,苫覆其上而居焉,亦无壁障。……恒著鹿裘葛巾,不饮酒食肉,区种菽麦,采竹叶木实,贸盐以自供"。谯秀,"常冠皮弁,弊衣,躬耕山薮"。如此清苦的生活,常人是难以忍受的。除了衣食的贫乏,隐居的寂寞孤独也让人视为畏途。

---

① 崔寔:《政论》,《全后汉文》卷四十六,商务印书馆 1999 年版,第 470 页。
② 《后汉书》卷四十九《仲长统传》,中华书局 1965 年版,第 1643—1644 页。
③ 《史记》卷一百二十六《滑稽列传·东方朔传》,中华书局 1959 年版,第 3205 页。

因此,汉魏士人发展出了另外一种隐居方式,东方朔提出了"避世于朝廷间"的观点,他说:"如朔等,所谓避世于朝廷间也。……据地歌曰:'陆沉于俗,避世金马门。宫殿中可以避世全身,何必深山之中,蒿庐之下!'"①当然,东方朔的观点在西汉并没有受到重视,其人虽有命世之才,然在汉武之世,宛如俳优,不为所重。只是到了后汉时期,老庄思想兴起,成为士人安身立命的精神资源,同时亦成为园林美学的精神依据。仲长统提出了一种新型的生活美学和园林美学。他的《乐志论》篇幅不长,征引如下:

> 使居有良田广宅,背山临流,沟池环币,竹木周布,场圃筑前,果园树后。舟车足以代步涉之艰,使令足以息四体之役。养亲有兼珍之膳,妻孥无苦身之劳。良朋萃止,则陈酒肴以娱之;嘉时吉日,则亨羔豚以奉之。蹰躇畦苑,游戏平林,濯清水,追凉风,钓游鲤,弋高鸿。讽于舞雩之下,咏归高堂之上。安神闺房,思老氏之玄虚;呼吸精和,求至人之仿佛。与达者数子,论道讲书,俯仰二仪,错综人物。弹南风之雅操,发清商之妙曲。消摇一世之上,睥睨天地之间。不受当时之责,永保性命之期。如是,则可以陵霄汉,出宇宙之外矣。岂羡夫入帝王之门哉!②

仲长统笔下的园林,并无命名,姑可称之"乐志园"。仲长统的隐居,首先需要的是相当的物质条件和经济基础,要有良田、广宅、舟车、仆役,凡此诸种,不仅能够满足日常的衣食住行,而且足以保障生活的富足安适。可以看出,尽管仲长统对豪族世家的奢侈行为进行了严厉抨击,不过他理想中的隐居地点,仍然是一个有着良田广宅的中小型庄园。

仲长统对这个庄园的布局进行了规划,就地理位置而言,"背山临流",即居于山水之畔。他进而考虑了园林的布景,沟池环绕,遍种竹木,前有场圃,后有果树。仅此数语,即能想象其环境之美好清幽了。仲长统描述更多的是在园林中的活动,包括与朋友的宴饮,节日的祭祀,在园中

① 《史记》卷一百二十六《滑稽列传·东方朔传》,中华书局1959年版,第3205页。
② 《后汉书》卷四十九《仲长统传》,中华书局1965年版,第1644页。

的观赏游艺,与友朋谈书论道,弹琴娱乐等。最可注意的,是仲长统以老庄思想为依归,在园林生活中,"思老氏之玄虚","求至人之仿佛",逍遥自适,甚至"陵霄汉,出宇宙之外",达成生命的超越。

在他的两首《见志诗》(又作《述志诗》)中,同样表达了对道家情怀的服膺。其一提道:"飞鸟遗迹,蝉蜕亡壳。腾蛇弃鳞,神龙丧角。至人能变,达士拔俗。乘云无辔,骋风无足。垂露成帏,张霄成幄。沆瀣当餐,九阳代烛。恒星艳珠,朝霞润玉。六合之内,恣心所欲。人事可遗,何为局促。"庄子笔下的至人达士,离世脱俗,逍遥无待,纵心游于六合之内。仲长统显然对这种人生充满向往。其二有言:"叛散五经,灭弃风雅。百家杂碎,请用从火。抗志山西,游心海左。元气为舟,微风为柂。敖翔太清,纵意容冶。"在诗句中,他更是激进地道出了对于儒家与诸子经典的反叛,他想追求的,乃是道家的逍遥游境界。在仲长统身上,我们看到了长期存在于中国古代士人心理的文化纠结,或者说其特有的文化心理结构。他们最先接受的是儒家教养,胸怀儒家理想,意欲有所作为,然而,现实处境常让他们志向难伸,于是,他们转而向道家寻求依傍,选择一条安静、退避、出仕、超脱的归隐之路。学界将之称为儒道互补,它使古代读书人在帝制的社会规则和社会结构中,能够达成身心的安顿和平衡,从而保持个体人格和内在心灵的相对独立。

很明显,后汉部分士人,在心理上已确然转向老庄,使他们的隐逸行为有了理论基础和精神依托。如张衡《归田赋》云:"感老氏之遗诫,将回驾乎蓬庐。弹五弦之妙指,咏周、孔之图书。"蔡邕其人"心恬澹于守高,意无为于持盈",皆为显例。王毅在论及后汉的隐逸文化时指出:"此时的隐逸文化开始自觉地以老、庄思想作为理论的基础,因此决定了隐逸不仅仅是士大夫'屈节以全乱世'的遁身之法,而且具备了全面容纳士人社会理想、人格价值、宇宙观、审美观等等文化内容的基本发展趋势。"[1]这一观点窥见到了东汉士人的思想转向,以及中国古代隐逸文化的大致走向。不过需要看到的是,仲长统、张衡、蔡邕诸人,实际上都没有真正的隐

---

[1] 王毅:《中国园林文化史》,上海人民出版社 2004 年版,第 216 页。

居,毋宁说他们在出处显隐的痛苦纠结中,只是在内心深处向庄老贴近,意在寻求心理的平衡。不过,他们诚然是魏晋南北朝隐逸思潮的先导者,尤其是仲长统的园林观,直开魏晋南北朝园林的审美意识。

第二节　石崇的金谷园

石崇(249—300 年),字季伦,渤海南皮(今河北南皮东北)人,其父为西晋开国功臣石苞。在中国历史上,石崇以与王恺斗富,生活奢靡而著称,成为挥霍无度的反面典型,留下千载骂名。历史是无情的,经过时间的冲刷,遗留下的,常常是某人某事的一个侧影和片断,并将之放大,于是,人和事便被简单化和定型化,其间的丰富性便被遮掩。

石崇同样是一个丰富的人。他少时敏惠,勇而有谋,好学不倦,称得上文武全才。他的履历十分显赫:先除修武令,入为散骑郎,迁城阳太守。以伐吴功,封安阳乡侯,拜黄门郎,累迁散骑常侍、侍中。惠帝时出为南中郎将、荆州刺史,领南蛮校尉,加鹰扬将军,征为大司农,免。寻拜太仆、出为征虏将军、假节、监徐州军事、镇下邳,免。寻拜卫尉,坐贾谧免。与欧阳建、潘岳等谋诛赵王伦,事觉遇害。他官职屡变,文官武将,都曾担任,以其才干深受武帝器重。他与王敦游太学,对王敦说:"士当身名俱泰。"[1]这句话可以视为他的人生信条。石苞临终,将家产分与儿子,石崇在六子中年龄最小,却没分到,石苞认为:"此儿虽小,后自能得。"的确是知子莫若父,石崇为了实现身名俱泰,常常不择手段。任职荆州刺史时,他竟自作盗匪,劫掠远来客商,以此积累巨额资财。惠帝时期,他谄事贾谧,贾充之妻广城君郭槐每出,他与潘岳降车路左,望尘而拜,人格堪称卑佞。

与此同时,石崇少有大志,富有文学才华,有集六卷,现存诗文多篇。他与潘岳、陆机、陆云、刘琨、左思、欧阳建、杜育、挚虞等二十四人组成一个集团,号称"二十四友",依附贾后的外甥、权势冲天的贾谧。显然,"二

---

① 《晋书》卷三十三《石崇传》,中华书局 1974 年版,第 1007 页。

十四友"里面,相当部分是西晋时期最为知名的文人和名士。根据学界的考证,"二十四友"的出身,分为三种类型,一是贾家亲旧,二是各地名门望族,三是名臣名将之后。① 他们的结合,自有政治目的,尤其是依附于贾谧,大受时人及后世的讥评。和"竹林七贤"一样,"二十四友"同样是一个松散的集团,活动时间定然不长,可以确切知道的是,在元康六年(296 年),他们有过一次聚会,聚会的地点,正是石崇的金谷园。

关于金谷园的样貌,我们综合石崇的《金谷诗序》和《思归叹序》,可以大概领略。金谷园乃石崇的别业,位于洛阳城北十里的金谷涧中,依照山势高下修建而成。《金谷诗序》中提到园中:"有清泉茂林、众果竹柏、药草之属,金田十顷、羊二百口,鸡猪鹅鸭之类,莫不毕备。又有水碓、鱼池、土窟,其为娱目欢心之物备矣。"石崇两篇文章都仅数百字,对于金谷景观的描述亦止于此。

从上述文字来看,金谷园依山临水,景色优美。然而,在《金谷诗序》中,石崇并没有对其中的自然景观作展开描述,他所津津乐道的,是园中之物:众果竹柏、药草、羊、鸡猪鹅鸭、水碓、鱼池、土窟,就连羊的数量,他也要记上一笔。显然,这些园中之物,并非用作审美,而是具有经济目的。无独有偶,石崇的好友潘岳所作《闲居赋》,亦从经济着眼叙述所筑园宅:"筑室种树,逍遥自得。池沼足以渔钓,春税足以代耕。灌园粥蔬,以供朝夕之膳;牧羊酤酪,以俟伏腊之费。"②从崇尚高逸的魏晋名士之眼光来看,石崇如此写作,似乎显出其人太俗。不过,我们很容易想象,石崇在落笔写下金谷园中之物时,是甚有自得之色的。何以故? 石崇的行为,正是西晋豪奢之风的一个表现。

石崇以与王恺斗富而著称,实际上,西晋的豪奢之人,并非只有石王二人,而是蔚然成风。晋武帝司马炎,平吴之后,耽于游宴,后宫佳丽上万人。丞相何曾,"性奢豪,务在华侈。帷帐车服,穷极绮丽,厨膳滋味,过于王者。每燕见,不食太官所设,帝辄命取其食。蒸饼上不坼作十字不

---

① 参见俞士玲:《陆机陆云年谱》"贾谧'二十四友'性质考",人民文学出版社 2009 年版,第 168—184 页。

② 《晋书》卷五十五《潘岳传》,中华书局 1974 年版,第 1505 页。

食。食日万钱,犹曰无下箸处"。① 其子何劭,骄奢更过其父,"衣裳服玩,新故巨积。食必尽四方珍异,一日之供以钱二万为限"②。贾谧,"奢侈逾度,室宇崇僭,器服珍丽,歌僮舞女,选极一时"③。他如何绥、王济、任恺④、羊琇等人,皆竞相骄奢。对此,《晋书·五行志》有如是总结:"武帝初,何曾薄太官御膳,自取私食,子劭又过之,而王恺又过劭。王恺、羊琇之俦,盛致声色,穷珍极丽。至元康中,夸恣成俗,转相高尚,石崇之侈,遂兼王、何,而俪人主矣。"正是在元康时期所弥漫的奢侈之风的鼓荡之下,方才出现石崇与王恺的斗富,王济以人乳喂小猪等令人瞠目的举动。奢侈行为,标示了其人的社会身份和经济能力,直观上,体现为对物的占有,进行"炫耀性消费"⑤。石崇不厌其烦地介绍金谷园中所有之物,正是这一对物的占有意识的表现。此外,他将厕所装饰得富丽堂皇,让十余婢女服侍入厕之人,请客时让美人行酒,客有饮酒不尽者,便杀掉美人等诸多行为,皆是物欲的炫示。

和仲长统类似,石崇对园林中的活动大加描写,在送别王诩回长安的金谷雅集中,他们昼夜游宴,更换多个地点,或登高临下,或列坐水滨,载着琴瑟笙筑等乐器随行。石崇拥有众多歌伎,其最著名者为绿珠,其次为绿珠弟子宋祎。可以想见,这两位绝色女子必然陪伴在左右,以歌舞为主人及其宾朋助兴。除了饮酒赏玩,文人相聚,赋诗是一项重要内容。曹丕在给吴质的书信中多次回忆他们的南皮之游,他们的游览活动十分丰富,

---

① 《晋书》卷三十三《何曾传》,中华书局 1974 年版,第 998 页。

② 《晋书》卷三十三《何劭传》,中华书局 1974 年版,第 999 页。

③ 《晋书》卷四十《贾谧传》,中华书局 1974 年版,第 1173 页。

④ 《晋书》卷四十五《任恺传》:"初,何劭以公子奢侈,每食必尽四方珍馔,恺乃逾之,一食万钱,犹云无可下箸处。"(中华书局 1974 年版,第 1287 页。)

⑤ 炫耀性消费是美国经济学家凡勃伦在 1899 年出版的《有闲阶级论》中提出的一个概念,指的是有闲阶级通过对奢侈性物品的铺张浪费,向他人炫耀和展示自己的经济能力和社会地位,以此博得更高的荣耀和声望的行为。人类学家所研究的"夸富宴"与之有相类之处,美国人类学家博厄斯(Franz Boas)等人研究了夸扣特尔印第安人(Kuakiutl Indians)的"夸富宴"(potlatch),在这类宴席上,主人请来四方宾客,故意在客人面前大量毁坏个人财产并且慷慨地馈赠礼物,其形式可以是大规模地烹羊宰牛,也可以是大把地撒金撒银,从而证明主人雄厚的财富和高贵的地位。这对于部落里的贵族来说,不仅象征着权力和奢侈,也是用来确定部落内部等级秩序的一项义务。

"既妙思六经,逍遥百氏,弹棋间设,终以博弈,高谈娱心,哀筝顺耳。驰骛北场,旅食南馆,浮甘瓜于清泉,沈朱李于寒水。白日既匿,继以朗月,同乘并载,以游后园,舆轮徐动,宾从无声,清风夜起,悲笳微吟,乐往哀来,凄然伤怀。"①在《又与吴质书》中他又提及:"昔日游处,行则连舆,止则接席,何曾须臾相失! 每至觞酌流行,丝竹并奏,酒酣耳热,仰而赋诗。"②石崇的金谷之会延续这一文人宴会传统,不过在形式上有所创新,他们制定规则,不能赋者罚酒三斗,最后将诗作结成集子。诗作的内容,大抵如石崇所说,"感性命之不永,惧凋落之无期",叙朋友间的离思之情。金谷诗会,开启了后世文人雅集的先河,同时也成为一个典范。东晋王羲之召集的兰亭之会,就是承继金谷雅集。《世说新语·企羡》载:"王右军得人以《兰亭集序》方《金谷诗序》,又以己敌石崇,甚有欣色。"李白《春夜宴从弟桃李园序》亦依此例,赋诗饮酒,"如诗不成,罚以金谷酒数"③。可见其影响之大。

奔竞如石崇,亦有崇尚隐逸的一面。元康六年召集金谷之会时,石崇正是志得意满。而在写作《思归引》时,石崇提到自己"年五十,以事去官",所为何事,他并没有明言。查其履历,在其晚年有两次免官,其一在出镇下邳时,因与徐州刺史高诞争酒相侮,被免官,此后不久被任命为卫尉;其二是在贾谧被诛之后,石崇作为同党被免。《思归引》的写作,很可能是第二次被免之后的事情,大树已倾,赵王伦专权,他知道自己的政治生涯差不多结束了,加上年已五十,遂有归隐之志。他绝对想不到,自己的生命也行将终结,否则不会如此悠游从容,在《思归叹序》中,他说道:"晚节更乐放逸,笃好林薮,遂肥遁于河阳别业。"此时,他更多以审美眼光来看待金谷园了。他提到了园林的环境和景观:"其制宅也,却阻长堤,前临清渠。百木几于万株,流水周于舍下。有观阁池沼,多养鱼鸟。"而不再提及里面的经营之物。他仍在夸耀自己的富裕而潇洒的生活:"家素习技,颇有秦赵之声。出则以游目弋钩为事,入则有琴书之娱。又

---

① 魏宏灿:《曹丕集校注》,安徽大学出版社 2009 年版,第 255 页。
② 魏宏灿:《曹丕集校注》,安徽大学出版社 2009 年版,第 258 页。
③ (清)王琦注:《李太白全集》,中华书局 2011 年版,第 1100 页。

好服食咽气,志在不朽,傲然有凌云之操。"①这些活动,自然是审美性和娱乐性的了。所谓"服食咽气",乃是食用五石散、行气之属的养生活动,希望自己能延命长生。石崇对这种生活状态同样高自标置,认为自己超越了世俗所累,"傲然有凌云之操"。

显然,汉末以来的隐逸思潮,因为魏晋玄学的阐扬和时局的动荡而影响日深,像石崇这样的人,亦概莫能外。在石崇身上,我们更能看到,以老庄道家为理想基础的隐逸思想,如何为中国文人铺就了一条身心栖居安顿的道路。从某种程度上说,隐居的生活,意味着心灵的释放和精神的自由,此时,隐居者更多持有一种审美的心态来看待自然万物。石崇同样以审美之眼来欣赏他的金谷园了,在《思归引》中他写道:"望我旧馆兮心悦康,清渠激,鱼彷徨,雁惊溯波群相将,终日周览乐无方。"清渠、鱼、雁富有美感的身姿进入石崇的视野,他终日游览其间,体验到巨大审美愉悦。在《思归叹》中,他同样以审美心境描写了金谷园中的自然景观:"惟金石兮幽且清,林郁茂兮芳草盈。玄泉流兮萦丘阜,阁馆萧寥兮阴丛柳。"在此种审美心境之下,他不仅发现了自然美,而且追求一种超越性的高蹈人生:"超逍遥兮绝尘埃,福亦不至兮祸不来。"不过,这只是他的一厢情愿。在写完《思归引》不久,他大祸临头,连同潘岳、欧建阳等人,被赵王伦除掉。

概括来说,西晋士人沉陷于奢侈放纵的社会风气之中,热衷于追逐衣食声色等物质享受,其对园林的营构和观照,更多从其经济功能着眼。如上文所示潘岳被免官之后所写《闲居赋》的序言,说的也是园林能够满足日常生活所需。在《闲居赋》正文中,他花百余字的篇幅详细列举了园中的果树、菜品,虽不无审美意味,如"梅杏郁棣之属,繁荣丽藻之饰。华实照烂,言所不能极也",这种笔法,实继承汉赋的铺排,而非纯然审美的观照。另一方面,他们又受到了魏晋玄学以及隐逸思潮的影响,所以,在政治不得意时都向老庄寻求慰藉,都有归隐之意。石崇肥遁,意欲"超逍遥兮绝尘埃",潘岳闲居,声称"身齐逸民,名缀下士"。在隐逸的状态下,他

---

① 《全晋文》卷三十三,商务印书馆 1999 年版,第 333 页。

们有了审美之情,发现到了自然之美。关于这点,左思的《招隐诗》堪为典型:"杖策招隐士,荒涂横古今。岩穴无结构,丘中有鸣琴。白云停阴冈,丹葩曜阳林。石泉漱琼瑶,纤鳞或浮沉。非必丝与竹,山水有清音。何事待啸歌,灌木自悲吟。秋菊兼糇粮,幽兰间重襟。踌躇足力烦,聊欲投吾簪。"①诗中所描写的,完全是归隐生活所呈现出的幽居空寂的自然之美。

不过,石崇希求栖逸的一面基本被忽略了,后人更多关注的是石崇生活的奢靡无度,以及金谷园的富丽张皇。"石崇家"成为唐人诗歌中常常提及的一个意象②,美女绿珠也成为后人津津乐道的一个人物。杜牧之诗《金谷园》:"繁华事散逐香尘,流水无情草自春。日暮东风怨啼鸟,落花犹似堕楼人。"算是最为经典的咏叹之作了。

金谷园亦成为画家关注的题材。东晋画家史道硕即绘有《金谷园图》,史道硕兄弟四人皆善画,以道硕最为知名。他擅长绘制人物、故实、牛马和鹅。齐人谢赫在《古画品录》中论曰:"道硕与王微并师荀、卫,然王得其细,史传其真,细而论之,景玄为劣。"③道硕能"传其真",得到高度评价。《历代名画记》、《贞观公私画史》等著录其画作很多,然无一留传。其笔下的金谷园有何样貌,难以得睹。不过,北宋画家王诜所画大型青绿山水长卷《金谷园图》,可让我们大致领略金谷园的盛景。《金谷园图》为绢本设色,纵 32 公分,横 500 公分。黄君璧先生在画卷跋尾亲笔记下画中景物的数量:"鹭二只、孔雀一只、鹤十二只、鸭四只、马八头、鹿七头、男二十一人、女一六六人。"茂林丛竹、楼阁掩映,可谓气势宏大,景物富丽。画作表现手法古雅,设色以青绿为主,表现了雍荣调畅的生活意趣。这种审美意识,即是石崇诸人生活场景的描摹,更是宋人生活理想的体现。以金谷园为题材的著名画作,还有明人仇英的《金谷园图》,清人

① 逯钦立辑校:《先秦汉魏南北朝诗》,中华书局 1983 年版,第 734 页。
② 例如,杜审言《晦日宴游》:"更看金谷骑,争向石崇家。"崔知贤《晦日宴高氏林亭》:"淹留洛城晚,歌吹石崇家。"陈嘉言《晦日宴高氏林亭》:"人是平阳客,地即石崇家。"曹邺《和潘安仁金谷集》:"明朝此池馆,不是石崇家。"权德舆《八音诗》:"金谷盛繁华,凉台列簪组。石崇留客醉,绿珠当座舞。"
③ 俞剑华:《中国古代画论类编》(上),人民美术出版社 1998 年版,第 364 页。

华嵒的《金谷园图》轴等。

第三节　谢灵运的山居园

在对人物品藻进行研究时,我们曾指出,曹魏西晋时期常以玉喻人,其理想人物是"玉人型",而东晋时期则追求"天际真人"、"神仙中人",理想人物为"自然型"。相形之下,"玉人"仍为带着富贵气的俗世中人,"神仙中人"、"天际真人"则在生命层次和精神境界上有了大大的超越。从"玉人型"到"自然型"的转变,意味着两晋人自然审美意识的重大差异。可以说,生活于风景秀丽的江南地的东晋士人,全面地发现了自然之美,全身心地投入到对自然美的欣赏之中。这深刻地影响了他们的人格气度,影响了他们的文艺创作,自然也影响了他们的园林营构及生活理想。如果说石崇的金谷园亦颇像个"玉人",散发着富丽的世俗气息,那么东晋园林则以追求自然为旨趣。

东晋北来的王谢诸人,以及吴郡本地大族,仍像前代豪族一样占有大量山林田地,发展庄园经济。其情形正如宋武帝刘骏次子、西阳王刘子尚所说:"山湖之禁,虽有旧科,民俗相因,替而不奉,燻山封水,保为家利。自顷以来,颓弛日甚,富强者兼岭而占,贫弱者薪苏无托,至渔采之地,亦又如兹。"①不过,面对自然万物,在他们的言行与文字中,不再只是体现出赤裸的物欲和占有欲,而明显是满怀着审美的心态了。类似的例子非常之多,如谢安高卧东山时,"与王羲之及高阳许询、桑门支遁游处,出则渔弋山水,入则言咏属文,无处世意。……安虽放情丘壑,然每游赏,必以妓女从。……又于土山营墅,楼馆林竹甚盛,每携中外子侄往来游集,肴馔亦屡费百金,世颇以此讥焉,而安殊不以屑意"②。王羲之致仕之后,"与东土人士尽山水之游,弋钓为娱。又与道士许迈共修服食,采药石不远千里,遍游东中诸郡,穷诸名山,泛沧海"③。纪瞻"立宅于乌衣巷,馆宇

---

① 《宋书》卷五十四《羊希传》,中华书局 1974 年版,第 1536 页。
② 《晋书》卷七十九《谢安传》,中华书局 1974 年版,第 2072、2075 页。
③ 《晋书》卷八十《王羲之传》,中华书局 1974 年版,第 2101 页。

崇丽,园池竹木,有足赏玩焉"。① 吴郡顾辟疆有名园,"自西晋以来传之,池馆林泉之盛,号吴中第一"②。王献之曾前往游历。晋简文帝入华林园,曾发出如是感叹:"会心处不必在远,翳然林水,便有濠、濮间想也,觉鸟兽禽鱼,自来亲人。"③可见,无论是皇家园林,还是私人宅第,游览者皆瞩目于山水自然景观,留心于其可资游览赏玩的文化功能了。

南朝园林继承了这种美学观,谢灵运的山居园堪称个中典型。

谢灵运(385—433年)出身于陈郡阳夏谢氏,祖父为谢安之侄、车骑将军谢玄,袭封康乐公。灵运幼而颖悟,好学博览,诗文冠绝当世,然其仕途却多坎坷,官职屡迁,多次遭到罢免。晋时作过琅邪大司马行军参军,后任太尉参军、中书侍郎、宋国黄门侍郎等职。入宋后爵位由公降为侯,又做过散骑常侍、太子左卫率等职,出为永嘉太守,后又征为秘书监、侍中,最后的官职为临川内史。因荒废政事,司徒刘义康谴使收录,谢灵运兴兵拒捕,犯下死罪,流放广州,最终以叛逆罪名被杀。谢灵运处身晋宋两代,正是世族势力走向衰落的时期,他虽出身贵盛,才学优绝,却不被重用,备受排挤,更兼其人自负门第,恃才放言,行事任达,不加检束,更加重了庶族大臣对他的反感。他承续了东晋士人对自然山水的喜好,政治上的失意使他更加放情山水。永初三年(422年),他被贬为永嘉太守,"郡有名山水,灵运素所爱好,出守既不得志,遂肆意游遨,遍历诸县,动逾旬朔,民间听讼,不复关怀。所至辄为诗咏,以致其意焉"④。他仰仗祖业,家资丰厚,奴仆成群,经常指示数百仆从凿山挖湖,探幽览胜,"寻山陟岭,必造幽峻,岩嶂千重,莫不备尽。登蹑常着木履,上山则去前齿,下山去其后齿。尝自始宁南山伐木开径,直至临海,从者数百人。临海太守王琇惊骇,谓为山贼,徐知是灵运乃安。又要琇更进,琇不肯,灵运赠琇诗曰:'邦君难地险,旅客易山行。'"⑤为了游览山川,他兴师动众,惊扰官

① 《晋书》卷六十八《纪瞻传》,中华书局1974年版,第1824页。
② 《吴郡志》,转引自余嘉锡:《世说新语笺疏》,中华书局1983年版,第777页。
③ 余嘉锡:《世说新语笺疏》,中华书局1983年版,第120—121页。
④ 《宋书》卷六十七《谢灵运传》,中华书局1974年版,第1753—1754页。
⑤ 《宋书》卷六十七《谢灵运传》,中华书局1974年版,第1775页。

民,还发明了一种登山装备,后人美其名曰"谢公屐"。

景平元年(423年)秋,谢灵运离开永嘉,移居会稽。他的父祖皆葬于始宁县,此地有其故宅别墅,景观清幽,"傍山带江,尽幽居之美"。谢灵运大兴土木,进行了重修,至元嘉三年(426年)被征为秘书监之前的三年内,谢灵运隐居此地,与隐士王弘之、孔淳之,以及诸多名僧,多有交往。优美的自然环境和闲逸的生活状态激发了他的创作,这一期间他写出多篇诗文,如《会吟行》、《田南树园激流植援》、《石壁立招提精舍》、《石壁精舍还湖中作》、《南楼中望所迟客》、《石门新营所住四面迥溪石濑茂林修竹》、《述祖德诗》等诗作,《与庐陵王义真笺》、《和范先禄祗洹像赞三首》、《和从弟惠连无量寿颂》、《维摩诘经》中十譬八首,《伤己赋》、《逸民赋》、《入道至人赋》、《衡山岩下见一老翁四五少年赞》、《王子晋赞》、《书帙铭》、《昙隆法师诔》等文章。《山居赋》就是作于此一期间,大概始于元嘉元年下半年,完成于元嘉二年上半年。[1] 谢灵运对赋文作了自注,全文达一万余字,极为详尽地描写了始宁别墅的风景物侯,对于我们理解南朝园林提供了很好的文献。

在赋文中,谢灵运首先对园林的类别及其弊病进行了批判性分析。他将前代园林分为三类:第一类以东汉仲长统和三国应璩的园林为代表。仲长统的园林已如上述,位于山水之畔,是小型的庄园。应璩在《与程文信书》中提及自己的园林:"故求道田,在关之西,南临洛水,北据邙山,托崇岫以为宅,因茂林以为荫。"[2]和仲长统的园林颇为相似。谢灵运认为它们"势有偏侧,地阙周员",受制于选址,加之面积狭小,难以营构出符合他的世族身份的园林。第二类以卓王孙的铜陵和石崇金谷园为代表,它们"徒形域于荟蔚,惜事异于栖盘",此类虽然广阔富丽,却以聚敛财富

---

① 顾绍柏先生在"谢灵运生平事迹及作品系年"的元嘉二年条指出:"(谢灵运)经过一年多的游历考察,才写出了《山居赋》。赋中还提到了石壁精舍、田南园林、南山新居,这些工程也绝非短时间内所能完成。由此可以大致确定,此赋始作于去年下半年,完成于是年上半年。"兹从此说。(参见顾绍柏:《谢灵运集校注》,中州古籍出版社1987年版,第434页。)

② 《宋书》卷六十七《谢灵运传》,中华书局1974年版,第1755页。下文《山居赋》选文亦出《宋书》,不再标注。

为目的,而非用于栖居,为谢灵运所不屑。第三类以凤台、丛台、云梦、青丘、漳渠、淇园等皇家园林为代表,以上为战国诸王的园囿,谢灵运不便明言当世,故以前代园林为喻,他认为这类园林乃"千乘宴嬉之所,非幽人憩止之乡,且山川亦不能兼茂,随地势所遇耳",亦不看好皇家园林。

在对以往的三类园林进行贬抑之后,他盛称自家园林,"选自然之神丽,尽高栖之意得"。以大段的篇幅(赋文与注文约一千七百余字),详尽地描述了山居周边景物,即近东、近南、近西、近北,远东、远南、远西、远北的自然景观,由近及远,周览四方,极写山水林泉之美。如近西风景:"杨、宾接峰,唐皇连纵,室、壁带溪,曾、孤临江。竹缘浦以被绿,石照润而映红。月隐山而成阴,木鸣柯以起风。"场景阔大,风光清美。接下来写其旧居风貌,同样风光无限:"敞南户以对远岭,辟东窗以瞩近田。田连冈而盈畴,岭枕水而通阡。"又述其湖山之物产,涉及水草、药草、竹、木、鱼、鸟、兽,皆列述物名及其情状动态。然后,描述了为昙隆和法流二位法师营建场所的情形,还描写了山居中劳作的场景,以及所建新居的盛丽,瓜果菜园的物产等。最后,他以较长的篇幅(一千四百余字),表达了对佛道的认同和生命的喟叹。

概括来说,谢灵运笔下的山居园(始宁墅)体现出了以下几个特点:

第一,规模巨大。别墅有南北两居处,以南山为例,"夹渠两田,周岭三苑。九泉别涧,五谷异巘。群峰参差出其间,连岫复陆成其阪"。其中山体纵横,林树成荫,有湖有洲,不可谓不大。谢灵运虽然鄙弃石崇的金谷园,但他的园林同样体现出了世族大家对自然资源的侵占。《宋书》本传载,谢灵运拥有如此巨量的始宁墅犹未厌足,"会稽东郭有回踵湖,灵运求决以为田,太祖令州郡履行。此湖去郭近,水物所出,百姓惜之,顗坚执不与。灵运既不得回踵,又求始宁岯嵑湖为田,顗又固执。"谢灵运因此与会稽太守孟顗结怨,并间接导致了他的死亡。像谢灵运这样大肆侵占山泽而不体恤百姓,乃魏晋南北朝豪族的普遍行径。

第二,庄园的经济功能仍受关注,不过基本被审美功能取代。谢灵运在赋文中以寥寥数语谈到了园林的经济属性,"春秋有待,朝夕须资。既耕以饭,亦桑贸衣。艺菜当肴,采药救颓。"他在叙述园中经济作物时,亦怀着欣赏的眼光,如叙菜疏:"畦町所艺,含蕊藉芳,蓼蕺裸荠,葑菲苏姜。绿葵眷节以怀露,白薤感时而负霜。寒葱摽倩以陵阴,春藿吐苕以近阳。""绿葵眷节以怀露,白薤感时而负霜"两句,袭自潘岳《闲居赋》:"绿葵含露,白薤负霜。"潘岳之赋,纯作客观描写,当然其中亦有审美意味。相形之下,谢灵运加上"眷节""感时"两词,乃"以我观物",掺入了自身的情感。如此一来,绿葵与白薤之属皆着人之色彩,更显亲切,也更具审美意味。谢灵运描述园林中的动植诸物,并非如石崇般夸耀对物的占有,而是"观其貌状,相其音声,则知山川之好"。实际上,南北朝以来的园林,皆以审美性为主。如《北史》卷三十三《李元忠传》载:"园庭罗种果药,亲朋寻诣,必流连宴赏。"园中所种果树药物,本为经济作物,然亲友来访,必流连观赏,显然南北朝之人,对于自然的审美意识已被彻底激发出来。

　　第三,终日徜徉山水园林之间,孕育出了谢灵运超绝的山水审美能力,并滋养了他的诗文创作。谢灵运热衷于游览,"晨策寻绝壁,夕息在山栖",[①]"跻险筑幽居,披云卧石门,苔滑谁能步,葛弱岂可扪",[②]"欲抑一生欢,并奔千里游",[③]他四处寻幽览胜,探险搜奇,他的山水之情,无疑培养出了他高超的审美能力和自然审美意识。以始宁墅如此巨大的面积,风景之繁多,要游览周遍绝非一日之功可毕。要写出万余字的赋文,描摹出个中山水之胜,更是需要假以时日。谢灵运在赋中仰观俯察,远游近望,视点不断变换,季节亦多有不同。唯一不变的,是他的审美心境。他历数园中山水林岫、花鸟鱼虫,堪称细腻。凡此诸种,在他看来,皆是"寓目之美观"。加上他的渊博学识与高超文才,称引典故颇多,淬炼之功甚厚,使得此赋文采飞扬,异常华丽。这种山水审美精神,无疑铸成了他超绝的山水诗,使他成为魏晋南北朝山水诗第一人。台湾学者林文月

---

　　① 谢灵运:《登石门最高顶》,顾绍柏:《谢灵运集校注》,中州古籍出版社1987年版,第178页。

　　② 谢灵运:《石门新营所住,四面高山,回溪石濑,茂林修竹》,顾绍柏:《谢灵运集校注》,中州古籍出版社1987年版,第174页。

　　③ 谢灵运:《登临海峤初发强中作,与从弟惠连,见羊何其和之》,顾绍柏:《谢灵运集校注》,中州古籍出版社1987年版,第166页。

对谢灵运的山水诗评论说:"谢灵运在山水诗的领域里,既是开山祖,同时也是最成功的代表作家。故其客观赏鉴之态度,及细腻摹描之笔法,遂成为山水诗之典型写作方法。山水诗得以独据诗坛一角,成为诗人写作的一个新鲜的题材对象,也正因为不仅是形容山水自然的诗句在每篇的分量比例方面有显著的增加而已,乃因为从此诗人用更认真的态度去法自然之故。……因此,他的山水诗不是平面的,而是立体的,不是呆滞的,而是生动的。"①这一评价,同样适用于对此赋的理解。

第四,始宁墅在园林选址、因势造景、远近因借成景等方面,皆有值得称道之处。关于选址,谢灵运论道:"其居也,左湖右江,往渚还汀。面山背阜,东阻西倾。抱含吸吐,款跨纤萦。绵联邪亘,侧直齐平。"诚可谓"选自然之神丽"。它又注意近景与远景的因借,在景物的营构上亦独具匠心。如为两法师建造处所,灵运"研其浅思,罄其短规",堪称煞费苦心。所寻地址,"择良选奇",为此不惜"剪榛开径,寻石觅崖"。达成的效果是:"四山周回,双流逶迤。面南岭,建经台,倚北阜,筑讲堂,傍危峰,立禅室,临浚流,列僧房,对百年之乔木,纳万代之芬芳,抱终古之泉源,美膏液之清长。谢丽塔于郊郭,殊世间于城傍。欣见素以抱朴,果甘露于道场。"景色幽绝,实是得道之所也。与谢灵运同时而稍晚的徐湛之(410—453年),其母为高祖长女会稽公主,乃贵戚豪家,家中产业甚厚,广有园池,"广陵城旧有高楼,湛之更加修整,南望钟山。城北有陂泽,水物丰盛。湛之更起风亭、月观、吹台、琴室,果竹繁茂,花药成行,招集文士,尽游玩之适,一时之盛也"②。可知,此一时期,对于园林的营构遍及贵族之家,对于园林的选址、亭台楼阁的建造、园中景物的布置等,已相当成熟。

第五,始宁墅作为山水园林,营造时虽费尽心机,却以有若自然为旨归。我们阅读谢灵运的赋文,可以领略到这座园林的风景之幽现,一如自然而成。实际上,有若自然,成为东晋南北朝造园的一个标准。试举几例,谢道韫之诗《登山》云:"峨峨东岳高,秀极冲青天。岩中间虚宇,寂寞

① 林文月:《山水与古典》,三联书店 2013 年版,第 81 页。
② 《宋书》卷七十一《徐湛之传》,中华书局 1974 年版,第 1847 页。

幽以玄。非工复非匠,云构发自然"。北魏司农给伦的园林,颇为豪侈,"斋宇光丽,服玩精奇,车马出入,逾于邦君。园林山池之美,诸王莫及。伦造景阳山,有若自然。其中重岩复岭,欹崿相属;深蹊洞壑,逦递连接。高林巨树,足使日月蔽亏;悬葛垂萝,能令风烟出入。崎岖石路,似壅而通;峥嵘涧道,盘纡复直。是以山情野兴之士,游以忘归"①。梁朝谢举,"宅内山斋,舍以为寺,泉石之美,殆若自然。"②"发自然"、"有若自然"的造园标准一经确立,遂成为中国园林美学的不二法则。北魏佛寺营造理念,亦循此旨趣,如北魏景明寺,"其寺东西南北方五百步,前望嵩山、少室,却负帝城,青林垂影,绿水为文,形胜之地,爽垲独美。山悬堂观,光盛一千余间。复殿重房,交疏对霤,青台紫阁,浮道相通。虽外有四时,而内无寒暑。房檐之外,皆是山池,松竹兰芷,垂列阶墀,含风团露,流香吐馥"③。在园林的选址、造景、美学理想诸方面,与士人园林无有差异。明代计成《园冶》标举此旨,将其总结为"虽由人作,宛若天开"。园林史家汪菊渊对此总结说:"这种有山有水,结合植物造景和亭阁楼榭而组成的游息生活境域成为此后历代山水园的蓝本……从魏晋到南朝的园林,逐步地扬弃了堂室楼阁为主、禽兽充满园囿中的形式,继承了西汉梁孝王兔苑,袁广汉园的山水部分更向前发展。首先,园林的基础是穿池构山的地貌创作,以形成自然、山水的境域。构山要有垂岩复岭、深溪涧壑,合乎山的形势;要有崎岖山路,盘纡涧道,合乎初开发的胜区;山上要高林巨树,悬葛垂萝,或树草栽木,合乎山地自然植被的生态;即使是斋前构筑假山,要能潜行数百步的石洞,仿佛进入天然的石灰岩洞一般。这样的园林,可说是自然、山水的写实,或则说,用写实的手法来再现自然,有若自然。"④

　　第六,因为意在欣赏自然,很难见到声色之娱。谢灵运所留心的,是"水石林竹之美,岩岫崿曲之好",在山水陶养之下,他对生理层面的欲望似乎很少经意,他在园林中的活动,是"法音晨听,放生夕归,研书赏理,

---

①　范祥雍:《洛阳伽蓝记校注》,上海古籍出版社 1978 年版,第 100 页。
②　《南史》卷二十《谢举传》,中华书局 1975 年版,第 564 页。
③　范祥雍:《洛阳伽蓝记校注》,上海古籍出版社 1978 年版,第 132 页。
④　汪菊渊:《中国古代园林史》(上),中国建筑工业出版社 2012 年版,第 92 页。

敷文奏怀",而非石崇的极酒肉声色之娱,亦非如其先祖谢安那样携妓东山。谢灵运在此期间创作的大量诗歌,同样能够说明这点,如《石壁精舍还湖中作》,其中有云:"昏旦变气候,山水含清晖。清晖能娱人,游子憺忘归。"流连于山水之美而忘返。这个特点在南朝园林审美中已很普遍。如昭明太子,"性爱山水,于玄圃穿筑,更立亭馆,与朝士名素者游其中。尝泛舟后池,番禺侯轨盛称此中宜奏女乐。太子不答,咏左思《招隐诗》云:'何必丝与竹,山水有清音。'"①在昭明太子看来,自然的山水足以满足游赏之乐,丝竹女乐反而会破坏自然的清幽,影响游览的心境。② 陶渊明的《答鲍参军》:"有客赏我趣,每每顾林园。诙谐无俗调,所说圣人篇。或有数斗酒,闲饮自欢然。"表达的亦是同样心境。这种自然审美意识,殊为值得称赏,对后世产生了深远影响。

第七,佛教思想对谢灵运产生了很大影响,同时亦影响了他的自然审美意识。谢灵运生活的时代,承魏晋清谈之余绪,热衷老庄,崇尚栖逸,仍为一大时尚。除庄老之外,东晋诸多名僧加入清谈队伍,佛学成为清谈的重要话题,僧人的生活方式、思想观念对于时人亦产生重要影响。僧人喜欢隐于名山,如名僧慧远栖身于庐山,支遁意欲买山而居等。谢灵运少时即仰慕慧远法师,对佛学颇有研究,在永嘉时期,写出《辨宗论》,提倡顿悟求宗。就此话题,与王卫军以及法勖、僧维、慧驎、法纲、慧琳诸法师展开多番辩难研讨。此外,他的立身行事、思想观念、诗文创作亦深受佛学之影响。他"钦鹿野之华苑,羡灵鹫之名山",在始守墅中,杖策孤征,登山涉岭,选取幽胜之地,"敬拟灵鹫山,尚想祇洹轨",③为昙降、法流二位法师建造经台、讲堂、禅室和僧房,与他们讲经论道:"法鼓即响,颂偈清发,散华霏蕊,流香飞越,析旷劫之微言,说像法之遗旨。"他接受了佛教

---

① 《梁书》卷八《昭明太子传》,中华书局 1973 年版,第 168 页。

② 萧统所编《文选》不收王羲之的《兰亭集序》,后人论其原因,亦在此中找寻。如明人田艺蘅云:"盖崇山曲水,清响娱人,果何必丝竹管弦也哉!《文选》之不取,信在于此。乃昭民之心,素所不欲。后世凡以鼓吹游山者,诚可谓杀风景也。"(田艺蘅:《留青日札》,浙江古籍出版社 2012 年版,第 2 页。)

③ 谢灵运:《石壁立招提精舍》,顾绍柏:《谢灵运集校注》,中州古籍出版社 1987 年版,第 110 页。

的好生、护生和放生观念,在他的园林中,各种渔猎用具不得施用,因为他"顾弱龄而涉道,悟好生之咸宜",自注云:"自少不杀,至于白首,故在山中,而此欢永废。……自弱龄奉法,故得免杀生之事。苟此悟万物生好之理。"他对于自然万物,怀着体贴之心,而非占有之欲,如此一来,是以审美的心境来看待并欣赏万物,万物从而"各悦豫于林池也",乃成一自然适意的境界。他对于佛理的领悟,也深刻影响了他的山水诗创作,"可以说,'遗情舍尘物,贞观丘壑美',以佛理为指导,由空观色,把观照的主位从表相深入到精神内核;'表灵物莫赏,蕴真谁为传',以色传空,色空不二,使形象具有更深厚的底蕴。这就是谢灵运山水诗的基本美学特征。参禅与审美合为一体,佛教对谢诗的抒情方式、时空关系、艺术特征的形成,更有着广泛的影响"①。他以佛对山水,在对山水的审美中体悟佛理,以佛理把握山水的美感,充分认识到了山水所具有的独立审美意义,二者虽未如唐诗一般达到意与境的和谐无间,却使他的山水诗别开生面,呈现出独特的审美意蕴。

第四节 庾信的小园

庾信(513—581年),字子山,出身南阳新野庾氏,其父为梁朝著名宫廷文人庾肩吾。庾信幼即聪敏,博涉群书,尤善《左传》。其人身长八尺,腰带十围,容止可观。梁时,庾肩吾、庾信与徐摛、徐陵两父子共事东宫,恩礼优隆。他们为文绮艳流丽,世号"徐庾体",为南朝宫体诗的代表,对当世及初唐影响巨大。梁武帝太清二年(548年),侯景乱起,庾信投奔江陵。梁元帝任其为御史中丞、右卫将军、散骑侍郎等职,派其聘于西魏。期间(554年)西魏伐灭江陵,庾信羁留长安,随后王褒、宗懔、王克等一干文士俱被掳至西魏。诸文人中,以庾信、王褒文才最高,名气最大,备受北朝上下推崇:"明帝、武帝并雅好文学,信特蒙恩礼。至于赵、滕诸王,周

---

① 张国星:《佛学与谢灵运的山水诗》,《学术月刊》1986年第1期。

旋款至,有若布衣之交。群公碑志多相托焉。"①庾信在西魏累迁仪同三司,北周时官至骠骑大将军、开府仪同三司。王褒更受信用,周明帝时,"帝每游宴,命褒赋诗谈论,恒在左右"②。加开府仪同三司,武帝宇文邕时为太子少保,迁小司空,后出为宜州刺史。

应当说,庾信、王褒等文士的北上,对于南北文化交流起到了很好的作用。文化上,北朝一直奉南朝为正统,在北朝时人眼中,庾、王二人作为才名最高的南朝文人,无疑就是文化正统的代表,所以对他们倍加推重,悉心向他们学习。《周书》如是描述北朝诸人对他们的尊崇:"由是朝廷之人,闾阎之士,莫不忘味于遗韵,眩精于末光。犹丘陵之仰嵩、岱,川流之宗溟、渤也。"③而对庾王二人,尤其是庾信来说④,在中年(42 岁)以后生活境遇发生了巨大转换,羁留异国,面对全然不同的风物人情,虽仍享有尊荣,却身在北朝而心系江南,常作乡关之思。他的心境,不免悲苦与凄凉。"庾信是一个复杂的人,终其一生似乎都被负疚感、悔恨、羞耻和思乡情绪所折磨。"⑤如此心境,加之北地风光习俗的陶染,发而为诗文,便呈现出与早年绮艳流美的宫体诗迥然有异的风格。无疑,后人对其北朝时期的作品更为推崇,以杜甫的评价最为知名,杜甫《戏为六绝句》云:"庾信文章老更成,凌云健笔意纵横。"在《咏怀古迹》中,杜甫又说:"庾信平生最萧瑟,暮年诗赋动江关。"

仅从《周史》《北史》的本传来看,庾信在北朝大受崇敬,称得上"位望通显",滕王逌在《庾子山集序》中说他"高官美宦,有逾旧国"。不过,阅读《小园赋》及他的诸多诗文,却能看出他的生活似乎相当贫困,与"高

---

① 《周书》卷四十一《庾信传》,中华书局 1972 年版,第 734 页。

② 《北史》卷八十三《文苑传·王褒传》,中华书局 1974 年版,第 2792 页。

③ 《周书》卷四十一《庾信传》,中华书局 1972 年版,第 744 页。

④ 王褒与庾信的心境有很大不同。《周书》卷四十一《王褒传》载,王褒诸人到长安以后,周太祖宇文泰对王褒与王克说:"吾即王氏甥也,卿等并吾之舅氏。当以亲戚为情,勿以去乡介意。"先以人情相笼络,又加封王褒及克、殷不害等车骑大将军、仪同三司,甚受恩礼。结果,"褒等亦并荷恩眄,忘其羁旅焉"。庾信虽亦受宠荣,却有耻于羁客身份,念念不忘江南故国。

⑤ 田晓菲:《烽火与流星——萧梁王朝的文学与文化》,中华书局 2010 年版,第 279 页。

官美宦"的身份实不相符。何以故？据鲁国群的研究，庾信仕魏为车骑大将军、仪同三司，在北周做到骠骑大将军、开府仪同三司，皆是虚名，并无实惠，生活是较为贫困的。直至 575 年，他才做到司宪中大夫，是个实官，生活有所好转，此时已处晚年。鲁国群认为他的乡关之思的重要作品基本写于入北的最初十年（554—564 年），因为这段时间他的仕宦并不得意，政治处境不好，不为朝廷所重，生活亦很贫困。他的二十七篇碑志全部作于 565 年以后，尤以 571 年以后为多，说明滕王迫序所谓"王公名贵，尽为虚襟"之语，是庾信入北后期之事。[①]

明了这点，我们便可以对《小园赋》的写作背景有更深入的认知。庾信笔下的小园，是一个身怀家国之痛、困苦离忧的落魄文人的栖居之所，与上述三类园林相比，呈现出了独特的文化意义。

庾信诗文的一个特点是大量使事用典，《小园赋》同样如此，全文八百余字，涉及众多人物及故事。此处以赋为中心，对庾信园林所体现出的特点和美学意蕴进行分析，涉及典故时，一般不作展开解释。

庾信的园林规模，即如赋文题目所示，在一"小"字。他不追求仲长统的"良田广宅"，更不奢望石崇和谢灵运的富阔山水，而以巢父安于一枝和壶公容身一壶为喻，表明自己所期望的只是一个容身之所。他又举管宁之藜床与嵇康之锻灶，说明自己安于贫困，而不愿像汉代权贵樊重和王根那样，拥有豪宅。他的小园，"数亩弊庐，寂寞人外，聊以拟伏腊，聊以避风雨"，"敧侧八九丈，纵横数十步"。这一宅园之小，与他初入北朝时的经济状况应当是相应的。在他的书启中，可以看到，明皇帝赐过他丝布等物，赵王送过他丝布、白罗袍、犀带、米、干鱼、雉、马、伞等物，滕王送过他鹿子巾、马、猪等物，这些礼物，以日常饮食衣物居多，显然是帮他解决温饱问题。在《谢明皇帝赐丝布等启》中，庾信提到了自己生活的困乏："某比年以来，殊有阙乏。白社之内，拂草看冰；灵台之中，吹尘视甑。

① 参见鲁国群：《庾信在北朝的真实处境及其乡关之思产生的深层原因》，《南京师范大学学报》1990 年第 1 期；鲁国群：《庾信入北仕历及其主要作品的写作年代》，《文史》第十九辑；牛贵琥：《庾信入北的实际情况及与作品的关系》，《文学遗产》2000 年第 5 期。

怼妻很妾,既嗟且憎;瘠子羸孙,虚恭实怨。"①对于明帝赏赐的杂色丝布
绵绢等三十段,银钱二百文,他简直感恩戴德,无以复加,"天帝锡年,无
逾此乐;仙童赠药,未均斯喜"。除了文人的夸张性修辞,应当也说明了
庾信当时生活的困窘。就规模而言,庾信的小园和同样贫困的陶渊明的
庭院有些相似:"方宅十余亩,草屋八九间。"小则小矣,庾信自比潘岳之
园,"且适闲居之乐"。在极其有限的空间和条件下追求生活的无限适
意,这是中国园林美学乃至中国美学的一个特点。

再看小园中的风景与布置。园中植有果木数种:"有棠梨而无馆,足
酸枣而无台。……榆柳三两行,梨桃百余树。"梨桃达到上百棵,以住处
逼仄的现代都市人之眼光来看,庾信的庭院不可谓小,当然二者不具可比
性。园中景物亦有可观之处,"桐间露落,柳下风来",堪称优美。草木任
其生长,不做剪修,杂乱无章,枝叶纵横,交错在一起,遮住了窗户,掩没了
道路。庭院之中,"山为篑覆,地有堂坳",有山有水,虽极称其小,但也见
出当时园林之营构,已不能离开山水。园中动物亦有数种,"蝉有翳兮不
惊,雉无罗兮何惧",在小园中悠游从容。"藏狸并窟,乳鹊重巢",拥挤而
有生机,"鸟多闲暇,花随四时",自然而有意趣。水池里面,有"一寸二寸
之鱼",池塘旁边,有"三杆两杆之竹"。合而言之,园中有树木,有花草,
有小山,有池塘,有鱼鸟,有翠竹,还有"连珠细菌,长柄寒匏",可以充饥,
园林虽小,却称得上"五脏俱全",是一个还算理想的栖居之地,身处其
中,读书弹琴,能得逍遥隐居之乐。

然而,庾信在这个小园里却无法得到归隐之乐。他的身心,时常处于
困顿孤愁的状态。人在北国,居住小园,实是迫不得已,绝非他的人生目
标。因此,在他笔下,不无自嘲自怨之意,"落叶半床,狂花满屋。名为野
人之家,是谓愚公之谷"。他以"野人"和"愚公"自许,却毫无自得其乐的
感觉。"试偃息于茂林,乃久羡于抽簪。虽无门而长闭,实无水而恒沉。"
一个"试"字,道出了他的无奈。他努力地想适应隐居生活,却难以达到
超脱。他在赋中提道:"草无忘忧之意,花无长乐之心。鸟何事而逐酒?

---

① 严可均编:《全后周文》,商务印书馆1999年版,第203页。

鱼何情而听琴?"正是他心境的写照。最后,他以三百字的篇幅,感慨了自己生活条件的困苦,远离故土的悲怆。小园并没有安顿庾信的身心,成为他诗意的栖居之所,因此之故,后世很少提及庾信的园林。

第五节　陶渊明的草庐

在魏晋南北朝士人群体里面,陶渊明(365—427 年)①是个异数。他的曾祖父是东晋开国功臣、名将陶侃(259—334 年),外祖父是名士孟嘉。不过,陶氏显然并非世族,陶侃原籍鄱阳郡枭阳县(今江西都昌),后徙居庐江寻阳(今江西九江),其父陶丹曾任孙吴扬武将军,陶侃年少孤贫,出身寒微,曾任县中小吏。他富有军事才能,西晋八王之乱期间,先后平定陈敏、杜弢、张昌之乱,东晋初年,又作为联军主帅平定了苏峻之乱,为稳定东晋政权立下赫赫战功,官至侍中、太尉、荆江二州刺史、都督八州诸军事,封长沙郡公。陶侃虽然功勋卓著,却因身系武将,门非世族,子弟文化教养不足,其有子十七人,"唯洪、瞻、夏、琦、旗、斌、称、范、岱见旧史,余者并不显"②。观《晋书》所记,诸子皆好勇尚武而轻人伦,多无所成。陶渊明的祖父为陶茂,曾任武昌太守。渊明早孤,其父名字不详③,在《命子诗》中,陶渊明提到他的父亲:"于皇仁考,淡焉虚止。寄迹风云,冥兹虚止。"赞美了其父不以仕宦为意,淡泊名利,寄迹自然的高蹈情操,看来陶父已有隐士风范。在陶氏家族中,还有一位隐士,即《晋书·隐逸传》所载陶淡。陶淡,"太尉侃之孙也。父夏,以无行被废"。陶淡家境富裕,

---

①　陶渊明卒于元嘉四年(427 年)(颜延之《陶征士诔》所记),为世公认,然其生年,却无定论。《宋书》称其终年 63 岁(生于 365 年),此说为逯钦立、王瑶、许逸民等多人采信;南宋张演在《吴谱辩证》中提出陶渊明终年 76 岁(生于 352 年),袁行霈等人持此说;另有梁启超提出陶渊明终年 56 岁,古直认为其享年 52 岁,然终非定论。此处且从《宋书》所记。

②　《晋书》卷六十六《陶侃传》,中华书局 1974 年版,第 1779 页。

③　《晋书》、《南史》及陶渊明著作均不见其父名字的记载。宋邓名世《古今姓氏书辨证》载陶潜之父为陶逸,曾任安城太守,《秀溪谱》称渊明父名"回",《彭泽定山陶氏宗谱》谓渊明父名"敏",均无确证。(参考袁行霈:《陶渊明集笺注》,中华书局 2003 年版,第 49 页。)

"家累千金,僮客百数"①,他年少便服食绝谷,好神仙导养之术,好读《易》,隐居长沙临湘山中,后因州举秀才,逃往罗县埠山,莫知所终。陶渊明的"少无适俗韵",或亦受到了陶淡的影响,有家族渊源。陶渊明早孤,少时在外祖父孟嘉家中长大。孟嘉为江夏鄳人(今湖北省孝昌县),吴司空孟宗曾孙,年少知名,曾任桓温参军。孟嘉嗜酒能文,饮酒愈多而不乱,桓温曾问他:"酒有何好?而卿嗜之?"孟嘉回答:"公未得酒中趣耳。"又问:"听妓,丝不如竹,竹不如肉,何谓也?"嘉答:"渐近使之然。"②成为一时名对,可见孟嘉颇有名士之风。陶渊明嗜酒,与孟嘉的熏染不无相关。此外,孟嘉之弟孟陋,同样是一位隐士。陶渊明之妻翟氏,亦可能出身于隐士家族。《晋书·隐逸传》记有翟汤,四世隐居庐山,翟汤的曾孙翟法赐予陶渊明同时,翟氏可能是翟法赐的女儿辈。③

陶渊明自幼接受儒家教育,《饮酒》十六云:"少年罕人事,游好在六经。"不过,在他身上,明显能够见出老庄道家的影响,他的高旷与超逸,践行着玄学的价值观念和人格追求。他表达过对于庄子的渴慕,如《拟古九首》之八"路边两高坟,伯牙与庄周。此士难再得,吾行欲何求"。此外,东晋佛教大兴,名僧辈出,陶渊明亦受到佛学的影响,他在诗文中所流露出的人生空幻感,即是一种异于中国思想传统、源于佛教的新的审美体验和生命意识。

从思想体系来说,陶渊明与绝大多数魏晋南北朝士人没有太大差异,相较而言,由于缺乏家族文化积淀,加之年少失怙,家境不优,渊明的文化素养相比出身大族的士人要逊色三分,对经学、玄学或史学的研读谈不上精深,没有写过理论著述。不过,陶渊明深深承续并大大发扬了东晋士人对于自然美的发现与欣赏。如上所论,陶渊明的外祖父孟嘉、父亲、堂叔陶淡对他应当有所影响,再者他生性淡泊,先天的文化基因与后天的环境熏染,养成了他崇尚天真自然的个性。他在诗文中多处提及自己对于自

---

① 这种富裕的家境显然是得自陶侃的原始积累,史载陶侃"滕妾数十,家僮千余,珍奇宝货富于天府"。

② 《晋书》卷九十八《孟嘉传》,中华书局 1974 年版,第 2581 页。

③ 李长之:《陶渊明传论》,天津人民出版社 2007 年版,第 25 页。

然山水的喜好,如《归园田居》其一:"少无适俗韵,性本爱丘山。"《与子俨等疏》"少学琴书,偶爱闲静,开卷有得,便欣然忘食。见树木交荫,时鸟变声,亦复欢然有喜。常言五六月中,北窗下卧,遇凉风暂至,自谓是羲皇上人。意浅识罕,谓斯言可保。"这种对于自然的亲近和喜好,是出自天性本心,不假外求的。

陶渊明一生数次出仕,皆担任微职,且在任时间不长。渊明为官,多为衣食所迫。纵使在居官期间,他总是闷闷不喜,"羁鸟恋旧林,池鱼思故渊",身在魏阙而心在江湖,始终心系田园。他就像一个离家的孩子,念念不忘返回田园,《饮酒》其十曰:"倾身营一饱,少许便有馀。恐此非名计,息驾归闲居。"在"不为五斗米折腰",辞去彭泽县令,最终归隐之后,他体验到了重获自由投入自然怀抱的欢畅,"久在樊笼里,复得返自然"。自然就是他的"母体"。

陶渊明最终归隐的处所,迥异于以上所论仲长统等人的园林,由于经济条件所限,陶渊明时常挣扎在温饱线上,无力亦无心像其他士人那样营构自己的园林。他的园林,毋宁说是一个村舍,一个坐落于偏僻乡里的草庐("草庐寄穷巷"),不过,渊明却是甚得村舍之趣与村居之道,对于心目中的居处,他常以"园林"、"林园"或"园田"称之:

> 久游恋所生,如何淹在兹。静念园林好,人间良可辞。(《庚子岁五月中从都还阻风于规林》二首其二)

> 流尘集虚坐,宿草旅前庭。除阶旷游迹,园林独余情。(《悲从弟仲德》)

> 闲居三十载,遂与尘事冥。诗书敦宿好,林园无世尘。(《辛丑岁七月赴假还江陵夜行涂口》)

> 有客赏我趣,每每顾林园。谈谐无俗调,所说圣人篇。或有数斗酒,闲饮自欢然。我实幽居士,无复东西缘。(《答庞参军并序》)

> 园田日梦想,安得久离析? 终怀在壑舟,谅哉宜霜柏。(《乙巳岁三月为建威参军使都经钱溪》)

渊明笔下的园林,是与"人间"、"尘事"、"世尘"形成鲜明对立的。"人间"与"尘事"即他曾作为下层官吏多次涉足的官场,那里充满了烦琐死板的规矩(嵇康在《与山巨源绝交书》中有过描述),尔虞我诈的纠葛,动荡不安的变换。在这个尘世里,陶渊明崇尚自由热爱自然的心性受到极大束缚,他就像笼中之鸟、池中之鱼,"望云惭高鸟,临水愧游鱼"①,身心不能舒展,精神备受压抑。而园林则是一个截然相反的世界,那里远离尘世的纷扰,全幅天地皆属于自己,处于其间,身体得以发舒,心灵得到解放。人在园林,所达至的,是一个逍遥快适的状态:"居止次城邑,逍遥自闲止"②、"俯仰终宇宙,不乐复何如"③,他"逍遥芜皋上,杳然望扶木"④,"啸傲东轩下,聊复得此生"⑤,这种欢乐,不必借助太多的物质条件,而能"傲然自足,抱朴含真"⑥。这种状态,是最具审美精神和艺术精神的。

那么,陶渊明的园林究竟是什么样子? 渊明住宅可考者有三处:一为上京里,一为园田居⑦,一为南村。义熙元年(393年),渊明返回柴桑,居住上京里,此后出仕,405年隐于园田居,直至412年迁居南村,两年后又返回上京里,直至终老。这几处住宅皆在村落之中,以园田居为例,在《归园田居》之一中,渊明对他的居处的规模、环境进行了描述,房屋不大:"方宅十余亩,草屋八九间。"肯定比庾信的园林要小,庾信虽称其小园"数亩弊庐",然其中有梨桃数百棵,有小山,有鱼池,有竹丛,显然要比渊明之居大得多。渊明的房屋虽小,环境却不错,后园种有榆柳,枝叶成

---

① 《始作镇军参军经曲阿》,袁行霈:《陶渊明集笺注》,中华书局2003年版,第180页。

② 《止酒》,袁行霈:《陶渊明集笺注》,中华书局2003年版,第286页。

③ 《读山海经十三首》之一,袁行霈:《陶渊明集笺注》,中华书局2003年版,第393页。

④ 《读山海经十三首》之六,袁行霈:《陶渊明集笺注》,中华书局2003年版,第404页。

⑤ 《饮酒》之七,袁行霈:《陶渊明集笺注》,中华书局2003年版,第252页。

⑥ 《劝农》,袁行霈:《陶渊明集笺注》,中华书局2003年版,第34页。

⑦ 逯钦立、袁行霈等人都将陶渊明的此处宅院命名为"园田居",自然依据的是《归园田居》之诗名,不过,"园田"二字,在陶诗中还出现两次,一为"投策命晨装,暂与园田疏。"(《始作镇军参军经曲阿》)一为"园田日梦想,安得久离析?"(《乙巳岁三月为建威参军使都经钱溪》)前诗作于404年,后诗作于405年,而渊明《归园田居》却作于406年,此前他住在上京里。则可以判定,"归园田居"泛指回到田园隐居,并不特指其宅院名为"园田居"。由于此名相沿已久,此处姑且从之。

荫,堂前栽着桃李,罗列成行:"榆柳荫后园,桃李罗堂前",北墙下的葵菜郁郁葱葱,房南田地里的禾苗长势繁茂:"新葵郁北墉,嘉穟养南畴。"每逢秋季,园中开满菊花。伫立在庭院,视野开阔,依稀能够看到远处的村庄炊烟袅袅,青山即在目前。夜半时分,幽深的巷子里传来几声狗吠,天色未明,桑树上的大公鸡就啼叫起来。庭院与房内皆无长物,显得萧疏清静,正合主人的心意。这是真正的农村风貌,真正的田园景观,谢灵运等人的园林要建构的"有若自然",陶渊明的园林却根本不用着意营造,它就是自然。陶渊明由衷地热爱并享受着自然真趣,"见树木交荫,时鸟变声,亦复欢然有喜。常言五六月中,北窗下卧,遇凉风暂至,自谓是羲皇上人"①。渊明能于极平淡的景物与极日常的生活中,经历到审美的高峰体验,感受到人生的大乐与生命的超绝。此一文化现象,一方面承续了东晋以来的自然审美观,另一方面源出于渊明个人极率真极自然的天性,就后者而言,相较魏晋南北朝士人乃至后世文人,都是罕有其匹的。

在仲长统诸人的事例中,与友朋的宴饮游玩是园林文化活动中的一项重要内容,而陶渊明的村舍,更多是他一个人的园林。他的生活状态,可以一个"闲"字概括。《陶渊明集》中,"闲"字凡28见,如:

> 有酒有酒,闲饮东窗。(《停云》)
>
> 童冠齐业,闲咏以归。我爱其静,寤寐交挥。(《时运》)
>
> 敛襟独闲谣,缅焉起深情。(《九日闲居》)
>
> 药石有时闲,念我意中人。(《示周续之祖企谢景夷三郎》)
>
> 或有数斗酒,闲饮自欢然。(《答庞参军》)
>
> 形迹凭化往,灵府长独闲。(《戊申岁六月中遇火》)
>
> 农务各自归,闲暇辄相思。(《移居二首》其二)
>
> 息交游闲业,卧起弄书琴。(《和郭主簿二首》)

清代张潮在《幽梦影》中就"闲"有过精彩的解释,他说:"人莫乐于闲,非无所事事之谓也。闲则能读书,闲则能游名胜,闲则能交益友,闲则

---

① 《与子俨等疏》,袁行霈:《陶渊明集笺注》,中华书局2003年版,第529页。

能饮酒,闲则能著书。"①陶渊明可谓一个能闲世人之所忙的人,世人汲汲于功名,为名利奔竞,渊明独能抛置这一切,安贫而乐闲。张潮所说的闲时能做之事,简直就是对陶渊明的注解,且一一看来。

其一,读书与弹琴。

在自言其志的《五柳先生传》中,陶渊明提到他"好读书,不求甚解,每有会意,便欣然忘食",在《与子俨等疏》中又说道:"少学琴书,偶爱闲静,开卷有得,便欣然忘食。"的确,读书是陶渊明隐居生活中最重要的活动之一。在《和郭主簿二首》其一和《读〈山海经〉十三首》其一两首诗中,陶渊明描绘了他惬意的读书生活。两诗所述的场景都在盛夏,堂前茂盛的枝叶遮住了艳阳,留下一片凉阴。鸟儿们在树上欢快地跳跃鸣唱,一阵南风吹过,拂开了诗人的衣襟。农活都做完了,也没有友人来访,正是闲暇时候。到菜园里摘些新鲜蔬果,酒杯斟满自酿的美酒,手中捧书一卷,且读且饮。稚子咿呀学语,在诗人身边嬉戏,让他备享天伦之乐。如此读书场景,诗人不由感叹,"此事真复乐","不乐复何如"。渊明读书,不为求知,但求会意,他的心境是闲适的,他所处的环境是宜人的,因此之故,他能得读书之大乐。

读书之外,还有弹琴。在本书第六章,我们指出,琴书并称是隐逸的重要标志,彰显了隐居者不汲于功名,不关心利禄,遗落世事,恬淡自得的生活态度和高逸脱俗的精神境界。这在陶渊明身上表现得尤为明显。渊明诗文之中,大量出现琴书。如《答庞参军》:"衡门之下,有琴有书。载弹载咏,爱得我娱。"《劝农》:"董乐琴书,田园不履。"《和刘柴桑》:"息交游闲业,卧起弄书琴。"《始作镇军参军经曲阿》:"弱龄寄事外,委怀在琴书。"《扇上画赞》:"曰琴曰书,顾盼有俦。"《归去来辞》:"悦亲戚之情话,乐琴书以消忧。"

那么,琴之于陶渊明,只是他调用的一个文化符号,抑或他真的喜欢弹琴? 鉴于琴书并称在东晋已经成为隐逸和高洁的文化表征,最喜隐居的陶渊明,在诗文中以此明心见志,是没有问题的。另外,不似阮籍、嵇

---

① (清)张潮:《幽梦影》,陈书良整理注释,三环出版社1991年版,第30页。

康、王徽之诸人,陶渊明出身贫困,没有优越的文化氛围和家庭环境,他的音乐素养便显得不够高明,《晋书》说他"性不解音",这是有可能的。不过,陶渊明确是喜欢琴的人。《斯运》中提到,在他的家里,"清琴横床,浊酒半壶"。在《祭从弟敬远文》中,他们"晨采上药,夕闲素琴";在《拟古九首》中,他去拜访一位隐士,隐士"知我故来意,取琴为我弹。上弦惊别鹤,下弦操孤鸾。愿留就君住,从今至岁寒"。在《自祭文》中,他提到"欣以素牍,和以七弦";《闲情赋》中,他甚至"愿在木而为桐,作膝上之鸣琴"。无疑,陶渊明家中有琴,他亦能弹琴,琴是他日常生活中的重要部分。他的琴艺或许不算高明,却颇得琴中之趣,"畜素琴一张,弦徽不具,每朋酒之会,则抚而和之,曰:'但识琴中趣,何劳弦上声!'"①陶渊明的"无弦琴",或许只是偶然为之,却被后人大加渲染,予以神化,在后世成为一个特有的文化符号。所谓"大音希声",陶渊明对琴的理解,大有禅意,深得琴道之精神呢!

二是游览。

东晋士人已经深入地体认到了自然之美,并热切地投入到对自然山水的审美活动之中。作为一个"性本爱丘山"的人,陶渊明更是以徜徉山水为乐。其实,渊明之于山水,是不假外求,不必刻意营造与找寻的,他的村居即是自然,他的心境完全与其相契。不过,渊明虽"乐是幽居",却非天天蛰伏其间,亦不时外出览胜。《时运》一诗,是他"偶影独游",独自于暮春出游东郊所作;在《与殷晋安别》一诗中,他提到与殷先"负杖肆游从,淹留忘宵晨"。陶渊明笔下记载过一次大型出游活动,即斜川之游。

这次出游,是在他晚年隐居南村时召集的。他在序文中介绍了此次出游的时间、地点、人物、景致以及兴发的生命感叹,形式上颇类王羲之的《兰亭集序》。钱志熙认为,陶渊明隐居的南村,多有如殷先、刘遗民、周续之等外来者,"南村社会的性质,并非土著的村落,而是多各地士人聚偏的里社。这也是南村为什么有那么多的可与渊明共赏奇文、共析疑义、登高赋诗的人的原因。我们甚至可以大胆地设想,南村事实上形成了一

① 《晋书》卷九四《隐逸传·陶潜传》,中华书局1974年版,第2463页。

个以渊明为领袖的下层文士群体"①。三五友朋,相携出游,即是乐事,加之天气澄和,风物闲美,鸟鸣鱼跃,一派生机。诸人临流饮酒,赋诗酬唱,"中觞纵遥情,忘彼千载忧。且极今朝乐,明日非所求"。渊明同王羲之等魏晋时人有着同样的感喟,在注重当下生命体验的同时,实际上透出了富有忧患感的生命意识。

渊明经行之处,除了风物秀丽的自然美景,值得注意的一点是,他亦欣赏荒败清冷的景观。他认为空旷的林野值得游玩,"浪莽林野娱",招徕子侄"披榛步荒墟",漫步在丘垄之间,探寻前人的遗迹。他们看到"井灶有遗处,桑竹残朽株",碰到一位采薪之人,攀谈之后,采薪者告诉他们,此地的居民早已死去,他感慨世事之变迁,"人生似幻化,终当归空无"②。他又和子侄同游周家墓地,作诗曰:"今日天气佳,清吹与鸣弹。感彼柏下人,安得不为欢? 清歌散新声,绿酒开芳颜。未知明日事,余襟良已殚。"虽是游览墓地,却写得轻松欢快。其时天气佳好,清歌一曲,散出新声,啜饮美酒,眉宇欢然,这一场景,其乐融融,诗人的心情非常愉悦,认为值此美景,墓中之人亦应感到快乐。诗人最后发出感慨,生死都不留意,显出旷达情怀。渊明自己的居处,同样颇有荒寂之感:"寒草披荒蹊,地为罕人远"③、"贫居乏人工,灌木荒余宅。班班有翔鸟,寂寂无行迹"④、"弊庐交悲风,荒草没前庭"⑤,都是一派荒芜萧疏的景象。然而,渊明于此景有点特有的审美偏好,他徘徊其地,"步步寻往迹,有处特依依"⑥,概因此景纯系自然,更能反映天地之大化,人事之变迁,生命之流转,渊明于此中况味有着甚深的体验,也以此更坚定了他的夙愿,"若不委穷达,素抱深可惜",尽显其超诣旷达。

其三,饮酒。

① 钱志熙:《陶渊明传》,中华书局 2012 年版,第 195 页。
② 《归园田居》之四,袁行霈:《陶渊明集笺注》,中华书局 2003 年版,第 86 页。
③ 《癸卯岁始春怀古田舍二首》之一,袁行霈:《陶渊明集笺注》,中华书局 2003 年版,第 200 页。
④ 《饮酒二十首》十五,袁行霈:《陶渊明集笺注》,中华书局 2003 年版,第 269 页。
⑤ 《饮酒二十首》十六,袁行霈:《陶渊明集笺注》,中华书局 2003 年版,第 271 页。
⑥ 《还旧居》,袁行霈:《陶渊明集笺注》,中华书局 2003 年版,第 215 页。

饮酒是陶渊明最具标识性的一个文化行为。他在《晋故征西大将军长史孟府君传》中，提到外祖父孟嘉"好酣饮，逾多不乱，至于任怀得意，融然远寄，傍若无人"，陶渊明爱好喝酒，很可能受到孟嘉的影响，他在《五柳先生传》中说自己"性嗜酒，家贫不能常得。亲旧知其如此，或置酒而招之。造饮辄尽，期在必醉。既醉而退，曾不吝情去留"。渊明实在是一个好酒的人。他的酒瘾极大，无往不在想着喝酒。家居清闲，要喝酒："偶有名酒，无夕不饮。顾影独尽，忽焉复醉"①，"有酒有酒，闲饮东窗"②，"春秫作美酒，酒熟吾自斟"③；阴雨连绵，无事可做，要喝酒："故老赠余酒，乃言饮得仙"④；独自游玩，要喝酒："挥兹一觞，陶然自乐"；游赏归来，还是要喝："清琴横床，浊酒半壶"⑤；与人游玩，要喝酒："提壶接宾侣，引满更献酬"⑥；朋友来访，要喝酒："我有旨酒，与汝乐之"、"或有数斗酒，闲饮自欢然"⑦；有时准备好酒菜，邀请友邻来饮："漉我新熟酒，只鸡招近局"⑧；受饥饿所驱，到亲朋家求贷，主人请他喝酒，相谈甚欢，喝得尽兴："谈谐终日夕，觞至辄倾杯。"⑨因为饮酒过多，家人劝他戒酒，他写了《止酒》一诗述其事："平生不止酒，止酒情无喜。暮止不安寝，晨止不能起。日日欲止之，营卫止不理。"颇似刘伶饮酒，终究难戒。他读《山海经》，想让西王母使者三青鸟向西王母捎个话，"在世无所须，惟酒与长年"。将酒与长寿相提并论，真是嗜酒如命了。

酒是魏晋南北朝士人的典型文化符号，我们在第八章将会展开论述。陶渊明的饮酒，相较与其他士人的饮酒行为，在文化意义上有何异同？体现了怎样的审美差异？

---

① 《饮酒二十首》序，袁行霈：《陶渊明集笺注》，中华书局2003年版，第235页。
② 《停云》，袁行霈：《陶渊明集笺注》，中华书局2003年版，第1页。
③ 《和郭主簿二首》之一，袁行霈：《陶渊明集笺注》，中华书局2003年版，第144—145页。
④ 《连雨独饮》，袁行霈：《陶渊明集笺注》，中华书局2003年版，第125页。
⑤ 《时运》，袁行霈：《陶渊明集笺注》，中华书局2003年版，第9页。
⑥ 《游斜川》，袁行霈：《陶渊明集笺注》，中华书局2003年版，第91页。
⑦ 《答庞参军》，袁行霈：《陶渊明集笺注》，中华书局2003年版，第115页。
⑧ 《归园田居》之五，袁行霈：《陶渊明集笺注》，中华书局2003年版，第89页。
⑨ 《乞食》，袁行霈：《陶渊明集笺注》，中华书局2003年版，第103页。

魏晋南北朝的饮酒之风，孔融等人高朋广座，已发其端，竹林七贤围坐酣饮，大开其风，元康诸人扬波激澜，沉溺其中，东晋士人承继其绪，发扬其旨。大体而言，竹林诸人，尤其是阮籍，毁弃礼法，散发箕踞，痛饮狂喝，是以酒浇愁、散忧、避祸，表达自己的政治立场和人格独立的目的。他的这一行为被很多人理解和同情，如戴逵说他"有鞶而促眉"，王恭说他"胸中垒块，故须酒浇之"①。而元康诸人，如西晋八达，更多是把饮酒作为一种物欲的享受，沉溺现世的物质生活，乃至醉生梦死，以失常的状态应对社会的无序。其人之放达，有强欲为之博取名声的意味，因此戴逵批判他们"无德而折巾"。② 西晋末年的士人，有的亦以饮酒表达独立之人格，如阮籍族孙阮修，"常步行，以百钱挂杖头，至酒店，便独酣畅。虽当世贵盛，不肯诣也"③。东晋士人的饮酒，少了此前的激进和狂纵，似乎更沉浸于自我的小世界之中，并对酒的审美精神有所思考，王蕴说："酒，正使人人自远。"④王荟表达了类似的观念："酒正自引人著胜地。"⑤王忱也说："三日不饮酒，觉形神不复相亲。"⑥代表了东晋饮酒的文化精神，与东晋的自然审美观实有契合之处。

相较而言，陶渊明既对上述酒的文化功能有所继承，又开出了独特的美学精神。展开来说，第一，陶渊明少学六经，曾有壮志，"猛志固常在"，然其低微的出身及纷杂的乱世，非但使其难有所成，更况温饱难得满足，遂有借酒消愁的意味，他的《饮酒二十首》之四，以"失群鸟"和"孤生松"自比，倾吐孤怀，蕴意悲凉，简直可入阮籍《咏怀诗》。昭明太子在《陶渊明集序》中说："有疑陶渊明诗篇篇有酒，吾观其意不在酒，亦寄酒为迹者也。"所指即有此义。第二，陶渊明在《影答形》中说："酒云能消忧，方此讵不劣"；《连夜独饮》"试酌百情远，重觞忽忘天"；《饮酒》之四"泛此忘忧物，远我遗世情"。他对饮酒的感悟，与东晋王蕴等人有相通之处，皆

---

① 余嘉锡：《世说新语笺疏》，中华书局 1983 年版，第 763 页。
② 《晋书》卷九十四《隐逸传·戴逵传》，中华书局 1974 年版，第 2458 页。
③ 余嘉锡：《世说新语笺疏》，中华书局 1983 年版，第 737 页。
④ 余嘉锡：《世说新语笺疏》，中华书局 1983 年版，第 749 页。
⑤ 余嘉锡：《世说新语笺疏》，中华书局 1983 年版，第 760 页。
⑥ 余嘉锡：《世说新语笺疏》，中华书局 1983 年版，第 763 页。

认为饮酒可以使个体与社会相疏离,而保持形神之间的亲近,从而达到生命的自由状态。第三,陶渊明的独特之处,正在他"篇篇有酒"的诗歌中,传达出了旷达任真的生命精神。他对人生之短暂易逝甚至虚幻感有深彻的体认,但并不因此像元康诸人那样纵欲享乐,亦不如佛教徒那样清苦禁欲,将希望寄托于来世,他亦不应好友刘遗民的邀请,去彻底的归隐山林。他无意于功名,不追求利禄,安于穷困,"若不委穷达,素抱深可惜","纵浪大化中,不喜亦不惧",在僻远的乡野中耕作生活,固守着自己的人格,体验着人生的适意和生命的价值。他的真率旷达任真,有一个最为符号化的表征,即漉酒巾。萧统所撰《陶渊明传》载,"郡将尝候之,值其酿熟,取头上葛巾漉酒,漉毕,还复著"。陶渊明脱巾漉酒,尽显其真率超脱,历来为人所赞羡。漉酒巾成为唐人诗歌常常咏颂的一个意象,在《全唐诗》中,至少有18处提及,如颜真卿的《咏陶渊明》:"题诗庚子岁,自谓羲皇人。手持山海经,头戴漉酒巾。"李白的《戏赠郑溧阳》:"陶令日日醉,不知五柳春。素琴本无弦,漉酒用葛巾。清风北窗下,自谓羲皇人。"杜甫的《寄张十二山人彪三十韵》:"谢氏寻山屐,陶公漉酒巾。"白居易的《郊陶潜体诗十六首》:"口吟归去来,头戴漉酒巾。"可见陶渊明其人其诗在唐代已有很大影响,漉酒巾成为陶渊明的专有符号。渊明葛巾漉酒,亦成为后世绘画的一个题材。

其四,采菊。

菊花是魏晋南北朝园林中广为种植的一种植物,也大量出现于时人的诗赋中,而最著名的一句,莫过于陶渊明的"采菊东篱下,悠然见南山"。菊花,遂亦成为陶渊明的另一符号,在唐代以后,菊花被称为"陶菊"、"陶家菊"或"陶令菊"。

菊是中国的特产,《礼记·月令篇》就有记载:"季秋之月,菊有黄花。"菊于萧杀的秋末开花,这一特性易引起古人的垂青。显然,古人最先关注的,不是菊的审美特点,而是菊有什么用。对此,屈原已经给出了答案,他在《离骚》中说:"朝饮木兰之坠露兮,夕餐秋菊之落英。"可见,菊是可吃的。事实上,这也正是菊在魏晋南北朝以前最主要的功用。

晋人葛洪《抱朴子内篇》记,南阳郦县山谷有一条小溪,谷中长满菊花，花落水中，假以时日，溪水变得异常甘甜，人称甘谷水。附近居民都饮甘谷之水，"食者无不老寿，高者百四五十岁，下者不失八九十，无夭年人，得此菊力也"①。作过南阳太守的王畅、刘宽、袁隗等人，让郦县每月送40斛甘谷水特供自己饮用，他们所患的风痹及眩冒等病，因喝此水而愈。日常经验往往最具说服力，菊能治疗疾病，能令人长寿，在汉代，已成为人之共识。于是，菊很自然地进入了医家、养生和神仙家的视野之中。

成书于东汉的《神农本草经》，集前代药物学成果，全书载药365种，分上、中、下三品。上品有药120种，其中草类71种，菊花即属此列，位居菖蒲之后、人参之前，排名第二。②"治风头头眩，肿痛，目欲脱，泪出，皮肤死肌，恶风湿痹。久服利血气，轻身，耐老，延年。"③正与王畅等人的病案相合。自此，菊花作为一味中药，长久地存在于医家典籍之中，如《金匮要略》治疗中风的方剂中，就有菊花。

热衷于长生求仙的人，尝试服用各种药品。大抵魏晋之前多服草药，如松茸、茯苓等物；魏晋至明代多服石药，如魏晋南北朝人吃五石散，葛洪为代表的道士用铅砂、硫黄、水银等炼丹；明代主张以人补人，术士用少女之初乳、初次经血等物为皇帝炼丹。两汉时期，菊花是求仙好道之人食用的药物之一。旧题刘向所撰、或为汉魏间人伪托的《列仙传》，载仙人71位。其中一位名叫文宾，此人以卖草鞋为生，几十年内，娶过若干回妻子，后被他抛弃。老妻九十多岁时，意外碰到文宾，发现文宾依然身强体壮，于是向文宾拜泣，求教道术。文宾"教令服菊花、地肤，桑上寄生松子，取以益气"，老太太依法行事，"更壮，复百余年"④。唐代欧阳询主编的《艺文类聚》中，《药香草部》专列菊，其中记道："《神仙传》曰：康风子，服甘菊花、柏实散得仙。"到了明人李时珍的《本草纲目》，这段文字变成："《神仙传》言康风子、朱孺子皆以服菊花成仙。"李时珍略去了柏实散，极力强

---

① （晋）葛洪撰，王明校释：《抱朴子内篇校释》卷十一《仙药》，中华书局1985年版，第205页。

② 《神农本草经》版本众多，诸药排列次序有异，所引《神农本草经辑注》本，菊花排名第二。

③ 《神农本草经辑注》，人民卫生出版社1995年版，第43页。

④ 王叔岷：《列仙传校笺》，中华书局2007年版，第138页。

调菊花的功效。《神仙传》为葛洪所著,《四库全书》本载84人,康朱二人俱不见于其中,唐人梁肃称其载190人,可见今本内容遗失不少。葛洪在《抱朴子内篇》中还记录了一种"刘生丹法":"用白菊花汁莲汁樗汁,和丹蒸之,服一年,寿五百岁。"效力的确惊人,惜乎缺乏实证。

魏晋南北朝文人,普遍认为菊花能够养生延寿,多有诗文吟咏。魏文帝曹丕曾将菊花作为礼物送给太傅钟繇,并作一书,其中提道:"屈平悲冉冉之将老,思食秋菊之落英,辅体延年,莫斯之贵,谨奉一束,以助彭祖之术。"①希望钟繇食用菊花延长寿命。晋人嵇含的《菊花铭》,认为服菊即可成仙:"煌煌丹菊,暮秋弥荣。旋葼圆秀,翠叶紫茎。诜诜仙徒,食其落英。"②傅玄的《菊赋》更为直白地表达了同样的观念:"服之者长寿,食之者通神。"③陈人阴铿《赋咏得神仙诗》,"朝游云暂起,夕饵菊恒香",④更具逍遥气象。及至对宋代,仍以菊为食。如司马光有诗一首,名为《晚食菊羹》,提到自己连日食用荤腥,颇觉烦腻,看到东园满菊,"采撷授厨人,烹沦调甘酸。毋令姜桂多,失彼真味完。贮之鄱阳瓯,荐以白木盘。餔啜有余味,芬馥逾秋兰。神明顿飒爽,毛发皆萧然。乃知惬口腹,不必矜肥鲜"⑤。则在宋时,对于菊花的烹饪与食用方法已颇讲究,俨然成为一道美食。

除了养生成仙,魏晋南北朝文人还赋予菊其他文化意义。三国钟会的观点最具代表,他认为菊有五美:"黄华高悬,准天极也;纯黄不杂,后土色也;早植晚登,君子德也;冒霜吐颖,象劲直也;流中轻体,神仙食也。"⑥"君子德"和"象劲直",使其具有了高蹈的道德价值。此外,所谓"黄华高悬"、"纯黄不杂"、"冒霜吐颖",同样大有审美意味。时人诗文中,同样盛称菊花之美。曹植眼中的洛神,"荣曜秋菊,华茂春松"。钟会的《菊花赋》,大写菊花之美:"延蔓蓊郁,缘阪被岗,缥干绿叶,青柯红芒,

---

① 魏宏灿:《曹丕集校注》,安徽大学出版社2009年版,第269页。
② 《全晋文》卷六十五,商务印书馆1999年版,第678页。
③ 《全晋文》卷四十五,商务印书馆1999年版,第462—463页。
④ 逯钦立辑校:《先秦汉魏南北朝诗》,中华书局1983年版,第2456页。
⑤ 李之亮:《司马温公集编年笺注》(一),巴蜀书社2009年版,第135页。
⑥ 《全三国文》卷二十五,商务印书馆1999年版,第245页。

芳实离离,晖藻煌煌,微风扇动,照曜垂光。"从其长势,到其色彩,到其动态,一一描摹,词采华丽。

　　陶渊明未能免俗,或者说,他不能超越这一文化传统。现存陶诗125首,几乎篇篇有酒,提到菊花的却只有4处,除了"采菊东篱下,悠然见南山",尚有《饮酒二十首》之七:"秋菊有佳色,裛露掇其英。泛此忘忧物,远我遗世情。"《九日闲居》:"酒能祛百虑,菊能制颓龄。"这两处皆写菊花酒,着重其养生功用。还有《和郭主簿二首》:"芳菊开林耀,青松冠岩列。怀此贞秀姿,卓为霜下杰。"褒扬松菊之高洁坚贞。显然,菊的这些特点和意义,在陶渊明之前即已具备。其高逸贞洁的喻意,因为陶渊明,得到了极大彰显。

第八章

何以解忧：药酒审美意识

　　至少从鲁迅的《魏晋风度及文章与药及酒之关系》开始,学界常将药与酒相提并论。这两种元素,的确有着内在的关联。首先,药与酒都为人服用,直接作用于人的身体,有时会起到治疗疾病的作用,给人带来生理上的快感或痛感,并引起精神上的愉悦感或痛苦感;其次,药与酒具有社会性,尤其是酒,乃日常交往与各种礼仪场合所必需,服食二者,都能体现主体的社会地位;最后,药与酒具有文化性和审美性,服药与饮酒的行为,能够彰显主体的文化身份、宗教信仰和审美情趣。就本书的研究主题而言,魏晋南北朝时期的服药与饮酒,的确颇富审美内涵,通过这两种行为,能够探析魏晋南北朝士人的审美意识和精神世界。

第一节　药与审美意识

　　酒自魏晋以后就与中国文人结下了不解之缘,成为中国文人生活中不可或缺的重要元素,成为他们文艺创作中的灵感来源以及重要主题,没有酒,中国文人的生活很可能会黯然失色。而药,也就是五石散(又名寒食散),却是只与魏晋士人发生着关联,提到魏晋士人,我们会立即想到五石散,提到五石散,我们所能想到的也只是魏晋士人(尽管直到唐初仍有士大夫服用),服药成为魏晋士人的特定标识。

一、五石散小考

(一)源起

晋代医学家皇甫谧服用五石散多年,著有《论寒食散方》,对其研究

颇精。《论寒食散方》原文已佚,《医心方》和《诸病源候论》中多有引用,
足资参考。关于五石散的源起,皇甫谧指出:"寒食药者,世莫知焉。或
言华佗,或曰仲景。考之于实,佗之精微,方类单省,而仲景经有侯氏黑
散、紫石英方,皆数种相出入,节度略同。然则寒食草、石二方,出自仲景,
非佗也。"在张仲景所著《金匮要略》卷下《杂疗方》有"紫石寒食散方",
此即皇甫谧所说的"紫石英方","治伤寒,令愈不复"。"侯氏黑散"亦见
《金匮要略》,"治大风,四肢烦重,心中恶寒不足者"①。从药方看,张仲
景的紫石寒食散第一味药就是紫石英。"紫石寒食散方:紫石英、白石
英、赤石脂、钟乳、栝萎根、防风、桔梗、文蛤、鬼臼、太一余粮、干姜、附子、
桂枝。右十三味,杵为散,酒服方寸匕。"②此方与五石散在配料上多有相
同之处。皇甫谧为著名医家,他的观点具有相当的权威性,因此,历代学
者基本接受此一观点,如余嘉锡先生在《寒食散论》一文中即认同此一
观点。

不过,颇为值得注意而却被忽视的是,在《史记·扁鹊仓公列传》中,
载有淳于意的若干病案,其中提到一位名遂的侍医,曾自练五石治病:
"齐王侍医遂病,自练五石服之。臣意往过之,遂谓意曰:'不肖有病,幸
诊遂也。'臣意即诊之,告曰:'公病中热。论曰中热不溲者,不可服五石。
石之为药精悍,公服之不得数溲,亟勿服。色将发臃。'"③遂的药方应是
沿袭前人,那么,在汉初或更早即已出现了五石,此五石是否即是五石散,
尚且存疑。不过,张仲景《伤寒论》中所载为"侯氏黑散",既名侯氏,可见
药方并非出自张仲景本人,或是其辑录自前人。则在仲景之前的战国时
期,即有五石之药,亦未可知。皇甫谧在探讨五石散之起源时,只是在张
仲景和华佗之间进行论辩,看来并未注意到此则史料。

如果说五石散方的起源可以追溯到张仲景或者更早,那么,魏晋南北

　　①　对于"侯氏黑散"一方历代存疑颇多,日本注家后藤慕庵在其《金匮要略方析义》
中指出"此疑寒食散之类,而非中风家治方"。(详见《日本医家金匮要略注解辑要》郭秀
梅、冈田研吉编集,崔仲平审订,学苑出版社1999年版,第96—98页。)
　　②　何任主编:《金匮要略校注》,人民卫生出版社1990年版,第228—229页。
　　③　《史记》卷一《扁鹊仓公列传》,中华书局1959年版,第2810—2811页。

朝的服食之风,则是由何晏发起的,《世说新语·言语十四》记载:"何平叔云:'服五石散,非唯治病,亦觉神明开朗。'"本条刘孝标注曰:"秦丞相《寒食散论》曰:寒食散之言虽出汉代,而用之者寡,靡有传焉。魏尚书何晏首获神效,由是大行于世,服者相寻也。"①"丞相"乃"承祖"之误,秦承祖乃南朝刘宋著名医家,史称他"性耿介,专好艺术,于方药,不问贵贱,皆治疗之,多所全护,当时称之为工。手撰方二十卷,大行于世"。②《隋书·经籍志》载其医学著作多部,如《偃侧杂针灸经》三卷、《脉经》六卷、《秦承祖本草》六卷、《秦承祖药方》四十卷,由于其所处时代距曹魏不远,并且服药之风在南北朝时期依然盛行,此人又精于医道,其说应能采信。实际上,西晋皇甫谧早就提到何晏对于服散风尚的提倡之功,"近世尚书何晏,耽好声色,始服此药,心加开朗,体力转强,京师翕然,传以相授,历岁之困,皆不终朝而愈"③。余嘉锡先生亦指出:"晏盖因荒恣于色,体为之弊,自觉精神委顿,妄以为服石既可补精益气,则并五石服之,当更有力,于是取仲景紫石散及侯氏黑散两方,以意加减,并为一剂。既而体力转强,遂以为大获神效。"④

何晏于公元 249 年被司马氏杀害之后,"服者弥繁,于时不辍",在医书和史料中屡能看到证据。如曹魏宗室曹歆,乃魏东平王曹徽之子,正始三年(242 年)嗣父位,晋泰始元年(265 年)受封"廪丘公"。他与何晏同时,有亲戚关系,受到何晏影响服食五石散,且有深入研究,著有《解寒食散方》,自称"余服此药,凡四十载矣,所治者亦有百数"。⑤ 魏晋南北朝帝王之中,晋哀帝、北魏道武帝拓跋珪等人皆服散,后魏孝文帝以及王公大臣多有服散者。南朝有一道弘道人,深识五石散解救之道,"凡所救

　　① 余嘉锡:《世说新语笺疏》,中华书局 1983 年版,第 74 页。
　　② (宋)李昉等编:《太平御览》卷七百二十二引《宋书》,中华书局 1960 年影印版,第 3200 页。
　　③ (隋)巢元方编撰,南京中医学院校释:《诸病源候论校释》(上),人民卫生出版社 2011 年版,第 120 页。
　　④ 余嘉锡:《余嘉锡论学杂著》,中华书局 2007 年版,第 208 页。
　　⑤ [日]丹波康赖:《医心方》,高文柱校注,华夏出版社 2011 年版,第 396 页。

疗,妙验若神。制《解散对治方》"①。在其对治方中,提到老人、小孩、产妇服用五石散时如何应对的问题。② 此外,僧人亦有服者,如东晋慧远大师。③ 僧人释慧义还著有《寒食散解杂论》一文。《隋书·经籍志》著录的寒食散类书籍达20余种,于此皆见服药之风已遍布魏晋南北朝。时至唐代,仍有人服用。孙思邈的《千金翼方》卷二十二记有五石肾气丸、五石乌头丸、五石更生散、五石护命散,又有三石肾气丸、三石散、护命散等方,其配料大同小异,皆治虚劳之疾。

（二）成分与药效

顾名思义,五石散的主要成分是五种药石,即紫石英、白石英、赤石脂、钟乳石和硫黄,另附有十种中草药:海蛤、防风、栝楼、白术、人参、桔梗、细辛、干姜、桂心、附子。这五种药石具有何种功效呢?

紫石英的主要成分是氟化钙,《神农本草经》记载其功效为:"主心腹咳逆,邪气,补不足,女子风寒在子宫,绝孕,十年无子。久服,温中,轻身延年。"白石英的主要成分是二氧化硅,"主消渴,阴痿,不足,咳逆,胸膈间久寒,益气,除风湿痹。久服轻身长年"。赤石脂的主要成分是水化硅酸铝、氧化铁,以及镁、锌等微量元素,"主养心气,明目益精。疗腹痛泄,下痢赤白,小便利及痈疽疮痔,女子崩中漏下,产难,胞衣不出。久服补髓,好颜色,益智不饥,轻身延年"。钟乳石的主要成分是碳酸钙,"主咳逆上气,明目,益精,安五脏,通百节,利九窍,下乳汁,益气,补虚损。疗脚弱疼冷,下焦肠竭,强阴。久服延年益寿,好颜色,不老,令人有子"。硫黄"主妇人阴蚀,疽痔恶血,坚筋骨,除头秃,能化金银铜铁奇物"。

---

① （隋）巢元方编撰,南京中医学院校释:《诸病源候论校释》(上),人民卫生出版社2011年版,第110页。

② "若老小不耐药者……少小气盛及产妇卧不起,头不去巾帽,厚衣对火者,服散之后,便去衣巾,将冷如法,勿疑也。"见(隋)巢元方编撰,南京中医学院校释:《诸病源候论校释》(上),人民卫生出版社2011年版,第125页。

③ 远修书曰:"贫道先婴重疾,年衰益甚,狠蒙慈诏,曲垂光慰,感惧之深,实百于怀。自远卜居庐阜,三十余年,影不出山,迹不入俗。每送客游履,常以虎溪为界焉。"以晋义颐十二年八月初动散,至六日困笃。(《高僧传》卷六《晋庐山释慧远传》,中华书局1992年版,第221页。)

　　《神农本草经》经过晋代陶弘景整理,他将药分成上、中、下三品,上品药 120 种,中品药 120 种,下品药 125 种,共计 365 种。紫石英、白石英、赤石脂、石钟乳都列为上品,石硫黄属于中品。可见在《本草经》的药物体系中,五石散的原料地位很高。

　　由于魏晋南北朝诗文中极少提到五石散,具体的研制方法已不得而知。梁代吴筠(一作王筠)作有一首《以服散枪赠殷钧诗》,诗云:"玉铉布交文,金丹焕仙说。九沸翻成缓,七转良为切。执以代疏麻,长贻故人别。"①"服散枪"中的"枪"通"铛",《太平御览》卷七百五十六"器物部"有"铛",其中引《通俗文》曰:"鬴有足曰铛。"引《述异记》:"诸葛景亡后,宅上常闻语声:'当酤酒还,而无温枪。'鬼云:'卿无温枪,那得饮酒?'见一铜枪从空中来。"《续齐谐记》曰:"王敬伯夜见一女子,命婢取酒,须臾持一银酒枪。""铛"应为日常温器,尤其用于温酒。《拯要方》载有救乳石发动时烦闷头痛,或寒热脚冷之方,其云:"于铛中铺葱,即安酥于葱上,即著豉,以物兼铺上,缓火煎,候酥气消尽,即淋好酒一升半,良久即得,取屑,冷热顿服,随性多少饮之。"②铛见于魏晋南北朝,盛行于唐宋。在贵州平坝、江苏邗江等地的魏晋南北朝墓葬中,出土有数件铜铛,③乃一种温器,服散时作温酒之用,或用于调制解散之方。

　　关于五石散的服用方法,隋代巢元方的《诸病源候论》中有所记录。服用之时,需要将五种药石和相关配料捣练为散,二两为一剂,分成三贴,以温热的醇酒送服。五石散药性酷热,所以有非常繁杂的注意事项和禁忌。有一个词语叫作"节度",是在有关五石散的文献中出现最多的一个概念。"凡寒食诸法,服之须明节度。明节度则愈疾,失节度则生病。"④节度即规则、法度之意。这些节度,总结起来,有以下几点:

　　一是饮食起居上,以寒为主。许孝崇指出:"凡诸寒食草石药,皆有热性,发动则令人热,便须冷饮食、冷将息,故称寒食散。服药恒欲寒食、

①　逯钦立辑校:《先秦汉魏南北朝诗》,中华书局 1983 年版,第 1750 页。
②　[日]丹波康赖:《医心方》,高文柱校注,华夏出版社 2011 年版,第 416 页。
③　吴小平:《魏晋南北朝青铜容器的考古学研究》,《考古学报》2009 年第 2 期。
④　[日]丹波康赖:《医心方》,高文柱校注,华夏出版社 2011 年版,第 394 页。

寒饮、寒衣、寒卧、寒将息,则药气行而得力。"①寒食散即得名于此。

二是饮食除寒以外,还需多与精。服散者要一日多餐,六餐、八餐,甚至多至十餐。食物不可粗粝,要吃美食。皇甫谧云:"服散不可失食即动,常令胃中有谷,谷强则体气胜,体气胜则药不损人,不可粗食,药益作,常欲得美食,食肥猪、酥脂、肥脆者为善。"②薛侍郎补饵法亦云:"服石之后,一二百日内,须吃精细饮食美酒等,使血脉通利。"③另有诸多禁食之物,《医心方》卷十九"服石禁食第七"记有服石后不可食诸物十种,不得多进面及诸饼饵,不得多食生菜、五辛、五果、黍、肥羊,另有压下石诸物十三种,如乔麦、木耳、冬瓜、猪等。

三是饮醇酒和温酒。饮食要寒,唯酒要温,"诸饮食皆欲冷,唯酒可温耳"④。稍有违错,便有性命之虞。西晋裴秀,便因此丧命。此外,要多喝酒,喝好酒。皇甫谧云:"常饮酒,令体中酿醇不绝。当饮醇酒,勿饮薄白酒也。"并认为"热酒乃性命之本"。他的服散"七急"之说,其中第三急为"酒必醇清令温"。

四是服食之后,需要通过行走或其他体力劳动,将药力发散出去。这一过程叫作"行药"或"发药"。潘岳《闲居赋》中有"药以劳宣"之句,即指此也。"服药之后,宜烦劳,若羸着床不能行者,扶起行之。"⑤孙思邈亦云:"服石人皆须大劳役,四体无得自安。"⑥

此外,皇甫谧提出"十忌":"第一忌瞋怒;第二忌愁忧;第三忌哭泣;第四忌忍大小便;第五忌忍饥;第六忌忍渴;第七忌忍热;第八忌忍寒;第九忌忍过用力;第十忌安坐不动。"⑦曹歙提出的服石禁忌,与以上十忌类似,"凡药疾禁忌者,第一不宜悲思哭泣,其次不宜甚出筋力已自劳役,不

---

① 〔日〕丹波康赖:《医心方》,高文柱校注,华夏出版社 2011 年版,第 395 页。

② 〔日〕丹波康赖:《医心方》,高文柱校注,华夏出版社 2011 年版,第 397 页。

③ 〔日〕丹波康赖:《医心方》,高文柱校注,华夏出版社 2011 年版,第 405 页。

④ 〔日〕丹波康赖:《医心方》,高文柱校注,华夏出版社 2011 年版,第 396 页。

⑤ (隋)巢元方编撰,南京中医学院校释:《诸病源候论校释》(上),人民卫生出版社 2011 年版,第 124 页。

⑥ 〔日〕丹波康赖:《医心方》,高文柱校注,华夏出版社 2011 年版,第 395 页。

⑦ 〔日〕丹波康赖:《医心方》,高文柱校注,华夏出版社 2011 年版,第 406 页。

宜触盛日猛火,不宜甚嗔恚忧恐,不宜热衣热食,不宜服热药针灸,不宜食饼黍羹臛羊酪,皆含热,故悉不宜食之。"①这些禁忌及注意事项,皆为服药之"节度"。

如果遵循节度,经过一个月或者二十天,药力能够发散出去。② 药力见效的症候有五种:"欲候知其得力,人进食多,是一候;气下,颜色和悦,是二候;头面身痒,是三候;策策恶风,是四候;厌厌欲寝,是五候也。"③实际上,由于五石散药性猛烈,药力发动之时,总是会伴随各种症状。对于药发的原因,"夫药发皆有所由,或以久坐、久语、卧温失食,或以御内不节,犯损体实,或劳虚存心,情意不欢,或以饮酒连日,而不盥洗,或以并饮不消,停徐为澼,或食饼黍小豆诸热。凡此诸或,皆是发之重诫也"④。服食之人往往很难做到严守各种节度和禁忌,稍有违犯,症状就会表现得更为明显。

《医心方》卷十九和卷二十记载了服石发动的症状以及对治的方剂。在卷十九的"服石发动救解法第四"中,记载了寒食散发动时的51种症状,如头痛欲裂、两目欲脱、腰痛欲折、眩冒欲蹶、目痛如刺、四肢面目皆浮肿、耳鸣如风声、口伤舌强烂燥、牙龈肿痛、咳逆、手足偏痛、腹胀欲决、肌皮坚如木石枯、百节酸痛、关节强直、心中闷乱等,可谓"其病无所不为"。其解救之道,大多是洗冷水饮热酒。如葛洪提道:"若四肢身外有诸一切疾痛违常者,皆以冷水洗数百过。热有所衡,水渍布巾随以搵之。又水渍冷石以熨之,行饮暖酒,逍遥起行。"⑤曹歙认为心痛之病最为严重,需要立即解救,"或有气绝病者,不自知,当须边人之救,以酒灌含之。咽中塞逆,酒入辄还,勿止也"⑥。《医心方》卷二十记载了救治服石病症的药方,约110余种,诚为医家经验之总结,亦可见其时服散之盛行。

---

① [日]丹波康赖:《医心方》,高文柱校注,华夏出版社2011年版,第406页。
② 皇甫谧:寒食药得节度者,一月辄解,或二十日解,堪温不堪寒,即已解之候也。
③ [日]丹波康赖:《医心方》,高文柱校注,华夏出版社2011年版,第399页。
④ [日]丹波康赖:《医心方》,高文柱校注,华夏出版社2011年版,第396页。
⑤ [日]丹波康赖:《医心方》,高文柱校注,华夏出版社2011年版,第404页。
⑥ [日]丹波康赖:《医心方》,高文柱校注,华夏出版社2011年版,第404页。

《南史》卷三十二《徐嗣伯传》记载了一个案例,可资参考。直阁将军房伯玉服用十多剂五石散,药力没有发散出来,身体更觉寒冷,夏天犹穿厚衣。徐嗣伯为他诊断之后,说应该在冬天用冷水将药力发出来。"至十一月,冰雪大盛,令二人夹捉伯玉,解衣坐石,取冷水从头浇之,尽二十斛。伯玉口噤气绝,家人啼哭请止。嗣伯遣人执杖防阁,敢有谏者挝之。"①场面可谓惊心动魄。又浇了上百斛水之后,房伯玉的身子开始动弹,脊背上有气冒出。不一会坐了起来,说热得受不了,要冷水喝。徐嗣伯递给他一瓢冷水,喝完之后,病就好了。"自尔恒发热,冬月犹单裤衫,体更肥壮。"可见,五石散的药性极酷,起效之后,使人浑身发热,体力增强,具有良好效果。

二、服散案例

史称何晏服用五石散首获神效之后,"大行于世,服者相寻"。余嘉锡先生认为从魏正始至唐代天宝,服食人数达数百万人。然而见诸史料者却寥寥可数,余嘉锡曾辑录魏晋南北朝服散故事,得到 50 余条,其中魏晋间约有 20 人。我也曾对魏晋服食之人做过统计,明确记其服食,加上疑似者,不过 25 人左右。② 余嘉锡对其原因进行过分析,他认为:"盖书传所载,必其人有可纪,或以他事牵连得书。庸常之人,薄物细故,何可胜纪。世间万事,多不见于史。以一区区寒食散,而采撷所及,遂至数十条,岂不既多矣乎。"③余先生的分析颇有道理,时人将五石散视为一种寻常的药剂,纷纷服用,史家或者觉得此乃平常之事,不必尽书。谁能料到,服药之风会在唐代以后消歇,并成为后人研究的对象呢?

下面我们按照年代顺序,对魏晋南北朝人的服食案例作一介绍,并就服食对魏晋南北朝文人生活的影响作一简要分析。

何晏之服药已如上述,魏东平王曹徽之子曹歆必然是受到了何晏的影响,自称服药近四十年,治愈者上百人。竹林七贤中的嵇康亦是曹魏宗

① 《南史》卷三十二《徐嗣伯传》,中华书局 1975 年版,第 840 页。
② 李修建:《风尚:魏晋名士的生活美学》,人民出版社 2010 年版,第 201—204 页。
③ 余嘉锡:《寒食散考》,《余嘉锡文史论集》,岳麓书社 1997 年版,第 171 页。

亲,他信奉养生之道,服用五石散,或亦是受到何晏之影响。在《与山巨源绝交书》中,嵇康拒绝了山涛的举荐,并与之断交。他在文中说自己有"必不堪者七,甚不可者二",其中提道:"……危坐一时,痹不得摇,性复多虱,把搔无已,而当裹以章服,揖拜上官,三不堪也……每非汤、武而薄周、孔,在人间不止,此事会显,世教所不容,此其甚不可一也。刚肠疾恶,轻肆直言,遇事而发,此甚不可二也。"①嵇康身上多虱,不喜穿官服,脾气很大,除了其人之性情所在,与服散有一定的关系。服散之后,身体发热,为使热性发动出去,"卧下当极薄单衣,不著棉也,当薄且垢故,勿著新衣,多著故也。虽冬寒常当被头受风,以冷石熨,衣带不得系也"②。要穿极薄的单衣,并且不能穿新衣服要穿旧衣服。如东晋桓冲,不喜欢穿新衣服,他洗完澡后,妻子让人给他送来新衣服,他勃然大怒,让赶快拿走。③鲁迅先生曾指出:"因为皮肉发烧之故,不能穿窄衣。为预防皮肤被衣服擦伤,就非穿宽大的衣服不可。现在有许多人以为晋人轻裘缓带,宽衣,在当时是人们高逸的表现,其实不知他们是吃药的缘故。一班名人都吃药,穿的衣都宽大,于是不吃药的也跟着名人,把衣服宽大起来了!还有,吃药之后,因皮肤易于磨破,穿鞋也不方便,故不穿鞋袜而穿屐。所以我们看晋人的画像和那时的文章,见他衣服宽大,不鞋而屐,以为他一定是很舒服,很飘逸的了,其实他心里都是很苦的。"④魏晋时期褒衣博带的服饰风格,与服散确有些关联,虽然不是因服散而起,服散却促动了这种风尚。另外,嵇康爱好打铁,《晋书》本传载其"性绝巧而好锻……尝与向秀共锻于大树之下,以自赡给"。⑤后人将嵇康之锻铁,进行了诗意化的解读,如明人袁宏道说:"嵇康之锻也,武子之马也,陆羽之茶也,米颠之石

---

① 戴名扬:《嵇康集校注》,中华书局2014年版,第197—198页。
② (隋)巢元方编撰,南京中医学院校释:《诸病源候论校释》(上),人民卫生出版社2011年版,第132页。
③ 桓车骑不好著新衣,浴后,妇故送新衣与。车骑大怒,摧使持去。妇更持还,传语云:"衣不经新,何由而故?"桓公大笑,著之。(《贤媛》二十四)
④ 鲁迅:《而已集·魏晋风度及文章与药及酒之关系》,《鲁迅全集》(第三卷),人民文学出版社2005年版,第530页。
⑤ 《晋书》卷四十九《嵇康传》,中华书局1974年版,第1372页。

也,倪云林之洁也,皆以僻而寄其磊傀俊逸之气者也。"①这种观念提升了其精神层次。而当代有的学者认为嵇康打铁,乃因服散之后需从事体力劳动发散,或者从中择取铁屑作为炼散原料的缘故。② 这种观点聊备一说,其实有值得商榷之处。嵇康隐居山阳十余年,生活有些贫困,打铁挣些零花,"以自赡给",是有可能的。史书还记他和吕安共同种菜浇园,应该亦是此一目的。另外,史料上所见行散之方法,多为散步,亦有舂米等方式。而打铁是一种高强度的体力劳动,尽管孙思邈指出"服石人皆需大劳役",不过皇甫谧和曹歙的服石禁忌,都提到"忌过用力"或"不宜甚出筋力已自劳役",曹歙还提到"不宜触盛日猛火",嵇康于盛夏打铁,是与这些禁忌相违背的。嵇康与曹歙同时,且有姻亲关系,不可能不知道这些禁忌。因此,嵇康之锻铁,根据正史之记载来理解可能更为确切。

服散之后需饮温酒,与此相关的史料有几则。西晋权臣裴秀,就是因为服五石散时饮了冷酒,违错节度,命丧归天。东晋太元十六年(391年),23 岁的桓玄被召为太子洗马,行船停靠在生有一片荻芦的岸边,太原王氏中的王忱前来拜访桓玄。王忱刚刚服完散,微有醉意。桓玄设酒招待,因酒冷,王忱不能饮,他不停地对侍候的人说:"赶快上温酒!"桓玄之父为桓温,王忱所说"温"字犯了桓玄的家讳。于是,"桓乃流涕呜咽,王便欲去。桓以手巾掩泪,因谓王曰:'犯我家讳,何预卿事!'王叹曰:'灵宝故自达。'"③桓玄的行为一方面体现了魏晋南北朝人对于家讳的看重,另一方面也体现出魏晋南北朝人的放达。

八王之乱中,河间王司马颙联合成都王司马颖谋诛齐王冏,司马冏让王戎为他筹划应对之计,王戎劝他交权投降。司马冏的谋臣葛旟认为王

---

① 袁宏道:《瓶史》,钱伯诚:《袁宏道集笺校》(中),上海古籍出版社 2008 年版,第 826 页。

② 范子烨先生深入分析了嵇康锻铁的原因:"它首先是嵇康躲避政治迫害的韬晦手法,其次是嵇康的调养之术和取药方式。"认为嵇康锻铁与服散密切相关,其原因,一是因为锻铁需要付出很大体力,能够更好的发散,二是由于铁本身是具有滋补效用的中药,锻铁可取铁粉作药调养心神。(见范子烨:《〈世说新语〉研究》,黑龙江教育出版社 1998 年版,第 274—289 页。)

③ 余嘉锡:《世说新语笺疏》,中华书局 1983 年版,第 762 页。

戎当斩,王戎假装药发,跌入厕所,方才免祸。陈敏之乱时,贺循受到征召,贺循服五石散,"露发袒身,示不可用"①。桓玄和杨广劲说殷仲堪夺取殷觊南蛮校尉之职,殷觊明了他们的意思,"尝因行散,率尔去下舍,便不复还,内外无预知者"②。服散成了他们逃避政治斗争的手段。魏晋南北朝时期,有几位皇帝深受五石散的毒害。晋哀帝喜黄老之术,因为服食过多,中毒而痴呆,并因此丧命。北魏道武帝拓跋珪药发后的病状记载得更为详细:"初,帝服寒食散,自太医令阴羌死后,药数动发,至此逾甚。而灾变屡见,忧懑不安,或数日不食,或不寝达旦。归咎群下,喜怒乖常,谓百僚左右人不可信,虑如天文之占,或有肘腋之虞。追思既往成败得失,终日竟夜独语不止,若旁有鬼物对扬者。朝臣至前,追其旧恶皆见杀害,其余或以颜色变动,或以喘息不调,或以行步乖节,或以言辞失措,帝皆以为怀恶在心,变见于外,乃手自殴击,死者皆陈天安殿前。"③道武帝的症状,在皇甫谧和薛曜所作寒食药发动 51 种症候中,都有描述。道武帝似乎变成了一个躁狂型的精神病人,后被其子杀死。

更具讽刺意味的是,西晋著名医家皇甫谧深受五食散之荼毒。晋武帝司马炎多次征召他入朝为官,他一概拒绝,在回函中提到,自己得了中风,"久婴笃疾,躯半不仁,右脚偏小,十有九载"④。后服寒食散,因为违错节度,遭受了七年苦痛。"隆冬裸袒食冰,当暑烦闷,加以咳逆,或若温虐,或类伤寒,浮气流肿,四肢酸重。于今困劣,救命呼嗡,父兄见出,妻息长诀。"《晋书》本传亦说他"初服寒食散,而性与之忤,每委顿不伦,尝悲恚,叩刃欲自杀,叔母谏之而止",诚是痛苦异常。他还提到自己耳闻目睹的服散中毒病例:"或暴发不常,夭害年命,是以族弟长互,舌缩入喉;东海王良夫,痛疮陷背,陇西辛长绪,脊肉溃烂。蜀郡赵公烈,中表六丧。悉寒石散之所为也。"唐代孙思邈寿过百岁,他亦提道:"余自有识性以

---

① 《晋书》卷六十八《贺循传》,中华书局 1974 年版,第 1825 页。
② 《世说新语·德行》四一,余嘉锡:《世说新语笺疏》,中华书局 1983 年版,第 44 页。
③ 《魏书》卷一《太祖纪》,中华书局 1974 年版,第 44 页。
④ 《晋书》卷五十一《皇甫谧传》,中华书局 1974 年版,第 1415 页。

来,亲见朝野仕人遭者不一,所以宁食野葛,不服五石,明其大大猛毒,不可不慎也。有识者遇此方,即须焚之,勿久留也。"①余嘉锡亦提道:"魏晋之间,有所谓寒食散者,服之往往致死,即或不死,亦必成为痼疾,终身不愈,痛苦万状,殆非人所能堪。俞正燮《癸巳存稿》卷七,尝持以比鸦片。愚以为其杀人之烈,较鸦片尤为过之。"②有化学家曾对五石散进行过分析。20 世纪 80 年代,化学史家王奎克先生撰文指出,五食散中有含砷矿物礜石,无机砷化合物有剧毒,超量服用会引起砷中毒,服五石散与服含砷矿物礜石的症状十分相似。③ 亦有学者认为,寒食散中使用的紫石英,不是过去一直认为的无毒的水晶,而是萤石,过量服食会引起氟中毒。

除了名士,僧人亦有服食者。活动于晋宋之际的僧人释慧义(372—444 年),多与名士交结,他精于解散之方,掇拾皇甫谧、曹歙等人的论著,撰为《寒食散杂论》。南齐僧人释法度,见载《高僧传》,事迹颇涉神异,然其所记五石散,当为魏晋南北朝之实情,其云:"度尝动散寝于地,见尚从外来,以手摩头足而去。顷之复来,持一琉璃瓯,瓯中如水以奉度,味甘而冷,度所苦即间。"④法度散发,浑身燥热难耐,寝于地上,饮用靳尚所赠冷水之后,即刻病好。

既然五石散药性如此猛烈,为何魏晋南北朝人仍然热衷于它呢? 这便需要了解五石散的药效。

三、五石散功能

(一)治 病

尽管五石散毒性很强,然而作为一副药剂,其首要目的是治病。所谓"药毒一家",只要利用得宜,五石散自然可以治病。据《太平广记》记载,王粲十七岁的时候和张仲景见过一面,张仲景诊断他身体有病,最好服五

---

① (唐)孙思邈撰,李景荣等校释:《备急千金方校释》卷第二十三《解毒并杂治·解五石毒第三》,人民卫生出版社 1998 年版,第 519 页。
② 余嘉锡:《寒食散考》,《余嘉锡文史论集》,岳麓书社 1997 年版,第 181 页。
③ 王奎克等:《砷的历史在中国》,《自然科学史研究》1982 年第 2 期。
④ 《高僧传》卷八《义解五·释法度传》,中华书局 1992 年版,第 331 页。

石汤。否则,到三十岁的时候,眉毛就会脱落。王粲没有放在心上,三十岁时,眉毛果然脱落了。这则故事意在表明张仲景医术的精湛,同时也说明五石散本是治病之用。另外,如上所言,张仲景《金匮要略》所记的候氏黑散用于治疗中风,紫石散方针对的是伤寒。

何晏刚开始服用此药,亦是治病之用。他耽于女色,身体虚弱,管辂曾说:"何之视候,则魂不守宅,血不华色,精爽烟浮,容若槁木,谓之鬼幽。"①五石散主治五劳七伤等虚劳之疾,何晏服五石散,可谓对症下药。"药王"孙思邈一方面告诫人们遇到五石散的药方就要焚毁,另一方面却在《千金要方》和《千金翼方》中多次盛赞五石散的妙用。比如,他在《千金翼方》中说:"更生散,治男子女人宿疾虚蔽、胸肋递满、手足烦热、四肢不仁、饮食损少、身体疾病、乍寒乍热,极者著床四、五十年,服众药不差,此治万病,无不愈者。""五劳七伤,虚羸著床,医不能治,服此无不愈,惟久病者服之。""人五十以上,精华消歇,服石犹得其力。六十以上转恶,服石难得力,所以恒须服石,令人手足温暖,骨髓充实,能消生冷,举措轻便,复耐寒暑,不著诸病。"②

魏晋南北朝史料中可见多则以五石散疗病的史料。如嵇康之孙嵇含老年得子,10个月大时生了疾病,上吐下泻,生命危殆。嵇含给孩子服了寒食散,未及一月,孩子便康复了。嵇含非常高兴,作《寒食散赋》,赞道:"伟斯药之入神,建殊功于今世。起孩孺于重困,还精爽于既继。"王羲之在其杂帖中亦云"袁妹及得石散力,然故不善佳,疾久,尚忧之"。二例可证。僧垣医术高超,善用寒食散。金州刺史尹娄穆患有腿疾,僧垣为之诊治,先用汤剂,症状有所改善,"更为合散一剂","及至九月,遂能起行"。大将军襄乐公贺兰隆"先有气疾,加以水肿,喘息奔急,坐卧不安",向僧垣求救,僧垣"即为处方,劝使急服。便即气通。更服一剂,诸患悉愈"③。显然,寒食散如果运用得当,能够疗治一些痼疾。皇甫谧提到"历岁之困,皆不终朝而愈",即是指此。因此之故,五石散又被称作"五石更生

---

① 《三国志》卷二十九《管辂传》注引《辂别传》,中华书局1959年版,第821页。

② [日]丹波康赖:《医心方》,高文柱校注,华夏出版社2011年版,第395页。

③ 《周书》卷四十七《艺术传·姚僧垣传》,中华书局1972年版,第842页。

散"、"五石护命散"或"护命神散"等。其疗效也就被加以放大,被魏晋南北朝人当成了包治百病的灵丹妙药。

（二）美　容

如人物品藻一章所论,魏晋南北朝人物品藻重视人物形貌,尤其是以何晏、潘岳、卫玠等人为代表的玉人型,更为重视外在的形神。玉人型人物,以皮肤之白、身形之高、体材之瘦、眼神之亮为标准。如何晏"面至白",魏明帝曾以热汤饼试之,王衍捉玉柄麈尾,手的颜色与之并无分别,卫玠小时被称为"璧人",杜乂"肤如凝脂",皆此类也。

资料表明,五石散具有美容的功效。根据《本草纲目》所记,白石英"益毛发,悦颜色",紫石英"除胃中久寒,散痈肿,令人悦泽",赤石脂"久服悦色",钟乳"久服延年益寿,好颜色,不老"①。皇甫谧提到药性发动的五候,其中第二候是"气下,颜色和悦"。说明五石散能让人气色变得好看,显得年轻貌美。再如《太平御览》卷六百七十一"服饵下"载:"《上元宝经》曰:服五石者亦能一日九食,百关流淳,亦能终岁不饥,还老反婴。遇食则食,不食亦平,真上仙之妙方,断谷之奇灵也。陶隐君注云:虽一日九食,而吸飡流变,不为滓,终岁不饭,而容色更鲜。"②"终岁不饭,而容色更鲜",自然是神仙家言,不过,在魏晋南北朝时期,这种信仰或广为接受,倒是更能说明五石散在美容方面的神奇疗效。

实际上,在神仙道教信仰中,修道者所服之药,往往具有却老延年的功效。如葛洪所撰《神仙传》,集历代神仙上百人,他们成仙的方式多种多样,或服气导引,或食松脂茯苓,或服黄精金丹,或得神物异术。不过,他们成仙之后都有一个共同特点,那就是老者变小,容颜光鲜。如彭祖"善于补养导引之术,并服水桂、云母粉、麋鹿角,常有少容",皇初起、初平兄弟,"共服松脂茯苓,……而有童子之色"。乐子长遇有仙人授以服巨胜赤松散方,"蛇服此药,化为龙,人服此药,老成童。又能升云上下,改人形容,崇气益精,起死养生"。乐子长服用之后,"年一百八十岁,色

---

① 参见钱超尘等:《金陵本〈本草纲目〉新校正》"石部",上海科学技术出版社 2008年版。

② (宋)李昉等编:《太平御览》,中华书局 1960 年影印版,第 2992 页。

如少女"。刘政"治墨子五行记,兼服朱英丸,年百八十余岁也,如童子";太阳女朱翼,敷衍五行之道,"年二百八十岁,色如桃花,口如含丹,肌肤充泽,眉鬟如画,有如十七八者也"①。嵇康上山采药,写有《游仙诗》一首,其中言道:"采药钟山隅,服食改姿容。蝉蜕弃秽累,结友家板桐"②,同样表达了对容颜不老的追求。

（三）壮 阳

五石散能治虚劳。《诸病源候论》卷三和卷四专论虚劳,《医心方》卷十三亦有所论。其中提到虚劳包括五劳、六极、七伤,"五劳者,一曰志劳,二曰思劳,三曰心劳,四曰忧劳,五曰瘦劳。又曰五脏劳也。六极者,一曰气极,二血极,三筋极,四骨极,五髓极,六精极也。七伤者,一阴寒,二阴痿,三里急,四精连连,五精少阴下湿,六精清,七小便苦数,临事不毕。又曰脾伤、肝伤、肾伤、肺伤、心伤、形伤、志伤。"③可以看出,六极中的某些症状,如血极,"令人无颜色,眉发堕落,忽忽喜忘"。肌极,"令人羸瘦无润泽,饮食不生肌肤"。精极,"令人少气,嗡嗡然内虚,五脏气不足,发毛落,悲伤喜忘"。④ 张仲景曾提醒王粲需服五石汤,否则年过三十眉毛就会脱落,其症状正合于"六极"中的血极和精极。而肌极令人瘦弱,肌肤无光泽,针对此一症状,五石散确能达到"容色更鲜"的美容之效。五劳七伤的明显特点就是气血不足、肾亏肾虚。

五石散中的药石,多有补不足、益气、益精等功效,能够起到"令人气力兼倍"的壮阳效果。以钟乳而论,此药石可以单独服用,《医心方》卷十九列有"服石钟乳方",其中"服乳得力候"引《拯要方》云:"凡服乳得力之时,先觉脐下绕脐肉起身体发热,食味甘美,其阳气日盛,数起之,慎不得近房。若后大起,唯行房慎不得出精,此为养其精气,令腹中肪成,乳气盈溢,遍流百脉,则令人阳盛而且热,百战不殆,永无五劳七伤。"⑤功效十分了得。《诸

---

① 以上几则文献引自(晋)葛洪撰,胡守为校释:《神仙传校释》,中华书局2010年版。
② 戴明扬:《嵇康集校注》,中华书局2014年版,第65页。
③ ［日］丹波康赖:《医心方》,高文柱校注,华夏出版社2011年版,第269页。
④ (隋)巢元方编撰,南京中医学院校释:《诸病源候论校释》(上),人民卫生出版社2011年版,第53—54页。
⑤ ［日］丹波康赖:《医心方》,高文柱校注,华夏出版社2011年版,第411页。

病源候论》卷五"消渴病诸候"凡八,其中第8条为"强中候":"强中病者,茎长兴盛不痿,精液自出。是由少服五石,五石热住于肾中,下焦虚。少壮之时,血气尚丰,能制于五石。及至年衰,血气减少,肾虚不复能制精液。若精液竭,则诸病生矣。"①亦清楚地表明了五石散的壮阳功能。

何晏耽于女色,体弱肾虚便不可免,他对寒石散的药方略加改进,对诸原料或增或减,研制成为大行于魏晋的五石散,此散服用之后能起房中壮阳之效。皇甫谧说:"近世尚书何晏,耽声好色,始服此药,心加开朗,体气转强。"苏轼亦云:"世有食钟乳、乌喙而纵酒色以求长年者,盖始于何晏。晏少而富贵,故服寒食散以济其欲。"即是指此而言。

魏晋南北朝贵族生活多穷奢极欲,耽于声色或为其常态。借助五石散以济其欲,是极有可能的。有两位德国学者写了一部《伊索尔德的魔汤:春药的文化史》,书中对诸多文化中的春药进行了论述,中国部分就提到了五石散。书中说道:"在中世纪,中国知识界中间还流传有一种强劲的药物,叫寒石散,是当时的时尚补药。"②该书还对寒石散的毒性进行了分析。如果将其单纯理解为"春药",自然非常片面,不过,五石散为外国学者所注意,倒是说明它的知名度着实不小。

四、服药与士人美学形象

以上探讨了五石散的药性及功能等问题,作为一种生活时尚,服药体现出了魏晋南北朝士人怎样的审美意识与文化心态?

(一)养生与神仙信仰

魏晋南北朝服散之风虽首倡于何晏,然其源头却由来已久。长生不老的"神仙"一直存在于传统中国的文化叙事中。可以说,自有文字典籍以来,我们就能从中看到人类希冀长生不死、突破自身局限的强烈愿望,

---

① (隋)巢元方编撰,南京中医学院校释:《诸病源候论校释》(上),人民卫生出版社2011年版,第107页。

② [德]克劳迪亚·米勒—埃贝林、克里斯蒂安·拉奇:《伊索尔德的魔汤:春药的文化史》,王泰智、沈惠珠译,三联书店2013年版,第36—37页。比较遗憾的是,书中将"寒食散"译成了"酣食散"。

从《山海经》中描述的长生不老药,到秦始汉武屡次派人入海求仙,到服气导引、食饵炼丹等种种数术方技的产生,皆是如此。汉末魏晋南北朝,社会混乱不堪,本土道教开始兴起,在此情势之下,隐逸思潮、养生及神仙信仰变得更为突出。

魏晋南北朝士人热衷于求仙问道,此一期间出现的大量"游仙诗"可以表明这点。像秦皇汉武一样,魏王曹操同样迷于此道,当时有皇甫隆者,年过百岁,而身体康健,耳聪目明,曹操曾向其请教养生之道:"所服食施行导引,可得闻乎?若有可传,想可密示封内。"①更有甚者,他招徕四方术士,如精于辟谷服饵的郤俭,擅长行气的甘始,通晓房中术的左慈,皆招聚左右,学习其术,并有效验。②

魏晋时期,是中国本土的宗教形态——道教开始兴起并发展的时期,道教由民间方术演变成为宗教形态。道教原始经典《太平经》云:"夫寿命,天之重宝也",追求长生是其主要宗旨。嵇康对此深信不疑,"又闻道士遗言,饵术黄精,令人久寿,意甚信之"③,他是服食五石散的积极践履者。他在《游仙诗》中称"采药钟山隅,服食改姿容",他的确也经常登山采药,史载"康尝采药游山泽,会其得意,忽焉忘反","康又遇王烈,共入山,烈尝得石髓如饴,即自服半,余半与康,皆凝而为石"。

嵇康有自己的一套养生理论,这集中体现于他的《养生论》以及《答难养生论》两篇文章中。概括说来,嵇康认为神仙之存在并非虚妄,却是"特受异气,秉之自然,非积学所能致也",亦即,神仙乃天然生就,凡人即使通过修炼也难以成为神仙,具有命定论的意味。不过,嵇康同时认为,"至于导养得理,以尽性命,上获千余岁,下可数百岁,可有之耳",也就是通过导养修行等手段可以达到延年增寿的功效。世俗的五谷杂粮、美酒佳肴并不能贻形养寿,"岂若流泉甘醴,琼蕊玉英。金丹石菌,紫芝黄精。皆众灵含英,独发奇生。贞香难歇,和气充盈。澡雪五脏,疏彻开明,呃之

---

① 曹操:《与皇甫隆令》,《曹操集》,中华书局 2012 年版,第 56 页。
② 曹丕:《论郤俭等事》,魏宏灿:《曹丕集校注》,安徽大学出版社 2009 年版,第 399—340 页。
③ 嵇康:《与山巨源绝交书》,戴明扬:《嵇康集校注》,中华书局 2014 年版,第 198 页。

者体轻。又练骸易气，染骨柔筋。涤垢泽秽，志凌青云"①。

东晋葛洪，是道教金丹派的代表人物，《抱朴子内篇》专论丹药。葛洪的基本观点是神仙存在："若夫仙人，以药物养身，以术数延命，使内疾不生，外患不入，虽久视不死，而旧身不改，苟有其道，无以为难也"②，并且可学："仙之可学致，如黍稷之可播种得，甚炳然耳。"③凡人通过保持一定的心意状态："恬愉淡泊，涤除嗜欲，内视反听，尸居无心。"④以及服食丹药芝草："朱砂为金，服之升仙者，上士也；茹芝导引，咽气长生者，中士也；餐食草木，千岁以还者，下士也。"⑤并佐以行气、房中之术，能够成为神仙，从而长生不老。在时人的观念中，金石长久，而植物则易腐烂，"服金者寿如金，服玉者寿如玉。"因此，所服之药，以金石最佳。"运用这些石药的理论依据，都是在类似丹药的'假外物以固内'思想下的产物。"⑥葛洪的思想具有重要的理论意义，在实践层面上亦有很大的影响。比如，信奉天师道的王羲之父子、许迈等人是热衷于采石服药的。

事实上，在道教书籍以及中古医家看来，五石散确有养生延年的功效。如《列仙传·邛疏》有诗曰："八珍促寿，五石延生。邛疏得之，炼髓饵精。人以百年，行迈身轻。寝息中岳，游步仙庭。"邛疏成仙，即是服用五石而成。嵇康在《答难养生论》中亦提及此点："赤斧以炼丹赪发，涓子以术精久延。偓佺以松实方目，赤松以水玉乘烟。务光以蒲韭长耳，邛疏以石髓驻年。方回以云母变化，昌容以蓬蘽易颜。"对于五石散，释慧义提道："五石散者，上药之流也。良可以延期养命，调和性理，岂直治病而已哉。"⑦秦承

① 嵇康：《答难养生论》，戴明扬：《嵇康集校注》，中华书局 2014 年版，第 302 页。
② （晋）葛洪撰，王明校释：《抱朴子内篇校释》卷二《论仙》，中华书局 1985 年版，第 14 页。
③ （晋）葛洪撰，王明校释：《抱朴子内篇校释》卷十四《勤求》，中华书局 1985 年版，第 240 页。
④ （晋）葛洪撰，王明校释：《抱朴子内篇校释》卷二《论仙》，中华书局 1985 年版，第 7 页。
⑤ （晋）葛洪撰，王明校释：《抱朴子内篇校释》卷十六《黄白》，中华书局 1985 年版，第 287 页。
⑥ 郑金生：《药林外史》，广西师范大学出版社 2007 年版，第 130 页。
⑦ ［日］丹波康赖：《医心方》，高文柱校注，华夏出版社 2011 年版，第 395 页。

祖说:"夫寒食之药,故实制作之英华,群方之领袖,虽未能腾云飞骨、练筋骨髓,至于辅生养寿,无所与让。"①孙思邈亦云:"久服则气力强壮,延年益寿。"这些医家皆将五石散奉为上药,充分肯定其养生和延年益寿的功效。以五石中的钟乳而论,《拯要方》将其视为一种神丹妙药,认为其为精膏所作,与一切凡石不能相比,服之能够成仙,"服一斤乳尽,百病除;二斤乳尽,润及三代;三斤乳尽者,临死颜色不变。纵在土下,满百年后还穿冢出,即成僵人也。此人在俗及至千年,皆不得回顾者即是也。一千以外者,行日中亦无影,遂成真仙官也"②。嵇康与道士王烈在山中所得石髓,应该就是钟乳。③

与之相应的是,魏晋南北朝士人服药的史料中,确有一些记载能够彰显五石散的神奇药效。如何晏服用五石散之后,觉得不光能治病,还使他神明开朗。石崇在《思归引序》中说:"又好服食咽气,志在不朽,傲然有凌云之操。"王羲之在其杂帖中提道:"服足下五色石膏散,身轻,行动如飞也。"何晏和王羲之的体验都非常美妙。谢朓有《和纪参军服散得益诗》,诗中言道:"金液称九转,西山歌五色。练质乃排云,濯景终不测。云英亦可饵,且驻羲和力。能令长卿卧,暂故遇真识。"④

当然,在魏晋南北朝时期,并非所有士人都服药。如以阮籍为首的阮氏家族,尽管竹林同游的嵇康、王戎都服药,却没有证据表明阮籍也吃药。如王瑶先生所论,阮籍是个饮酒派。他在《咏怀诗》第七十首中有这样的独白:"采药无旋反,神仙志不符。逼此良可惑,令我久踌躇。"他对服药而求仙的路径是困惑而怀疑的。阮籍好酒,其后世子孙同样嗜酒,更有两位无神论者阮瞻与阮修,坚决不信鬼神之存在⑤,以其彻底的"唯物主义"

---

① [日]丹波康赖:《医心方》,高文柱校注,华夏出版社2011年版,第394页。

② [日]丹波康赖:《医心方》,高文柱校注,华夏出版社2011年版,第409页。

③ 《晋书·嵇康传》:"康又遇王烈,共入山,烈尝得石髓如饴,即自服半,余半与康,皆凝而为石。"中华书局1974年版,第1370页。

④ 逯钦立辑校:《先秦汉魏南北朝诗》,中华书局1983年版,第1447页。

⑤ 《晋书》卷四十九《阮瞻传》:"瞻素执无鬼论,物莫能难,每自谓此理足以辩正幽明。"尝有论鬼神有无者,皆以人死者有鬼,修独以为无,曰:'今见鬼者云著生时衣服,若人死有鬼,衣服有鬼邪?'论者服焉。"(中华书局1974年版,第1364页。)

态度,很难与服药拉上关系。

另有一部分士人对服药抱着矛盾的态度,他们一方面热衷此道,另一方面又发出质疑甚至是激烈的批判,如曹操、曹植父子,曹操曾发出"痛哉世人,见欺神仙"的感慨,曹植亦有"虚无求列仙,松子久吾欺"(《赠白马王彪》)的独白。表面看去他们似乎都很清醒,实则不然,曹操广延四方术士,并实践养生之术,曹植在其诗句中有也"教我服食,还精补脑。寿同金石,永世难老"之语。而钟情于服食的王羲之,却在《兰亭集序》中发出"固知一死生为虚诞,齐彭殇为妄作"的喟叹。这种矛盾心态同样是汉魏士人的生命体验的一种共性。

(二)建构诗意人生

魏晋南北朝士人服用的五石散多为亲自动手炼制,欲炼药散,必须入山采集药石,无疑,这种入山采药的行为客观上促进了魏晋南北朝士人的登山游览活动,同时也促进了魏晋南北朝山水诗文的创作。可见于下述史料:

> 康采药于汲郡共北山中,见隐者孙登。[1]
> 采药游名山,将以救年颓。[2]
> (许迈)初采药于桐庐县之桓山,饵术涉三年,时欲断谷。[3]
> (刘骥之)尝采药至衡山,深入忘反。[4]
> 采药灵山嵎,结驾登九巘。悬岩溜石髓,芳谷挺丹芝。泠泠云珠落,灌灌石蜜滋。鲜景染冰颜,妙气翼冥期。霞光焕藿靡,虹景照参差。椿寿自有极,槿花何用疑。[5]
> 登山采药,集岩水之娱。[6]

---

[1] 《三国志·魏书》卷二十一《嵇康传》,中华书局1959年版,第607页。

[2] 郭璞:《游仙诗》,逯钦立辑校:《先秦汉魏南北朝诗》,中华书局1983年版,第866页。

[3] 《晋书》卷八十《王羲之传附许迈传》,中华书局1974年版,第2107页。

[4] 《晋书》卷九十四《刘骥之传》,中华书局1974年版,第2448页。

[5] 庾阐:《采药诗》,逯钦立辑校:《先秦汉魏南北朝诗》,中华书局1983年版,第874—875页。

[6] 支遁:《八关斋诗三首序》,逯钦立辑校:《先秦汉魏南北朝诗》,中华书局1983年版,第1079页。

连峰数千里,修林带平津。云过远山翳,风至梗荒榛。茅茨隐不见,鸡鸣知有人。闲步践其径,处处见遗薪。始知百代下,故有上皇民。①

仍以嵇康为例,史载他"尝采药游山泽,会其得意,忽焉忘反",其得意之时,未必是因为采到了称意的药材,而很可能是因与自然山水的相亲相近而生发出的审美愉悦。在那种状态下,远离了庸人的搅扰,远离了世俗的羁绊,心中的所有不平不快涤荡一空,面对清明爽朗的自然山水,体验到与之相亲相近,与天地大化融合为一自由无碍的超越心境。

王羲之在采药过程中更是有着绝妙的山水体验:

(王羲之)又与道士许迈共修服食,采药石不远千里,遍游东中诸郡,穷诸名山,泛沧海,叹曰:"我卒当以乐死。"②

羲之因采药而畅游名山大海,其"当以乐死"的生命体验,实可谓得其至乐!此语亦可视为我们理解中国的文人士大夫缘何热衷于游山玩水的一个最感性的原因。除此而外,采药中的登山观赏活动也会唤起对生命与玄理的沉思,羲之在《答许询诗》中这样说道:"取欢仁智乐,寄畅山水阴。清泠涧下濑,历落松竹林。"据裴启《语林》所云③,此诗做于王羲之癫痫病发作之时,余嘉锡先生指出"右军病癫,他书未闻。裴启与右军同时,言或不妄"。既然裴启"言或不妄",那我们就姑且从之,相信此诗乃其病中所作。在一种近乎无意识的状态下,羲之能作出此诗,更能见出其山水之情嵌入了内心深处。

此种人生透出了一股浓浓的诗意!

服药之后的"行散"活动同样构筑了这种诗意的人生。《世说新语》中共载有4条行散之事,其中两条的主角均为王恭:

王孝伯在京行散,至其弟王睹户前,问:"古诗中何句为最?"睹

---

① 帛道猷:《陵峰采药触兴为诗》,逯钦立辑校:《先秦汉魏南北朝诗》,中华书局1983年版,第1088页。

② 《晋书》卷八十《王羲之传附许迈传》,中华书局1974年版,第2101页。

③ 《太平御览》卷七百三十九引《语林》曰:"王右军少尝患癫,一二年辄发动。后答许询诗,忽复恶中得二十字云:'取欢仁智乐,寄畅山水阴。清泠涧下濑,历落松竹林。'既醒,左右诵之,读竟,乃叹曰:'癫何预盛德事耶?'"

思未答。孝伯咏"'所遇无故物,焉得不速老?'此句为佳。"①

王恭始与王建武甚有情,后遇袁悦之间,遂至疑隙。然每至兴会,故有相思。时恭尝行散至京口射堂,于时清露晨流,新桐初引,恭目之曰:"王大故自濯濯。"②

行散虽是因服药被迫进行的散步游走,不过这种活动方式本身就具有休闲的轻松意味,另外,更由于得其药力者会感到"骨髓充实"、"举措轻便",甚至有着"行动如飞"的美妙体验,此时的心意状态应当是畅朗愉悦的,更可以抛却尘俗之事,进行自由无滞的诗性思考。王恭在前一条提到了古诗,评出了古诗中的最佳之句"所遇无故物,焉得不速老",想必是行散路上触景生情,抚古思今,心头笼上了一股诗意的沧桑,浮想起这带有悲情意味的诗句,发出生命短暂之叹,这也是汉末魏晋士人反复吟咏的共同话题。如《古诗十九首》中所云的,"人生非金石,岂能长寿考";"人生忽如寄,寿无金石固";"人生天地间,忽如远行客";曹操的"生年不满百,常怀千岁忧"。在后一条中,王恭行散时想起了故人——族叔王忱,二人原本感情甚好,后受人挑拨心生嫌隙,却时常泛起思念之情。在"清露晨流,新桐初引"的自然美景的感兴下,他认为王忱如这景物一般,清新自然,"故自濯濯"。

"所遇无故物,焉得不速老",是因行散才回味着如此诗句;"清露晨流,新桐初引",也正因早起行散才碰到了这般景象,遂使心有所思,情有所寄。《世说》所载这两条,都在营构着王恭的诗意人生,而这种效果的达成是与服药行散脱不开的。

(三)彰显贵族身份

不少研究者将服食五石散与清朝人的吸食鸦片③,以及今人的吸毒相提并论,就其带给身体的快感以及对身体的危害而言,三者或许有可比性,但是,它们更多表现出了差异性,首先是后二者已没有了神仙信仰以

---

① 《文学》一百零一,余嘉锡:《世说新语笺疏》,中华书局 1983 年版,第 277 页。

② 《赏誉》一百五十三,余嘉锡:《世说新语笺疏》,中华书局 1983 年版,第 496—497 页。

③ 如余嘉锡先生在《寒食散考》"述意第一"中所论。

及道教养生术的依托,更重要的,服食五石散是魏晋南北朝士大夫阶层的风尚,是贵族人的游戏,而清末吸食鸦片者遍布社会各个阶层,今人吸毒者亦是三教九流,尤以所谓的社会边缘群体为多。

究其原因,应是由于五石散的炼制成本颇高,"其所用药物至为贵重,非富贵人不能办"①。从入山采药到炼制成散,再到服药后的各种注意事项,皆需要相当的经济实力。如《薛侍郎补饵法》云:"服石之后一二百日内,须吃精细饮食美酒等,使血脉通利。若觉虚任饵署预食,强筋骨及止渴。若觉大热者,可服紫雪,或金石凌,或绛雪,或白雪等。"②皇甫谧亦说:"服散不可失食即动,常令胃中有谷,谷强则体气胜,体气胜则药不损人,不可粗食,药益作,常欲得美食,食肥猪、酥脂、肥脆者为善。"③在饮食上极为讲究,非富贵人家是不能办的。此外,还要学会处理各种不适的症状,需要相当的医学知识,如皇甫谧提到,违错节度的一些解救之法,"不唯已自知也。家人大小皆宜习之,使熟解其法,乃可用相救耳"④。概言之,服食五石散是一个殊为复杂的过程,非有钱有闲并有相当文化素养的贵族阶层不得享用。也因此之故,服散常常体现出家族性的特征。

何晏从小成为曹操养子,长于深宫之中,魏文帝、明帝在位期间虽然身居闲职,却必然不乏金钱用度,曹爽抚政时更是位至吏部尚书,其富贵自不待言。嵇康虽非富贵,甚至不免困顿,有时竟要靠锻铁自给,不过他作为魏宗室亲,仕为中散大夫,虽官职不高,亦享国家俸禄,想来不会太过穷困。西晋石崇,财产丰积,室宇宏丽,是魏晋时期最为奢靡的人物之一,自然具备充分的条件服食。再如东晋王羲之父子,作为魏晋时期最有权势的世家大族,也有足够的经济条件进行服食活动。

对普通百姓而言,在动荡的魏晋社会,动辄鬻儿卖女,"人相食"的惨剧时有发生,衣食生计尚难满足,遑论去服食五石散了。也正因为如此,服食五石散成为魏晋士人阶层的身份标识,采药、行散等行为也已被符号

---

① 余嘉锡:《寒食散考》,《余嘉锡文史论集》,岳麓书社1997年版,第166页。
② 〔日〕丹波康赖:《医心方》,高文柱校注,华夏出版社2011年版,第405页。
③ 〔日〕丹波康赖:《医心方》,高文柱校注,华夏出版社2011年版,第397页。
④ 〔日〕丹波康赖:《医心方》,高文柱校注,华夏出版社2011年版,第398页。

化。下面这则故事常被引用：

> 后魏孝文帝时，诸王及贵臣多服石药，皆称石发。乃有热者，非富贵者，亦云服石发热，时人多嫌其诈作富贵体。有一人于市门前卧，宛转称热。因众人竞看，同伴怪之，报曰："我石发。"同伴人曰："君何时服石，今得石发？"曰："我昨在市得米，米中有石，食之乃今发。"众人大笑。自后少有人称患石发者。①

后魏时期，石散的服食主体为"诸王及贵臣"之类的富贵人物，那位"非富贵者"倒在地上谎称"石发"，"诈作富贵体"，一经询问即被戳穿，只落得惹人嗤笑，此人以服药后"石发"这种症状来标识自己，妄图跨越富贵与贫穷之间的鸿沟，却也不免让人心酸。

第二节　酒与审美意识

饮酒、服药、清谈，似是魏晋南北朝士人最为令人瞩目的文化符号。其中，服药和清谈在魏晋南北朝之后几成绝响，饮酒却被后世继承下来，和文人的日常生活与文艺活动发生着最为密切的关联，成为理解中国文人美学的重要表征。相比后世，魏晋南北朝士人之于酒，似乎更显浓烈，更具悲怆意味，更有美学精神。那么，魏晋南北朝之饮酒，发生于怎样的社会语境和文化情景之中？基于怎样的哲学理念和价值观？魏晋南北朝士人，如何看待和理解自身的饮酒行为？个中凸显了怎样的审美意识和文化精神？

一、酒的源起与早期功能

世界上的众多民族和文化中，似乎都有饮酒行为。中国更是一个饮酒大国，酒文化可谓源远流长。在甲骨文的卜辞中既已多次出现"酒"字。《说文》释酒为："就也，所以就人性之善恶。从水酉，酉亦声。一曰

---

① （宋）李昉等编：《太平广记》卷二百四十七《诙谐三·魏市人》，中华书局1961年版，第1912页。

造也,吉凶所造起也。古者仪狄作酒醪,禹尝之而美,遂疏仪狄。杜康作秫酒。"①这一解释给我们提供了至少两个信息:第一,所谓"就人性之善恶""吉凶所造",表明酒自始就被附着上了道德内涵。第二,酒的起源,涉及两个人物:仪狄和杜康。早在先秦典籍的《世本》中有相关记载,《作篇》载"仪狄造酒""杜康造酒""少康作秫酒"②等,少康还初造箕帚,宋忠注云:"少康,夏后相之子。……少康即杜康也"。则仪狄为禹之臣民,据《世本》"世系",杜康为夏代第六世君主。《战国策》《吕氏春秋》《淮南子》等文献中,皆有"仪狄造酒"之说,《淮南子》所记与《说文》类似,《战国策·魏策》所载信息更显丰富:"鲁君兴,避席择言曰:'昔者,帝女令仪狄作酒而美,进之禹,禹饮而甘之,遂疏仪狄,绝旨酒,曰:后世必有以酒亡其国者。'"③鲁君为鲁共公(? —前353年),其"昔者"云云,可知在战国时期,关于仪狄造酒的说法已广为传布。《说文·巾部》释"帚"有少康造酒之说,"古者少康初作箕、帚、秫酒。少康,杜康也"④。显然本自《世本》。到了后世,杜康究竟为谁,又出现多个版本。⑤ 宋代朱肱《酒经》云:"酒之作,尚矣。仪狄作酒醪,杜康作秫酒。岂以善酿得名? 盖抑始于此耶?"⑥承前代之说,又表示了一定的怀疑。关于仪狄造酒之说,吕思勉曾指出:"仪狄只是作酒而美,并非发明造酒。古人所谓某事始于某人,大概如此。"⑦吕氏又据《仪礼·明堂位》"夏后氏尚明水,殷人

---

① (汉)许慎撰,(清)段玉裁注:《说文解字注》,浙江古籍出版社2006年版,第747页。

② (汉)宋衷注,(清)孙逢翼集录,陈其荣增订:《世本八种》,中华书局2008年版,第6页。

③ (汉)刘向集录:《战国策》,上海古籍出版社1985年版,第846—847页。

④ (汉)许慎撰,(清)段玉裁注:《说文解字注》,浙江古籍出版社2006年版,第361页。

⑤ 如西晋张华《博物志》有杜康是汉朝的酒泉太守,善酿酒的记载。梁萧统《文选》中说:"康字仲宁,或云黄帝时人。"宋人高承在《事物纪原》中说:"不知杜康何世人,而古今多言其造酒也。"宋窦苹《酒谱》中载:"杜氏本出于刘累,在商为豕韦氏。武王封之于杜,传国至杜伯,为宣王所诛,子孙奔晋,遂有杜为氏者,士会亦其后也。或者康以善酿,得名于世乎。"认为其是周朝人。如此差异巨大的记载,为杜康其人蒙上了神秘色彩。

⑥ (宋)朱肱:《酒经》,上海古籍出版社2010年版,第1页。

⑦ 吕思勉:《吕著中国通史》,华东师范大学出版社2005年版,第218页。

尚醴,周人尚酒"的记载,指出酿酒发明于夏后氏之先。这点似也缺乏明证。

笔者认为,晋代江统的《酒诰》道出了部分实情,其文曰:"酒之所兴,乃自上皇,或云仪狄,一曰杜康。有饭不尽,委余空桑,本出于此,不由奇方。历代悠远,经□弥长。稽古五帝,上迈三王。虽曰贤圣,亦咸斯尝。"[①]"有饭不尽,委余空桑,本出于此,不由奇方"之说,很好地表明了酒的出现,是一个由偶然到必然的过程。古代中国人在进入农耕社会之后,粮食充足,将余粮贮存在密闭容器中,在特定的自然环境下,假以时日,粮食发酵,形成天然曲蘖,进而成酒,其味芬芳,为人所喜,经过反复试验,并在此后不断改进,遂掌握了酿酒工艺。实际上,酒的出现,很可能是集体智慧的结晶,其发明权,应该归属于人民群众。正如《世本·作篇》所示,中国古人喜欢将三皇五帝等古圣先王视为某些器物的创制者,此举有神化器物与神化先王的双重目的。不必视为信史,亦不可当成谬论,实则反映了古代中国人特有的历史观与价值观。

早期文献语焉不详,不明所以,而考古发现表明,中国在新石器时代已经出现了酒。有学者指出,"根据一些考古文献资料,通过仰韶文化遗址出土的许多小口尖底瓮、漏斗等酿酒用具,某些浅穴灰坑是制谷芽的坑,结合古巴比伦及古埃及酿造麦芽酒用具以及甲骨文、钟鼎文中的'酒'字,'豊'、'秿'字等,有力地证明我国最早的酒是谷芽酒,其时间绝不会迟于仰韶文化时期,在大汶口时期得到发展,至夏文化初期米曲霉曲酒已得到确立,开始了曲酒和谷芽酒二者并存的局面"[②]。有关考古资料非常丰富,兹不赘举。

在殷商甲骨文以及考古资料中,都能得知酒在商代已很盛行。见于甲骨文记载的酒至少有三种,即酒、醴、鬯。酒一般指黄酒。醴为甜酒,用大米和麦芽酿制而成,含渣较多。段玉裁"醴"下注曰:"汁滓相将,盖如今江东人家之白酒,滓即糟也,滓多,故酌醴者用柶,醴甘,故曰如今恬酒,

---

① 《全晋文》卷一百六十,商务印书馆1999年版,第1118页。

② 包启安:《史前文化时期的酿酒(一):酒的起源》,《酿酒科技》2005年第1期。

恬即咶也。"①《释名·释饮食》载:"醴,齐醴,礼也。酿之一宿而成礼,有酒味而已也。"醴酿制时间短,酒精度低,味甜,如同加糖的饮料。如《汉书·楚元王传》:"穆王不嗜酒,元王每置酒,常为穆王设醴。"甲骨文中所见醴字写作"豊",酉旁为后世所增。卜辞中多见"作豊"、"告豊"之记载。鬯(chàng)指用黑黍所酳而带有香味的酒。《说文》:"鬯,以秬酿鬱草,芬芳攸服以降神也。"②据统计,在全部出土的十多万片甲骨刻辞中,有关鬯的甲骨文共约 182 条。③ 在甲骨卜辞中亦大量出现,如 1991 年出土的殷墟花园庄东地甲骨(简称《花东》),"花东 H3 全部 689 片甲骨文中,有关鬯的内容有 97 条,约占 14%"④。于此可知,酒在殷商生活中有着举足轻重的地位。

上古之酒,以稻和黍为原料。如《诗经·周颂·丰年》:"丰年多黍多稌。亦有高廪。万亿及秭。为酒为醴,烝畀祖妣。以洽百礼。降福孔皆。"此诗为报祀之乐歌。稌即为稻,王安石注云:"《职方氏》谓雍、冀之地高燥,其谷宜黍。荆、扬之地下湿,其谷宜稌。今黍稌皆熟,所以为丰年。"⑤再如《豳风·七月》:"二十月获稻,为此春酒。"酿酒原料首推黍。黍的种植面积极广,"占卜黍的据记载有 108 条,占卜稷的有 36 条"⑥。商人已知用酒曲酿酒,考古发现不少酒坊,如河北藁城台西、郑州二里冈等地。二里冈商代遗址,"有大量的厚胎粗砂质的陶缸,缸内都有白色的沉淀物,发掘人认为这些沉淀物都是当时进行酿造的遗留,有人推测出土陶器中的大口尊和缸,可能被用来酿酒,因而这一处遗址是所酿造作坊的遗址"⑦。从出土器物来看,酒器非常之多。如殷墟妇好墓,"出土铜器

---

① (汉)许慎撰,(清)段玉裁注:《说文解字注》,浙江古籍出版社 2006 年版,第 747 页。
② (汉)许慎撰,(清)段玉裁注:《说文解字注》,浙江古籍出版社 2006 年版,第 217 页。
③ 参见姚孝遂、肖丁:《殷墟甲骨刻辞类纂》,中华书局 1989 年版。
④ 郭胜强:《殷墟〈花东〉甲骨中的"鬯"祭卜辞——殷墟花东卜辞研究》,郭旭东编:《殷商文明论集》,中国社会科学出版社 2008 年版,第 119 页。
⑤ 吴闿生:《诗义会通》,中西书局 2012 年版,第 281 页。
⑥ 徐杰令编著:《先秦社会生活史》,黑龙江人民出版社 2004 年版,第 2 页。
⑦ 河南省文化局文物工作队:《郑州二里冈》,科学出版社 1959 年版,第 29 页。

577 件,其中的'重器'即'礼器'有 210 件,酒器就占了 155 件"①。酒器数量竟占 74%。见于甲骨文记载的酒器,按用途大致归为三类:温酒器——爵、角、斝、盉;贮酒器——觥、卣、彝、壶、罍;盛酒器——瓿、尊、觯、盉、勺。用量皆极大。以卣为例,甲骨文中多见数十卣,又见上百卣。②这些考古资料,皆说明商人饮酒风气之浓厚。

再简单看一下酒在上古时期的功能,主要有三点:

其一为身体的享乐。所谓"食色性也",对美食的追求出于人的天性。"酒,味甘,并至美"③,无疑能够迎合人类对于甜味的需求。加之酒精具有成瘾性,因此"酒"与"色"常常并称,是人所欲求之物。上古时期,商纣王沉溺酒色,"以酒为池,悬肉为林,使男女倮相逐其间,为长夜之饮",④以致丧身亡国,成为饮酒享乐的负面典型。

其二为养生与治病。《礼记·射义》:"酒者,所以养老也,所以养病也。"在《周礼》等先秦典籍中,多有文献记载需以酒肉供养老人,如《周礼·天官·酒正》:"凡飨士庶子,飨耆劳孤子,皆共其酒,无酌数。"《孟子·离娄上》:"曾子养曾皙,必有酒肉。……曾元养曾子,必有酒肉。"《诗经·豳风·七月》:"为此春酒,以介眉寿。"郑笺:"春酒,陈醪也;眉寿,豪眉也。……又获稻而酿酒,以助其养老之具。"均是以酒赡给老人。此外,酒能治病。从文字说上看,酒与医有关,《说文》治医:"医,治病工也。殹,恶姿也。医之性得酒而使。"郑注云:"医之字,从殹酉者也。"贾公彦疏:"谓酿粥为醴则为医。"吕思勉先生也指出"医"字的本意就是以酒为养。对于酒的药性,明代李时珍《本草纲目》"谷部"专列"酒",论之甚详。对于米酒的药效,他指出:"行药势,杀百邪恶毒气。通血脉,厚肠胃,润皮肤,散湿气,消忧发怒,宣言畅意。养脾气,扶肝,除风下气。解马

---

① 赵诚编:《二十世纪的甲骨文研究述要》(下),山西人民出版社 2006 年版,第 1197 页。

② 耿杰:《从甲骨文看殷商之酒文化》,《传奇·传记文学选刊》2010 年第 2 期。

③ 《宋书》卷六七《谢灵运传》,中华书局 1974 年版,第 1766 页。

④ 《史记》卷三《殷本纪第三》,中华书局 1959 年版,第 105 页。

肉、桐油毒,丹石发动诸病,热饮之甚良。"①再如腊月酿造的老酒,能够和血养气,暖胃辟寒,发痰动火。清明酿造的春酒,常饮令人肤白。他还记录了70余种酒的疗效及配方。可知中医以酒治病的历史极为悠久,实践极为丰富。

其三为用于礼仪。《左传·庄公二十二年》有"酒以成礼"之说,酒作为以纯粮酿造的饮用品,在人们日常生活中占有重要地位,因此,举凡祭祀先祖神灵、公私飨宴、吉凶之礼,皆需用酒。殷人的民族性中好饮,在《尚书》的记载中,上至君主,下至平民,皆嗜酒成性,如《酒诰》云:"庶群自酒,腥闻在上。"《微子》云:"天毒降灾,荒殷邦,方兴沈酗于酒。"西周建国之初,周公深切地认识到了殷商纵酒亡国的沉重事实,特作《酒诰》,对于饮酒行为痛加禁锢。他提出,只能在祭祀时饮酒,并且不能喝醉:"饮惟祀,德将无醉。"若有周人群聚饮酒,则处以极刑:"厥或告曰群饮,汝勿佚。尽执拘以归于周,予其杀。"商人因久染其习,如聚饮,则进行申斥教导:"又惟殷之迪诸臣,惟工乃湎于酒,勿庸杀之,姑惟教之。"②周公制礼作乐,将饮酒紧紧地纳入礼的规范之下。周代官僚系统中专设"酒正"与"酒人"两官,酒正"掌酒之政令,以式法授酒材",酒人"掌为五齐三酒,祭祀共奉之,以役世妇"。《仪礼》第四篇为《乡饮酒礼》,详细介绍了饮酒过程中主客双方所应遵循的礼仪,程序极为复杂。及至孔子,在《论语·乡党篇》中提出"惟酒无量,不及乱",朱熹释曰:"酒以为人合欢,故不为量,但以醉为节而不及乱耳。"③说明孔子认同酒带给人的享受,但节之以礼,不能贪杯成乱。蔡邕的《酒樽铭》:"酒以成礼,弗愆以淫。德将无醉,过则荒沈。盈而不冲,古人所箴。尚鉴兹器,懋勖厥心。"④很好地表达了儒家的饮酒观。

---

① 钱超尘等:《金陵本〈本草纲目〉新校正》(下册),上海科学技术出版社2008年版,第989页。

② (汉)孔安国传,(唐)孔颖达疏:《尚书正义》,上海古籍出版社2007年版,第561页。

③ (宋)朱熹:《四书章句集注》,中华书局2011年版,第114页。

④ 邓安生:《蔡邕集编年校注》,河北教育出版社2002年版,第490页。

二、魏晋南北朝时期饮酒的社会文化背景及玄学价值观

魏晋南北朝时期,饮酒之风大盛,酒在魏晋南北朝士人生活中占有极其重要的地位。在《世说新语》一书中,酒出现 85 次①,《世说新语·任诞》篇共 54 条,与酒相关的达 29 条之多。前辈学者,如鲁迅、王瑶等人,对此有深入研究。王瑶的《文人与酒》一文,探究了饮酒之风大行于魏晋的深层原因,归纳起来,有以下三点:享乐,人生苦短,增加生命密度;超越,远离现实,达到自然之"真"的境界;避祸,世事多艰,以沉醉保护自己。这些观点对我们颇有启迪,不过,其论似亦有未尽之处。如魏晋南北朝固为乱世,何以独在此时,饮酒行为如此受到关注?魏晋南北朝人之饮酒,基于怎样的社会基础?有着怎样的价值观念的支撑?魏晋南北朝人如何看待自己的饮酒行为?体现出了怎样的生命意识和美学精神?

首先,魏晋南北朝时期大规模饮酒行为的出现,需要相当的物质基础做支撑,这便是东汉以来形成的门阀世族与庄园经济。如我们在本书多处所论,世族与庄园经济是我们理解魏晋南北朝美学的重要桥梁。世族是魏晋南北朝社会的核心力量,掌握着全社会的政治、经济和文化资源。通过分封、世袭等手段,又因税收制度利于世族,因此世族拥有大量庄园地产和佃客部曲,经济实力极为雄厚。以江南世族为例,东吴时期,江南地区得到大大开发,经济日趋富庶。葛洪在《抱朴子外篇·吴失篇》中叙述了江东世族的豪富状况:"车服则光可以鉴,丰屋则群乌爱止。……势利倾于邦君,储积富乎公室,出饰翟黄之卫从,入游玉根之藻棁。僮仆成军,闭门为市,牛羊掩原隰,田池布千里……金玉满堂,妓妾溢房,商贩千艘,腐谷万庾,园囿拟上林,馆第僭太极,梁肉余于犬马,积珍陷于帑藏。"②这一描写颇有代表性,魏晋南北朝世族,率多有如此经济实力者。庄园经济保证了世族阶层有充足的余粮用于酿酒,并进行酿酒工艺的探索和创新,亦使他们有闲暇时间与活动场所,召集友朋宴饮娱乐。即便是

① 张万起编:《世说新语词典》,商务印书馆 1993 年版,第 234 页。
② 杨明照:《抱朴子外篇校笺》(下),中华书局 1997 年版,第 145—148 页。

经济状况不好的士人，一旦为官，便有俸禄、公田之属，用于酒的消费。如阮籍、阮咸叔侄属北阮家族，不营产业，家境不富。不过他常在司马昭左右，自然不缺酒肉。后来闻听步兵厨中有酒，自求为步兵校尉。陶渊明为彭泽令时，有公田 300 亩，他命令下属全都种上秫谷，以备酿酒。

　　其次，魏晋南北朝士人的饮酒行为大受关注，与文艺地位的提升，以及他们自身的文化素养息息相关。魏晋南北朝时期，文学与艺术走上自觉，词赋不再被视作小道，不再被视为道德的附庸或点缀升平的末技，而是获有了独立的价值，文艺才能由此成为士人必备的文化素养，甚至是衡量世族门第高下的标志。文艺在获得独立价值之后，自我的情感与生活很自然地成为主要描述对象。于是，我们在魏晋南北朝诗文中，能够看到大量对于宴饮场景与饮酒行为的描写。比较极端的例证是陶渊明，昭明太子萧统称其诗"篇篇有酒"。如此高密度的集中描写，大大凸显了酒在魏晋南北朝士人日常生活中的地位。

　　最后也是最重要的，就是玄学为魏晋南北朝士人的饮酒行为提供了理论依据和价值支撑。东汉末期，社会混乱，群雄并起，礼崩而乐坏，汉武帝以来确立的儒家礼法观念失去统治地位。曹操贵刑名，曹丕尚通脱，新的思想观念逐渐兴起。及至王弼、何晏出，玄学确立，经嵇康、阮籍、向秀、郭象、张湛诸人的阐扬，玄学价值观及其造成的诸多生活方式深入人心，成为魏晋南北朝士人所信奉的主流意识形态。玄学以《老子》、《庄子》、《周易》为核心文本，强调以无为本、以有为末，重视个体情感的舒发，倡导自然主义的生活观念，推崇对世俗礼法的调和与超越。玄学所倡导的价值观念，促成了汉魏以来饮酒观念的重大变迁，并为魏晋南北朝士人的饮酒行为提供了合法性。魏晋南北朝时期，饮酒不再以儒家礼仪为归趣，而一变成为个体化的行为，更多为了满足物欲享受。这种生理层面的享受，因为庄园经济的存在和魏晋南北朝士人生活的富足而变本加厉。更重要的是，玄学价值观鼓励饮酒行为。如东晋士人王恭所言："名士不必须奇才，但使常得无事，痛饮酒，熟读《离骚》，便可称名士。"[1]名士是魏

---

[1]　余嘉锡：《世说新语笺疏》，中华书局 1983 年版，第 764 页。

晋南北朝士人最乐于获得的称谓,而痛饮酒,居然成了名士的必要条件之一,此说虽不无夸张,但饮酒行为之受到魏晋南北朝时人的嘉赏,则是无疑的了。此外,更由于魏晋南北朝社会的结构性失序,士人大都处于政治斗争和军事冲突的旋涡之中,生命经常忽然而逝,难有善终,因此,饮酒亦有避祸的目的。

三、酒与放达之风

北魏高允(390—487年)在受孝文帝昭命写作的《酒训》中提及:"往者有晋,士多失度,肆散诞以为不羁,纵长酣以为高达,调酒之颂,以相眩曜。称尧舜有千钟百觚之饮,著非法之言,引大圣为譬,以则天之明,岂其然乎?"①高允距晋世很近,对晋代饮酒之风非常熟悉,将之作为未远之殷鉴,给予激烈批评。他的评语"肆散诞以为不羁,纵长酣以为高达",可以视为后世对晋人酒风的普遍认识。

其实,东汉汝南戴良,已开放达之端。"良少诞节,母喜驴鸣,良常学之以娱乐焉。及母卒,兄伯鸾居庐啜粥,非礼不行,良独食肉饮酒,哀至乃哭,而二人俱有毁容。或问良曰:'子之居丧,礼乎?'良曰:'然。礼所以制情佚也。情苟不佚,何礼之论!夫食旨不甘,故致毁容之实。若味不存口,食之可也。'论者不能夺之。"②戴良居母丧期间饮酒食肉,任诞毁礼,这一行为在魏晋之世所在多有。他对于情礼关系的论说,强调以情御礼,具有深刻的玄学意味,成为魏晋放达之风的先导。

及至三国,曹氏父子唯才是举,重才轻德,已严重违背传统儒家精神。曹操好饮,他那"对酒当歌,人生几何"、"何以解忧,唯有杜康"的慷慨陈言,定是在酒后所发。他还曾上书贡献佳酿之法。③ 曹丕、曹植兄弟亦善饮,曹丕与吴质等人宴饮于西园,"每至觞酌流行,丝竹并奏,酒酣耳热,

---

① 《魏书》卷四十八《高允传》,中华书局1974年版,第1087—1088页。
② 《后汉书》卷八十三《逸民列传·戴良传》,中华书局1965年版,第2773页。
③ 曹操《奏上九酝酒法》:"臣县故令南阳郭芝,有九酝春酒。法用曲三十斤,流水五石,腊月二日清曲,正月冻解,用好稻米,漉去曲滓,便酿法饮。曰譬诸虫,虽久多完,三日一酿,满九石米止。臣得法酿之,常善;其上清滓亦可饮。若以九酝苦难饮,增为十酿,差甘易饮,不病。今谨上献。"(《曹操集》,中华书局2012年版,第22页。)

仰而赋诗"①。孔融好饮,常常宾客盈门,希望"坐上客常满,杯中酒不空",以辛辣的言辞反对曹操禁酒,屡次触怒曹操,终被杀害。

正始年间,何晏、王弼等人振起玄风,竹林名士饮酒放达,社会风气由此大变。顾炎武在《日知录》卷十七"正始"条中指出:"一时名士风流,盛于雒下,乃其弃经典而尚老庄,蔑礼法而崇放达,视其主之颠危,若路人然,即此诸贤为之倡也。自此以后,竞相祖述。……演说老庄,王、何为开晋之始。以至国亡于上,教沦于下。胡戎互僭,君臣屡易。非林下诸贤之咎而谁咎哉!"②儒家常对魏晋风俗给予猛烈批判,甚者将西晋之亡归罪于何王和竹林名士。这种观点容有可议之处。不过,正始与竹林名士对于玄学和放达之风的领袖之功,是毋庸置疑的。

王、何二人,主要是清谈玄学的发起者,饮酒放达之风的煽动人物,则非竹林士人莫属:

> 阮留阮籍、谯国嵇康、河内山涛,三人年皆相比,康年少亚之。预此契者:沛国刘伶、陈留阮咸、河内向秀、琅邪王戎。七人常集于竹林之下,肆意酣畅,故世谓之竹林七贤。③

该故事被置于《世说新语》"任诞"门第一条。如此安排,一方面因故事安排编排大体以时间为序;另一方面更显示了魏晋饮酒之风与竹林名士的内在关联,实则颇具意味。本条刘孝标注引《晋阳秋》云:"于是风誉扇于海内,至于今咏之。"七贤名高盖世,其言行颇具示范作用,后世渴慕其放达者在在皆是。《晋书》卷四十九,所记人物为七贤中的阮籍(及其族子)、嵇康、向秀、刘伶,西晋"八达"中的谢鲲、胡毋辅之、毕卓、王尼、羊曼、光逸,这些人物,有一共同特点,就是嗜酒荒放。《晋书》的编排,也深谙人物类型学之道。

七人之中,阮籍、阮咸叔侄皆嗜酒善饮;嵇康服药,酒量稍差;山涛酒量颇大,饮八斗方醉;向秀、王戎亦能饮;刘伶的酒名,在后世最为人知。

① 魏宏灿:《曹丕集校注》,安徽大学出版社 2009 年版,第 258 页。
② 张京华:《日知录校释》,岳麓书社 2011 年版,第 557 页。
③ 《任诞》一,余嘉紧急危险:《世说新语笺疏》,中华书局 1983 年版,第 727 页。

东晋南朝时期,七贤即已成为一个被神圣化的群体。据考古发现,南朝陵墓砖画现已发现的有 5 处,其中,南京西善桥南朝大墓、丹阳建山齐废帝陵和丹阳胡桥齐景帝陵墓等 4 处,均出土有《竹林七贤与荣启期》砖画。①其人物形象、构图、风格基本相同,只是人物排序和某些细节略有差异。以西善桥出土的砖画艺术水平最高,由 200 多块古墓砖组成,画面尺寸纵 80 厘米、横 240 厘米。画面分为两幅,嵇康、阮籍、山涛、王戎 4 人为一幅,向秀、刘伶、阮咸、荣启期 4 人为一幅。人物之间以垂柳、银杏等树木相隔。8 人均席地而坐,披襟解带,袒胸露腹。嵇康手抚古琴,旁若无人。阮籍身旁有一鸡头酒壶,作啸咏之状。山涛手执酒碗,举杯欲饮。王戎手挥如意,旁边亦有一鸡头壶。向秀倚树沉思,或因醉意朦胧,在做出尘之想。刘伶手持耳杯,正在斟酒。阮咸挽袖拨阮,以助酒兴。荣启期端坐向前,鼓琴而歌。无疑,竹林七贤成了一种生活理想和生命精神的指称。

七贤之中,阮籍在魏晋之世影响最大,可以说,阮籍之放达,饮酒构成一个重要方面,甚至是最主要的一个方面。酒建构了他纵任不拘的个性特征。他闻听步兵厨人善酿,贮有美酒三百斛,便求为步兵校尉;邻家酒店女主人长得漂亮美丽,他与王戎常去饮酒,醉了就在妇人身边沉沉睡去,妇人的丈夫初始疑心他行为不端,最终发觉并无他意;他在为母亲守丧期间,依然饮酒食肉,全然不顾礼法;②他醉酒之后,散发箕踞,脱衣裸形,荒放无度。

刘伶同样嗜酒狂放：

> 刘伶病酒,渴甚,从妇求酒。妇捐酒毁器,涕泣谏曰:"君饮太过,非摄生之道,必宜断之!"伶曰:"甚善。我不能自禁,唯当祝鬼神自誓断之耳! 便可具酒肉。"妇曰:"敬闻命。"供酒肉于神前,请伶祝示。伶跪而祝曰:"天生刘伶,以酒为名,一饮一斛,五斗解酲。妇人

① 参见南京博物院、南京市文物保管委员会:《南京西善桥南朝大墓及其砖刻壁画》,《文物》1960 年第 8、9 期;罗宗真:《南京西善桥油坊村南朝大墓的发掘》,《考古》1963 年第 6 期;南京博物院:《江苏丹阳胡桥南朝大墓及砖刻壁画》,《文物》1974 年第 2 期;南京博物院:《江苏丹阳胡桥、建山两座南朝墓葬》,《文物》1980 年第 2 期。

② 事见《世说新语·任诞》二、五、八、九。

之言,慎不可听!"便引酒进肉,隗然已醉矣。①

上了酒瘾的刘伶面对妻子的涕泣相劝,骗她说要戒酒可以,需要面对神灵,准备酒肉,举行个戒酒仪式。他妻子信以为真,酒肉备好以后,这个善良的妇人做梦也想不到,酒被刘伶喝了,肉被刘伶吃了,还喝出一番祝词对她进行了攻击。刘伶的祝词很有意思,他似乎早就料到了自己将以酒成就身后名,他在后世的声名确实也紧紧地与酒捆绑在了一起。

刘伶虽在后世声名甚大,在魏晋却属边缘人物,其影响力远不及阮籍。阮氏家族多有嗜酒放达者,如七贤中的阮咸,阮咸子阮孚,族子阮修,阮籍族弟阮放、阮裕等人。《世说新语·任诞》载:"诸阮皆能饮酒。仲容至宗人间共集,不复用常杯斟酌,以大瓮盛酒,围坐,相向大酌。时有群猪来饮,直接去上,便共饮之。"阮氏族人的放达任诞,无疑深受阮籍的影响。阮籍影响的不唯阮氏族人,后人渴慕风流者多追随其形迹,最著名的为西晋"八达",他们脱衣裸形,嗜酒荒放,《晋书·光逸传》载光逸避乱渡江之后去投靠胡毋辅之,"初至,属辅之与谢鲲、阮放、毕卓、羊曼、桓彝、阮孚散发裸袒,闭室酣饮已累日。逸将排户入,守者不听,逸便于户外脱衣露头于狗窦中窥之而大叫。辅之惊曰:'他人决不能尔,必我孟祖也。'遽呼入,遂与饮,不舍昼夜。"②八达之中,阮氏族人有二。王隐《晋书》称其"皆祖述于籍",可知其言不虚。如西晋张翰,嗜酒放达,人以阮籍拟之,称其为"江东步兵"。北魏时期,出身弘农杨氏的杨元慎颇有名士之风,他渴慕阮籍之行事,"元慎清尚卓逸,少有高操。任心自放,不为时羁。乐水爱山,好游林泽。博识文渊,清言入神,造次应对,莫有称者。读老庄,善言玄理。性嗜酒,饮至一石,神不乱常。慷慨叹不得与阮籍同时生"③。刘宋颜延之,亦颇有阮籍之风:"延之性既褊激,兼有酒过,肆意直言,曾无遏隐,故论者多不知云。居身清约,不营财利,布衣蔬食,独酌郊野,当其为适,傍若无人。"④

---

① 《任诞》三,余嘉锡:《世说新语笺疏》,中华书局1983年版,第729—730页。
② 《晋书》卷四十九《光逸传》,中华书局1974年版,第1385页。
③ 范祥雍:《洛阳伽蓝记校注》,上海古籍出版社1978年版,第120页。
④ 《宋书》卷七十三《颜延之传》,中华书局1974年版,第1902页。

　　阮籍之放达,表现为对于礼法的毁弃。他与戴良一样,居母丧期间,饮酒食肉,此举大悖于礼法。举一例加以比例,如东晋孟陋,"丧母,毁瘠殆于灭性,不饮酒食肉十有余年"①。正是恪守礼法的典型。阮籍之嫂归宁,他前去相送,被人所讥,他高呼"礼岂为我辈设也"。嵇康的思想与他一致,倡导"越名教而任自然"。他们的理想人格,是"大人先生",而与之相对立的,便是儒家所推崇的"君子"。不过,此一"君子",已非原始儒家所提倡,由仁爱之心所贯注的君子精神,而是徒具其表,行事却为人不齿。对此,阮籍在《咏怀诗》中有过生动描摹:"洪生资制度,被服正有常。尊卑设次序,事物齐纪纲。容饰整颜色,磬折执圭璋。堂上置玄酒,室中盛稻粱。外厉贞素谈,户内灭芬芳。放口从衷出,复说道义方。委曲周旋仪,姿态愁我肠。"②诗中的"洪生",可谓道貌岸然,表面上依照儒家礼仪穿衣行事,背地里却穷奢极欲,道德败坏,是不折不扣的"伪君子"和"反君子"。阮籍诗中所指,颇有针对性,司马氏乃儒学世族,却谋国篡位,全然不顾为臣之礼。司徒何曾,恪守儒家礼法,《晋书》本传记载:"曾性至孝,闺门整肃,自少及长,无声乐嬖幸之好。年老之后,与妻相见,皆正衣冠,相待如宾。己南向,妻北面,再拜上酒,酬酢既毕便出。"何曾因见阮籍嗜酒放诞,屡次上言加以惩处,幸赖司马昭的保全。而正是这样一位以礼法自居的人物,却生活奢侈,日食万钱,犹曰无下箸处。何曾死后,博士秦秀提议谥号为"谬丑",虽未被采纳,却见出真正的儒生对何曾立身行事的论断。何曾之流以礼法自居的人物,执掌着权柄,深为阮籍所痛恨。在《大人先生传》中,他明确提出:"汝君子之礼法,诚天下残贼、乱危、死亡之术耳!"对于礼法进行了彻底的否定。他所向往的"大人先生",有着这样的人格和风范:"夫大人者,乃与造物同体,天地并生,逍遥浮世,与道俱成,变化散聚,不常其形。天地制域于内,而浮明开达于外。天地之永,固非世俗之所及也。"大人先生,在内在精神上取法庄子笔下的"姑射山神人",体现出的是极具超越意味的天地自然境界。

---

① 《晋书》卷九十四《隐逸传·孟陋传》,中华书局 1974 年版,第 2443 页。
② 逯钦立辑校:《先秦汉魏南北朝诗》,中华书局 1983 年版,第 508 页。

刘伶的《酒德颂》，与阮籍的《大人先生传》表达出了同样的观念和追求：

> 有大人先生，以天地为一朝，万期为须臾，日月为扃牖，八荒为庭衢。行无辙迹，居无室庐，幕天席地，纵意所如。止则操卮执觚，动则挈榼提壶。唯酒是务，焉知其余。有贵介公子，缙绅处士，闻吾风声，议其所以，乃奋袂扬襟，怒目切齿，陈说礼法，是非蜂起。先生于是捧罂承槽，衔杯漱醪，奋髯箕踞，枕曲藉糟，无思无虑，其乐陶陶。兀然而醉，豁然而醒，静听不闻雷霆之声，熟视不睹泰山之形，不觉寒暑之切肌，利欲之感情。俯观万物扰扰焉，若江海之载浮萍；二豪侍侧焉，如螺蠃之与螟蛉。①

刘伶很可能效仿了朋友阮籍，亦杜撰出一位"大人先生"。这位大人先生行事洒脱，全系自然，唯酒是务，受到礼法之士的猛烈抨击，而大人先生全然不以为意，在人格境界上可谓至高至大，俯视万物，极为峻伟崇高。

对于如何达到大人先生的境界，阮籍和刘伶给出了答案，那就是，第一，要以大人先生为理想，心胸极为开阔，精神极为高蹈，纵情所往，神游八荒，追求"自然之至真"，也就是后世所说的有颗"玄心"；第二，面对礼法的束缚和压制，要采取放达的行为，以激烈的、对抗性的身体姿态，对其加以蔑视和反击；第三，饮酒是一个重要途径。醉酒的状态，可以让人"静听不闻雷霆之声，熟视不睹泰山之形，不觉寒暑之切肌，利欲之感情"，达到神旺、神全的境界。

后世的模仿者，大多是徒具其表，得其形而遗其神。阮浑欲学其父阮籍任达，被阮籍制止，《任诞》十三注引《竹林七贤论》曰："籍之抑浑，盖以浑未识己之所以为达也。"学习放达的言行非常容易，然而，对于放达行为背后的旨趣和追求，却非常人所能理解和达至的。西晋元康之后，放达之风大兴，以礼法自处的戴逵曾撰文猛烈批判这种风气：

> 若元康诸人，可谓好遁迹而不求其本，故有捐本徇末之弊，舍实逐声之行，是犹美西施而学其颦眉，慕有道而折其巾角，所以为慕者，

---

① 《晋书》卷四十九《刘伶传》，中华书局1974年版，第1376页。

非其所以为美,徒贵貌似而已矣。夫紫之乱朱,以其似朱也。故乡原似中和,所以乱德;放者似达,所以乱道。然竹林之放,有疾而为颦者也,元康之为放,无德而折巾者也,可无察乎!①

"自元康已来,事故荐臻,法禁滋漫"②,礼制渐松,世以老庄为高,元康诸人的嗜酒放达,沦为肉体之享受。因此戴逵讥讽元康诸人的放达之于竹林名士,是"徒具貌似","无德而折巾",乐广也曾批评过胡毋辅之等"八达",认为"名教中自有乐地,何至于此"。刘孝标评曰"乐令之言有旨哉。谓彼非玄心,徒利其纵恣而已"③。这些批评颇能切中要弊,尤其"玄心"一说,更能见出放达行为所依托的玄学价值观。

此外,借饮酒以避难,也是在魏晋南北朝乱世常见的情形。王恭曾问王忱,阮籍何如司马相如? 王忱回答说:阮籍胸中垒块,故需酒浇之。王忱可谓深得阮籍之心,阮籍的纵酒,很大程度上是其"苦闷的象征"。④《晋书》本传载"籍本有济世志,属魏晋之际,天下多故,名士少有全者,籍由是不与世事,遂酣饮为常",晋文帝司马昭向他求亲,他大醉六十天,此事乃止,害死了嵇康的钟会数次以时事相问,欲加之罪,而他每以酒醉获免。阮籍既不能如嵇康般以绝决的态度与司马氏对立相抗,又不能如山涛般以入世的心情为司马氏效忠尽力,而处于依违之间,其内心之矛盾抑郁,自不待言,"终身履薄冰,谁知我心焦!"这种的郁郁难言的心境掩藏在他那旨趣遥深的八十二首《咏怀诗》中。

再如八王之乱时期,杨修之孙杨淮"见王纲不振,遂纵酒不以官事规意,消摇卒岁而已"⑤,被时人以及后世讥为"无德而折巾"的八达,其实皆非庸碌之辈,他们的饮酒,相当程度上也有避难的目的,如谢鲲、羊曼二

①　《晋书》卷九十四《隐逸传·戴逵传》,中华书局 1974 年版,第 2457 页。

②　《晋书》卷三十《刑法志》,中华书局 1974 年版,第 939 页。

③　见《德行》二十三,刘注见《任诞》十三,余嘉锡:《世说新语笺疏》,中华书局 1983 年版,第 735 页。

④　罗宗强先生以"苦闷的象征"为标题论阮籍,认为"他的一生,始终徘徊于高洁与世俗之间,依违于政局内外,在矛盾中度日,在苦闷中寻求解脱"。参见罗宗强:《玄学与魏晋士人心态》,浙江人民出版社 1991 年版,第 126—151 页。

⑤　《赏誉》五十八注引荀绰《冀州记》,余嘉锡:《世说新语笺疏》,中华书局 1983 年版,第 455 页。

人，皆为王敦之长史，王敦的不臣之心显于朝野，谢鲲"知不可以道匡弼，乃优游寄遇，不屑政事，从容讽议，卒岁而已"，羊曼"知敦不臣，终日酣醉，讽议而已"。

四、酒与享乐之风

酒能满足人类的口腹之欲，其享乐功能是自始即有的。孔子本人亦坦然承认这点，强调以礼节之。先秦两汉时期，纵酒享乐者多为君主或豪富，其骄奢淫逸的生活，总是受到史家的强烈批判。魏晋南北朝时期，庄园经济和玄学价值观念，都使酒的享乐功能得到极大凸显。魏晋南北朝士人普遍认同此点，在时人的家训中，明显体现了这点。如三国大儒王肃在《家诫》中指出："夫酒，所以行礼，养性命欢乐也。"①诸葛亮在《又诫子书》中提到："夫酒之设，合礼致情，适体归性，礼终而退，此和之至也。"②二人虽强调饮酒要受到礼节的制约，但都肯定酒对身体的娱悦功能。

在社会秩序结构性失调的状态下，在玄学价值观的回护下，饮酒纵欲的行为受到了认同甚至鼓励，这尤其体现于西晋时期。西晋奢侈之风大兴。这首先体现于晋武帝司马炎身上，司马炎在立国之初尚能清俭自守，屡下诏书厉行节约，意欲匡复曹魏之流弊。然其终不能身体力行，自平吴之后，政局渐稳，武帝"遂怠于政术，耽于游宴"。社会风气大坏，"而世俗凌迟，家竞盈溢，渐渍波荡，遂以成风"。③功臣王濬"平吴之后，以勋高位重，不复素业自居，乃玉食锦服，纵奢侈以自逸"。重臣何曾，日食万钱犹言无下箸处，其子何劭比之尤甚，而任恺则更甚于何劭④。豪族石崇、贵戚王恺、贵戚兼名士王济皆豪奢之辈，石、王争奢斗富⑤，武帝相助王恺，

---

① 《全三国文》卷二十三，商务印书馆1999年版，第233页。
② 张连科、管淑珍：《诸葛亮集校注》，天津古籍出版社2008年版，第111页。
③ 《晋书》卷五十四《陆云传》，中华书局1974年版，第1482页。
④ 何曾"性奢豪，务在华侈。帷帐车服，穷极绮丽，厨膳滋味，过于王者。每燕见，不食太官所设，帝辄命取其食。蒸饼上不坼十字不食。食日万钱，犹曰无下箸处。人以小纸为书者，敕记室勿报。"何劭"衣裘服玩，新故巨积。食必尽四方珍异，一日之供以钱二万为限。时论以为太官御膳，无以加之。何劭以公子奢侈，每食必尽四方珍馔，恺乃逾之，一食万钱，犹云无可下箸处。"
⑤ 事见《汰侈》四、五、八条。

推其波而助其澜。王济宴请武帝，所供蒸肫味道甚美，武帝索问，王济回答乃以人乳喂养①，武帝不平而去。其穷奢极欲，直让人瞠目结舌，无以复加。

武帝时期经历了短暂的稳定，之后随即陷入内忧外患，八王之乱、五胡乱华相继上演。武帝之子晋惠帝司马衷乃一傻子，诸王为争夺皇位大动干戈，自相残杀，北方少数民族趁乱入侵。作为社会中坚力量的士人，非但不奋发有为，振起颓势，而是与时俯仰，苟活于世，尤以主掌朝政的琅邪王衍最为典型，此人以清谈自高，狡兔三窟，只求自保。后人批判清谈误国，主要是针对此类人物而发。

内外交困，战争频仍，一时生灵涂炭，社会上下弥漫着死亡的气息。金谷"二十四友"中的石崇、潘岳、陆机、陆云、欧阳建、刘琨、牵秀、诸葛诠等，以及张华、裴楷、王衍、乐广、何绥等众多名士，全都死于非命，挚虞、王尼父子②等更是受饿而死。王尼叹曰："沧海横流，处处不安也。"正是当时生存状态的写照。士人们深切地感受到了生命的无常，而"服药求神仙，多为药所误。不如饮美酒，被服纨与素"③，所以，他们更多地借酒享乐，来消解生命的苦楚。正如王瑶先生所论："因为饮酒是为了增加生活的密度，为了享乐，所以汉末以来，酒色游宴是寻常连称的。……饮酒只是为了'快意'，为了享乐，所以，酒的作用和声色犬马差不多，只是一种享乐和麻醉的工具。"④

这种观念，淋漓尽致地体现于《列子·杨朱篇》中。《列子》一书出自晋人之手，已得到学界公认，《杨朱》篇所体现出来的生命观念与精神气质实非晋人莫属。该篇讲了一个故事，公孙朝、公孙穆两兄弟，一个好酒，

────────────

① 事见《汰侈》第三，《晋书·王济传》所载有异，王济说是"以人乳蒸之"，未知何者为是。

② 《晋书》卷四十九《王尼传》载："洛阳陷，避乱江夏。时王澄为荆州刺史，遇之甚厚。尼早丧妇，止有一子。无居宅，惟畜露车，有牛一头，每行，辄使子御之，暮则共宿车上。常叹曰：'沧海横流，处处不安也。'俄而澄卒，荆土饥荒，尼不得食，乃杀牛坏车，煮肉啖之。既尽，父子俱饿死。"

③ 《古诗十九首》第十三，逯钦立辑校：《先秦汉魏南北朝诗》，中华书局 1983 年版，第 332 页。

④ 王瑶：《中古文学史论》，北京大学出版社 1986 年版，第 158—159 页。

一个好色,朝朝暮暮沉湎于酒色,其乐无边。子产以儒家之理义去规劝两兄弟,"人之所以贵于禽兽者智虑,智虑之所将者礼义,礼义成则名位至矣。若触情而动,耽于嗜欲,则性命危矣。子纳侨之言,则朝自悔而夕食禄矣",两兄弟颇不以为然,言道:"凡生之难遇,而死之易及,以难遇之生,俟易及之死,可孰念哉!而欲尊礼义以夸人,矫情性以招名,吾以此为弗若死矣。为欲尽一生之欢,穷当年之乐,唯患腹溢而不得恣口之饮,力惫而不得肆情于色;不遑忧名声之丑,性命之危也。"由于人总不免一死,"生则尧、舜,死则腐骨;生则桀、纣,死则腐骨。腐骨一矣,孰知其异",所以,杨朱的人生格言是:"且趣当生,奚遑死后?"

这一主张,实为众多魏晋士人所践行。东晋郭璞嗜酒好色,时或过度,友人干宝告诫他说"此非适性之道也",郭璞答道:"吾所受有本限,用之恒恐不得尽,卿而忧酒色之为患乎!"①郭璞的回答与上文所引公孙朝兄弟的答语如出一辙。再如被称为"江东步兵"的张翰,行为放纵不羁,有人问他:"卿乃可纵适一时,独不为身后名邪?"答曰:"使我有身后名,不如即时一杯酒。"②与他同时的毕卓,其人生理想是:"一手持蟹螯,一手持酒杯,拍浮酒池中,便足了一生。"③

《任诞》二十条刘孝标注引《文士传》称张翰"任性自适,无求当世,时人贵其旷达"。儒家立德立功立言的"三不朽"之说,争取的是为百年之后留一个好名声,在张季鹰与毕茂世那里,儒家的规训被彻底地颠覆,张翰认为死后的身后名比不上生前的一杯酒,毕卓的人生追求是一手拿着蟹爪,一手拿着酒杯,整天泡在酒池子里。此生何求,唯酒足矣!因为"生则尧舜,死则腐骨,生则桀纣,死则腐骨",身后名是虚浮的,只有当下的尽情享受是最为切实最为重要的。我们可以看到,成书于此时的《列子》确实是对魏晋人们的精神状态的反映。

这种"且趣当生,奚遑死后"的人生观和享乐观,在东晋南朝时期仍不乏践行者。如山涛之子山简,值永嘉之乱,天下分崩,王威不振,朝野危

---

① 《晋书》卷七十二《郭璞传》,中华书局 1974 年版,第 1905 页。
② 《任诞》二十,余嘉锡:《世说新语笺疏》,中华书局 1983 年版,第 739—740 页。
③ 《任诞》二十一,余嘉锡:《世说新语笺疏》,中华书局 1983 年版,第 741 页。

惧,"简优游卒岁,唯酒是耽。诸习氏,荆土豪族,有佳园池,简每出嬉游,多之池上,置酒辄醉,名之曰高阳池。时有童儿歌曰:'山公出何许,往至高阳池。日夕倒载归,茗艼无所知。时时能骑马,倒著白接篱。举鞭向葛强:'何如并州儿?'"①山简任征南将军、都督荆湘交广四州诸军事、假节,可谓朝廷重臣,然其不理政事,唯以饮酒游玩为乐。梁朝襄阳人鱼弘,曾任盱眙、竟陵等地太守,"尝谓人曰:'我为郡有四尽:水中鱼鳖尽,山中獐鹿尽,田中米谷尽,村里人庶尽。丈夫生如轻尘栖弱草,白驹之过隙。人生但欢乐,富贵在何时。'于是恣意酣赏。侍妾百余人,不胜金翠,服玩车马,皆穷一时之惊绝。"②鱼弘深悟人生之短暂,因此极意于生活之享受,纵恣于酒色服玩。南梁湘州刺史萧恭,"性尚华侈,广营第宅,重斋步榈,模写宫殿。尤好宾友,酣宴终辰,座客满筵,言谈不倦。时世祖居藩,颇事声誉,勤心著述,厄酒未尝妄进。恭每从容谓人曰:'下官历观世人,多有不好欢乐,乃仰眠床上,看屋梁而著书,千秋万岁,谁传此者。劳神苦思,竟不成名,岂如临清风,对朗月,登山泛水,肆意酣歌也。'"③在萧恭看来,著书立说辛苦劳瘁,然成名者甚少,所著之书大多成为历史的尘埃,远不如及时行乐,悠游人间,更能得人生之真趣。

上述饮酒纵欲行为,是儒家价值观念崩塌之后出现的极端现象,实则隐含着深深的绝望感。这些人物,只关注现世的享受,对身后之名几乎不存任何念想。玄学纵情越礼的主张,固然为他们的纵欲行为提供了若干理论支撑,然而,必须指出,这是一种非常消极的人生观,它无法提供任何积极的价值,让其心有所寄。所以,佛教在此一期间大行其道,得到广泛普及。以梁武帝萧衍为代表的佛教信徒对于酒色之生理享受采取了禁断的方式,便是对上述纵欲行为的一种反拨。史载萧衍"不饮酒,不听音声,非宗庙祭祀,大会飨宴及诸法事,未尝作乐",④他极力禁断酒肉,作

---

① 《晋书》卷四十三《山简传》,中华书局 1974 年版,第 1229 页。

② 《南史》卷五十五《夏侯详传附鱼弘传》,中华书局 1975 年版,第 1362 页。

③ 《梁书》卷二十二《太祖五王传·南平王伟传附子恭传》,中华书局 1973 年版,第 349 页。

④ 《梁书》卷三《武帝纪下》,中华书局 1973 年版,第 97 页。

《断酒肉文》,极大地推动了佛教徒的素食主义。

五、酒与诗意人生

玄学价值观重视个体情感的抒发,强调自然之于礼法的优先性,就其内在旨趣而言,与中国艺术精神深相契合。而酒,恰恰有助于艺术性个体的实现。如:

> 王光禄云:"酒,正使人人自远。"①

> 王卫军云:"酒正自引人着胜地。"②

> 王佛大叹言:"三日不饮酒,觉形神不复相亲。"③

> (谢谯)不妄交接,门无杂宾。有时独醉,曰:"入吾室者但有清风,对吾饮者唯当明月。"④

"何以解忧,惟有杜康"。醉酒的状态,使人暂时忘却日常的不快,摆脱尘世的负累,"使人人自远",彼此的社会关系相疏离,沉浸于以我为中心的世界之中,与清风明月为伴,使个体的形神相亲,精神得到集中和升腾。因此,"痛饮酒"的状态,受到魏晋南北朝时人的赞赏:

> 阮宣子常步行,以百钱挂杖头,至酒店,便独酣畅。虽当世贵盛,不肯诣也。⑤

> 山季伦为荆州,时出酣畅。⑥

> 刘尹云:"见何次道饮酒,使人欲倾家酿。"⑦

> 子敬与子猷书,道"兄伯萧索寡会,遇酒则酣畅忘反,乃自可矜。"⑧

这几条,都在表现饮酒人"酣畅"的饮酒状态,阮是"独酣畅",山简是

---

① 《任诞》三十五,余嘉锡:《世说新语笺疏》,中华书局 1983 年版,第 749 页。
② 《任诞》四十八,余嘉锡:《世说新语笺疏》,中华书局 1983 年版,第 761 页。
③ 《任诞》五十二,余嘉锡:《世说新语笺疏》,中华书局 1983 年版,第 763 页。
④ 《南史》卷二十《谢弘微传》,中华书局 1975 年版,第 560 页。
⑤ 《任诞》十八,余嘉锡:《世说新语笺疏》,中华书局 1983 年版,第 737 页。
⑥ 《任诞》十九,余嘉锡:《世说新语笺疏》,中华书局 1983 年版,第 738 页。
⑦ 《赏誉》一百三十,余嘉锡:《世说新语笺疏》,中华书局 1983 年版,第 486 页。
⑧ 《赏誉》一百五十一,余嘉锡:《世说新语笺疏》,中华书局 1983 年版,第 494 页。

"时出酣畅",王徽之是"酣畅忘反",刘恢说见了何充饮酒,便想倾尽家中藏酒让他喝,可见何充的饮酒同样是"酣畅"。"酣畅",意味着无拘无束,尽情尽兴,饮者沉浸酒中,忘怀世事,呈现出的是自我的个性和胸襟。阮修"虽当世所贵,不肯诣",正是对自我价值的充分认肯。

饮酒的状态,与审美和艺术境界有相通之处。正因为如此,艺术和酒有着重要的亲缘关系。酒常常有助于艺术的创作和赏会。

王敦酒后是慷慨放咏:王处仲每酒后,辄咏"老骥伏枥,志在千里。烈士暮年,壮心不已"。以如意打唾壶,壶口尽缺。①

王濛酒后是翩然起舞:刘尹、王长史同坐,长史酒酣起舞。刘尹曰:"阿奴今日不复减向子期。"②

张骏酒后是悲苦作歌:张骏酒后,挽歌甚凄苦。③

醉酒之后使身体处于麻醉状态,不能完全受到意识的支配,于是,借着酒力,很可能会做出一些非常规的举动,"于是饮者并醉,纵横喧哗,或扬袂屡舞,或叩剑清歌;或嚬噈辞觞,或奋爵横飞;或叹骊驹既驾,或称朝露未晞。于斯时也,质者或文,刚者或仁;卑者忘贱,窭者忘贫;和睚眦之宿憾,虽怨雠其必亲"④。醉的状态,在于使身体返归本心,并成为一种艺术化的存在。这些酒后百态,彰显着魏晋南北朝士人的纵逸、豪迈、适性、深情。

---

① 《豪爽》四,余嘉锡:《世说新语笺疏》,中华书局1983年版,第598页。
② 《品藻》四十四,余嘉锡:《世说新语笺疏》,中华书局1983年版,第525页。
③ 《任诞》四十五,余嘉锡:《世说新语笺疏》,中华书局1983年版,第759页。
④ 曹植:《酒赋》,赵幼文:《曹植集校注》,人民文学出版社1998年版,第125页。

第九章

互看与交融：南北审美意识的比较研究

　　魏晋南北朝时期,南北文化、胡汉文化进行了激烈的对抗、碰撞和交融,促进了中华民族多元一体格局的形成。在这一时期,南与北的文化差异凸显出来,南人/北人、南土/北土、南士/北士的文化意识得以形成,此种文化意识,体现于文学、艺术、学术、语言、饮食等多个方面,是魏晋南北朝美学研究的重要内容。

第一节　南北文化观念的形成

　　田晓菲在《烽火与流星:萧梁王朝的文学与文化》第七章"南、北观念的文化建构"中一再指出:"南/北二元结构最早在南北朝时期形成,直到今天还统治着我们的文化想象和文学话语。南北对立从原本是政治与地理上的分裂很快转化为文化上的隔阂,北方与南方政权都在积极地、有意识地建构自己的文化身份,对抗现实中的政治敌手和想象出来的文化'他者'。"①田晓菲从文化建构论的角度来看待南北文化,书中诸多观点摆脱前人窠臼,颇具见地,不过,田晓菲认为南北的文化观念最早形成于南北朝,却有待商榷。就史料来看,这一观念的形成应该在南北朝之前,具体地说,是在西晋末年永嘉之乱以后。

　　南北作为地理与方位概念,古已有之,而南北两地由于地理环境与生活方式之不同造成的文化差异,亦早就存在。如日本历史学者陈舜

---

　　①　田晓菲:《烽火与流星:萧梁王朝的文学与文化》,中华书局2010年版,第275—276页。

臣所说:"中国幅员辽阔,自然各地都会萌生富有地方特色的文化。这些地区性文化互相影响、互相融合,从而产生新的文化,并进而互相影响更加广阔的地域。剑桥大学考古学家郑德坤(1907—2001年)认为,新石器时代初期以前,中国形成南北两大文化,然后在黄河中部流域互相融合,北方是干燥地带的细石器文化,南方是森林地带的砾剥片文化。两种文化共存、互融,'奏响了新时代的序曲'。至于它们的源流,郑德坤说自己也尚不清楚。这个新文化就是仰韶文化,龙山文化是其后续,最后被兴起于殷王朝的小屯文化所取代。郑德坤的结论是:'中国历史时代文化的兴起,是黄河流域数千年文化融合的结果。'"①郑德坤指出的新石器时代初期的中国南北两大文化,是客观存在的历史,然而时人并无此一文化观念。先秦时期,形成了中国和四夷(东夷、西戎、南蛮、北狄)的天下观。此时所体现出的地域文化差异,是以国别来区分的,尤其是齐、鲁、郑、卫、秦、晋、燕、楚、吴、越等大国,它们之间因着战争、贸易而往来频繁,从贵族阶层中脱离出来的士人游走四方,如孔子将父母合葬于防,立坟,说道:"今丘也,东西南北之人也,不可以弗识也。"②士人们观察、体验并记录了各国之间的自然与文化差异,当然,这些记录基于不同的价值立场和观察视角,自然会融入书写者自身的文化想象。

"六王毕,四海一",秦代建立了大一统的中央集权帝国,实行郡县制,将全国初步划为三十六郡。汉代一方面继承郡县制;另外又增设诸侯王国和侯国,王国领有属郡,侯国相当于县,但直属中央。汉元帝初元三年(前46年),天下共有一百零三郡国。汉武帝元封五年(前106年)始设部刺史,除近畿六郡外,将所有郡国分为十三刺史部,这一体制延续至东汉。三国时期,魏有司、豫、冀、兖、徐、青、雍、凉、并、幽,及荆、扬二州之北境,共十二州,郡九十余,吴有荆、扬大部与交州,共三州,郡三十余,蜀只有益州一州,郡二十余,三国共有十四州,一百四十余郡。西晋太康二

---

① [日]陈舜臣:《中国的历史》(第一卷:从神话到历史中华的摇篮),郑民钦译,福建人民出版社2013年版,第22页。

② 王梦鸥:《礼记今注今译·檀弓上》,台湾商务印书馆1979年版,第65页。

年,天下共十九州,领一百八十一个郡国,东晋之后,与北朝对峙,朝代更替频繁,政区屡有更迭。《宋书·州郡志》载有二十二州,二百七十余郡。同时之北魏,太行山右为司、肆、并、东雍、东秦等州,山左为冀、相、定、幽、平、营等州,河南有洛、豫、荆、兖、济等州,关右为雍、华、秦、泾、渭、河等州。魏实行郡县与镇戍并行之制度,边境有凉州、高平、薄骨律、统万、沃野、怀朔、怀荒、御夷等镇。①

由以上行政区划可以看出,秦统一中国以后,郡县取代国别②,成为地方身份认同的基础。汉魏六朝时期的史书,在介绍人物时,最常用的表述是某郡某县人,如吕布为"五原郡九原人也"、程昱为"东郡东阿人也"。地缘关系是联结人与人之间的重要纽带,汉魏六朝时期,一方面因为地广人稀,人才匮乏,另一方面由于汉代人才选拔以郡为单位,所以,同郡成为士人地方认同的重要标识。三国时期,群雄逐鹿,统治者广延人才,同郡者常互相举荐,有时会结成集团。如公孙度即受任董卓中郎将的同郡徐荣举荐做了辽东太守,荀彧之弟荀谌及同郡辛评、郭图,在袁绍帐下任职。刘备与同宗刘德然、辽西公孙瓒俱事同郡卢植,他后来的发迹,与这段经历亦不无关系。魏晋南北朝最重人物品评,不同郡之间便存在着比较与竞争。汉魏之时,以汝南、颖川两郡人才最盛,陈群与孔融曾就汝、颖人物进行过品评,陈群乃颖川许昌人,认为颖川人物优于汝南,"荀文若、公达、休若、友若、仲豫,当今并无对"③。北海孔融则持相反意见,写出《汝颖优劣论》加以辩驳。这类比较,常发生于汉魏人伦品鉴之中。再如《晋书·祖纳传》载:"时梅陶及钟雅数说余事,纳辄困之,因曰:'君汝颖之士,利如锥;我幽冀之士,钝如槌。持我钝槌,捶君利锥,皆当摧矣。'陶、雅并称'有神锥,不可得槌'。纳曰:'假有神锥,必有神槌。'雅无以对。"梅陶为汝南人,钟雅为颖川人,祖纳为范阳人,属幽冀之士。"古人有言,

---

① 参见周振鹤:《中国地方行政制度史》,上海人民出版社2005年版。
② 当然,春秋战国时期以诸国为名的地方身份,其影响存在于整个中国历史,如南北朝时期的北朝各国,有些即延续了旧有称谓,如燕、赵、秦、魏、齐等。
③ 《三国志》卷十《荀彧传》裴松之注引《荀氏家传》,中华书局1959年版,第316页。

关东出相,关西出将,三秦饶俊异,汝颍多奇士。"①祖约承认汝颍之士"利如锥",以钝槌比喻幽冀之士,自叹不如,然而他又说槌子虽钝,然捶击不已,亦能摧毁利锥,在论辩中占了上风。②

三国时期,并无"南人"、"北人"的观念,有"南土"一说,然所指并不固定,或指荆楚,如"太祖将伐刘表,问彧策安出,或曰:'今华夏已平,南土知困矣。'"或指蜀南少数民族地区,如"丞相诸葛亮平南土,阐还吴,为御史中丞";或指江南,如"大吴受命,建国南土。"公元263年,晋灭蜀,直至太康元年(280年)平吴,近二十年间,西晋与吴国处于对抗状态。在这种对抗中,西晋乃奉曹魏之正朔,处于中原,代表了正统地位,吴国则不具政权合法性,偏安江南,形成了南北对抗之势。在此期间,晋人必然对吴人的风土人情表现出了更多关注,逐渐酝酿出了南北意识。待吴人入洛,南北两地有了更为直接的交流和碰撞,南北的比较意识开始浮现出来:

> 晋武帝问孙皓:"闻南人好作尔汝歌,颇能为不?"皓正饮酒,因举觞劝帝而言曰:"昔与汝为邻,今与汝为臣。上汝一杯酒,令汝寿万春。"帝悔之。③

> 初,陆机兄弟志气高爽,自以吴之名家,初入洛,不推中国人士,见华一面如旧,钦华德范,如师资之礼焉。④

> 初,陆机入洛,欲为此赋,闻思作之,抚掌而笑,与弟云书曰:"此间有伧父,欲作《三都赋》,须其成,当以覆酒瓮耳。"⑤

---

① 《晋书》卷一百十八《姚兴载记》。另《晋书》卷六十九《周𫖳传》:"周𫖳,字伯仁,安东将军浚之子也。少有重名,神彩秀彻,虽时辈亲狎,莫能媟也。司徒掾同郡贾嵩有清操,见𫖳,叹曰:'汝颍固多奇士!'"(中华书局1974年版,第1850页。)

② 及至隋唐一统,南北文化有较大融合之后,时人能以更高的眼光评论天下之人,此时仍不脱比较之眼光,如唐代柳芳曾就各地之人的美学特征及其门第好尚加以论说,他认为:"山东之人质,故尚婚娅,其信可与也;江左之人文,故尚人物,其智可与也;关中之人雄,故尚冠冕,其达可与也;代北之人武,故尚贵戚,其泰可与也。"(《新唐书》卷一百九十九《儒学传中·柳冲传》)隋唐乃北人主政,故以北方为主导,将其细分为山东、关中和代北三大区域。

③ 《排调》五,余嘉锡:《世说新语笺疏》,中华书局1983年版,第781页。

④ 《晋书》卷三十六《张华传》,中华书局1974年版,第1077页。

⑤ 《晋书》卷九十二《左思传》,中华书局1974年版,第2377页。

郗愔有伧奴善知文章,羲之爱之,每称奴于愔。①

褚公于章安令迁太尉记室参军,名字已显而位微,人未多识。公东出,乘估客船,送故吏数人投钱唐亭住。尔时吴兴沈充为县令,当送客过浙江,客出,亭吏驱公移牛屋下。潮水至,沈令起彷徨,问:"牛屋下是何物?"吏云:"昨有一伧父来寄亭中,有尊贵客,权移之。"令有酒色,因遥问"伧父欲食饼不?姓何等?可共语。"褚因举手答曰:"河南褚季野。"远近久承公名,令于是大遽,不敢移公,便于牛屋下修刺诣公。更宰杀为馔,具于公前。鞭挞亭吏,欲以谢惭。公与之酌宴,言色无异,状如不觉。令送公至界。②

太康中,下诏曰:"伪尚书陆喜等十五人,南士归称,并以贞洁不容皓朝,或忠而获罪,或退身修志,放在草野。主者可皆随本位就下拜除,敕所在以礼发遣,须到随才授用。"③

晋武帝司马炎面对阶下囚吴后主孙皓,志得意满,他对吴国的尔汝歌这一艺术形式颇感兴趣,想让孙皓表演,孰料孙皓才思敏捷,张口即唱,"令汝寿万春"一句,声势凌人,让司马炎大感受挫。晋武帝以"南人"称吴国,当为西晋时人对吴人的普遍称谓。此时的"南人",已有确指,即吴国所辖的江南一带。入洛吴人中,以陆机兄弟最为知名,他们出身高贵,才高气盛,意欲受到新朝重用,有所作为。他们在和中原士人的接触中,深刻体验到了南北文化的差异和政局的复杂,同时也唤起了他们强烈的地域文化自尊。在陆机写给陆云的书信中,以"伧父"称呼左思,吴兴县令沈充亦呼河南人褚裒为"伧父"。《晋阳秋》曰:"吴人谓中国人为伧人,又总渭江淮间杂楚为伧。"余嘉锡先生作有《释伧楚》一文,对"伧"之意有详细探讨,他指出:"伧楚之名,大要起于魏、晋之间,盖南朝士大夫鄙夷江、淮以北之人,而为之目者也。"④"伧"有粗野鄙俗

---

① 《晋书》卷七十五《刘惔传》,中华书局 1974 年版,第 1991 页。
② 《雅量》十八,余嘉锡:《世说新语笺疏》,中华书局 1983 年版,第 359 页。
③ 《晋书》卷四十五《陆云传附从父兄喜传》,中华书局 1974 年版,第 1487 页。
④ 余嘉锡:《释伧楚》,载《余嘉锡论学杂著》(上册),中华书局 2007 年版,第 227 页。

之意,无疑表示轻蔑。①

与"伧"相对的是,北方人称呼江南人为"貉":

> 羽围樊,权遣使求助之,敕使莫速进,又遣主簿先致命于羽。羽
> 忿其淹迟,又自已得于禁等,乃骂曰:"貉子敢尔,如使樊城拔,吾不
> 能灭汝邪。"权闻之,知其轻己,伪手书以谢羽,许以自往。②

> 初,宦人孟玖弟超并为颖所嬖宠。超领万人为小都督,未战,纵
> 兵大掠。机录其主者。超将铁骑百余人,直入机麾下夺之,顾谓机
> 曰:"貉奴能作督不。"③

> 中原冠带呼江东之人,皆为貉子,若狐貉类云。④

"貉"原为北方少数民族之一,先秦典籍中,常见"蛮貉"、"胡貉"并
称,其数量巨大,后有分支迁到东部,部分到达高丽境内,秽貉即其族群之
一。张华《博物志》载:"越之东有骇沐之国,其长子生则解而食之,谓之
宜弟。父死则负其母而弃之,言鬼妻不可与同居。"此"骇沐"即秽貉,此
条收入"异俗",此种骇人听闻的风俗自然被中原晋人视为野蛮行径,吴
越相连,与貉接近,于是被笼而统之地蔑称为"貉子"、"貉奴"。其文化心
理,与南人呼北人为"伧鬼"是相同的。

值得注意的是,尽管西晋以"南人"、"南士"来称呼吴人,而吴人却以
"中国"、"中州"、"中原"来看待晋人,而非"北人"、"北士",这是因为处
于洛阳的西晋,无论在地理位置还是在政权合法性上,都占据中心位置。
及至永嘉乱起,"中州士女避乱江左者十六七",司马睿在琅邪王氏辅佐
下定都建康,建立东晋,南北之间的交汇大范围地展开,南北意识才真正
凸显出来。

北人渡江之初,多怀家国离丧之痛,有寄人篱下之感。如晋元帝始过

---

① 诸如"高丽棒子"、"印度阿三"、"南蛮子"、"夷狄戎蛮",皆是对异民族或异地区
他者的蔑视性称谓。从人类学的角度来说,在以自我为中心的分类体系中,这些异域他者
是带有危险性的,如是称呼体现出一种自我保护的心理。
② 《三国志》卷三十六《蜀书·关羽传》注引《典略》,中华书局 1959 年版,第 941 页。
③ 《晋书》卷五十四《陆机传》,中华书局 1974 年版,第 1480 页。
④ 《魏书》卷九十六《僭晋司马叡传》,中华书局 1974 年版,第 2093 页。

江,对顾荣说:"寄人国土,心常怀惭。"①过江诸人于新亭饮宴,周顗感叹说:"风景不殊,正自有山河之异。"诸人乃至相视对泣。卫玠初欲渡江,形神惨悴,语左右云:"见此芒芒,不觉百端交集。苟未免有情,亦复谁能遣此!"余嘉锡对此论道:"当将欲渡江之时,以北人初履南土,家国之忧,身世之感,千头万绪,纷至沓来,故曰不觉百端交集,非复寻常逝水之叹而已。"②正是带着不无悲怆的情绪,东晋在江南立国。东晋的建立,幸赖以王导为首的琅邪王氏的辅佐。王导有着超强的政治智慧,善于周旋,取得了以顾荣为代表的江南大族的支持,方才稳下脚跟,延续一百余年。③ 东晋作为一个偏安政权,内外危机四伏,北方是虎视眈眈的少数民族,政权内部,皇族、琅邪王氏等侨姓大族以及江南土著大族之间关系微妙,矛盾重重,这些势力平衡不好,便会出现危机。"王与马,共天下",东晋是在琅邪王氏的辅佐下而建国的,王导、王敦等王氏族人执掌朝廷内外权柄,功高震主,令司马氏颇为忌惮,任用刘隗、刁协等人,意欲加强皇权,压制王氏,引发王敦叛乱,此后又有苏峻之乱。对于江南大族而言,北方政权入主,侨姓大族以及朝中人氏必然挤占江南的诸多资源,从而威胁到江南既有生态。而东晋朝廷对江南大族亦怀矛盾心态,一方面加意拉拢,希望取得支持;另一方面又心存顾虑,担心地方大族的反抗。其所采取的措施是,对顾氏、陆氏等文化贵族进行笼络,给以高位,对义兴周氏、沈氏、钱氏等武力强宗则予以打压,此举引起周玘父子的反叛。最终,东晋较好地平衡了侨姓大族和江南士族的关系,对江南士族拉拢和压制并行,朝中高位极少委任南人担当,同时,亦注意维护他们既有的经济利益,让侨姓大族转移到会稽等地经营产业,由此,形成了以北来侨姓士族为主、江东大族

① 余嘉锡:《世说新语笺疏》,中华书局 1983 年版,第 91 页。
② 余嘉锡:《世说新语笺疏》,中华书局 1983 年版,第 95 页。
③ 日本学者川本芳昭对王导所实行的文化政策有很精彩的分析,他指出:"王导厚待吴、会稽等地名人辈出的世家人物,任命他们为九品中正制度下的郡中正,通过他们使中原的价值观在当地贯彻,力图基于这种价值观构建以中原为中心的秩序,使之凌驾在当地秩序之上。随后,这种等级秩序在成功分化江南豪族、收揽北来人士、建设东晋贵族制国家的过程中,作出了极大的贡献。"(参见川本芳昭:《魏晋南北朝:中华的崩溃与扩大》,余晓潮译,广西师范大学出版社 2014 年版,第 111 页。)

为辅的政治格局。

东晋的政权格局和社会结构，大大地促进了南北文化的交流和融会，同时也引发了强烈的南北意识，如：

> 鲲对曰："明公之举，虽欲大存社稷，然悠悠之言，实未达高义。周顗、戴若思，南北人士之望，明公举而用之，群情帖然矣。"①

> 臣所统错杂，率多北人，或逼迁徙，或是新附，百姓怀土，皆有归本之心。②

> 时帝以侍中皆北士，宜兼用南人，晔以清贞著称，遂拜侍中，徙尚书，领州大中正。③

> 褚季野语孙安国云："北人学问，渊综广博。"孙答曰："南人学问，清通简要。"支道林闻之曰："圣贤固所忘言。自中人以还，北人看书，如显处视月；南人学问，如牖中窥日。"④

显然，前三例中，北人皆指南渡的中原人，南人则指江南人氏。第四例对南北学术风格进行对比，所称南人、北人具体所指，尚待辨析，详见下文。诸例说明东晋之人对于南人、北人的观念，已经明确形成。

不过，作为一种文化意识，南北之内涵并非确定不移，而是随历史而变迁。东晋历一百余年被刘宋取而代之，接着是齐、梁、陈，并称南朝，北朝则继五胡十六国之后，出现了北魏、北齐和北周等多个少数民族政权，直至公元 589 年，隋灭陈，完成南北统一。在南北对峙的二百七十余年里，南北文化不断地进行碰撞、交流与融合。永嘉渡江之初，中原人士自视为北人，历经数代之后，土生土长于江南的中原子弟，虽在文化身份上有明确郡望，然而无疑已将江南视作自己的故乡，有了归属之感，在此期间，中原文化已与原有江南文化不断融汇，催生出新的文化样貌。

北方的情形亦是如此。少数民族政权悉心汉化，倚重汉族知识分子，

---

① 《晋书》卷四十九《谢鲲传》，中华书局 1974 年版，第 1378 页。
② 《晋书》卷六十七《郗鉴传》，中华书局 1974 年版，第 1800 页。
③ 《晋书》卷七十七《陆晔传》，中华书局 1974 年版，第 2023 页。
④ 《文学》二十五，余嘉锡：《世说新语笺疏》，中华书局 1983 年版，第 216 页。

胡汉文化交融日甚,使得北方文化形成特有的面貌。尤其是北魏孝文帝拓跋宏时期,倚重汉族知识分子王肃等人,全力推行汉化政策,政治清明,大大地促进了胡汉文化以及与中外民族文化之间的交流。杨衒之的《洛阳伽蓝记》记录了这一繁华景象:"自葱岭已西,至于大秦,百国千城,莫不欢服。商胡贩客,日奔塞下,所谓尽天地之区已。乐中国土风因而宅者,不可胜数。是以附化之民,万有余家。门巷修整,阗阗填列。青槐荫陌,绿柳垂庭。天下难得之货,咸悉在焉。"①《洛阳伽蓝记》写于北魏迁都邺城十余年后,杨衒之重游洛阳,回思劫前城郊佛寺之盛,感慨系之,发而成文。如同宋代《东京梦华录》、《梦粱录》一样,此书属对繁盛景象的追忆之作,不无理想性的建构。杨衒之俨然将北魏视作文化正统,面对异域少数民族,以"中国"自居。有意思的是,当南北文化互看时,一方面,北方少数民族政权对南朝汉文化持有敬意,认其为正统,如北齐高欢曾不无忧虑地指出:"江东复有一吴儿老翁萧衍者,专事衣冠礼乐,中原士大夫望之以为正朔所在。"②另一方面,南朝士人鄙弃北朝文化,视为其为文化荒漠,如南梁名将陈庆之曾说:"自晋、宋以来,号洛阳为荒土,此中谓长江以北尽是夷狄。"陈庆之于北魏永安二年(529年)护送北海王元颢到洛阳即帝位,任侍中。入洛之初,他颇有文化自豪感,甚至不无自大,与洛阳士人辩论,认为梁朝乃正朔所在,"魏朝甚盛,犹曰五胡,正朔相承,当在江左。秦朝玉玺,今在梁朝。"这种立场,代表了南朝士人对于北朝文化的普遍态度。然而,当陈庆之经历了一系列的文化冲击,亲眼目睹了洛阳人才与文物之盛之后,他的态度发生了彻底转变。待他回到建康,对待北人的态度大变,时人怪之,他解释道:"昨至洛阳,始知衣冠士族并在中原,礼仪富盛,人物殷阜,目所不识,口不能传。所谓帝京翼翼,四方之则,如登泰山者卑培塿,涉江海者小湘、沅。北人安可不重?"③陈庆之羽仪服式悉如魏法,引得江南士人纷纷效仿,一时"褒衣博带,被及秣陵"。杨衒之的描述或有"意淫"的成分,不过很好地反映了跨文化交流中的一种现

① 范祥雍:《洛阳伽蓝记校注》,上海古籍出版社1978年版,第161页。
② 《北齐书》卷二十四《杜弼传》,中华书局1975年版,第347页。
③ 范祥雍:《洛阳伽蓝记校注》,上海古籍出版社1978年版,第119页。

象。以上南北文化交流中的诸种文化心态,很好地呈现出了魏晋南北朝文化交流中的丰富性和复杂性。

此一时期之南人北人,仍需看具体语境,大抵南北朝时人互看时,亦南人、北人称之,如北齐崔瞻出使陈朝,"瞻词韵温雅,南人大相钦服"①。此处之南人,即指陈朝人而言。周太祖厚赏庾季才,告诉他:"卿是南人,未安北土,故有此赐者,欲绝卿南望之心。"②庾季才祖籍新野,先事梁朝,后入北周,周人自是将其视为南人。不过,在南朝内部,仍有南北之分,即侨姓和江南土著的区别,江南士人在朝中亦时受压制。这在刘宋时期表现得尤其明显。如,陈郡袁淑与吴郡陆凯之共论江左人物,谈到顾荣,袁淑对陆凯之说:"卿南人怯懦,岂办作贼。"③语含轻蔑。对于晚来的北人,同样受到轻视,"晚渡北人,朝廷常以伧荒遇之,虽复人才可施,每为清涂所隔"④。

约而言之,南北的文化观念在魏晋南北朝时期逐渐形成,而其内涵却不断演变,西晋吴人入洛时,渐有南北观念;永嘉之乱,晋室南渡之后,形成了侨姓为北,江南土著为南的观念,而在南北朝时期,南朝为南,北朝为北,而在南朝内部仍有南人北人之别。从大的地缘文化来看,南方文化和北方文化都是不断融合的产物,高小康曾指出:"东渡以后的南方文化不是原先南方文化的发展,而是北方文化——作为中国文化主流的中原文化南迁后与既有的南方文化融合、蜕变而生成的新的主流文化,而北方文化则随着中原文化的衰弱和北方少数民族文化的进入形成了一种比较质朴的非主流文化。"⑤这一观点从变迁的眼光来看待南北文化,可谓得其肯綮。南北观念形成以后,虽不断流变,却成为理解中国文化的重要的一个角度。

---

① 《北齐书》卷三十三《崔瞻传》,中华书局 1975 年版,第 336 页。
② 《隋书》卷七十八《艺术传·庾季才传》,中华书局 1973 年版,第 1765 页。
③ 《宋书》卷八十一《顾凯之传》,中华书局 1974 年版,第 2079 页。
④ 《宋书》卷六十五《杜骥传附兄坦传》,中华书局 1974 年版,第 1720 页。
⑤ 高小康:《永嘉东渡与中国文艺传统的蜕变》,《文学评论》1996 年第 4 期。

第二节   南北审美文化的比较

一、饮　食

人类的饮食不仅仅是一种生物行为,从食物的分类体系,获取食物的方式、处理食物的方法、进食的习惯、饮食的偏好与禁忌、餐桌上的礼仪等,皆有地域性和文化性,其无处不在地体现着各种社会权力关系,以及不同族群的审美意识。正如美国人类学家 Mintz 所说:"人类的饮食行为绝对不是'纯粹生物性'的行为(不管你怎么定义'纯粹生物性'这个词语)。入口的食物,都包含了吃下它的人的种种过去;而用来取得、处理、烹调、上桌、消耗食物的技术,也全因文化而异,背后各有一段历史。食物不只是供人食用的东西而已;进食总是有约定俗成的意义。这些意义都有象征内涵,并以象征的方式来传达思想;这些意义也都各有历史。"①魏晋南北朝时期的文化交流中,饮食的交流是不可忽视的一项内容。

1.莼羹与羊酪

中国的南方和北方,基于不同的自然资源和文化传统,在饮食上各有其特征,呈现出巨大差异,并且以此相互区别。它们对于食物,有着颇不相同的分类和偏好。在时人的眼中,选出了各自最具代表性的食物,进行比较和品评。具体而言,江南把独有的水产品奉为佳味,北人则将草原上的羊奶制成的酪视为美食。请看下例:

> 陆机诣王武子,武子前置数斛羊酪,指以示陆曰:"卿江东何以敌此?"陆云:"有千里莼羹,但未下盐豉耳!"②

> 玩尝诣导食酪,因而得疾。与导笺曰:"仆虽吴人,几为伧鬼。"③

> 翰因见秋风起,乃思吴中菰菜、莼羹、鲈鱼脍,曰:"人生贵得适

---

① ［美］Sidney W.Mintz:《吃》,林为正译,新星出版社 2006 年版,第 21 页。
② 《言语》二十六,余嘉锡:《世说新语笺疏》,中华书局 1983 年版,第 88 页。
③ 《晋书》卷七十七《陆玩传》,中华书局 1974 年版,第 2024 页。

志,何能羁宦数千里以要名爵乎。"遂命驾而归。①

羊酪本为北方少数民族的食品,如汉代晁错谈到北方胡族时指出:
"夫胡貉之地,积阴之处也,木皮三寸,冰厚六尺,食肉而饮酪,其人密理,
鸟兽毳毛,其性能寒。"②东胡之一的乌丸,"俗善骑射,随水草放牧,居无
常处,以穹庐为宅,皆东向。日弋猎禽兽,食肉饮酪,以毛毳为衣"③。吐
谷浑:"有城郭而不居,随逐水草,庐帐为屋,以肉酪为粮。"④地豆于:"多
牛羊,出名马,皮为衣服。无五谷,惟食肉酪。"⑤突厥:"其俗畜牧为事,随
逐水草,不恒厥处。穹庐毡帐,被发左衽,食肉饮酪,身衣裘褐,贱老贵
壮。"⑥这些少数民族,皆以游牧为生,在生活方式和饮食习惯上相差
不多。

在汉代文献中,基本没有汉人食酪的记载。汉武帝时期,江都翁主刘
细君被派往乌孙国合亲,后人称其为乌孙公主。刘细君身处异国,夫婿老
迈,言语不通,内心悲愁,作歌一首曰:"吾家嫁我兮天一方,远托异国兮
乌孙王。穹庐为室兮旃为墙,以肉为食兮酪为浆。居常土思兮心内伤,愿
为黄鹄兮归故乡。"身居朔方,被迫改变饮食习惯,以肉酪为食,实为无奈
之举。三国时期,汉人食酪仅有一见,即《世说新语·捷悟篇》所记曹操
故事:"人饷魏武一杯酪,魏武啖少许,盖头上提'合'字以示众,众莫能
解。次至杨修,修便啖,曰:'公教人啖一口也,复何疑?'"以此来看,酪在
三国汉人中乃极稀少之物,以魏武之尊,竟仅得一杯,又与群臣分而食之,
可见其珍贵。及至两晋,胡汉之间的交流日广,酪得以进入汉人饮食。西
晋时期的尚书令荀勖,因久病赢弱,晋武帝下令"赐乳酪,太官随日给
之",泰始以后,贵族富室兴起了使用胡人饮食器具的风尚:"泰始之后,
中国相尚用胡床貊盘,及为羌煮貊炙,贵人富室,必畜其器,吉享嘉会,皆

---

① 《晋书》卷九十二《张翰传》,中华书局 1974 年版,第 2384 页。
② 《汉书》卷四十九《晁错传》,中华书局 1962 年版,第 2284 页。
③ 《三国志》卷三十裴注引《魏书》,中华书局 1959 年版,第 834 页。
④ 《晋书》卷九十七《四夷传·西戎传附吐谷浑传》,中华书局 1974 年版,第 2537 页。
⑤ 《魏书》卷一百《豆莫娄传》,中华书局 1974 年版,第 2222 页。
⑥ 《隋书》卷八十四《北狄传·突厥传》,中华书局 1973 年版,第 1864 页。

以为先。"①在这股胡风熏染之下，中原人将酪纳入盘中之餐，自在情理之中。不过，由于酪以新鲜羊乳制成，需要特定工艺，价值定然不菲，多见于贵族之家，常人难得享用。② 在上列晋代史料中，我们看到，无论吴人陆机拜访太原王济，还是吴人陆玩拜访琅邪王导，作为主人的王济和王导皆以酪来款待来宾，四人皆出身于南北最为知名的世族，显然二王将酪视为中原最可称道的食物。尤其王济，还沾沾自喜地询问陆机，江东有何物可与酪匹敌。同样，草原民族亦将酪视作他们的土特产，前凉张天锡投靠东晋之后，会稽王司马道子问他西凉有何产物，张天锡应声回答："桑葚甜甘，鸱鸮革响，乳酪养性，人无妒心。"③同样将乳酪视为能够彰显地域优越性的物质符号之一。

然而，"跨文化的饮食障碍在历史上由来已久，并且常常扎根于个性心理中，因为个人品位很难改变。"④吴人对酪这种北地食物并不看在眼里。⑤ 当王济挑衅性地询问江南有何食物与酪能有一比时，陆机傲然回答说："有千里莼羹，但未下盐豉耳！"余嘉锡先生对此作了很详尽的注解，他征引《齐民要术》等书指出，制作莼羹必下盐豉，"陆云'但未下盐豉'者，言莼羹之浓滑甜美，足敌羊酪。但以二物相较，则羊酪乃未下盐豉之莼羹耳。"又引明人徐树丕《识小录》之注："'千里，湖名，其地莼菜最

---

① 《晋书》卷二十七《五行志上》，中华书局1974年版，第823页。
② 如西晋潘岳在《闲居赋》中写道："灌园鬻蔬，供朝夕之膳。牧羊酤酪，俟伏腊之费。"提到自己养羊制作奶酪。
③ 《晋书》卷六十八《张轨传附靓叔天锡传》，中华书局1974年版，第2252页。
④ ［美］菲利普·费尔南德斯·阿莫斯图：《食物的历史》，何舒平译，中信出版社2005年版，第164页。
⑤ 不过，随着历史的演进，饮食文化日益交融，南人逐渐接受了酪这种饮食，并且奉为美味。晚至明代张岱的《陶庵梦忆》中，有"乳酪"一则，谈及他为了制作乳酪，自家养了一头牛，还提到多种制作方法及其妙不可言的美味："余自豢一牛，夜取乳置盆盎，比晓，乳花簇起尺许，用铜铛煮之，瀹兰雪汁，乳斤和汁四瓯，百沸之。玉液珠胶，雪腴霜腻，吹气胜兰，沁入肺腑，自是天供。或用鹤觞花露入甑蒸之，以热妙；或用豆粉搀和漉之成腐，以冷妙；或煎酥，或作皮，或缚饼，或酒凝，或盐腌，或醋捉，无不佳妙。而苏州过小拙和以蔗浆霜，熬之、滤之、钻之、掇之、印之，为带骨鲍螺，天下称至味。其制法秘甚，锁密房，以纸封固，虽父子不轻传之。"（参见张岱：《陶庵梦忆 西湖梦寻》，马兴荣点校，中华书局2007年版，第50—51页。）

佳。陆机答谓未下盐豉，尚能敌酪；若下盐豉，酪不能敌矣。'徐氏此解极妙，与余意合。"①陆机的回答，成为一时名对。其对本地食物的欣赏，以及对中原食物的轻视，在陆玩和张翰身上同样得到了彰显。因为饮食习惯有异，陆玩食用王导的奶酪之后，身体出了问题，他写信给王导说："仆虽吴人，几为伧鬼。"一个"伧"字，表明他对渡江而来的中原人士的蔑视情绪。张翰更因思念吴中菰菜、莼羹、鲈鱼脍等美食，而毅然辞归，尽显其人之旷达与卓识。莼之美味，直至明清时期，仍有描述。明代陈继儒在《岩栖幽事》中提道："吾乡荇菜，烂煮之，其味如蜜，名曰荇酥。郡志不载，遂为渔人野夫所食。此见于《农田余话》。俟秋明水清时，载菊泛泖，脍鲈捣橙，并试前法，同与莼丝荐酒。"②清代李渔在《闲情偶记·饮馔部》"莼"条提道："陆之蕈，水之莼，皆清虚妙物也。予尝以二物做羹，和以蟹之黄，鱼之肋，名曰'四美羹'。座客食而甘之，曰：'今而后，无下箸处矣！'"③李渔集文人趣味之大成，除了声色文艺，对饮食同样颇有研究。"蕈"为一种野蘑菇，李渔指出其为"至鲜至美之物"。他以蕈与莼为食材，加蟹黄、鱼肋作成羹，其味妙不可言。

烹制莼羹，鱼是不可或缺的食材。《食经》曰："莼羹鱼长二寸，唯莼不切。鲤鱼冷水入莼，白鱼冷水入莼，沸入鱼与咸豉。"又云："鱼半体熟，煮三沸，浑下莼与豉汁渍盐。"④江南多水，近海，鱼产丰富，鱼遂成为重要的菜品。据葛洪《神仙传》记载，三国时期，孙权征召方士介象，与其讨论哪种鱼味道最好，介象回答海中的鲻鱼为上，并使出神通，捉到鲻鱼。⑤吴后主孙皓迁都武昌，为政荒淫残暴，惹得民怨沸腾，时有童谣曰："宁饮建业水，不食武昌鱼。宁还建业死，不止武昌居。"南梁陈庆之在北魏患病，请元慎解之，元慎含水陈人王固出使西魏，"因宴飨之际，请停杀一羊，羊于固前跪拜。又宴于昆明池，魏人以南人嗜鱼，大设罟网，固以佛法

①　余嘉锡：《世说新语笺疏》，中华书局 2007 年版，第 79 页。

②　陈继儒：《岩栖幽事》，见《宝颜堂秘笈》（44 册）《陈眉公著第四》，上海文明书局 1922 年石印本。

③　李渔：《闲情偶记》，上海古籍出版社 2000 年版，第 265 页。

④　余嘉锡：《世说新语笺疏》，中华书局 2007 年版，第 80 页。

⑤　《三国志·吴书》卷六三《赵达传》，中华书局 1959 年版，第 1429 页。

咒之,遂一鳞不获"①。此例虽宣扬佛教不杀生观念及佛法之伟力,却于不意之中,道出了南北饮食的象征物,即南为鱼,北为羊。鱼羊之别,一方面基于南北两地自然环境和生活方式的差异,另一方面亦是时人及后人的一种文化建构。

无疑,饮食是一种文化的象征,不同社群中的成员可以通过饮食文化相互区别。在每一个文化群体中,都对饮食有自身的分类体系。比如,会把饮食分成生的/熟的、可食的/不可食的、好吃的/难吃的、昂贵的/廉价的、神圣的/肮脏的/、洁净的/危险的等。在这套分类体系的背后,是特有的价值体系和哲学观念,文化持有者以此建构起自我的文化认同,并区隔于另外的文化群体。不同文化群体的分类体系,往往会大异其趣,甚至相互抵牾。当面对与自身的分类体系和价值观念严重冲突的异文化时,一个文化的所有者往往会将外来饮食视为不洁的、危险的,投去轻蔑态度。在南北文化的饮食交流中,这无疑是时常发生的情形。如陈庆之入北魏,生病,杨元慎为其解治,喷水咒曰:"吴人之鬼,住居建康,小作冠帽,短制衣裳。自呼阿侬,语则阿傍。菰稗为饭,茗饮作浆,呷啜莼羹,唼嗍蟹黄,手把豆蔻,口嚼槟榔。乍至中土,思忆本乡。急手速去,还尔丹阳。若其寒门之鬼,□头犹修,网鱼漉鳖,在河之洲。咀嚼菱藕,捃拾鸡头,蛙羹蚌臛,以为膳羞。布袍芒履,倒骑水牛,沅湘江汉,鼓棹遨游。随拨逐浪,唅喝沉浮,白苎起舞,扬波发讴。急手速去,还尔扬州。"②杨元慎出身世代经学的弘农杨氏,其人颇有名士之风,"博识文渊,清言入神,造次应对,莫有称者。读《老》《庄》,善言玄理。性嗜酒,饮至一石,神不乱"③。杨元慎自曾祖杨泰即入北魏,其人自是土生土长于洛阳,他以无碍的辩才和渊博的学识,屡屡挫败颇有文化优越感的南梁陈庆之,使其彻底改变了对北魏中原士人的看法。在这一例中,杨元慎一一列举吴人之饮食,诸如菰稗、莼羹、蟹黄、豆蔻、鱼、鳖、菱藕、鸡头、蛙、蚌等,无不出自水中。这些食

---

① 《陈书》卷二十一《王固传》,中华书局1972年版,第282页。

② 范祥雍:《洛阳伽蓝记校注》,上海古籍出版社1978年版,第118—119页。

③ 范祥雍:《洛阳伽蓝记校注》,上海古籍出版社1978年版,第120页。

物,对于不食水产品的北魏文化来说,定然是不洁的和危险的。杨元慎将其一一数落出来,表达了他对于南朝饮食文化的蔑视态度,捍卫了中原文化的价值。

实际上,随着南北交流日甚,饮食上亦多有融会。如东晋襄阳人罗友,曾任桓温幕僚,作荆州从事时,桓温设宴款送王洽,"友进坐良久,辞出,宣武曰:'卿向欲咨事,何以便去?'答曰:'友闻白羊肉美,一生未曾得吃,故冒求前耳。无事可咨。今已饱,不复须驻'"①。罗友闻听白羊肉味美,很是垂涎,得着机会便一饱口福,不顾场合与礼仪,想必白羊肉的味道果然合他心意。荥阳毛修之于晋灭后投归北魏,领吴兵,以功拜吴兵将军,"修之能为南人饮食,手自煎调,多所适意。世祖亲待之,进太官尚书,赐爵南郡公,加冠军将军,常在太官,主进御膳"②。北魏太武帝元焘虽为鲜卑人,却喜欢南人饮食,毛修之因为擅长烹制南人菜肴,而大受重用。再如南齐王肃因父兄为齐武帝萧赜所杀,于太和十七年(493年)逃奔北魏,大受重用,对于推动北魏汉化贡献尤大。③ 据《洛阳伽蓝记》载:"肃初入国,不食羊肉及酪浆等物,常饭鲫鱼鱼羹,渴饮茗汁。京师士子,见肃一饮一斗,号为'漏卮'。经数年以后,肃与高祖殿会,食羊肉酪粥甚多,高祖怪之。谓肃曰:'卿中国之味也,羊肉何如鱼羹? 茗饮何如酪浆?'肃对曰:'羊者是陆产之最,鱼者乃水族之长。所好不同,并各称珍。以味言之,甚是优劣。羊比齐鲁大邦,鱼比邾莒小国。唯茗不中,与酪作奴。'"④这是一段非常有趣的记录。王肃郡望琅邪,为王导之后,长养于江南,惯吃鱼羹,饮茗汁,初入北魏,吃不了羊肉和酪浆等北地食物。数年之后在一次宴会中,北魏孝文帝元宏惊讶地发现王肃已经能够大吃羊肉

---

① 《世说新语·任诞》四十四,余嘉锡:《世说新语笺疏》,中华书局1983年版,第759页。

② 《魏书》卷四十三《毛修之传》,中华书局1974年版,第960页。

③ 《魏书》卷六十三《王肃列传》:"器重礼遇日有加焉,亲贵旧臣莫能间也。或屏左右相对谈说,至夜分不罢。肃亦尽忠输诚,无所隐避,自谓君臣之际犹玄德之遇孔明也。"《北史》卷四二《王肃传》:"自晋氏丧乱,礼乐崩亡,孝文虽厘革制度,变更风俗,其间朴略,未能淳也。肃明练旧事,虚心受委,朝仪国典,咸自肃出。"

④ 范祥雍:《洛阳伽蓝记校注》,上海古籍出版社1978年版,第147页。

酪粥,遂向他抛出了一个在跨文化交流中几乎都会涉及的价值判断问题,南北方的四种饮食,有何高下之分? 王肃的回答很是高明,就羊和鱼的对比而言,他一方面强调二者皆有独特性,都为本地人所珍视,另一方面,他以国之大小作区分,声称羊肉比鱼羹更具美味。这就对他所仕任的北魏朝廷及其代表的北方文化给予充分肯定和赞扬。① 至于茗与酪之比较,他更以"与酪作奴"为喻,说明茗不如酪。此说让元宏大笑,可见甚得其心。

更有意思的是元宏对王肃饮食转变的解释。元宏率先举杯,说出一个字谜:"三三横,两两纵,谁能辨之赐金钟。"御史中尉李彪接着说:"沽酒老妪翁注瓨,屠儿割肉与秤同。"尚书右丞甄琛回应说:"吴人浮水自云工,妓儿掷绳在虚空。"彭城王元勰至此说道:"臣始解此字是'习'(習)字。"北魏孝文帝以魏晋南北朝文人常玩的文字游戏——字谜,对王肃的饮食之改变给出了解释,即一"习"字,习有习得、习惯之意,因南北接触而有机会习得,因习得而习惯,堪称妙解。不错,正是南北交融日久,使得逐渐接受了对方的饮食及其相关的文化。

2.茶

上述王肃的故事中,涉及一种饮料——茶。在中国文化中,茶与酒占据重要的地位,与中国文人生活以及百姓日用皆息息相关,因此需要加以研究。

《说文》无"茶"而有"荼"、"茗",释"荼"为"苦荼也",北宋徐铉注曰"此即今之茶字"。清代段玉裁注云:"荼,苦菜。《唐风》'采苦采苦'传云:'苦,苦菜。'然则'苦'与'荼'正一物也。"《尔雅》释"荼"亦为"苦菜",注疏描述其状:"叶似苦苣而细,断之有白汁,花黄似菊,堪食,但苦耳。"《尔雅》收有"槚",释为"苦荼"。二者释义相同,或指一物。不过,荼作苦菜,槚为木类,或指非一。

---

① 不过,王肃在对自己的饮食偏好的辩护中,却也维护了对地方文化的认同。彭城王诘问他:"卿不重齐、鲁大邦,而爱邾、莒小国"时,王肃回答说:"乡曲所美,不得不好。"

先秦时期，荼常指苦菜①，《诗经》中多有述及，如《邶风·谷风》："谁谓荼苦，其甘如荠。"苦菜乃常见野生植物，味虽苦而可食，所以农人采而食之。《郑风·出其东门》："出其闉阇，有女如荼。"此处之"荼"指白茅。《周颂·良耜》又有"以薅荼蓼，黍稷茂止"，由于荼常与另一种辣味野菜"蓼"杂生于庄稼之间，所以必欲除之。荼之味苦，一度被视为有毒，所以"荼毒"一词早已见于先秦，《尚书·汤诰》中即有"罹其凶害，弗忍荼毒"之说。此外，《周礼》中有掌荼之官，"掌以时聚荼，以共丧事"，此处之"荼"，非指苦菜，而是白茅或芦苇之类的植物，用于丧礼。

由此来看，"荼"在先秦所指非一，但并无茶之义。人们常将西汉王褒的《僮约》视为"茶"在中国历史上的首次出场。王褒乃四川资中人，活动于汉宣帝时期。《僮约》写于神爵三年（前59年），王褒有事到"煎上"（今四川彭州市一带）寡妇杨惠家，碰到一偷懒耍滑的家奴便了，便戏谑性地为其订立一份契券，明确规定其必须从事的诸种劳作，所涉事务异常繁重，便了看后吓得跪地求饶。王褒所提奴仆所应做的事情中，有两处提到"茶"，一为"烹茶尽具"，一为"武都买茶"。② 第一个"茶"，当作"苦菜"讲，第二个"茶"，或即指"茶"。蜀地自古即产茶，顾炎武《日知录》卷十《茶》云："王褒《僮约》云，'武阳买茶'……是知自秦人取蜀，而后始有茗饮之事。"③武都作为茶叶市场所在，是有可能的。

不过令人心生疑惑的是，自王褒之后，直至东汉的几百年间，关于茶的文献记载寥寥无几。究其原因，或是茶乃蜀地百姓所日用，北方人还未能接受。

---

① 扬之水对此有过考证，她指出，在先秦，苦菜种类甚多，非指一种。"苦"、"荼"、"蓫"都有"苦菜"之意，"三者都可以算作菊科苦苣菜属中的植物，多年生草本，叶从根茎伸展出来，像羽毛一样裂开；夏天梢头开出一簇一簇的小黄花，花罢为絮，白毛如毯，故有'荼'之称；茎和叶掐断都会流出粘粘的白汁，可食而味苦。上古时代栽培的蔬菜很少，苦菜大约很早就成为常蔬，不仅百姓食用，而且登庖升俎，人王公富室之肴，直到汉代也还如此。《礼记·内则》有'濡豚包苦实蓼'；《仪礼·公食大夫礼》有'铡笔牛藿羊苦'；长沙马王堆汉墓出土简策上有'牛苦羹一鼎'、'狗苦羹一鼎'，这几者所言'苦'皆谓'苦菜'也。"（扬之水：《诗经名物新证》，天津教育出版社2007年版，第102—103页。）

② 《全汉文》卷四十二，商务印书馆1999年版，第434页。

③ 张京华校释：《日知录校释》，岳麓书社2011年版，第347页。

　　三国时期，已明确有茶之记载。曹魏张揖所撰字书《广雅》载曰：
"荆、巴间采茶作饼成，以米膏出之。若饮先炙，令色赤，捣末置瓷器中，
以汤浇覆之，用葱、姜芼之。其饮醒酒，令人不眠。"①记录了茶的饮用方
法及功能。此一时期，吴人受荆巴人影响，亦开始饮茶。史载吴主孙皓荒
淫无度，飨宴之时，逼令群臣饮酒，无论能否，率以七升为限。韦曜平素饮
酒不过二升，"初见礼异时，常为裁减，或密赐茶荈以当酒"②。吴人陆玑
著有《毛诗草木鸟兽虫鱼疏》，其注"槚"、"茡"等条，表明对茶已有明确
认知，详见下说。而中原人士之饮茶并不见载。及至西晋并吴，饮茶之习
已推及中原。江统任愍怀太子洗马时，曾上疏谏曰："今西园卖醯、面、
茶、菜、蓝子之属，亏败国体。"又《晋四王起事》载："惠帝蒙尘洛阳，黄门
以瓦盂盛茶上至尊。"则茶在西晋宫中已多饮用。刘琨在《与兄子南兖州
刺史演书》提道："前得安州干茶二斤，姜一斤、桂一斤，皆所须也。吾体
中烦闷，恒假茶。汝可信信致之。"左思在《娇女》诗中描述了小女儿急于
喝茶的情形："心为茶荈剧，吹嘘对鼎鑙。"张载《登成都楼》诗云："芳茶冠
六清，溢味播九区。"刘琨为河北中山人，左思为齐国临淄人，张载为河北
安平人，皆染饮茶之好。傅咸在《司隶教》中提道："闻南方有蜀妪，作茶
粥卖。"蜀人最早饮茶，知茶粥做法，售卖于市，则西晋普通百姓亦在饮
用。饮用之法，当为混合姜桂等物并煮。如《尔雅》之"槚"，陆玑《毛诗草
木鸟兽虫鱼疏》云："椒树似茱萸，有针刺，叶坚而滑泽。蜀人作茶，吴人
作茡，皆合煮其叶以为香。"③是合椒叶而煮，使有香气。

　　值得注意的是，西晋杜育写有一首《荈赋》："灵山惟岳，奇产所钟。
瞻彼卷阿，实曰夕阳。厥生荈草，弥谷被岗。承丰壤之滋润，受甘霖之霄
降。月惟初秋，农功少休，结偶同旅，是采是求。水则岷方之注，挹彼清
流。器择陶简，出自东隅；酌之以匏，取式公刘。惟兹初成，沫成华浮，焕
如积雪，晔若春敷。"以文学性的想象，描述了有关茶树种植、培育、采摘、

---

　　① （宋）李昉等编：《太平御览》卷八百六十七《饮食部二十五·茗》，中华书局1960
年影印版，第3843页。本段所引资料除特别说明，皆引自《太平御览》。
　　② 《三国志·吴书》卷六十五《韦曜传》，中华书局1959年版，第1462页。
　　③ （晋）郭璞注，（宋）邢昺疏：《尔雅注疏》，北京大学出版社1999年版，第272页。

器具、冲泡等茶事活动。当然,因文体所在,赋文多有美化和理想化的特点,我们倒不必据此认为晋人已像后世之人一样注重茶水、茶器的选择。不过,其为咏茶之首作,无疑兼具文学价值和史料价值,因而被视为中国茶文学的开山之作。宋代苏轼曾赞曰:"赋咏谁最先,厥传惟杜育。唐人未知好,论著始于陆。"吴淑亦有言:"清文既传于杜育,精思亦闻于陆羽。"宋人好茶,对此赋颇为关注。

及至东晋,饮茶已算普遍。陆羽《茶经》引《广陵耆老传》载:"晋元帝时,有老姥每旦擎一器茗,往市鬻之,市人竞买。"则普通百姓已热衷饮茶。宋人寇宗奭所撰《本草衍义》记:"晋温峤上表,贡茶千斤,茗三百斤。"茶已作为贡品,且数量巨大。又《世说》载:"任瞻少时有令名。自过江失志,既不饮茗。问人云:'此为茶? 为茗?'觉人有怪色,乃自申明之,曰:'向问饮为热为冷?'"唐后茶、茗为一物,而在晋时,茶、茗有所区分,当为时人所知。陆玑《毛诗草木虫鱼疏》释"槚"曰:"吴人以其叶为茗。"[1]又说:"蜀人作茶,吴人作茗。"则茶、茗二物,有蜀吴有地域之别,制作方法当亦不同。不过,这种区分并未延续很长。东晋郭璞注《尔雅》之"槚",说道:"树小如栀子,冬生叶可煮作羹饮。今呼早采者为茶,晚取者为茗。一名荈,蜀人名之苦茶。"[2]此处茶、茗之别,是因为采摘时间的差异。后魏元欣作《魏王花木志》,释"茶叶"曰:"茶叶似栀子,可煮为饮。其老叶谓之荈,细叶谓之茗。"荈、茗的差异,又是因叶子的老嫩程度。由此可知,时人对茶的认知不断发展。《世说》又谓:"晋司徒长史王濛好饮茶。人至,辄命饮之。士大夫皆患之,每欲往侯,必云'今日有水厄'。"此条不见于今本《世说》,幸赖《御览》保全。王濛乃东晋名流,太原人氏,其对茶的爱好非比寻常,北来士族却不是个个好饮,以致将去王濛处作客饮茶称为"水厄",视为灾害,定然是不堪其苦。此亦见出东晋之饮茶,并非全面铺开。

不过,茶已见于东晋士人餐桌,则确定无疑。如谢安曾经拜访吴人陆

---

① (三国吴)陆玑著,(清)丁晏校正:《毛诗草木鸟兽虫鱼疏二卷》,影印清咸丰七年刻本,第448—449页。

② (晋)郭璞注,(宋)邢昺疏:《尔雅注疏》,北京大学出版社1999年版,第278页。

纳，"安既至，纳所设唯茶果而已"①。桓温生活节朴，"每宴惟下七奠柈茶果而已"②。在这些事例中，"茶果"成了俭朴的象征。再如南齐武帝临终命曰："我灵上慎勿以牲为祭，唯设饼、茶饮、干饭、酒脯而已。天下贵贱，咸同此制。未山陵前，朔望设菜食。"③同样是表明其人之节俭。在另一例中，永明九年（491年），诏太庙四时祭，"昭皇后荐茗粣炙鱼。并生平所嗜也"④。以皇后之尊，一生嗜茶，则南朝爱茶者所在多有了。

从考古发现中亦能见出南朝人的饮茶情况。魏晋南北朝时期，青瓷得到广泛使用，大量出土于魏晋南北朝陵墓中。"从考古发现知道，东汉晚期出现的制瓷手工业，到这时已在江苏、浙江、江西、福建、湖南、四川等地发现了许多窑址，成为一个地方青瓷系统的产区。"⑤浙江越窑乃著名的青瓷产地，当时的青瓷制作工艺已十分发达，大量制作精良的青瓷器成为士族的日常用品。如扁壶、唾壶、虎子、鸡首罐、砚、香薰等生活用具或文房用具。其器型随朝代而有演变，有的装饰有精美的花纹。许多南朝墓葬中出土有青瓷盏和茶杯，如南京栖霞山甘家巷魏晋南北朝墓群，出土青瓷盏38件、碗23件。⑥ 江西吉安县的南齐墓中，出土有两件青瓷莲瓣纹托盘，其中一件高4.3厘米、口径2.2厘米、底径10.2厘米，平口实足，稍内凹。盘内饰直径18.5厘米十片莲瓣纹，外绕弦纹二道。盘心突出一个直径8.6厘米、高1.9厘米、厚0.5厘米的圆圈，圈内无纹饰，以备承托杯碗。口沿内饰弦纹二周。另出土有青瓷杯七件，高3.6—4厘米、口径7.8—8.2厘米、底径3.7—4厘米。平口实足，除支烧痕迹外，均无纹饰。⑦ 青瓷托盘及青瓷杯，显然是饮茶之用。

魏晋南北朝的医家、养生家已普遍关注到茶的功效。如曹魏神医华佗在《食论》中说："苦茶，久食益意思。"西晋张华《博物志》曰："饮真茶，

---

① 《晋书》卷七十七《陆纳传》，中华书局1974年版，第2027页。
② 《晋书》卷九十八《桓温传》，中华书局1974年版，第2576页。
③ 《南齐书》卷三《武帝纪》，中华书局1972年版，第61页。
④ 《南史》卷十一《齐宣孝陈皇后传》，中华书局1975年版，第328页。
⑤ 罗宗真：《魏晋南北朝考古》，南京大学出版社1996年版，第34页。
⑥ 南京博物院等：《南京栖霞山甘家巷魏晋南北朝墓群》，《考古》1976年第5期。
⑦ 平江、许智苑：《江西吉安县南朝齐墓》，《文物》1980年第2期。

令少眠睡。"是说茶有提神醒脑、有益神意的功能。《神农食经》曰:"茶茗宜久服,令人有力悦志。"认为茶能增强人的体力,悦人心志。魏晋南北朝神仙思想盛行,药草常常成为求仙的辅助,茶很自然地进入神仙家的视野。如壶居士《食志》曰:"苦茶,久食羽化。"陶弘景《新录》曰:"茗茶轻身换骨,丹丘子、黄山君服之。"《晋书·艺术传》曰:"敦煌人单道开不畏寒暑,常服小石子。所服者有桂花气。兼服茶酥而已。"茶与茯苓、松脂、菊花、桂花等物一样,成了能够使人服食成仙的神药。王浮《神异记》载:"余姚人虞洪入山采茗,遇一道士牵三青牛,引洪至瀑布山,曰:'吾,丹丘子也。闻子善具饭,常思见惠。山中有大茗,可以相给,祈子他日有瓯蚁之馀,不相遗也。'因立奠祀。后令家人入山,获大茗焉。"在陶弘景的记载中,仙人丹丘子常饮茗茶,因此定然知晓茗茶出处。余姚人虞洪入山采茗,得见丹丘子。虞洪擅长厨艺,丹丘子希望得其奠祭,并许以山中大茗相报。在这一投桃报李的故事中,茶成了一个中介。《续搜神记》记载了一个类似的故事,晋孝武帝时期,宣城人秦精入武昌山中采茗,遇到一个长相恐怖的毛人,毛人拉着他来到一大丛茗处,还送给他橘子。毛人并未向秦精索要回报,更无害他之意,只是秦精太过害怕,采茗而逃。这些故事,为茗茶的获得赋予了神秘色彩。茶不唯得到道家垂青,亦受到僧人喜欢,《宋录》曰:"新安王子鸾、豫章王子尚诣昙济道人于八公山。道人设茶茗,尚味之曰:'此甘露也,何言茶茗焉?'"①昙济道人乃晋宋之际著名僧人,于寿县八公山东山寺居住很久,谢灵运亦曾与其往还。有客来访,僧人设茶相待,应为当时之常礼,而王子尚大赞茶之滋味,可知昙济对茶道颇有研究,所上允为好茶。

再回到王肃。王肃入北,他的饮茶习惯不被北人接受,得到一个"漏卮"的外号,很是不雅。王肃亦深知北人不能饮茶,因此在将茶与酪浆进行比较时,贬茶为"酪奴"。不过,颇有意思的是,因王肃大受魏帝重用,他的饮茶行为竟得到时人效仿,给事中刘缟就表示倾慕,特意学起喝茶。然而,刘缟此举受到彭城王元勰的尖锐批评,彭城王说:"卿不慕王侯之

---

① 本段引文除特殊注明,皆引自《太平御览·饮食部二十五·茗》。

珍,好苍头水厄。海上有逐臭之夫,里内有学颦之妇,以卿言之,即是也。"元勰用苍头水厄、逐臭之夫、东施效颦等几个典故,将刘缟的习茶之举进行了辛辣嘲讽。元勰的评价对时风发生了很大影响,"自是朝贵宴会虽设茗饮,皆耻不复食,唯江表残民远来降者好之"①。北魏时人极端贬损南人的饮茶行为,将之视为下贱人所为之事,以"水厄"、"漏卮"、"酪奴"等蔑视性称谓来看待饮茶,这就为茶在北方的传播蒙上了阴影。

当然,北人对茶的偏见并未持续太久,待唐代陆羽(733—804年)出,饮茶之风高涨,遍铺华夏,茶成为中国人日常生活中不可或缺的一个元素,中国文人于此投入大量心力,遂缔造出精彩纷呈的茶文化。

二、语 言

《世说新语·言语》篇中记载了西晋时期的一次清谈活动,时在公元280年平吴之后,地点为洛水,参与者有王衍、裴頠、张华、王戎等人。西晋清谈名宿乐广曾向王衍打听此次清谈的情况,王衍回答说:"裴仆射善谈名理,混混有雅致;张茂先论《史》、《汉》,靡靡可听;我与王安丰说延陵、子房,亦超超玄箸。"②清谈重视音声之美,所谓"辞气清畅,泠然若琴瑟","靡靡可听",皆为对音声之描绘。其中隐含了一个事实,即这些清谈名流虽然郡望有别,如裴頠是河东闻喜(今属山西)人,王衍、王戎乃琅邪(今山东临沂)人,张华乃范阳方城(今河北固安)人,却不可能说本地方言,而是操着发音和腔调一致的话语,具体说来,就是以洛阳方言为标准的官话。东汉、魏、西晋皆以洛阳为都城,三百年间,洛阳话必然成为其通行语言。

在永嘉南渡、中原人士入主江左以后,南北两地顿时处于文化对立与交融的漩涡之中,二者互为镜像,差异性变得清晰起来。如上所论,这些差异涉及诸多方面,诸如语言、饮食、服饰、风俗、文艺、学术等。以语言而论,这一期间,最明显的是江南吴语与中原洛阳话之间的对立。

---

① 范祥雍:《洛阳伽蓝记校注》,上海古籍出版社1978年版,第148页。
② 《言语》二十三,余嘉锡:《世说新语笺疏》,中华书局1983年版,第85页。

东晋定都建康,元老们虽有寄人国土之惭,然而,他们在政治上掌握着领导地位,在文化上亦有优越感。尽管人在江南,他们并不学习江南吴语,而是坚持使用以前的洛阳官话,并以此确立自我的文化正统性,从而获得身份认同感。这突出地体现于两个方面。

一是中原人以说吴语为耻:

> 刘真长始见王丞相,时盛暑之月,丞相以腹熨弹棋局,曰:"何乃渹?"刘既出,人问:"见王公云何?"刘曰:"未见他异,唯闻作吴语耳!"①

> 支道林入东,见王子猷兄弟,还,人问:"见诸王何如?"答曰:"见一群白颈乌,但闻唤哑哑声。"②

刘惔是沛国相县(今安徽省宿州市)人,出身世宦,永和年间的风流名士,与王濛并为清谈宗主,同受会稽王司马昱知赏,被赞为"入幕之宾"。支遁(314—366 年)乃陈留(今河南开封市)人,高僧,擅长清谈与义理,与东晋名士交往频繁。二人在东晋知识阶层中处于核心地位,皆高自标持,少有推服。刘惔少时受王导欣赏,支道林与王羲之关系不错,虽有此层关系,但刘惔对王导说吴语很是不屑③,支道林更以"白颈乌"和"唤哑哑声"来嘲讽王氏兄弟说吴语。刘支二人对待吴语的歧视态度,代表了中原知识分子的普遍心态。

二是江南士人纷纷学说洛阳话,以学"洛生咏"为典型。

> 桓公伏甲设馔,广延朝士,因此欲诛谢安、王坦之。王甚遽,问谢曰:"当作何计?"谢神意不变,谓文度曰:"晋祚存亡,在此一行。"相与俱前。王之恐状,转见于色。谢之宽容愈表于貌。望阶趋席,方作

---

① 《排调》十三,余嘉锡:《世说新语笺疏》,中华书局 1983 年版,第 792 页。
② 《轻诋》三十,余嘉锡:《世说新语笺疏》,中华书局 1983 年版,第 848 页。
③ 陈寅恪先生对此有精彩的分析,他认为:"王导、刘惔本北人,而又皆士族,导何故用吴语接之? 盖东晋之初,基业未固,导欲笼络江东人心,作吴语者,亦其开济政策之一端也。观世说政事篇所载'王丞相拜扬州,宾客数百人,并加霑接,人人有说色。因过胡人前弹指曰:"兰阇! 兰阇!"群胡同笑。'则知导接胡人,尚操胡语。然此不过一时之权略,自不可执以为三百年之常规明矣。"当然,吴语之于王导,亦不无新奇感,王导之学吴语,或也带有审美欣赏的意味。

洛生咏,讽"浩浩洪流"。桓惮其旷远,乃趣解兵。王、谢旧齐名,于
此始判优劣。①

　　人问顾长康:"何以不作洛生咏?"答曰:"何至作老婢声!"②

　　安能作洛下书生咏,而少有鼻疾,语音浊。后名流多学其咏弗能
及,手掩鼻而吟焉。③

"洛生咏"指洛阳书生吟咏诗文的声音,因洛阳话为官话,洛阳读书
人的声音,亦成为发音标准,为众人所取法。谢安喜作洛生咏,他于生死
危亡之际,浑然不惧,但咏嵇康四言诗"浩浩洪流",其旷远的神情、从容
的举止,震慑住了将欲作乱的桓温,使得摇摇欲坠的东晋朝廷暂得稳固。
世人以此分出王坦之与谢安二人的高下,则洛生咏对于谢安,实有辅助之
功。谢安因患鼻疾,咏诗有鼻音,显得重浊而别添韵味,其人素荷重望,言
行举止颇能扇动时风,引得士人纷纷效仿,竟至掩鼻而吟,真有点东施效
颦的味道。

从有人问顾恺之何以不作洛生咏一事可知,效仿谢安的士人之中,既
有北人,亦有南人。南方士人不唯学洛生咏,在日常语言中亦说洛阳话,
庶民百姓仍说吴语,于是出现了"易服而与之谈,南方士庶,数言可辩"④
的现象。陈寅恪先生对此做过探讨,他引《宋书·顾琛传》"先是宋世江
东贵达者,会稽孔季恭、季恭子灵符、吴兴丘渊之及琛吴音不变",指出
"史言唯此数人吴音不变,则其余士族虽本吴人,亦不操吴音,断可知
矣"。又引《南齐书·王敬则传》"敬则名位虽达,不以富贵自遇。接士庶
皆吴语,而殷勤周悉",指出:"东晋南朝官吏接士人则用北语,接庶人则
用吴语。是士人皆北语阶级,而庶人皆吴语阶级,得以推知。此点可与
《颜氏家训·音辞篇》互证。"所论可谓精详。

顾恺之算是南方士人中的异数,他对于江南文化有着强烈的认同感。

① 《雅量》二十九,余嘉锡:《世说新语笺疏》,中华书局1983年版,第369页。
② 《轻诋》二十六,余嘉锡:《世说新语笺疏》,中华书局1983年版,第854页。
③ 《雅量》二十九注引宋明帝《文章志》,余嘉锡:《世说新语笺疏》,中华书局1983年
版,第369页。
④ (北齐)颜之推著,王利器集解:《颜氏家训集解》卷七《音辞第十八》,中华书局
1993年版,第529—530页。

他虽然好吟诗,有次居然咏了个通宵,却拒绝学习洛生咏,甚至斥其为"老婢声",固执地坚守着自己的吟咏方式。此外,葛洪(284—364 年)对于吴人学说洛阳话及在风俗习惯上向北方学习愤愤不平,他在《抱朴子外篇》中谈道:"君子行礼,不求变俗,谓违本邦之他国,不改其桑梓之法也。况其在于父母之乡,亦何为当事弃旧而强更学乎!吴之善书,则有皇象刘纂岑伯然朱季平,皆一代之绝手,如中州有钟元常胡孔明张芝索靖,各一邦之妙,并用古体,俱足周事。余谓废已习之法,更勤苦以学中国之书,尚可不须也,况于乃有转易其声音,以效北语,既不能便良,似可耻可笑,所谓不得邯郸之步,而有匍匐之嗤者。此犹其小者耳,乃有遭丧者,而学中国哭者,令忽然无复念之情。"葛洪乃丹阳人,生于西晋元康年间,经历了晋室南渡对于江南社会的巨大冲击。对于江南社会与文化的变迁,他显得愤慨而无奈。

不过,我们亦应看到另外一面,即江南文化对于中原士人的感染和吸引。江南优美的自然风光让他们乐不思旧土,这点自不必论。就语言来说,吴语亦自有其魅力,东晋士族子弟,如王献之辈,已是土生土长于江左,不免染了吴语。桓温之子桓玄(369—404 年)亦是如此,他有一次问泰山羊孚:"何以共重吴声?"羊孚回答:"当以其妖而浮。"吴声是吴地音乐,羊孚认为其声"妖而浮",并非贬义,而是肯定性的审美评价了。有过南北两地生活经历的颜之推亦有类似评价:"南方水土和柔,其音清举而切诣,失在浮浅,其辞多鄙俗。北方山川深厚,其音沈浊而钝,得其质直,其辞多古语。然冠冕君子,南方为优;闾里小人,北方为愈。"①这种评价,指出了南北两地美学风格的差异,在价值立场上并无明显褒贬。这显示出,在历经百年数代以后,时人能够摆脱南北之间的对立,而以公允而欣赏的态度看待南北之差异了。

时人所遭遇的文化差异,除了吴语与洛阳语之别,还有汉语与胡语之异。吴语与洛阳语同属汉语,只是发音与腔调有别,除个别方言,大抵能

---

① (北齐)颜之推著,王利器集解:《颜氏家训集解》卷七《音辞第十八》,中华书局1993 年版,第 529 页。

互相理解,汉语和胡语则有着截然不同的语言体系和文化背景,不经翻译,根本听不懂。当汉人和胡人面对面,却听不懂对方的语言,会做何反应? 有何解释? 请看下例:

> 王仲祖闻蛮语不解,茫然曰:"若使介葛卢来朝,故当不昧此语。"①

> 高坐道人不作汉语,或问此意,简文曰:"以简应对之烦。"②

> 郝隆为桓公南蛮参军,三月三日会,作诗。不能者,罚酒三升。隆初以不能受罚,既饮,揽笔便作一句云:"娵隅跃清池。"桓问:"娵隅是何物?"答曰:"蛮名鱼为娵隅。"桓公曰:"作诗何以作蛮语?"隆曰:"千里投公,始得蛮府参军,那得不作蛮语也?"③

据《左传》记载,鲁僖公二十九年春,介葛卢来朝,听到牛叫,说道:"这只牛生了三只小牛,全都做了牺牲。"鲁僖公派人打听了一下,果然如此。杜预注云:"介,东夷国也。葛卢,介君名。"《列子》亦有注:"今东方介氏之国,其人数数能解六畜之语。"王濛听到蛮语而茫然不解,于是想到了能识牛语的介葛卢,将蛮语与牲畜之音等同看待,体现出了强烈的汉族中心主义。这种对于蛮夷的歧视,古来有之,班固在《汉书·匈奴传》中表现得尤为明显,他在赞语中说道:"夷狄之人贪而好利,被发左衽,人面兽心,其与中国殊章服,异习俗,饮食不同,言语不通,辟居北垂寒露之野,逐草随畜,射猎为生,隔以山谷,雍以沙幕,天地所以绝内外也。是故圣王禽兽畜之,不与约誓,不就攻伐,约之则费赂而见欺,功之则劳师而招寇,其地不可耕而食也,其民不可臣而畜也。"④所谓"人面兽心"、"禽兽畜之"等话语,以及对于其人生活方式的想象性描述,建构起了一种荒蛮的文化形象。这种形象顽固地存在于中国古代文化心理之中,以此确立着华夏文化的正统地位。

高坐道人受到的待遇则好得多。这位大和尚是西域人,于永嘉年间

---

① 《言语》六十八,余嘉锡:《世说新语笺疏》,中华书局1983年版,第126页。
② 《言语》三十九,余嘉锡:《世说新语笺疏》,中华书局1983年版,第100页。
③ 《排调》三十五,余嘉锡:《世说新语笺疏》,中华书局1983年版,第806页。
④ 《汉书》卷九十四下《匈奴传》,中华书局1962年版,第3834页。

来到江南,生得天姿高朗,风韵遒迈,颇有名士之风,王导一见奇之,引为同道,遂成为东晋名流的座上宾。他性情高简,不学汉语,与诸人的交流皆赖传译,然而心领神会,毫无滞碍。简文帝对其不学汉语的解释是"以简应对之烦",高坐道人的风姿神韵、性情修养,皆合于魏晋名士的审美理想。简文帝所说之"简",同样为其所欣赏,如清谈尚言简意远,为人尚清简等,司马昱等人对高坐道人的赞美,实则是对自我形象的肯定。

　　魏晋以来,三月三日,文人嘉会,修禊赋诗,相沿成俗,尤以石崇主持的金谷之会和王羲之组织的兰亭之会最为知名。金谷之会创制了临流赋诗、不能者罚酒的游戏规则,为其后所袭用。郝隆为人诙谐,在桓温幕下任蛮府参军。三月三日集会,因不能赋诗而被罚酒,酒后作诗一句,出现了少数民族语言"娵隅",众人不解。桓温问其义,郝隆回答,乃鱼之蛮语。桓温又问为何以蛮语入诗,郝隆的回答非常机智,他以此表达了对自己官职的不满,蛮语被利用成为一种富有戏剧性的修辞。后人对此事津津乐道,如杜甫《秋兴五首》中云:"儿童解蛮语,不必作参军。"韩翃《寄武陵李少府》中说:"楚歌催晚醉,蛮语入新诗。"宋代乐雷发的《江华送熊清父游广州时予有衡阳之役》:"乡梦定应思款段,客吟何用说娵隅。""娵隅"、"蛮语"成为异乡、异域的指称,倒无多少种族歧视的意味了。

结　语

以上我们从九个方面对魏晋南北朝的审美意识进行了考察,由于此一研究牵涉甚众,限于篇幅与精力,我们的研究绝难做到穷形尽相。任何一个文艺门类,如果铺展开来,都能写成一本专著。因此,本书只能是概观式的,有的话题探讨得相对深入,有的话题只是一带而过,有的话题则未作论述。不过,我们应该触及了魏晋南北朝审美意识的核心,也就是说,尽管这一时期的文艺与审美活动丰富多端,但在审美取向和文化精神上,却有着某些共通性,书中已多有揭示。在此,我们再做一简要概括。

我们认为,魏晋南北朝的审美意识,具有以下三个主要特点。

一、贵族化

由于魏晋南北朝的社会结构以世族为主体,使其审美意识呈现出明显的贵族化倾向。

后汉以来形成的世族,为魏晋南北朝的主导阶级,尤其是东晋时期出现了门阀政治,世族一跃而为社会政治、经济等方面的绝对主导。世族势力虽在南朝开始衰落,不过直至隋唐仍有重要影响。

如绪论中所言,世族之维系,虽以政治和经济地位为基础,但真正使其得以绵延不辍的,是其文化素养。所以,魏晋南北朝之世族,不仅是政治世族、经济世族,更是文化世族。世族之间,以政治制度、婚姻制度等为保证,结成相对稳定的共同体,不仅是政治共同体,还是文化共同体。这一共同体,一方面,通过"世族"和"庶族"的门第之分,造成巨大的社会区隔;另一方面,通过强化他们推许的文化姿态、文化素养和文化符号,进一步凸显自身的社会与文化身份。显然,作为拥有各种主导权的世族阶层,其审美趣尚代表了魏晋南北朝审美意识的主潮,是受到社会各阶层的仰望、渴慕与效仿的,自天子以至庶人,皆是如此。

魏晋南北朝审美意识的贵族化倾向,表现为三个方面。

其一,身体的表征。作为世族中人,其日常装扮、言行举止,必然遵循一定的规习,锻造出一套身体符号和"身体技艺",呈现出一种"贵族范儿"。① 在人物品藻的激励之下,魏晋南北朝时人更是着意于身体的修饰与装扮。如曹植初见邯郸淳,先洗澡、傅粉,然后披头散发,光着上身跳起胡舞,再弹弄铁丸,击耍宝剑,经过一系列活动之后,才更换衣服,整理仪容,与邯郸淳谈论学问。更为典型的例证是《颜氏家训》所叙:"梁朝全盛之时,贵游子弟,……无不熏衣剃面,傅粉施朱,驾长檐车,跟高齿屐,坐棋子方褥,凭斑丝隐囊,列器玩于左右,从容出入,望若神仙。"② 与"贵族范儿"关联着的是"名士范儿",这是由竹林七贤等人所引领的,以粗服乱头、裸袒放纵、饮酒服药为特征的身体美学,给人以任达不拘、傲慢毁礼的印象。这一行为特征,同样具有符号性。"贵族范儿"和"名士范儿"即是魏晋风度。李长之提道,"这种风流或风度是当时士大夫的一种架子和应付人事的方式,这是在封建贵族阶级里所欣赏的一种'人格美'。同时也是现实社会所需要的一种做人的方法"③。他将魏晋风度总结为高贵和镇静,这两个方面体现出了其身体形象的审美特点。

其二,推重学识与才情。世族之绵延仰赖于文化的传承和习得,因此,他们对于文化素养尤为看重。如绪论中所述,世族所推重的文化素养,至少体现于五个方面:博学,精通经典著述;好《庄》《老》,能清谈;擅写诗文,有文学才华;精通音乐、书法或绘画,有艺术才能;精于围棋、医学等其他技艺。可以说,文化所涵盖的一个最主要方面,就是传统的典籍,尤其是国家

---

① 范儿:本为戏曲行话,指演员表演的技巧、要领、窍门或方法。在北京方言中,"范儿"有"派头"、"劲头"之意,指人的外貌、行为呈现出的某种为人所欣赏的风格、气质和情调。如近年流行的"民国范儿",推崇者认为"范儿"是一种精神气儿,"民国范儿"连着的是"一种趣味,一种风尚,一种美学"。

② (北齐)颜之推著,王利器集解:《颜氏家训集解》卷第三《勉学第八》,中华书局1993年版,第148页。

③ 李长之:《陶渊明传论》,天津人民出版社2007年版,第19—20页。

政权所依赖的儒学经典,还包括为时人所推重的其他经典,如诸子百家、史学著述,乃至文学作品等。对这些经典知识的认知、占有、理解和阐释,体现了一个人的"学识"。魏晋时期最为重要的审美活动——清谈,其实很大程度上即是士人学识的较量。他如人物品评、诗文创作、书画鉴赏等活动,莫不是人物的学识与才情的体现。这些艺术和审美活动在魏晋南北朝时期得到了充分的展开和发展,彰显了世族对于学识与才情的钦重。

其三,推崇机智。机智自然也是学识与才情的体现,不过,在魏晋南北朝时期,机智更具有特别的意义。在清谈、日常谈谑、弈棋等活动中,反应灵敏、应对机智是必不可少的。这在《世说新语》中有大量描述,整部书都可看成一部机智的对话集,尤其体现在"言语"、"捷悟"、"夙惠"、"排调"等篇章中。因为偏重智力,如将围棋视为"手谈"和"坐隐",他们所从事的多是偏于静态,只需围坐,不需要很大体力付出的活动,对于孔武有力的武人,他们颇有轻视之意。由此,他们塑造出了一种"秀骨清相"的文弱书生形象,这一形象在后世一直占有主导地位。

二、超越性

玄学是魏晋南北朝时期的主流意识形态。对于魏晋南北朝士人来说,玄学不仅仅是一种概念性和知识性的学问,更是一套内化于他们的心底,深刻影响了他们的立身行事和人生体验的思想潮流和价值观念。

以《老》、《庄》、《周易》为理论基础的玄学,强调以无为本,在与礼教的对垒中,注重人的自然的、情感的一面。这就使得玄学与审美、艺术在精神境界上深相契合。此外,玄学与清谈密切相关,士人的清谈,亦非只做哲学的探讨,而是具有浓厚的审美性和游戏性。正如劳思光所言:"所谓'玄学',基本上并非一严格系统。玄谈之士所取之精神方向,实是一观赏态度。在论'才性'、品评人物之时,固是以观赏为主,即就其议论形上问题或知识问题而言,亦仍是持此种态度。故魏晋玄谈之士谈'名理'时,所重者在对此种'玄趣'之欣赏,并非真建立一种'学'。"[1]这种"观赏

---

[1] 劳思光:《新编中国哲学史》(二),三联书店 2015 年版,第 122 页。

态度"和"玄趣",即是审美的态度,清谈更类一种审美活动,而非哲学活动。

魏晋南北朝士人的立身行事,既以极富审美趣味的玄学为指导,在他们眼中,无论宇宙人生,还是自然万物,皆附着了玄学的色彩,皆具有了审美的属性。唯其如此,才有了对于自然山水之美的发现,才有了如此之多的重情毁礼的故事,才有了诗文书画地位的提升和文艺创作的繁荣。显然,魏晋南北朝的审美意识,带有强烈的超越性。

这种超越性,是指对待外物的态度,不是功利性的,而是审美性的。比如,评论人物,不作政治性的考量,而是审美性的赏析;清谈论辩,不以理论追求为最终目的,清谈者的音声和词采,探微析理的能力,你来我往的场面,足能娱心悦耳,使听者忘倦,陶醉其中;面对山水,不是求田问舍,激起物欲的占有,亦不求仙问道,追求生命的延长,而是欣赏其佳美景致,兴起濠濮间想,但得会心适意;日常饮酒,亦不满足于口腹的享受,而是追求人人自远、形神相亲、与清风明月为伴的诗意体验;欣赏书画,沉浸音乐,栖身园林,都意在营造一个超脱世俗的审美世界,使整个身心获得宁静感和永恒感。

即使日常用语,魏晋南北朝士人亦不堕世俗,最典型者,如王衍的口不言钱字,"王夷甫雅尚玄远,常嫉其妇贪浊,口未尝言'钱'字。妇欲试之,令婢以钱绕床,不得行。夷甫晨起,见钱阂行,呼婢曰:'举却阿堵物。'"①他们身处高位,对待政务国事,同样以玄应之,"居官无官官之事,处事无事事之心"。② 这种超越性,体现在对于清、远、朗、畅、达、传神、气韵等审美范畴的追求之上,体现于诸多士族的门风家风之中。魏晋南北朝审美意识中的这种超越性,奠定了后世中国美学和中国艺术的基本精神,影响至今。

---

①　余嘉锡:《世说新语笺疏》,中华书局 1983 年版,第 557—558 页。

②　魏晋名士遭到了"清谈误国"的激烈批判。毋庸讳言,从家国天下的儒家人生观而言,此种行为颇不足取,这是必须要指出并予以批判的。牟宗三犀利地提出:"站在儒家的立场来看,并由人生的最终境界来看,名士的背后苍凉得很,都带有浓厚的悲剧性。"(牟宗三:《中国哲学十九讲》,上海古籍出版社 2005 年版,第 178 页。)此说颇能切中魏晋南北朝人的痛处。

三、差异性与交融性

本书所探讨的审美意识,大致是以魏晋南北朝的士人阶层为主体的,庶可代表魏晋南北朝的审美主潮。不过,必须指出,魏晋南北朝时期,社会异常动荡,人口流动颇为频繁,汉民族和少数民族碰撞极其剧烈,本土文化和异域文化广泛交流。这种情景,决定了魏晋南北朝审美意识的复杂性,其中,既有明显的差异,亦有渐进的交融。限于篇幅,我们只在本书第十章,以饮食和语言为例,对南北审美意识进行了比较研究。必须承认,这一研究非常初步,有待探讨之处还十分之多。在此,我们略作概括。笔者认为,魏晋南北朝审美意识的差异性与交融性,主要体现于以下四个领域:

其一,汉民族内部,主要是黄河流域的中原文化和长江流域的江南文化之间的差异和交融。

这一领域,主要分为两个阶段。三国时期,魏、蜀、吴并峙。曹魏虽以正统自居,蜀国同样自视为汉王朝的延续,吴国大大开发了江南一地,亦自重一时。此一时期,三地虽则多有碰撞与交往,但更多是军事性与政治性的。及至西晋灭吴,吴人入洛,中原士人与江南士人有了更多亲密的接触,其文化差异性始得凸显。等到晋室南渡,司马氏及中原世族进驻江南,反客为主,中原文化与南北文化的对垒在此时颇为突出。两地士人,在语言、饮食、生活习性、文艺风格等诸方面都有较大不同,他们在与对方的互看互嘲中,体现出了审美意识的差异。不过,这些北来士人以自身的文化为基础,很快接受、适应并改造了江南文化,从而形成了一种新的江南文化。此为第一阶段。

第二阶段发生于南北朝时期。北朝的中原文化与南朝文化,在生活习性、学术倾向、文艺风格等方面多有不同。此时,南朝文化虽被奉为正宗,但北朝中原文化自有其独特性。如南朝尚玄学,北朝尚经学;南朝书法以帖札为主,追求妍丽创新,北朝书法以碑刻为主,较为质朴;南朝诗歌同样清丽婉约,北朝诗歌则多雄豪奔放之气等。在南北两地都有生活经历的士人,对这种差异性有着深刻的体验,如陈庆之、颜之推、王褒、庾信等人。颜之推的《颜氏家训》,庾信的诗文,都明显地反映出了这种情景。

其二,汉民族和少数民族之间。

魏晋南北朝是汉民族和周边尤其是北方少数民族剧烈碰撞的一个时期,西晋后期出现了五胡乱华,匈奴、羯、鲜卑、氐、羌、高句丽、西南巴氐族等少数民族建立了众多割据政权,东晋南北朝时期,北朝政权基本为鲜卑人所建。诸少数民族政权,多任用汉族知识分子执掌政务,推行汉化政策,最力者莫过北魏孝文帝拓跋宏的一系列举措。另一方面,这些少数民族在生活方式和文化风貌上又各具独特性。他们在冲突的同时,又相互借鉴与交融,对二者的审美意识进行比较,是一个有趣的课题。

其三,诸少数民族之间。

周边少数民族,其生活方式、风物人情与文艺风貌亦多有差异,自《史记》以来的正史中即多有记载。如《史记》卷一百一十六为"西南夷列传",《宋书》卷九十五至卷九十八记载了索虏、鲜卑、吐谷浑、夷蛮、氐胡等民族,多涉其民俗风情。《晋书》有载记 30 篇,专为少数民族政治首领作传。以相关的典籍、文艺作品、图像资料、出土文物为参考,应能对此话题作一探究。

第四,佛与道之间。

魏晋南北朝时期,外来的佛教与本土的道教,都历经兴起而获极大发展,二者对于中国文化产生了极其深远的影响。自魏晋南北朝开始,中国士人就对佛道表现出亲近的态度,对两教的诸多方面多有吸收,呈现出儒释道兼宗的现象。不过,儒教与道教毕竟是两种差异巨大的宗教,其宗教体系、核心教义、生死观念、传播方式等多有不同,在二教传播过程中,不可避免地存在对抗与冲突,同时又相互借鉴与影响。如南北朝道教吸收了佛教的五道轮回之说与因果报应思想,佛教对神像的建造同样为道教所借鉴。同时,"南北朝佛教却受中土民众乐生、重生传统之影响,吸纳道教长生说而兴起延寿益算信仰"。① 道教的鬼神崇拜、末世论,都为佛教所吸收。显然,佛道二教都对魏晋南北朝士人的审美意识产生了深远

---

① 卿希泰主编:《中国道教思想史》(第一卷),人民出版社 2009 年版,第 599—600 页。

影响,二者既有差异,更有交融,并且常常体现于一人之身。对这个话题进行研究,是个值得关注的重要方面。由于篇幅与学力所限,在此只能点到为止了。

参 考 文 献

（以姓氏拼音为序）

A

[英] Alfred Gell：*Art and Agency*：*An Anthropological Theory*，New York：Oxford
University Press，1998.

B

（汉）班固：《汉书》，中华书局 1962 年版。

[日]遍照金刚撰，卢盛江校考：《文镜秘府论汇校汇考》，中华书局 2006 年版。

C

曹意强主编：《艺术史的视野——图像研究的理论、方法与意义》，中国美术学院
出版社 2007 年版。

（隋）巢元方编撰，南京中医学院校释：《诸病源候论校释》，人民卫生出版社 2011
年版。

陈伯君：《阮籍集校注》，中华书局 1987 年版。

陈传席：《六朝画论研究》，天津人民美术出版社 2006 年版。

陈衡恪：《中国绘画史》，时代文艺出版社 2009 年版。

（明）陈继儒：《宝颜堂秘笈》(44 册)《陈眉公杂著第四》，上海文明书局 1922 年石
印本。

（晋）陈寿：《三国志》，中华书局 1959 年版。

[日]陈舜臣：《中国的历史》，郑民钦译，福建人民出版社 2013 年版。

陈寅恪：《金明馆丛稿初编》，上海古籍出版社 1980 年版。

陈寅恪：《隋唐制度渊源略论稿 唐代政治史述论稿》，三联书店 2004 年版。

[日]川本芳昭：《魏晋南北朝：中华的崩溃与扩大》，余晓潮译，广西师范大学出版
社 2014 年版。

[日]川胜义雄：《六朝贵族制社会研究》，徐谷芃、李济沧译，上海古籍出版社 2007

　　年版。

（晋）崔豹：《古今注》，中华书局丛书集成本。

D

（南朝宋）戴凯之：《竹谱》，《影印文渊阁四库全书·子部九·竹谱》。

戴明扬：《嵇康集校注》，中华书局 2014 年版。

［日］丹波康赖：《医心方》，高文柱校注，华夏出版社 2011 年版。

（唐）道宣：《续高僧传》，郭绍林点校，中华书局 2014 年版。

邓安生：《蔡邕集编年校注》，河北教育出版社 2002 年版。

董浩等编：《全唐文》卷六百九十，中华书局 1983 年版。

F

范祥雍：《洛阳伽蓝记校注》，上海古籍出版社 1978 年版。

（南朝宋）范晔：《后汉书》，中华书局 1965 年版。

范子烨：《中古文人生活研究》，山东教育出版社 2001 年版。

范子烨：《〈世说新语〉研究》，黑龙江教育出版社 1998 年版。

（唐）房玄龄等：《晋书》，中华书局 1974 年版。

［美］菲利普·费尔南德斯·阿莫斯图：《食物的历史》，何舒平译，中信出版社
　　2005 年版。

冯友兰：《中国哲学简史》，涂又光译，北京大学出版社 1996 年版。

［日］福井康顺等监修：《道教》，上海古籍出版社 1990 年版。

傅抱石：《中国绘画变迁史纲》，上海古籍出版社 1998 年版。

傅芸子：《正仓院考古记》，上海书画出版社 2014 年版。

G

［日］冈村繁：《冈村繁全集第三卷·汉魏六朝的思想和文学》，陆晓光译，上海古
　　籍出版社 2002 年版。

（晋）葛洪：《西京杂记》，程毅中点校，中华书局 1985 年版。

（晋）葛洪撰，王明校释：《抱朴子内篇校释》，中华书局 1985 年版。

（晋）葛洪撰，杨明照校笺：《抱朴子外篇校笺》，中华书局 1997 年版。

［日］宫崎市定：《九品官人法研究》，韩昇·刘建英译，中华书局 2008 年版。

龚斌：《世说新语校释》，上海古籍出版社 2011 年版。

龚鹏程：《道教新论二集》，南华管理学院 1998 年版。

［日］谷川道雄：《中国中世社会与共同体》，马彪译，中华书局 2002 年版。

顾绍柏：《谢灵运集校注》，中州古籍出版社 1987 年版。

（宋）郭茂倩编：《乐府诗集》，中华书局1979年版。

（晋）郭璞注，（宋）邢昺疏：《尔雅注疏》，北京大学出版社1999年版。

（宋）郭若虚：《图画见闻志》，上海人民美术出版社1963年版。

（晋）郭象注，（唐）成玄英疏：《庄子注疏》，中华书局2011年版。

郭秀梅、［日］冈田研吉编集：《日本医家金匮要略注解辑要》，崔仲平审订，学苑出
　版社1999年版。

郭旭东编：《殷商文明论集》，中国社会科学出版社2008年版。

H

何任主编：《金匮要略校注》，人民卫生出版社1990年版。

河南省文化局文物工作队：《郑州二里冈》，科学出版社1959年版。

侯外庐等：《中国思想通史》，人民出版社1957年版。

胡大雷：《中古文学集团》，广西师范大学出版社1996年版。

（汉）桓谭撰，朱谦之校辑：《新辑本桓谭新论》，中华书局2009年版。

（南朝梁）皇侃：《论语义疏》，中华书局2013年版。

黄惇：《秦汉魏晋南北朝书法史》，江苏美术出版社2009年版。

黄晖：《论衡校释》，中华书局1990年版。

（宋）黄庭坚：《山谷题跋》，丛书集成本，商务印书馆1936年版。

J

吉联抗辑：《琴操》（两种），人民音乐出版社1990年版。

K

［英］柯律格：《雅债：文徵明的社交性艺术》，刘宇珍等译，三联书店2012年版。

［德］克劳迪亚·米勒—埃贝林、克里斯蒂安·拉奇：《伊索尔德的魔汤：春药的文
　化史》，王泰智、沈惠珠译，三联书店2013年版。

（汉）孔安国传，（唐）孔颖达疏：《尚书正义》，上海古籍出版社2007年版。

L

赖永海、高永旺译注：《维摩诘经》，中华书局2010年版。

劳思光：《新编中国哲学史》，三联书店2015年版。

（先秦）老子：《老子》，上海古籍出版社2013年版。

（唐）李百药：《北齐书》，中华书局1975年版。

李长之：《陶渊明传论》，天津人民出版社2007年版。

（唐）李大师、李延寿：《北史》，中华书局1974年版。

（宋）李昉等编：《太平御览》，中华书局 1960 年影印版。

（宋）李昉等编：《文苑英华》，中华书局 1966 年版。

李零：《中国古代方术正考》，中华书局 2006 年版。

李修建：《风尚——魏晋名士的生活美学》，人民出版社 2010 年版。

（唐）李延寿：《南史》，中华书局 1975 年版。

（清）李渔：《闲情偶记》，上海古籍出版社 2000 年版。

李之亮：《司马温公集编年笺注》，巴蜀书社 2009 年版。

（北魏）郦道元著，陈桥驿校证：《水经注校证》，中华书局 2007 年版。

梁启超：《饮冰室书话》，时代文艺出版社 1998 年版。

林文月：《山水与古典》，三联书店 2013 年版。

（唐）令狐德棻等：《周书》，中华书局 1972 年版。

刘强：《世说学引论》，上海古籍出版社 2012 年版。

刘师培：《中古文学史讲义》，辽宁教育出版社 1997 年版。

刘涛：《中国书法史·魏晋南北朝卷》，江苏教育出版社 2001 年版。

（清）刘体仁：《通鉴札记》，北京图书馆出版社 2004 年影印版。

（清）刘熙载：《艺概》，上海古籍出版社 1978 年版。

（汉）刘向集录：《战国策》，上海古籍出版社 1985 年版。

（南朝梁）刘勰著，（清）黄叔琳注，李祥补注：《增订文心雕龙校注》，中华书局
　　2012 年版。

（南朝宋）刘义庆：《幽明录》，郑晚晴辑注，文化艺术出版社 1988 年版。

刘育霞：《魏晋南北朝道教与文学》，山东大学文史哲研究院博士论文，2012 年。

卢辅圣编：《中国书画全书》，上海书画出版社 1992 年版。

鲁迅：《鲁迅全集》，人民文学出版社 2005 年版。

（三国吴）陆玑著，（清）丁晏校正：《毛诗草木鸟兽虫鱼疏二卷》，影印清咸丰七年
　　刻本。

（清）逯钦立辑校：《先秦汉魏晋南北朝诗》，中华书局 1983 年版。

吕思勉：《两晋南北朝史》，上海古籍出版社 2005 年版。

吕思勉：《吕著中国通史》，华东师范大学出版社 2005 年版。

罗宗强：《玄学与魏晋士人心态》，浙江人民出版社 1991 年版。

罗宗真：《魏晋南北朝考古》，南京大学出版社 1996 年版。

M

马采：《顾恺之研究》，上海人民美术出版社 1957 年版。

马继兴主编：《神农本草经辑注》，人民卫生出版社 1995 年版。

（清）马瑞辰：《毛诗传笺通释》，中华书局 1989 年版。

马宗霍:《书林藻鉴　书林记事》,文物出版社 2015 年版。

(汉)毛亨传,(汉)郑玄笺,(唐)孔颖达疏:《毛诗正义》,北京大学出版社 1999
　年版。

[德]蒙特豪克斯:《艺术公司:审美管理与形而上营销》,王旭晓、谷鹏飞、李修建
　等译,人民邮电出版社 2010 年版。

缪钺:《缪钺全集》第六卷《中国文学史讲演录》,河北教育出版社 2004 年版。

莫砺锋编:《神女的探源》,上海古籍出版社 1994 年版。

牟润孙:《注史斋丛稿》,中华书局 2009 年版。

P

潘天寿:《顾恺之》,上海人民美术出版社 1979 年版。

潘运告编:《宋代书论》,湖南美术出版社 2010 年版。

潘运告编:《宣和画谱》,湖南美术出版社 1999 年版。

潘运告编:《宣和书谱》,湖南美术出版社 1999 年版。

潘运告编著:《汉魏六朝书画论》,湖南美术出版社 1997 年版。

彭林:《中国古代礼仪文明》,中华书局 2004 年版。

钱伯诚:《袁宏道集笺校》,上海古籍出版社 2008 年版。

Q

钱超尘等:《金陵本〈本草纲目〉新校正》,上海科学技术出版社 2008 年版。

钱穆:《国学概论》,九州出版社 2011 年版。

钱穆:《中国历代政治得失》,三联书店 2005 年版。

钱穆:《中国学术思想史论丛》(三),三联书店 2009 年版。

钱志熙:《陶渊明传》,中华书局 2012 年版。

钱钟书:《管锥编》(三),三联书店 2008 年版。

卿希泰主编:《中国道教思想史》,人民出版社 2009 年版。

S

[美]Sidney W.Mintz:《吃》,林为正译,新星出版社 2006 年版。

上海古籍出版社编:《汉魏六朝笔记小说大观》,上海古籍出版社 1999 年版。

上海书画出版社编:《历代书法论文选》,上海书画出版社 1979 年版。

(明)沈德潜:《沈德潜诗文集》,人民文学出版社 2011 年版。

(南明梁)沈约:《宋书》,中华书局 1974 年版。

(清)沈宗骞:《芥舟学画编》,山东画报出版社 2013 年版。

(南朝梁)释慧皎撰,汤用彤校注:《高僧传》,中华书局 1992 年版。

[日]释圆仁撰,白化文等校注:《入唐求法巡礼行记校注》,花山文艺出版社 2007 年版。

(汉)司马迁:《史记》,中华书局 1959 年版。

(汉)宋衷注,(清)孙冯翼集录,陈其荣增订:《世本八种》,中华书局 2008 年版。

苏舆:《春秋繁露义证》,中华书局 1992 年版。

(唐)孙思邈撰,李景荣等校释:《备急千金方校释》,人民卫生出版社 1998 年版。

孙希旦:《礼记集解》,中华书局 1989 年版。

T

汤大民:《中国书法简史》,江苏古籍出版社 2001 年版。

汤一介:《魏晋玄学论讲义》,鹭江出版社 2006 年版。

汤用彤:《中国现代学术经典·汤用彤卷》,河北教育出版社 1996 年版。

唐长孺:《魏晋南北朝史论丛》,河北教育出版社 2000 年版。

唐翼明:《魏晋清谈》,人民文学出版社 2002 年版。

(元)陶宗仪:《陶宗仪集》,徐永明、杨光辉整理,浙江人民出版社 2005 年版。

田晓菲:《烽火与流星——萧梁王朝的文学与文化》,中华书局 2010 年版。

(明)田艺蘅:《留青日札》,浙江古籍出版社 2012 年版。

田余庆:《东晋门阀政治》,北京大学出版社 2005 年版。

W

万绳楠:《魏晋南北朝文化史》,东方出版中心 2007 年版。

万绳楠整理:《陈寅恪魏晋南北朝史讲演录》,贵州人民出版社 2007 年版。

汪菊渊:《中国古代园林史》,中国建筑工业出版社 2012 年版。

汪荣宝撰,陈仲夫点校:《法言义疏》,中华书局 1987 年版。

王冰校:《黄帝素问灵枢经》卷之十《通天第七十二》,上海科学技术出版社 2000 年影印版。

王伯敏:《中国绘画通史》,三联书店 2008 年版。

(清)王夫之:《读通鉴论》,中华书局 2013 年版。

(清)王夫之:《古诗评选》,上海古籍出版社 2011 年版。

王国维:《人间词话》,中华书局 2010 年版。

王利器:《风俗通义校注》,中华书局 1981 年版。

王利器:《颜氏家训集解》,中华书局 1993 年版。

王明编:《太平经合校》,中华书局 1996 年版。

王世襄:《中国画论研究》,广西师范大学出版社 2010 年版。

(明)王世贞著,罗仲鼎校注:《艺苑卮言校注》,齐鲁书社 1992 年版。

（汉）王肃:《孔子家语》卷八《辩乐解第三十五》,中华书局 2011 年版。

（清）王先谦:《荀子集解》,中华书局 1988 年版。

（清）王先慎:《韩非子集解》,中华书局 2013 年版。

王晓毅:《嵇康评传》,广西教育出版社 1994 年版。

王亚南:《中国官僚政治研究》,中国社会科学出版社 1981 年版。

王瑶:《中古文学史论集》,商务印书馆 2011 年版。

王毅:《中国园林文化史》,上海人民出版社 2004 年版。

王伊同:《五朝门第》,金陵大学中国文化研究所 1944 年版。

王永平:《魏晋南北朝家族》,南京出版社 2008 年版。

魏宏灿:《曹丕集校注》,安徽大学出版社 2009 年版。

（北齐）魏收:《魏书》,中华书局 1974 年版。

（唐）魏征等:《隋书》,中华书局标点本。

（明）吴承恩:《西游记》,人民文学出版社 1980 年版。

吴闿生:《诗义会通》,中西书局 2012 年版。

吴琼编:《视觉文化总论》,中国人民大学出版社 2005 年版。

X

向宗鲁:《说苑校证》,中华书局 1987 年版。

萧涤非:《汉魏六朝乐府文学史》,人民文学出版社 2011 年版。

（南朝梁）萧子显:《南齐书》,中华书局 1972 年版。

徐复观:《中国人性史论·先秦篇》,九州出版社 2014 年版。

徐复观:《中国艺术精神》,春风文艺出版社 1987 年版。

徐杰令编著:《先秦社会生活史》,黑龙江人民出版社 2004 年版。

徐珂编撰:《清稗类钞》,中华书局 1984 年版。

（南朝梁）徐陵编,（清）吴兆宜注,程琰删补:《玉台新咏》,上海古籍出版社 2013
年版。

徐元诰:《国语集解》,中华书局 2002 年版。

许健:《琴曲新编》,中华书局 2012 年版。

[荷]许里和:《佛教征服中国》,李四龙等译,江苏人民出版社 2005 年版。

（汉）许慎撰,（清）段玉裁注:《说文解字注》,浙江古籍出版社 2006 年版。

许维遹:《韩诗外传集释》卷二第二十七章,中华书局 1980 年版。

（南朝梁）萧绎著,许逸民校笺:《金楼子校笺》卷四《立言篇第九下》,中华书局
2011 年版。

Y

（清）严可均编:《全陈文》,商务印书馆 1999 年版。

（清）严可均编：《全汉文》，商务印书馆 1999 年版。

（清）严可均编：《全后汉文》，商务印书馆 1999 年版。

（清）严可均编：《全后魏文》，商务印书馆 1999 年版。

（清）严可均编：《全后周文》，商务印书馆 1999 年版。

（清）严可均编：《全晋文》，商务印书馆 1999 年版。

（清）严可均编：《全梁文》，商务印书馆 1999 年版。

（清）严可均编：《全齐文》，商务印书馆 1999 年版。

（清）严可均编：《全三国文》，商务印书馆 1999 年版。

（清）严可均编：《全宋文》，商务印书馆 1999 年版。

杨伯峻：《孟子译注》，中华书局 1960 年版。

杨儒宾：《儒家身体观》，台湾"中央研究院"中国文哲研究所筹备处 1996 年版。

杨天宇：《周礼译注》，上海古籍出版社 2004 年版。

杨勇：《世说新语校笺》，台湾正文书局有限公司 2000 年版。

（唐）姚思廉：《陈书》，中华书局 1972 年版。

姚孝遂、肖丁：《殷墟甲骨刻辞类纂》，中华书局 1989 年版。

叶嘉莹：《叶嘉莹说汉魏六朝诗》，中华书局 2007 年版。

（明）尹真人秘授：《性命圭旨》，上海古籍出版社 1989 年版。

余嘉锡：《余嘉锡论学杂著》（上册），中华书局 2007 年版。

余嘉锡：《余嘉锡文史论集》，岳麓书社 1997 年版。

余知古著，袁华忠译注：《渚宫旧事译注》，湖北人民出版社 1999 年版。

余子安编著：《余绍宋书画论丛》，北京图书馆出版社 2003 年版。

俞剑华：《中国古代画论类编》，人民美术出版社 1998 年版。

俞士玲：《陆机陆云年谱》，人民文学出版社 2009 年版。

袁行霈：《陶渊明集笺注》，中华书局 2003 年版。

Z

张伯伟：《禅与诗学》，浙江人民出版社 1992 年版。

（清）张潮：《幽梦影》，陈书良整理注释，三环出版社 1991 年版。

（清）顾炎武著，张京华校释：《日知录校释》，岳麓书社 2011 年版。

张连科、管淑珍：《诸葛亮集校注》，天津古籍出版社 2008 年版。

张少康：《文赋集注》，人民文学出版社 2002 年版。

张万起编：《世说新语词典》，商务印书馆 1993 年版。

张雪松：《唐前中国佛教史论稿》，中国财富出版社 2013 年版。

张彦远：《历代名画记》，浙江人民美术出版社 2011 年版。

（唐）张彦远辑：《法书要录》，洪丕谟点校，上海书画出版社 1986 年版。

张志聪:《黄帝内经素问集注》,学苑出版社 2002 年版。

赵诚编:《二十世纪的甲骨文研究述要》,山西人民出版社 2006 年版。

(汉)郑玄注,(唐)贾公彦疏:《仪礼注疏》,北京大学出版社 1999 年版。

中国艺术研究院音乐研究所:《琴曲集成》,中华书局 2010 年版。

周楞伽辑:《裴启语林》,文化艺术出版社 1988 年版。

周振鹤:《中国地方行政制度史》,上海人民出版社 2005 年版。

(宋)朱肱:《酒经》,上海古籍出版社 2010 年版。

(宋)朱熹:《诗集传》,中华书局 1958 年版。

(宋)朱熹:《四书章句集注》,中华书局 2011 年版。

宗白华:《美学散步》,上海人民出版社 1981 年版。

索 引

后　记

　　2011 年年底,忽接到华东师大朱志荣老师的电话,问我是否愿意参加他主持的国家社科基金重点项目"中国审美意识通史研究"的课题,承担六朝卷的写作。我正无事可做,自是欣然应允。

　　我与朱志荣老师初次接触,是在 2005 年,那时我刚读博士,在网上认识的。自此偶有联系,然而并不很多,毕竟他是学有所成的前辈,我是一个毫无资历的"青椒",没有事情,不敢冒昧打扰。加入他的课题组之后,交往便多了起来。

　　朱志荣老师为人热情、谦逊,治学勤奋,始终葆有着对学术的痴情和一颗赤子之心。他勤于思考,不耻下问,时常就某些学术问题征求我辈的批评意见。对于中国审美意识史的研究,他有自己的一套观念。他确定以文艺作品为中心,从中提炼审美意识。他希望这种写法能够超越前贤,至少有所创新,不作人云亦云。

　　我的博士论文,是以《世说新语》为中心,研究魏晋士人形象的问题,后以《风尚——魏晋名士的生活美学》为名出版。可以说,我做六朝审美意识,有一定的基础。不过,对于一个新课题,不能重蹈旧辙,而要有所突破。在《风尚》一书中,文学艺术只是其中一章,区区两三万字,浮光掠影,很是肤浅。此次铺展开来,文学、绘画、书法、园林、音乐各作一章,成为全书重点。前书涉及过的人物品藻、清谈、药酒之属,或是换一种思路重新写成,或是补充了大量新的资料。总之,力避因袭自我,而求有所推进。当然,其中的问题还有不少。

　　朱志荣老师虽则确立了大的方向以总其成,但在具体研究中并不过分干涉,而任由我们发挥。我近几年一直从事西方艺术人类学的译介和研究工作,深感人类学是一个很好的研究方法。所以,在我的研究中,很多地方比较自觉地用到了人类学的视野和方法,比如整体性视野、语境性研究、跨文化比较研究等。如果说本书还有些许可取之处的话,方法论上的尝试或是其中之一。

在写作之初,朱志荣老师定下了一个原则,即每一章节都用论文的形式写成,写出的东西能达到 C 刊发表的标准。这不能不说是一个很高的要求。现在想来,这也是一个很高明的要求。我写成的内容,已发出多篇,尽管 C 刊不多,但皆不敢敷衍塞责。在此,还要向发表拙文的《内蒙古大学艺术学院学报》、《南京艺术学院学报》(美术与设计)、《西北大学学报》、《山东社会科学》、《中国美学》、《人文天下》、《中华读书报》、《中国社会科学报》等报刊及相关编辑朋友们表示感谢。

参加这一课题,还有一大收获,便是认识了一帮可爱的朋友。其余诸卷的承担者,除了明代卷的朱忠元,他如王怀义、朱媛、宋巍与董惠芳夫妇、杨明刚,多师从朱老师读过博士或做过博后。几年里,课题组统过数次稿,平日亦多有交流,颇获教益。学术研究本是清苦寂寞的,有几位能谈得来的朋友,互通声气,互相提携,便觉吾道不孤。

最后,要感谢方国根先生和武丛伟师妹。2015 年 11 月初,国根先生拖着病体为我们开统稿会,耐心细致地指出了文稿中存在的问题和改进之道。丛伟师妹对书稿进行了认真的审读,改正了诸多文字上的问题,其严谨而敬业的精神,令人油然称敬。

李 修 建

2016 年 3 月 2 日

策划编辑:方国根
责任编辑:武丛伟
封面设计:石笑梦
版式设计:顾杰珍

图书在版编目(CIP)数据

中国审美意识通史.魏晋南北朝卷/朱志荣 主编;李修建 著. —北京:
人民出版社,2017.8
ISBN 978－7－01－017759－5

Ⅰ.①中… Ⅱ.①朱…②李… Ⅲ.①审美意识-美学史-中国-魏晋
南北朝时代 Ⅳ.①B83－092

中国版本图书馆 CIP 数据核字(2017)第 127089 号

中国审美意识通史

ZHONGGUO SHENMEI YISHI TONGSHI

(魏晋南北朝卷)

朱志荣 主编 李修建 著

人民出版社 出版发行
(100706 北京市东城区隆福寺街 99 号)

北京中科印刷有限公司印刷 新华书店经销

2017 年 8 月第 1 版 2017 年 8 月北京第 1 次印刷
开本:710 毫米×1000 毫米 1/16 印张:26.5
字数:395 千字

ISBN 978－7－01－017759－5 定价:110.00 元

邮购地址 100706 北京市东城区隆福寺街 99 号
人民东方图书销售中心 电话 (010)65250042 65289539